全国高职高专院校土建大类专业规划教材

『互联网+』新形态信息化教材

BIM建模基础教程（思政版）

主编／韩玉麒　向云梧

BIM JIANMO JICHU JIAOCHENG

(SIZHENG BAN)

天津大学出版社
TIANJIN UNIVERSITY PRESS

内容简介

本书是依据新版《中华人民共和国职业教育法》和党的二十大报告精神的相关要求，根据编者多年的实际教学及工作经验编写而成的。本书立足新时代，面向新征程，强调协同创新、产教融合、科教融汇，注重德技双修，内容凸显实用性和可操作性，体现工学结合和课证融通，通过信息化方式，将课程思政、视频讲解、模型文件、“1+X”建筑信息模型（BIM）职业技能等级证书考试真题融入其中，满足翻转课堂的教学需要。

本书对 BIM 进行系统的介绍，从什么是 BIM、BIM 能做什么，到 BIM 的应用现状、未来趋势以及 BIM 职业规划，一一进行梳理，使初学者站在宏观角度先对 BIM 进行了解，而不仅限于对 Revit 软件的学习；然后以具体项目模型为例，通过对应的课程思政内容，引入各章节内容，对标高、轴网、墙体、楼板、门窗、屋顶、楼梯、场地、环境、族和体量等进行全面讲解，并辅以大量视频和模型文件。

本书可作为高等职业院校 Revit 课程的教材，又可作为本科院校学生或其他爱好者的自学参考用书。

图书在版编目(CIP)数据

BIM建模基础教程：思政版 / 韩玉麒，向云梧主编
. -- 天津：天津大学出版社，2023.4
全国高职高专院校土建大类专业规划教材．“互联网+”
新形态信息化教材
ISBN 978-7-5618-7435-6

Ⅰ. ①B… Ⅱ. ①韩… ②向… Ⅲ. ①建筑设计－计算
机辅助设计－应用软件－高等职业教育－教材 Ⅳ.
①TU201.4

中国国家版本馆CIP数据核字(2023)第057596号

出版发行 天津大学出版社
地　　址 天津市卫津路92号天津大学内(邮编:300072)
电　　话 发行部:022-27403647
网　　址 www.tjupress.com.cn
印　　刷 北京盛通印刷股份有限公司
经　　销 全国各地新华书店
开　　本 787mm×1092mm　1/16
印　　张 17.25
字　　数 410千
版　　次 2023年4月第1版
印　　次 2023年4月第1次
定　　价 79.00元

前 言

新版《中华人民共和国职业教育法》首次以法律形式确定了职业教育是与普通教育具有同等重要地位的教育类型。当前,要进一步加快构建面向全体人民、贯穿全生命周期、服务全产业链的职业教育体系,加快建设国家重视技能、社会崇尚技能、人人学习技能、人人拥有技能的技能型社会。

党的二十大报告提出,建设现代化产业体系、全面推进乡村振兴、加快发展方式绿色转型、积极稳妥推进碳达峰碳中和,深入实施科教兴国战略、人才强国战略、创新驱动发展战略,并且再次强调"坚持教育优先发展",这为推动职业教育高质量发展提供了强大动力。高等职业教育肩负着培养更多高技能人才、大国工匠的国家战略使命,既要着重培养一线的生产、经营、管理、服务人员,又要培养促进中国制造和服务迈向中高端,适应高端化、智能化、绿色化发展所需人才,为以中国式现代化全面推进中华民族伟大复兴贡献力量。

BIM 是指建筑信息模型(Building Information Modeling),是一种在计算机辅助设计(CAD)等技术基础上发展起来的多维建筑模型信息集成管理技术。BIM 技术已经成为国家信息技术产业、建筑产业发展的强有力支撑和重要条件,是数字技术与工程智能建造深度融合的重要载体,是建筑产业互联创新、融通创新、科教融汇和数字化转型的支点,能够给各产业发展带来更大的社会效益、经济效益和环境效益。

住房和城乡建设部、教育部、科学技术部、工业和信息化部等九部门联合印发的《关于加快新型建筑工业化发展的若干意见》提出大力推广建筑信息模型(BIM)技术。加快推进 BIM 技术在新型建筑工业化全寿命期的一体化集成应用;充分利用社会资源,共同建立、维护基于 BIM 技术的标准化部品部件库,实现设计、采购、生产、建造、交付、运行维护等阶段的信息互联互通和交互共享;试点推进 BIM 报建审批和施工图 BIM 审图模式,推进与城市信息模型(CIM)平台的融通联动,提高信息化监管能力,提高建筑行业全产业链资源配置效率。立足新时代,面向新征程,贯彻二十大精神,统筹"三教"协同创新,推进"三融"改革,优化职业教育类型定位,作者以自身工作实践为依托,结合《中华人民共和国职业教育法》的总体要求编写本书,重点对 Revit 2018 软件进行介绍,旨在为 BIM 创新型、高技能型、高素养型人才培养作出一定贡献。

本书对 BIM 进行系统的介绍，从什么是 BIM、BIM 能做什么，到 BIM 的应用现状、未来趋势以及 BIM 职业规划，一一进行梳理，使初学者站在宏观角度先对 BIM 进行了解，而不仅限于对软件的学习；然后以具体项目模型为例，对标高、轴网、墙体、楼板、门窗、屋顶、楼梯、场地、环境、族和体量等进行全面讲解。

本书编写特色主要表现在以下几个方面。

一是提供视频讲解。教材基础理论知识以够用为度，凸显实用性和可操作性，初学者通过扫描二维码能够利用 39 个视频讲解达到自主学习的效果，同时老师可对信息化教学内容进行实时更新，满足实践教学的需要。

二是融入课程思政。教材 15 篇思政内容体现职业归属感、社会责任感、历史使命感，凸显红色底线、强化职业伦理、践行工匠精神、赋能创新创业，既满足学生的专业学习需求，有助于其提升学习兴趣，又能使其充分发挥主观能动性，受到潜移默化的教育，进而实现立德树人、德技双修培养的根本目标。

三是实现课证融通。教材将“1+X”建筑信息模型（BIM）职业技能等级证书考试真题融入其中，通过对历年真题的讲解，为大学生“双证”毕业提供多个选择方案。

四是体现工学结合。编者具有丰富的教学经验、企业或行业工作经验，将新技术、新工艺、新理念融入教材中，通过新型现代化的教学方式，可提高整体教学质量和水平。

全书由重庆建筑工程职业学院韩玉麒、广东碧桂园职业学院向云梧担任主编。本书除视频讲解以外，还配有教案、教学计划、37 个模型文件等，欢迎广大任课教师联系获取，邮箱 ccshan2008@sina.com 或微信 273926790。本书二维码的使用方法，请参考书后相关说明。

由于编写人员水平有限，书中难免存在疏漏之处，敬请广大读者批评指正，以便进一步修改完善。此外，编者在编写本书过程中参考、借鉴了许多文献资料，在此表示感谢。

模型文件库

编　者

2023 年 1 月

目　　录

项目 1　BIM 概论

课程思政

历史使命感

我国新冠疫情暴发初期，全国各省区市先后公布进入突发公共卫生事件一级响应状态，每日确诊和疑似病例数量持续上涨，武汉市医院里人满为患、一床难求。在此紧急状态下，国家紧急决定，调动一切力量，建设如当年“小汤山医院”一样的医院来收治新冠肺炎患者。火神山医院、雷神山医院应运而生，它们的建设向世人充分展示了中国力量和中国速度，展示了“集中力量办大事”的优势。

在中国力量和中国速度的背后，BIM 技术的应用功不可没。基于 BIM 技术对场地布置及各类设施进行模拟，并对建筑采光、工程管线、能源消耗进行充分优化，从而构建项目的最佳建造方案。参数化设计、构件化生产、装配式施工、数字化运维，让项目全生命周期都处在数字化管控下，使每一个环节都能精准把控，从而脱离了人海施工模式，避免了因工期紧张而施工成本过高。

科技创新：践行工匠精神

1.1 什么是 BIM

Building Information Modeling(BIM)通过创建并利用数字模型对项目进行设计、建造及运营管理。BIM 是一种可视化的数字建筑模型技术,可为设计师、建造师、机电安装工程师、开发商乃至最终用户等各环节人员提供模拟和分析的数据协同平台,BIM 技术的推广和发展能使工作效率大幅提升,能有效降低劳动强度。

BIM 这一具有革命性意义的技术的基本概念,是在 20 世纪 70 年代由美国佐治亚理工学院(Georgia Institute of Technology)的教授查克·伊斯曼(Chunk Eastman)提出的。他提出:建筑信息模型包含不同专业的所有信息、功能要求和性能,以各项数据为基础,把一个工程项目的所有过程及阶段信息,包括设计过程、施工过程、运营管理过程的信息全部整合到一个建筑模型中。同一时期,英国也进行了类似的 BIM 研究与开发工作,只是由于地理区位不同,美国一般称其为“建筑产品模型”(Building Product Model),欧洲惯于将该技术称为“产品信息模型”(Product Information Model)。

BIM 在进入我国发展的早期曾被译为“建筑信息模型”,不过随着 BIM 应用水平的提高,BIM 逐渐被解读为“建筑信息构建”,这一转译也反映出 BIM 技术应用的过程化及阶段性特点。也就是说,与早期偏向于静态模型的认知相比,现在我们更倾向于从过程中提取有用的数据,并且分阶段地对模型提供的数据进行专业性分析及定制化整合。

1.1.1 BIM 与模型

初识 BIM,有人会认为 BIM 就是一个模型,与 3DMax、SketchUp 等建模软件制作的建筑模型并没有太大区别,这个误区需要在开始学习 BIM 知识时予以更正。BIM 是对一个设施的实体和功能特性的数字化表达方式(图 1-1、图 1-2),也就是说,模型中的各个构件是通过功能特性进行数字化区分的。有了这一核心架构,我们得以将模型中不同功能、不同特性的元素进行区分,这是与 3DMax、SketchUp 甚至 Rhinoceros 建模软件中元素的根本不同。

图 1-1 移动端应用

图 1-2 实时信息查询

在仅仅为了展示建筑造型而使用的建模软件中,墙体、屋顶等构件没有根本的区别:在 3DMax 中,只是实体;在 SketchUp 中,只是由不同的面围合出来的形状。由于这些模型没有携带相关的信息,所以我们不能基于这些模型作进一步操作,比如进行施工图设计及统计工程量等。因此,传统的建筑工作模式是,在方案修改的过程中,需要在二维图纸上先作出修改,然后再转入三维建模软件中对模型的三维效果进行修改。

而 BIM 的工作模式是,建筑信息模型中的对象是可识别且相互关联的,模型中某个对象发生变化,与之关联的所有对象都会随之更新,在建筑生命周期不同阶段模型信息是一致的,同一信息无须重复输入,信息模型能够自动演化,在不同阶段模型对象可以简单地进行修改和扩展,而无须重新创建。所以, BIM 可以基于模型进行修改,这一过程中二维与三维可实现实时关联修改,由于带有不同构件的不同属性信息,后期能够基于所需的信息对这些数据进行提取,工程量清单、施工进度管理及建筑全生命运维都成为现实(图 1-3、图 1-4)。因此,它就作为一个设施的共享的知识资源,成为决策的可靠基础。

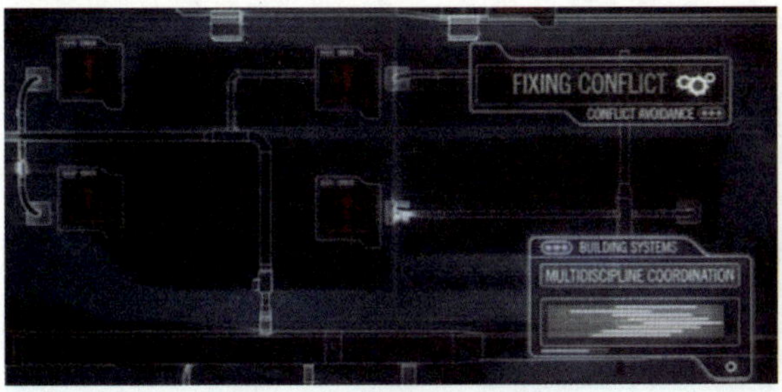

图 1-3　管线方案检查

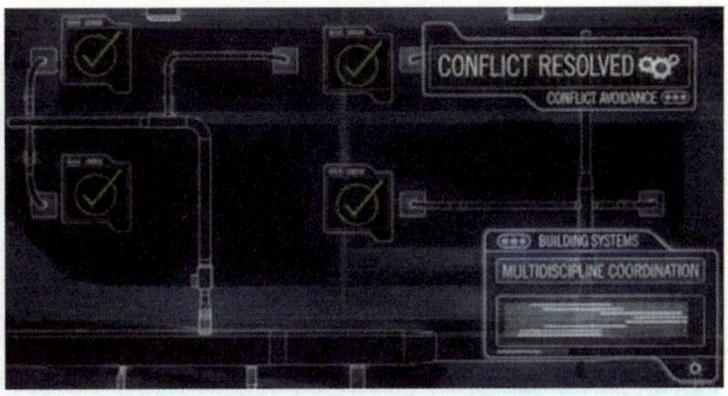

图 1-4　管线方案优化

1.1.2　BIM 与软件

说到这里,有人可能会认为 BIM 就是一个软件,其实不然。"建筑信息构建"的一个基本前提是,不同的利益相关者在设施的生命周期不同阶段的合作;通过插入、提取、更新或修改模型中的信息,从而支持和反映利益相关者的角色。它是一个过程。BIM 是建立在一个互通性开放标准基础之上的、共享的数字化表达方式。

首先,用于创建 BIM 模型的软件包括 BIM 核心建模软件、BIM 方案设计软件以及 BIM 接口的几何造型软件。其中 BIM 核心建模软件包括 Revit Architecture、Revit Structure、Revit MEP、Bentley Architecture、Bentley Structural、Bentley Building Mechanical Systems、Archicad、CATIA,其主要功能是建筑对象建模。BIM 方案设计软件主要应用于设计初期,其功能是把业主设计任务书中基于数字的项目要求转化为基于几何形状的建筑方案,帮助设计师对设计方案进行验证,使之与设计任务书中的项目匹配,包括 Onuma Planning System、Affinity。BIM 接口的几何造型软件主要应用于具有复杂造型的建筑,能够更加方便且可以实现 BIM 核心建模软件无法实现的功能。

模型创建完成后,还有一系列利用 BIM 模型的软件,主要包括 BIM 可持续分析软件、

BIM 机电分析软件、BIM 结构分析软件、BIM 可视化软件、BIM 模型检查软件、BIM 深化设计软件、BIM 模型综合碰撞检查软件、BIM 造价管理软件、BIM 运营管理软件、二维绘图软件以及 BIM 发布审核软件。

其中，BIM 可持续分析软件可以对项目进行日照、风环境、热工、景观可视度和噪声等方面的分析，代表性软件主要有 PBIMS、EcoTech、IES、Green Building Studio。

BIM 机电分析软件主要有 Design Master、IES Virtual Environment、Trane Trace、鸿业、博超、PKPM-BIM。

BIM 结构分析软件可以对模型信息进行结构分析，软件的分析结果可以反馈到 BIM 核心建模软件区并自动更新 BIM 模型，可用软件有 PBIMS、Robot、ETABS、STAAD。

BIM 可视化软件可用于建筑的可视化展示，如 3DMax、Lightscape、AccuRender、Atlantis。

BIM 模型检查软件可以检查模型本身的质量和完整性，如有无空间重叠、构件之间是否有冲突等，此外还可以检查设计是否符合规范要求，常用的软件有 Solibri Model Checker、BIM Works。

BIM 深化设计软件是基于 BIM 技术的钢结构深化设计软件，应用 BIM 核心建模软件提供的数据，能够在钢结构加工、安装方面提供详细的设计方案，生成钢结构施工图、材料表、数控机床加工代码，现在主要使用 XSteel 这一软件。

BIM 模型综合碰撞检查软件可以对集成的三维模型进行 3D 协调、4D 计划、可视化展示等工作，属于项目评估、审核软件，常用的软件有 Navisworks、ProjectWise Navigator、Solibri、BIM Works。

BIM 造价管理软件可以对 BIM 模型进行工程量统计和造价分析，还可以根据工程施工组织计划提供动态造价管理需要的数据，常用的软件有 Innovaya、Solibri、鲁班、广联达、PKPM、斯维尔。

BIM 运营管理软件主要以 ArchiFM 为代表，该软件将数据与模型进行连接，使用虚拟模型来支持诸如区域管理、能源管理、成本控制和库存控制等设施的维护，并支持不同项目团队通过 Web 服务器共享模型数据。

由于目前 BIM 建模软件直接输出的成果还不能满足行业对施工图的要求，因此二维绘图软件仍必不可少，与 BIM 核心建模软件相兼容的软件有 AutoCAD、MicroStation、PKPM。

BIM 发布审核软件用于把 BIM 的成果发布成静态的、轻量化的、包含大部分智能信息的、不能编辑修改但可以标注审核意见且更多人可以访问的格式，提供给项目参与方进行审核或者利用，如 Autodesk Design Review、BIMx（图 1-5）。

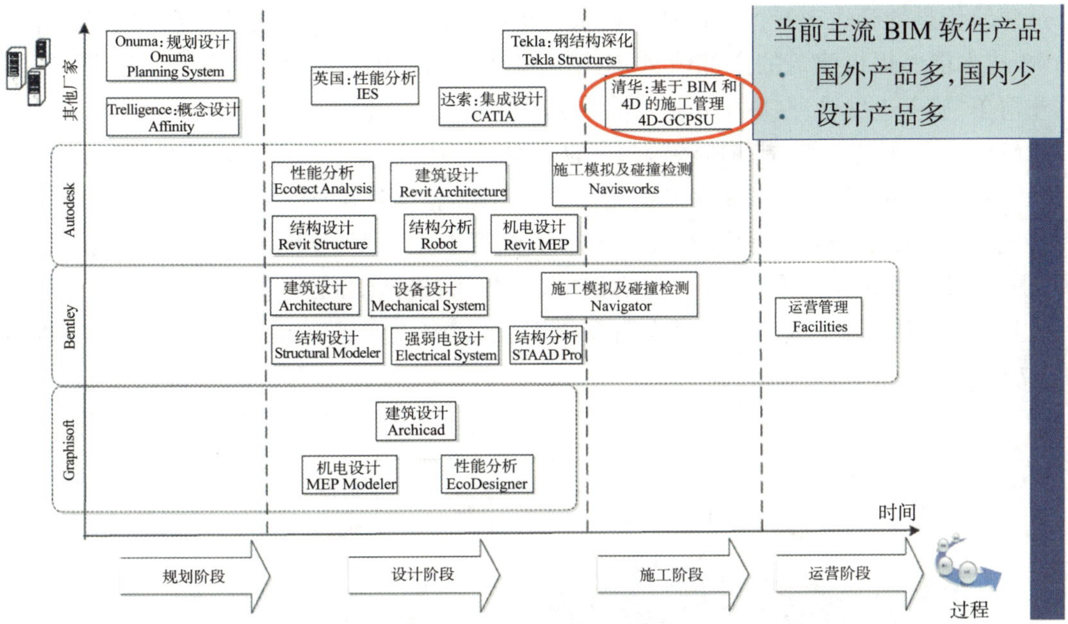

图 1-5　各阶段主要的 BIM 软件

1.2　从 CAD 到 BIM

CAD 技术将手工绘图模式导向计算机辅助制图,实现了工程设计领域的第一次信息革命。但是从整个建筑产业来看,由于各个领域和环节之间没有关联,对产业链的支撑作用片段化,远未达到信息化的综合应用。BIM 作为一种技术、一种方法、一种过程,既包含了建筑物全生命周期的信息,又能运算建筑工程管理行为,两者结合,将很可能引发整个建筑产业领域的第二次革命。

从基本元素来看, CAD 技术的基本元素为点、线、面,没有实际的专业意义。而 BIM 技术中应用的基本元素如墙、门、屋顶等,不但具有几何特性,还具有物理和功能特征。

从模型修改过程来看, CAD 技术需要再次画图,或者通过镜像、移动等命令调整图形,但 BIM 技术中的所有图元均为参数化构件,具有随参数调整的属性;在“族”的概念下,只需要更改属性中的参数,就可以调节与之相对应的尺寸、材质等特性,并且对受此影响的其他相关联的图元进行自动调整。

从建筑各元素间的关联性来看, CAD 技术中各个建筑元素之间没有相关性,而 BIM 技术中各个构件是相互关联的。例如,插入一扇窗,墙体自动被剪切出窗洞;移动一扇窗,被剪切的墙的位置会随之自动变化;删除一扇窗,墙体自动恢复为完整墙面。

从工程制图的全面修改来看, CAD 技术需要对建筑物各投影面依次进行人工修改,但 BIM 技术只需进行一次修改,与之相关的平面、立面、剖面、三维视图及明细表等都会进行自动更新。

从建筑信息的表达来看，CAD 技术提供的建筑信息非常有限，只能将纸质图纸电子化，而 BIM 技术能够提供建筑的全部信息，不仅能提供相对应的二维和三维图纸，而且能提供工程量清单、施工进度管理、虚拟建造、工程估算等丰富的信息。

BIM 工作流程更加强调和依赖设计团队的协作。仅仅安装 BIM 软件来取代 CAD 软件，仍然沿用现有的工作流程，所带来的帮助非常有限，甚至还会产生额外的麻烦。

传统 CAD 工作流程为：设计团队绘制各种平面图、剖面图、立面图及编制明细表等，各种图之间需要人工协调(图 1-6)。而 BIM 工作流程为：设计团队通过协作共同创造三维模型，通过三维模型自动生成所需要的各种平面图、剖面图、立面图、明细表等，无须人工协调(图 1-7)。

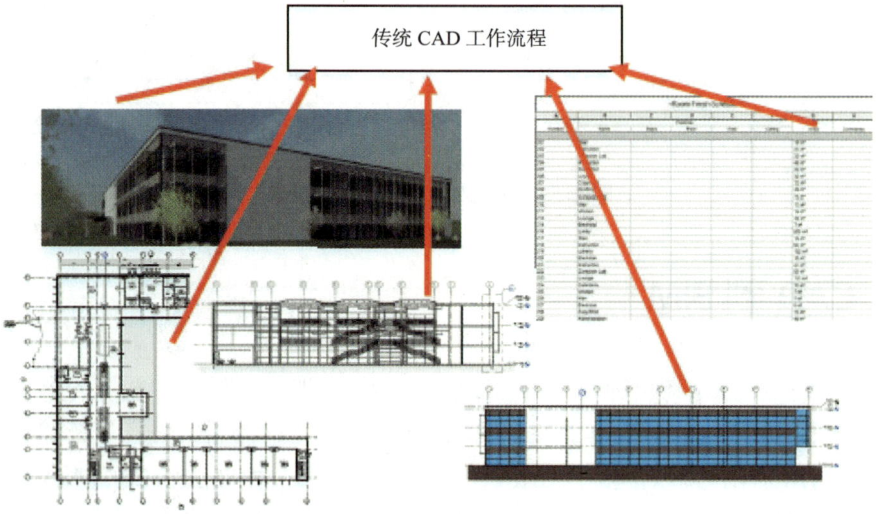

图 1-6　传统 CAD 工作流程示意

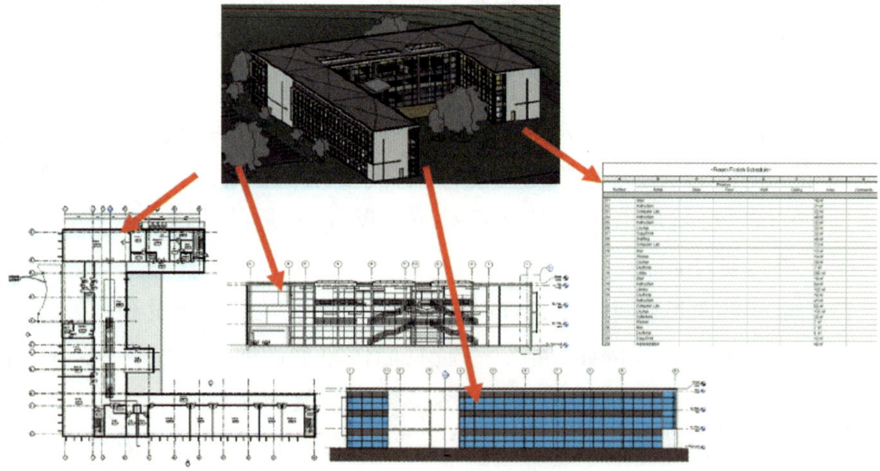

图 1-7　BIM 工作流程示意

在此，需要对 BIM 技术的参数化设计作出进一步阐释。参数化设计是用较少的变量及其函数来描述建筑设计要素的设计方法。目前 Rhinoceros 和 Grasshopper 组成的参数化设计平台最为常用，该设计平台将造型能力和可视化编程建模进行了强强联合，分为“参数化图元”和“参数化修改引擎”两个部分。其中“参数化图元”以构件的形式出现，这些构件之间的不同是由参数的调整实现的，参数保存了作为数字化建筑构件的图元带有的所有信息。“参数化修改引擎”是一种参数更改技术，在参数化设计系统中，设计人员根据工程中的几何关系将设计要求转化为指定逻辑算法，其本质是在可变参数的作用下，系统能够自动维护所有的不变参数。基于此点，设计人员可以根据设计意图在参数化设计中建立各种约束关系，这一技术不仅能够大大提高模型的生成和修改速度，而且能通过计算机运算规则自动生成具有严谨逻辑规律的复杂形态。

Revit 公司的创立者是参数技术公司的前开发者，旨在创造第一款为建筑师和建筑专业人士开发的参数化建模软件。但是 Revit 软件的参数化关系隐藏于界面之下，其计算机运算语言并不可见。所以，Revit 的重点是使用参数建立模型，而不是创建模型参数。2002 年 Revit 公司被 Autodesk 公司收购后，它们将这一概念推广为 BIM。

1.3 BIM 能做什么

在建筑项目设计中，利用 BIM 的最终目的是提高项目设计质量和效率，从而减少后续施工期间的洽商和返工，缩短施工周期，节约项目资金。其在建筑设计阶段的价值主要体现在以下五个方面。

1.3.1 可视化（Visualization）

BIM 将专业、抽象的二维建筑描述通俗化、三维直观化，使得专业设计师和业主等非专业人员对项目需求是否得到满足的判断更为明确、高效，决策更为准确。当 BIM 构件添加了材质后，可以对模型进行渲染等多种应用。

可视化可以在四个阶段得到应用。首先是设计阶段，建筑及构件以三维方式直观呈现，从设计者角度能够更便捷地利用三维方式思考空间形态，业主也可借助三维视图及漫游等途径理解设计成果，减少交流障碍。其次是施工阶段，施工组织中的建筑设备、周转材料、临时设施等都能通过 BIM 模型进行模拟，而在施工中需要清晰展示的复杂节点（如钢筋节点、幕墙节点等）都能通过 BIM 技术完美展现，有利于施工中技术交底。再次是设备安装阶段，可提前检验建筑设备空间是否合理。如通过模型可以优化设备房中安装支架、设备之后的操作空间，较传统方法更为直观、生动。最后是机电安装阶段，传统工作模式是把不同专业的 CAD 图纸叠在一张图上进行观察，需要较丰富的施工经验及较强的空间想象能力才能找出是否有空间上的碰撞点，或者直接在施工中边做边改，其弊端是对经验要求较高，并且容易产生变更与浪费。但在 BIM 模型中，可以提前在真实的三维空间中找出碰撞点，各专业人员参照同一模型进行讨论并优化(图 1-8)。

图 1-8　多专业模型综合

1.3.2　协调(Coordination)

BIM 将专业内多成员、多专业、多系统间原本各自独立的设计成果(包括中间结果与过程),置于统一、直观的三维协同设计环境中,避免因误解或沟通不及时造成不必要的设计错误,从而提高设计质量和效率。

协调性还涉及设计、整体进度规划、成本预算与工程量估算、运维协调。

设计协调主要用于减少设计缺陷,减少后期修改,降低成本与风险。

以前施工进度通常由技术人员或管理层确定,容易出现下级人员信息断层的情况,而基于最实时的信息进行整体进度规划协调之后,施工前期的技术准备时间会大大缩短。

同时,基于 BIM 技术生成的工程量不是简单的长度和面积的计算,专业的造价 BIM 软件可以进行精确的 3D 布尔运算和实体减扣,从而获得更合理、更真实的工程量数据,减少重复计量,并且可以自动形成电子文档,准确率和速度都得到大幅提高。

运维协调则是将 BIM 系统包含的厂家价格信息、竣工模型、维护信息、施工阶段安装深化图等碎片化的图纸、报价单、采购单、工期图等统筹在一起,呈现全面实用的信息。如在空间协调管理中,主要应用 BIM 技术实现对照明、消防等系统和设备的空间定位(图 1-9),业主可以获取各系统和设备空间的位置信息,通过 RFID(射频识别)把原来在图纸上的编号或文字转化为三维图形位置,便于查找,也能快速获取某一空间需要改造时不能拆除和移动的管线、建筑构件位置及相关信息。在设施协调管理中,BIM 技术能够更好地联系业主和运营商,通过共享建筑项目信息,厂家可对重要设备进行远程控制,把原来商业地产中独立运行的各设备通过 RFID 汇总到同一平台,这样可充分了解各设备之间的联动情况,提供更好的运维环境(图 1-10)。特别值得一提的是,在对突发事件的预防、警报和处理的应急管理协调方面,BIM 技术的重要性尤为突出。

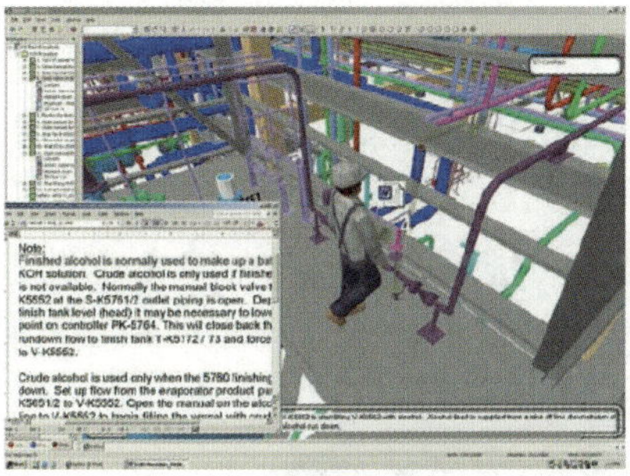
图 1-9　空间使用模拟

图 1-10　施工进度模拟

以消防事件为例，该管理系统可以通过喷淋感应器感应信息。如果发生消防事故，在该建筑的 BIM 信息模型界面中，就会自动触发火警警报，着火区域的三维位置立即得以定位并显示，控制中心就可以及时查询相应的设备及环境情况，为及时疏散人群和处理灾情提供快捷的数据及重要信息。

1.3.3　模拟（Simulation）

BIM 将原本需要在真实场景中实现的建造过程与结果，在数字虚拟世界中预先实现，可以最大限度减少未来真实世界的遗憾（图 1-11）。这一模拟技术能用于建筑物性能分析仿真。BIM 专业工程师在设计过程中赋予虚拟建筑模型不同的几何、材料性能及构件属性等信息，然后将 BIM 模型导入相关的分析软件，就可以得到相应的分析结果。性能分析主要包括能耗分析、光照分析、设备分析和绿色分析等。

图 1-11　虚拟建构

通过 BIM 对项目重点及难点部分进行模拟来探讨方案的可行性，验证复杂结构施工体系（如施工模板、玻璃装配等）的建造可行性，可提高施工计划的精度。施工进度模拟通过将 BIM 与施工进度计划相链接，把空间信息与时间信息整合到一个可视的 4D 模型中，直观、精确地反映整个施工过程。当前，建筑工程项目管理中常用的是专业性强但可视化程度低的甘特图，其无法清晰地表达动态变化过程。而基于 BIM 技术的施工进度模拟可直观、精确地反映整个施工过程，进而通过优化配置、整合资源来缩短工期并提高质量。

1.3.4 优化（Optimization）

不同用途的模型，建模要求也不同。如用于后期维护的模型，需要增加大量设备维护方面的信息，而用于日光分析的模型只需要几何形状信息。

由于 BIM 具有前面的三大特征，设计优化成为可能，可进一步保障真实世界的完美。这点对目前越来越多的复杂造型建筑的设计尤其重要（图 1-12）。

图 1-12　复杂建筑的建构

1.3.5 出图（Documentation）

基于 BIM 成果的工程施工图及统计表将最大程度保障工程设计企业最终产品的准确性、质量及创新性。

工程项目在进行过程中的 BIM 应用模式为：通过三维模型实现与甲方及施工单位的顺畅交流；在工程实践中能根据 BIM 模型，模拟建筑的声学、光学以及建筑物的能耗、舒适度，对项目进行绿色能耗分析及优化；利用信息化特性，对项目进行建筑经济方面的工程量统计（图 1-13）。

图 1-13　图纸中添加三维视图

（1）设计前期

在方案设计之前对整个项目的 BIM 运用进行策划，建立合理的构架是后期顺利的保障。每个独立的项目都要制定独立的项目模板。

（2）方案设计

结合其他建模软件共同完成方案构思，通过软件之间的信息传递，在设计的同时进行能耗分析、采光分析以及声环境分析，对特定的区域（如机房、出图室、会议室等）重点设计。BIM 运用还包括效果图、动画、实时漫游、虚拟现实系统等项目展示手段。

（3）施工图设计

运用 BIM 软件完成整套二维施工图，并利用三维可视化的优点加以辅助设计和深化设计，保证设计质量。依靠 BIM 的强大图纸管理体系，使各个分项图纸之间切换便捷。同时 MEP 功能能够处理复杂项目的综合管线设计。

（4）招标阶段

运用 BIM 生成的清单进行工程算量，通过概预算对项目进行实时的成本控制。在多家竞标的情况下提高甲方对工程报价的掌握程度，同时也能更好地选择性价比高的单位。

（5）施工管理

施工前期进行分标段工料算量、施工组织等，并且保证在工程清单固定的情况下现场操作无太大调整，在施工过程中运用 BIM 模型进行现场施工指导，对工程信息及时更新，进行 BIM 深化设计。另外，对于装配式建筑施工过程，则能通过 RFID 技术将 BIM 模型中的构件与实际定制的构件进行关联，追踪构件并协助完成竣工验收（图 1-14）。

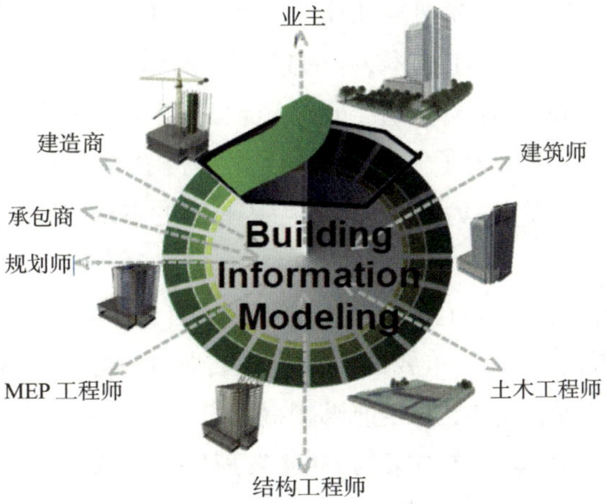

图 1-14　全过程的 BIM 应用

1.4　BIM 发展现状

BIM 是市场规范化的产物，是全社会各行业生产标准达到一定水平的产物。通过不断完善数字模型使之更具有标准统一性，就能将同一个建筑信息模型分别应用在建筑设计、协作营销、工程概预算、成本监控、虚拟施工、施工辅助、施工协调和物业管理等流程中。

BIM 最早在美国发展起来，随着全球化的进程业已扩散到欧洲和亚洲等地，而这些地区及国家的 BIM 发展和应用都达到了一定水平。

启动 BIM 研究及应用较早的美国在建筑业信息化方面居于世界前列。目前，BIM 在美国建筑项目中的应用涉及很广，建立了如 BuildingSMART 联盟(bSa)等各种 BIM 协会，致力于 BIM 的研究与推广，使项目所有参与者在项目全生命周期能共享准确的项目信息，还出台了各种 BIM 标准。bSa 下属的美国国家 BIM 标准项目委员会(NBIMS-US)专门负责美国国家 BIM 标准(NBIMS)的研究与制定，通过明确 BIM 过程和工具的各方定义以及相互之间数据交换的明细和编码，基于 IFC 标准(IFC 如同网络通信标准 HTML 一样，IFC 不属于任何 BIM 软件专有，加入 IFC 标准认证的各领域及不同软件日益增加，许多公司和教育单位也加入研究并开发相应的应用)对信息交换和开发过程等制定一致的 BIM 标准，这些标准已成为一套完整的 BIM 指导性和规范性标准。北美的建筑行业有 75% 的机构在使用建筑信息模型(BIM)或与 BIM 相关的工具，美国各大承包商的 BIM 应用已经普及。

在 BIM 发展过程中，英国政府扮演了强制推动者的角色。英国内阁办公室于 2015 年发布了政府建设战略文件，其中政府明确要求到 2016 年全面协同 3D.BIM，全部文件需进行信息化管理。同时，在英国建筑业 BIM 标准委员会 [AEC(UK)BIM Standard Committee] 的支持下，政府发布了适用于 Revit、Bentley 的英国建筑业 BIM 标准，并还在制定 Archicad、Vectorworks 的 BIM 标准。这一系列标准的制定为英国的 AEC 企业从 CAD 过渡到 BIM 提供了切实可行的方案和流程。

新加坡建筑管理署(Building and Construction Authority，BCA)在 1982 年就有人工智能规划审批的想法，并在 2004 年首创自动化审批系统，还在新加坡 BIM 发展路线规划中明确提出在 2015 年前广泛应用 BIM 技术，并通过在政府带头的新建项目中逐步强制要求提交建筑 BIM 模型、结构与机电 BIM 模型，最终实现建筑面积大于 5 000 平方米的建筑项目全面携带建筑信息模型。同时，为了满足 BIM 行业发展中源源不断的专业需求，BCA 鼓励新加坡的大学开设 BIM 课程，并为毕业学生组织密集的 BIM 培训课程以及为行业内专业人士设立 BIM 相关专业学位。

德国、意大利在建筑产业中，也已过半使用了 BIM 的工作方法。BIM 是一个综合的过程，协调和信息传递对它们的工作是很重要的。调查报告显示，经济低迷是行业内催生变化的原因。而它们之所以使用 BIM，原因主要是能够提高协作程度，能够迅速进行后期工程处理。

挪威、丹麦、瑞典和芬兰等北欧国家的 BIM 发展则主要依靠企业自觉，这并不意味着政府介入过少或强制性不够，而是由于建筑业信息技术的软件厂商主要集中于此，有着良好的研发环境，并且由于北欧国家冬季较长，施工难度大，所以迫使建筑预制化研究得以发展。多种因素使得这些国家成为全球最早采用基于模型设计的国家，也提前自主地对 BIM 发展进行探讨和部署，并从商业角度将 BIM 模型精度与深度作为项目合同的一部分，对其进行了严格的法律约束。

日本建筑产业高度集中，相关企业均为设计施工一体化企业，BIM 应用相对成熟。它们热衷于对高新技术的研究应用，以保持在国际市场的竞争力。大量的日本设计与施工公司于 2010 年起开始正确认知并应用 BIM，逐渐认识到 BIM 在提升工作效率方面的优势，所以，在业主普遍没有硬性要求时，三分之一的施工企业已经自主地选择 BIM 技术作为生产的主要手段。日本建筑学会也在 2012 年发布了日本 BIM 指南，在团队建设、数据处理、设计流程等方面对设计院和施工企业进行 BIM 指导。同时，由于日本具有较好的软件研发环境，在认识到 BIM 需要多个软件互相配合才能进行数据集成后，日本多家 BIM 软件厂商以福井计算机株式会社为主导，成立了日本国产软件解决方案联盟。

韩国在 BIM 技术运用上也居于世界领先地位，通过短期—中期—长期的 BIM 规划，从 500 亿韩元以上交钥匙工程及公开招标项目开始，逐步过渡到 500 亿韩元以上的公共工程，最后到所有公共工程都需采用 BIM 技术。通过积极的市场推广，促进 BIM 应用，编制 BIM 应用奖励，建立专门管理 BIM 发包产业的诊断队伍，建立基于 3D 数据的工程项目管理系统。

相比之下，我国引进 BIM 技术的时间是 2003 年，但是没有进行足够有力的推广，导致 2010 年左右我国的 BIM 实践还处于建筑各个环节企业的单兵演练阶段，经验积累缓慢，当时业主方、设计方与施工方都只有极少数进行着积极探索。上海市作为我国的经济发达地区，对 BIM 技术的认知与应用领先于其他城市；其次，北京、深圳等地区的 BIM 发展也十分迅猛，北京凭借良好的政治与经济区位吸引 BIM 人才，也更及时地跟随政策导向，深圳则更直接地与香港合作，发展相对更趋于国际化。我国的 BIM 应用明显受政策驱动较大，2011 年住房和城乡建设部在《2011—2015 年建筑业信息化发展纲要》中明确指出在施工阶段开展 BIM 技术的研究与应用，此举着意使 BIM 技术导向性地向施工阶段发展，这是针对我国施工阶段的特殊情况实施的有力举措，能够对施工企业普遍的劳动密集型、技术粗放型业态进行现代化调整。我国的香港和台湾在 BIM 应用方面较为成熟。香港房屋署于 2006 年起率先试用建筑信息模型，并通过自行订立 BIM 标准、用户指南和组建资料库等设计指引和参考，成功推广了 BIM 技术。2009 年 11 月，在有了良好的模型建立、档案管理以及用户之间的沟通经验之后，房屋署于 2009 年底发布了 BIM 应用标准，2010 年已经完成了从概念到实用的转变，处于全面推广的最初阶段，并于 2015 年前覆盖了房屋署所有项目。台湾地区则从科研和实践两方面共同大力发展 BIM 应用，其高校参与的 BIM 科研尤为突出。早在 2007 年，台湾大学就与 Autodesk 公司签订了产学合作协议，并重点对建筑信息模型及动态工程模型设计进行研究。2009 年，台湾大学土木工程系成立工程信息仿真与管理研究中心，加强了相关的技术经验交流，并将成果分享与产业人才培训相结合开展多种类型的合作。2011 年该中心与淡江大学工程法律研究发展中心展开跨行业合作，出版了《工程项目应用建筑信息模型之契约模板》，并通过提供合同范本与说明，对现有合同内容在 BIM 应用项目实施过程中涉及的不完善之处进行了修正和补充。此外，高雄应用科技大学、台湾科技大学和台湾交通大学等也对 BIM 进行了较为深入的、具有前瞻性的尝试与研究，推动了台湾地区的 BIM 发展。

随着住房和城乡建设部将 BIM 写进“十三五”规划，BIM 在我国建筑界如同雨后春笋般成长。软件厂商、施工企业和科研院校等都在政策驱动下积极推动 BIM 发展。2014 年，上海、北京、广东、山东、陕西、四川等省市的地方政府相继出台具体的 BIM 政策指导各地的

BIM 应用，而 2015 年发布《关于推进建筑信息模型应用的指导意见》，明确到 2020 年末，建筑行业甲级勘察、设计单位以及特级、一级房屋建筑工程施工企业应掌握并实现 BIM 与企业管理系统和其他信息技术的一体化集成应用。

1.5 BIM 会如何发展

1.5.1 生态化发展

BIM 的重要意义在于它重新整合了建筑设计的流程，其所涉及的建筑全生命周期管理(BLM)又恰好是绿色建筑设计的关注和影响对象。绿色建筑理念的贯彻能保证在建筑的全生命周期内，最大限度节约资源，节能、节地、节水、节材，保护环境和减少污染，提供健康适用、高效使用、与自然和谐共生的建筑，而真实的 BIM 数据和丰富的构件信息给各种绿色分析软件以强大的数据支持，确保了结果的准确性(图 1-15)。BIM 的某些特性里，有非常及时和高效的反馈。绿色建筑设计是一个跨学科、跨阶段的综合性设计过程，而 BIM 模型刚好顺应需求，实现了单一数据平台上各个工种的协调设计和数据集中。

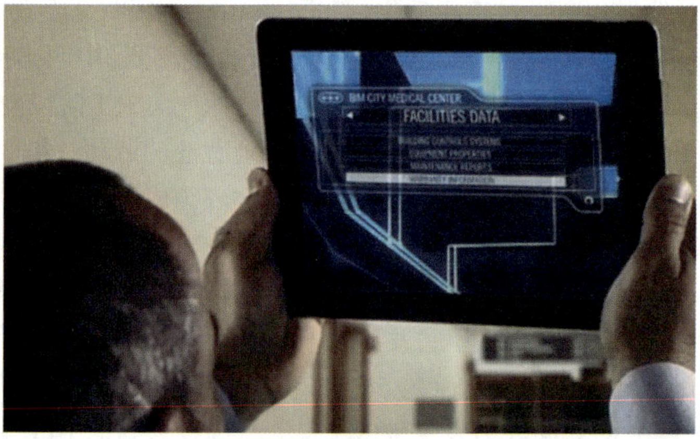

图 1-15　数据实时反馈

1.5.2 整合式发展

近年来，随着国际工程承包市场的发展，EPC(Engineering Procurement Construction)总承包模式得到越来越广泛的应用。大型工程项目多采用 EPC 总承包模式，给业主和承包商带来了便利和可观的效益，同时也对项目管理程序和手段，尤其是项目信息的集成化管理提出了新的更高要求。把 EPC 项目生命周期所产生的大量图纸、报表数据融入以时间、费用为维度创建的 4D、5D 模型中，利用虚拟现实技术辅助工程设计、采购、施工、试运行等诸多环节，整合业主、EPC 总承包商、分包商、供应商等各方的信息，增强项目信息的共享和互动，不仅是必要的，而且是可能的。

1.5.3　向大数据方向发展

BIM 与云计算集成应用，是利用云计算的大规模数据存储能力将 BIM 应用转化为 BIM 云服务，以云计算这种基于互联网的计算方式进行数据共享。云计算使得 BIM 技术走出办公室，用户在施工现场可通过移动设备随时连接云服务，及时获取所需的 BIM 数据和服务等。

根据云的形态和规模，BIM 与云计算集成应用的初级阶段以项目协同平台为标志，主要厂商的 BIM 应用通过接入项目协同平台，初步形成集合式的 BIM 应用；中级阶段则以模型信息平台为标志，合作厂商基于共同的模型信息平台开发 BIM 应用，并形成组合式的 BIM 应用；高级阶段以开放平台为标志，用户可根据差异化需要从 BIM 云平台上获取所需的 BIM 应用，并形成化合式的 BIM 应用。

1.5.4　向物联网方向发展

物联网是通过射频识别、红外感应器、全球定位系统、激光扫描器等信息传感技术与设备，按约定的协议将物品与互联网相连进行信息交换和通信，以实现智能化识别、定位、跟踪、监控和管理的一种网络（图 1-16）。

图 1-16　施工方案优化

BIM 技术发挥上层信息集成、交互、展示和管理的作用，而物联网技术则承担底层信息感知、采集、传递、监控的功能。二者集成应用可以实现建筑全过程“信息流闭环”，实现虚拟信息化管理与实体环境硬件之间的有机融合。

1.5.5　宏观化发展

GIS 即地理信息系统，BIM 与 GIS 集成应用，是通过数据集成、系统集成或应用集成来实现的，以发挥各自优势，拓展应用领域。BIM 与 GIS 集成应用，可提高长线工程和大规模区域性工程的管理能力。BIM 的应用对象往往是单个建筑物，利用 GIS 宏观尺度上的功能，可将 BIM 的应用范围扩展到道路、铁路、隧道、水电、港口等工程领域。

随着互联网的高速发展，基于互联网和移动通信技术的 BIM 与 GIS 集成应用，将改变二者的应用模式，向着网络服务的方向发展。当前，BIM 和 GIS 不约而同地开始融合云计算这项新技术,分别出现了"云 BIM"和"云 GIS"的概念,云计算的引入将使 BIM 和 GIS 的数据存储方式发生改变,数据量级也将得到提升,其应用也将得到跨越式发展。

1.6 BIM 职业如何规划

在大致了解了国内外 BIM 行业的发展情况后,就能够根据我国建筑业特点对 BIM 的行业情况作进一步阐释。

中国是全球最重要的建筑市场。据最新统计,中国建筑业总产值超过 31 万亿元。近十年来,建筑业的国民经济支柱产业地位更加牢固,建筑产业现代化程度大幅提升,工程质量稳步提高。港珠澳大桥、北京大兴国际机场等一批世界级标志性重大工程相继建成,"中国建造"展示了强大综合国力。

但是自 2015 年以来,受中国宏观经济发展的影响,多数设计企业业务增长放缓甚至出现大幅下滑,低价竞争、降薪裁员逐渐成为业界常态。而纵观过去十多年的快速发展,行业内企业的数量和从业人数已经达到了相当大的规模,同质化竞争严重。不过国家出台的一系列 BIM 相关政策法规和新一轮的投资体系改革,也给设计企业提供了更大的发展空间,PPP 模式(政府和社会资本合作模式)的推行、新型城镇化、"一带一路"、互联网 + 设计等都带来了新的机遇和岗位空间(图 1-17)。

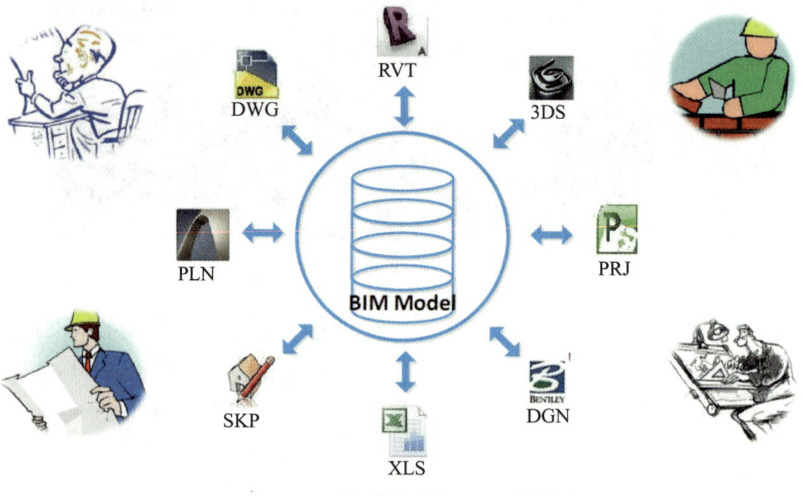

图 1-17 传统模式向 BIM 的转变

实际上我国建筑业的转型升级刻不容缓。长期以来,我国的建筑业都是劳动密集型行业,建筑行业的劳动生产率总体偏低,资源与能源消耗严重,建筑环境污染问题突出,建筑工程的质量和安全存在诸多问题。此外,随着我国社会经济的发展以及建筑业人口红利的淡出,建筑行业确实需要一种更为先进的生产方式来改变现状(图 1-18)。

图 1-18 建筑信息整合为 BIM

建筑工业化和建筑信息化是建筑产业现代化的两个核心基础，只有两者发展到了一定程度，才会实现建筑产业的现代化。现阶段我国的装配式建筑大多以“主体产业化”为主，根据中国建筑标准设计研究院提出的最新理念和模式，建筑产业化要向“主体产业化 + 内装产业化”更加全面的方向发展，BIM 必将发挥更大的作用。

BIM 的发展有三个阶段。第一阶段为萌芽阶段。这一阶段 BIM 技术通过其可视化、项目协同等优势以新技术的角色进入建筑从业者的视野，但初期因为本地化不足、技术应用点不多等问题，推广速度普遍较慢。第二阶段为量变阶段。随着 BIM 技术的本地化程度越来越高，越来越多的企业和个人开始关注 BIM 技术并致力于 BIM 技术的应用研究，BIM 技术将迎来高速、深度的发展。第三阶段是质变阶段。未来当项目的全生命周期 BIM 技术应用达到一定程度时，工程项目的实施将实现 BIM 技术的理念，完成 BIM 技术的自我更新。

目前我国的 BIM 技术应用正处于第一阶段向第二阶段迈进中，所以在 BIM 推广过程中，不少的问题也暴露了出来。比如 BIM 应用的低水平重复、BIM 市场的混乱竞争、BIM 标准规范不健全等，再加上目前国内地产行业下行趋势明显，开发体量减小、速度明显下降，未来 BIM 技术的推广和应用也存在诸多不确定因素。

在项目的进程中，很多环节为 BIM 人才提供了机遇，主要包括建筑设计阶段的 BIM 建模师、施工图阶段的 BIM 建筑设计师、BIM 设备工程师、BIM 应用工程师、工程造价方向的 BIM 造价分析师、绿色建筑方向的 BIM 节能设计师、工程管理方向的 BIM 工程监理师等。

BIM 模型由构件组成，需要强大的构件库，才可以供各类设计进行调用。现阶段构件库亟待完善，这为不太具有项目经验的新手提供了 BIM 建模师的就业方向。从事 Revit、Archicad 等 BIM 软件的图库建构，需要有良好的 BIM 软件操作能力，并且对建造专业知识有一定的了解。

BIM 设计师（施工图阶段）从事基于不同方向的 BIM 软件的项目施工图设计工作，需要有熟练的 BIM 软件操作技能以及丰富的项目实践经验。BIM 具有的强大图纸功能目前在施工图阶段运用得最为成熟,这一阶段创造了大量需要建筑学背景的岗位。这一岗位的特点是对方案设计能力要求不太高,但要求具有一定的 BIM 软件操作能力,最好能具有基本的施工图概念(图 1-19)。

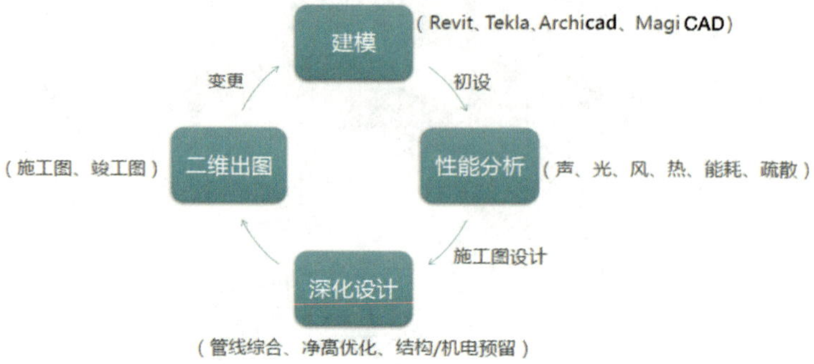

图 1-19 施工图阶段 BIM 行业需求

BIM 建筑设计师(方案阶段)从事项目方案阶段的 BIM 设计工作,要求具有熟练的 Rhinoceros、Grasshopper、Archicad 软件操作能力,并具有丰富的方案设计经验。已经具有 BIM 软件操作能力且有一定美学基础的学生,可以加入方案设计团队,最基本的工作是辅助进行复杂形体的建模,但更有可持续发展意义的工作是将参数化设计运用于建筑空间营造中(图 1-20)。

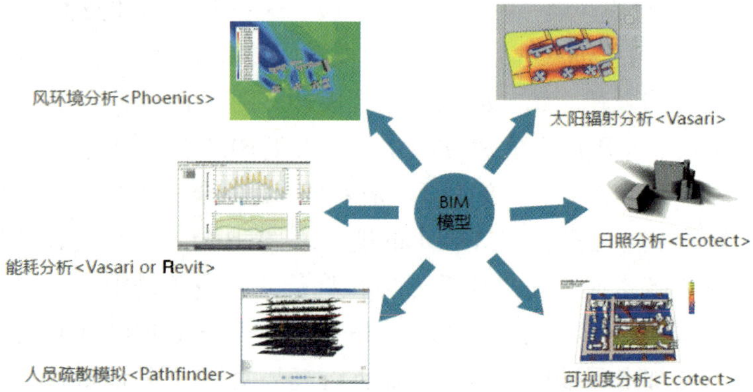

图 1-20 方案设计阶段 BIM 应用升级

BIM 应用工程师从事 BIM 软件的二次开发工作,要求同时具有相当熟练的 BIM 软件操作能力以及编程能力,并且具有丰富的项目参与经验。现阶段,BIM 在我国的发展尚处于平台搭建阶段,具有 BIM 软件操作能力并且对计算机编程感兴趣的学生,可以基于现有 BIM 平台进行二次开发,由于这一类型的岗位一般需要与具体项目相结合以解决具体问题,所以其发展前景相当广阔(图 1-21)。

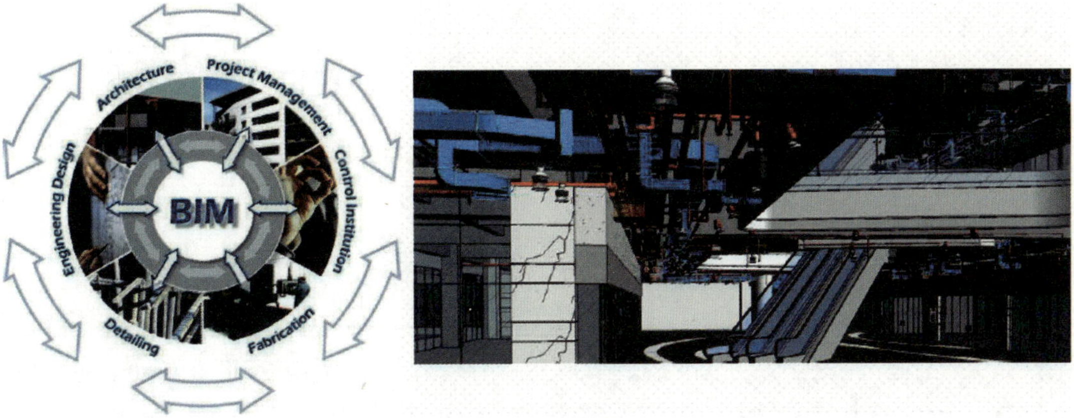

图 1-21　全专业 BIM 应用与开发

BIM 造价分析师从事基于 BIM 模型的建筑造价分析工作，要求有熟练的 BIM 软件操作能力，并且有造价方向的专业知识。虽然 BIM 软件具有算量功能，但其中涉及的造价专业知识是施工图阶段的 BIM 模型深度无法达到的，因此产生了需要造价专业知识并能熟练操作 BIM 软件的岗位。这一岗位的工作内容是对 BIM 模型进行进一步的深化，完善项目要求的建筑材料等信息，并按照建筑造价的相关法规进行概预算。

BIM 工程监理师从事 BIM 工作环境下的施工管理工作，要求对 BIM 模型有较强的分析和解读能力，且具有丰富的施工管理经验。他们利用 BIM 模型对施工过程进行模拟，比对 BIM 模型指导施工，并对装配式建筑构件进行全生命周期的追踪和监控，合理调度，最大化地节约用地，统筹时间，并最大程度地保证施工质量。

本章小结

本章介绍了 BIM 的基本概念，分别从模型和软件两个方面对其进行阐释；通过与二维传统思维模式进行对比，从工作流程的角度介绍了 BIM 的三维参数化特点，之后将这些特点与实际应用相结合，展示了目前行业的应用现状以及未来的发展趋势；最后结合 BIM 的发展规律，对 BIM 学习者的职业规划提出了建议。

项目 2　入门阶段——初识 Revit

课程思政

历史使命感

《论语·卫灵公》:“工欲善其事,必先利其器。”意思是工匠想要使他的工作做好,一定要先让工具锋利。这说明要做好一件事,前期的准备工作非常重要。

以我国脱贫攻坚为例。贫困是人类社会的顽疾,反贫困始终是古今中外治国安邦的大事。一部中国史,就是一部中华民族同贫困作斗争的历史。在中国共产党成立一百周年的重要时刻,我国脱贫攻坚战取得了全面胜利,在现行标准下 9 899 万农村贫困人口实现全部脱贫,832 个贫困县全部摘帽,12.8 万个贫困村全部出列,区域性整体贫困得到解决,完成了消除绝对贫困的艰巨任务,全面建成小康社会,创造了一个彪炳史册的人间奇迹。脱贫攻坚伟大斗争,锻造形成了“上下同心、尽锐出战、精准务实、开拓创新、攻坚克难、不负人民”的脱贫攻坚精神。这是中国人民意志品质、中华民族精神的生动写照,是爱国主义、集体主义、社会主义思想的集中体现,是中国精神、中国价值、中国力量的充分彰显,赓续传承了伟大民族精神和时代精神。

要实现精准扶贫、精准脱贫,首先要摸清区域贫困人口致贫的原因,找准突破口,精准施策,如此才能事半功倍,真正让脱贫成效经得起历史和人民检验。同理,学习 Revit 建模之前,要对其软件建模环境、系统性架构理念以及建模思路有一个清晰和正确的认知,从而为后续的建模学习打下良好的基础。

建筑工程设计已经进入计算机绘图时代,三维设计方兴未艾。"以二维图样为核心"的设计理念要转变为"三维模型与二维图样相结合"的理念,以往的传统设计主要借助 CAD 实现,而随着 BIM 技术的引进,利用 Revit 进行三维设计和三维模型构建逐渐成为新趋势,不论是提高设计效率还是减少出错,都是前者所不能比拟的。

目前,国际范围内 BIM 设计建模阶段的软件有 Autodesk 公司的 Revit 平台、Graphisoft 公司的 Archicad 软件、达索公司的 CATIA 等。其中的 Revit 系列软件最早是 Revit Technology 公司于 1997 年开发的三维参数化设计软件, 2002 年被 Autodesk 公司收购。Revit 虽然不是最早的具有 BIM 理念的软件,但由于其依托 Autodesk 公司强大的市场影响力,从 2004 年进入中国以来,已经成为工程设计阶段最主流的三维设计和 BIM 模型创建工具。

2.1 Revit 的特点与架构理念

2.1.1 Revit 的特点

以 Revit Architecture 为例,我们来认识一下该软件的特点。因为大家只有认识到它的不可替代性与优越性之后,才能做到主动学习甚至对其作更为深入的研发。所以,在介绍软件的具体操作之前,系统地了解这一软件是更为科学和有效的学习方法。

首先我们需要建立一个三维设计的概念。BIM 技术创建的模型具有实际意义,也就是说创建的如墙体这种实例三维模型,不仅具有高度(即 z 轴方向的尺寸),更重要的是具有内、外墙甚至更复杂的构造层的差异,同时还具有材料特性、时间及阶段信息等。所以,在创建模型时,都需要根据项目实际情况对其属性作一一设置。因此不难发现,在设计阶段 BIM 技术的效率优势并未显现,甚至与传统的二维绘图模式相比,同样的出图深度 BIM 模型需要的时间更多。在讲求效率的建设行业中,这一特点也成为制约其在各设计院推广的最大阻力,但由于从整个建筑生命周期来看,其优势极为明显,所以通过政府强制推行加上政策鼓励引导,这一问题势必得到妥善解决。

Revit 的第二个特点是关联性。由于项目的所有平、立、剖面和明细表等施工图组成要素都是基于建筑信息模型得到的,所以模型与所有相关图纸实时关联,一处修改,处处自动修改。而且模型的各组成部分具有关联性,如门窗与墙的关联性、墙与屋顶和楼板的附着性、栏杆与楼梯的路径一致性等。

Revit 的第三个特点是支持协同化的工作模式。所谓协同化,就是能将同一文件模型通过网络共享,进行共同建模,在 Revit 中是以工作集的模式实现的。如果在不同的文件模型中用到了同样的单元,则可通过将共同的单元链接至不同项目,实现不同项目之间的协同。

Revit 的第四个特点是战略性地考虑了设计阶段之后建筑信息模型的应用方案。此阶段的应用引入了时间的概念,实现与 4D 设计施工和建造管理的关联,并且能按照工程进度的不同阶段分期统计工程量。这一特点使得同一个 BIM 模型能在整个项目生命周期内得到有针对性的专业化应用,这也是 BIM 技术的核心所在。

2.1.2 Revit 的架构理念

要掌握 Revit 的操作,先理解软件的架构和组成是十分必要的。由于 Revit 是针对工程建设行业推出的 BIM 工具,因此虽然 Revit 中大多数元素与工程项目相关,例如结构墙、门、窗、楼板、楼梯等,但这些元素进行了从属关系上的整理,并各自有专用的术语,务必在理解的基础上掌握架构及相关专用术语(图 2-1)。

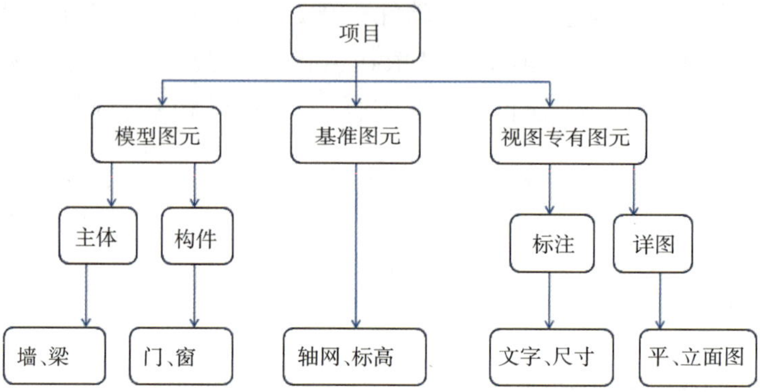

图 2-1 Revit 的基本架构

在 Revit 中,可对项目进行划分和分级。所有项目中的信息都能分为模型图元、基准图元和视图专有图元。而图元就是 Revit 用于构成项目的基础,也就是点、线、面、体及文字符号等各种图形元素。我们可简单地将项目理解为 Revit 的默认存档格式文件。该文件中包含了项目工程中所有的模型信息和其他工程信息,如材质、造价、数量等,还包括设计中生成的各种图纸和视图,项目以“.rvt”数据格式保存。

注意:“.rvt”格式的项目文件无法在低版本的 Revit 中打开,但可以被更高版本的 Revit 打开。例如,使用 Revit 2015 创建的项目数据,无法在 Revit 2014 或更低的版本中打开,但可以使用 Revit 2016 打开。一旦将低版本项目用高版本的软件打开后,在数据保存时,Revit 将升级项目数据为新版本格式,升级后的数据将无法使用低版本软件打开。

其中模型图元表示建筑的实际三维几何图形,它们显示在模型的相关视图中。例如,墙、窗、门和屋顶是模型图元。模型图元又分为主体和构件两种类型。主体图元通常在构造场地在位构建,如墙和楼板等;构件图元是建筑模型中其他所有类型的图元,如窗、门和橱柜等。

基准图元可帮助定义项目的定位信息,例如轴网、标高和参照平面都是基准图元。对于三维建模过程来说,由于空间具有纵深性,所以设置工作平面是其中非常重要的环节,基准图元能提供三维设计的基准面。此外,还需要定位辅助线,传统二维的辅助线在三维设计中进阶为辅助平面,其专用术语为“参照平面”,用于绘制辅助标高或设定辅助线。

视图专有图元只特定显示在视图中,它们可对模型进行描述或归档。例如,尺寸标注、标记和详图都是视图专有图元。视图专有图元又可分为标注和详图两类。

标注是对模型信息进行提取并在图纸上以标记文字的方式显示其名称、特性,例如,尺寸标注、标记和注释记号都是标注图元，其样式可以由用户自行定制，以满足各种本地化设计应用的需要。Revit 中的标注图元与其标记的对象之间具有特定关联，如门窗的尺寸标注会随着修改门窗大小而变化，修改墙体材料，其材质标记也会自动变化。当模型发生变更时，这些图元也将随模型的变化而自动更新。

详图是在特定视图中提供有关建筑模型详细信息的二维项，它是 Revit 中的一个重要的专用术语。详图包括楼层平面图、天花板平面图、三维视图、立面图、剖面图及明细表等。因为详图都是基于模型生成的平面化表达，所以它们既相互关联又相互独立地进行显示上的设置。每一个详图都在显示上具有相对的独立性，如每一个详图都可以设置构件在视图属性中的可见性、详细程度、出图比例、视图范围等。

2.1.3　Revit 的图元管理模式

Revit 的项目由无数个不同类型的实例（图元）堆砌而成，而 Revit 通过类别和族来管理这些实例，用于控制和区分不同的实例。在这一过程中，又具体地通过类别来管理族（图 2-2）。因此，当某一类别在项目中设置为不可见时，隶属于该类别的所有图元均不可见。

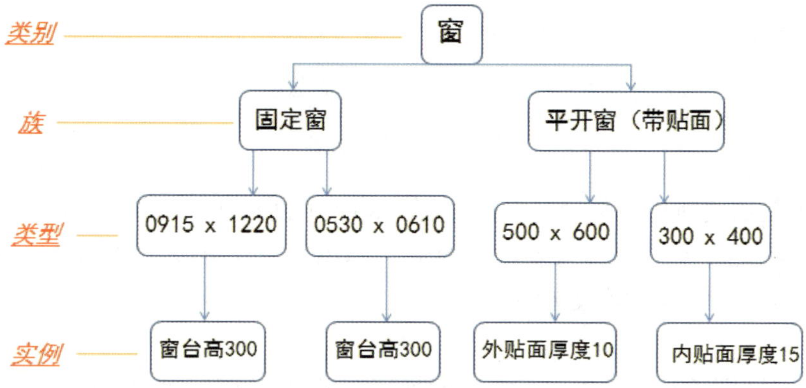

图 2-2　图元管理模式

1. 类别

与 AutoCAD 不同，Revit 不提供图层的概念。Revit 中的轴网、墙、尺寸标注、文字注释等对象，以类别的方式进行自动归类和管理。在创建各类对象时，Revit 会自动根据对象所使用的族将该图元自动归类到正确的对象类别中。例如，放置门时，Revit 会自动将该图元归类于“门”，而不必像 AutoCAD 那样预先指定图层。

Revit 通过类别进行细分管理。例如，模型图元类别包括墙、楼梯、楼板等，标注类别包括门窗标记、尺寸标注、轴网、文字等。在项目任意视图中按默认快捷键“VV”，将打开“可见性 / 图形替换”对话框，在该对话框中可以查看 Revit 包含的详细的类别名称。

注意：在 Revit 的各类别对象中，还包含子类别定义，如楼梯类别中，还可以包含踢面线、轮廓等子类别。Revit 可以通过控制各子类别的可见性、线型、线宽等设置控制三维模型对象在视图中的显示，以满足建筑出图的要求（图 2-3）。

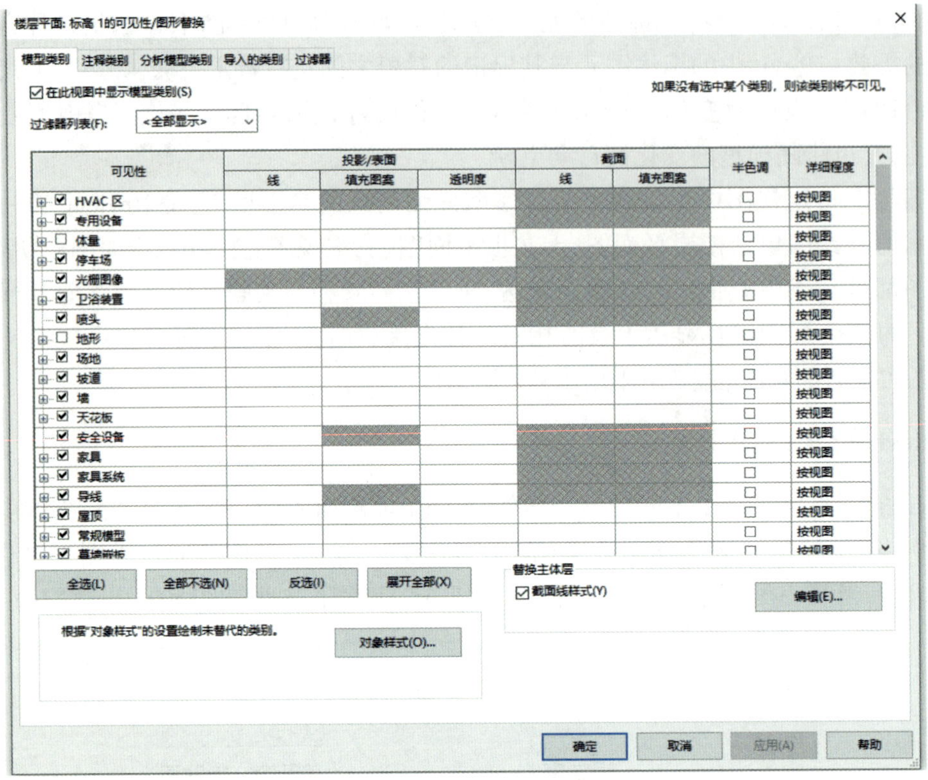

图 2-3　可见性设置

项目样板是创建项目的基础。事实上，在 Revit 中创建任何项目时，均会采用默认的项目样板文件。项目样板文件以“.rte”格式保存。与项目文件类似，无法在低版本的 Revit 中打开高版本的 Revit 创建的样板文件。

2. 族

族是 Revit 区别于其他软件的重要图元管理模式，其功能与参数(属性)集类似，族根据参数(属性)集的共用、使用上的相同和图形表示的相似来对图元进行分组。不同类别的模型图元由于所属族不同而产生了区别，一个族中不同图元的部分或全部属性可能有不同的值，但是属性的设置(其名称与含义)是相同的。所以族是 Revit 项目的基础，Revit 的任何单一图元都由某一个特定族产生，如一扇门、一面墙、一个尺寸标注、一个图框。由一个族产生的各图元均具有相似的属性或参数。例如，对于一个平开门族，由该族产生的图元都可以具有高度、宽度等参数，但具体每个门的高度、宽度值可以不同，这取决于该族的类型或实例参数定义。

在 Revit 中，族又可以细分为可载入族、系统族和内建族三种。

可载入族是单独保存为“.rfa”格式的独立族文件，且可以随时载入项目中的族。 Revit 提供了族样板文件，便于人们更快捷地自行制作某一特定类别下的自定义形式的族。在 Revit 中，门、窗、结构柱、卫浴装置等均为可载入族。

系统族包括墙、尺寸标注、天花板、屋顶、楼板等，仅能利用系统提供的默认参数进行定义，不能作为单个族文件载入或创建。系统族中定义的族类型可以使用“项目传递”功能在不同的项目之间进行传递。

由用户在项目中直接创建的族称为内建族，例如某一项目中有特殊的窗台线脚，这一形式的线脚不会在其他项目中应用，那么就能使用内建族来建模。内建族仅能在本项目中使用，既不能保存为单独的“.rfa”格式的族文件，也不能通过“项目传递”功能将其传递给其他项目。与普通的族能够基于不同的类别进行创建不同，内建族属于同一种类别。

3. 类型

除内建族外，每一个族包含一个或多个不同的类型，用于定义不同的对象特性。例如，对于墙来说，可以通过创建不同的族类型，定义不同的墙厚和墙构造。

4. 实例

每个放置在项目中的实际墙图元，都称为该类型的一个实例。

Revit 通过类型属性参数和实例属性参数控制图元的类型或实例参数特征。在图元管理模式中类型比实例高一个等级，即同一类型的所有实例均具备相同的类型属性参数设置，而同一类型的不同实例，可以具备完全不同的实例参数设置。

例如，同一类型的不同墙实例均具备相同的墙厚度和墙构造定义，但可以具备不同的高度、底部标高等信息。修改类型属性的值会影响该族类型的所有实例，而修改实例属性时，仅影响所有被选择的实例。要修改某个具有不同类型定义的实例，必须为族创建新的族类型。例如，要将其中一个厚度 240 mm 的墙图元修改为 300 mm 厚的墙，必须为墙创建新的类型，以便于在类型属性中定义墙的厚度。

2.1.4　Revit 的文件格式

1. .rte（项目样板文件）格式

为规范设计和避免重复设置，Revit 自带的项目样板文件格式能够根据用户自身需要、内部标准设置，在保存成项目样板文件之后，便可以在新建项目文件时选用（图 2-4）。

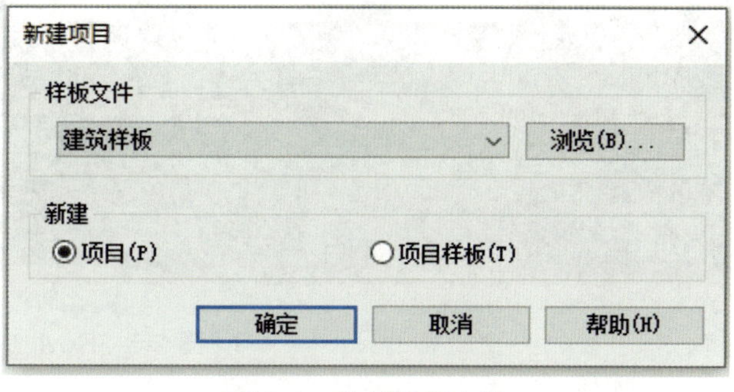

图 2-4　选用样板文件

2. .rvt（项目文件）格式

项目文件包含项目所有的建筑模型、注释、视图、图纸等项目内容。通常我们会基于项目样板文件（.rte）创建项目文件，编辑完成后保存为.rvt 格式文件，即可作为设计使用的项目文件。

3. .rft（可载入族的样板文件）格式

创建不同类别的族要选择不同的样板文件，不同的样板设置是基于不同类别的族的特性进行的有针对性的处理。

4. .rfa（可载入族的文件）格式

用户可以根据项目需要创建自己的常用族文件，以便随时在项目中调用，也可以在共享图库中找到该类格式的文件,在项目中只需浏览其文件保存位置即可进行载入。

2.2 Revit 的界面介绍

视频:Revit 简介

2.2.1 启动 Revit

软件启动后 Revit 的主界面主要由项目和族两个板块构成(图 2-5),在项目板块中可以打开、新建各种类型的文件,如果是第一次运行 Revit,那么项目板块右侧将显示样例项目供查看,在 Revit 2018 中,整合了包括建筑、结构、机电各专业的功能。因此在项目区域中,提供了建筑、结构、机械、构造等项目创建的快捷方式,单击不同类型的项目快捷方式,系统将采用各项目默认的项目样板进入新项目创建模式。如果用 Revit 进行过建模操作,那么右侧将会显示最近打开过的项目。

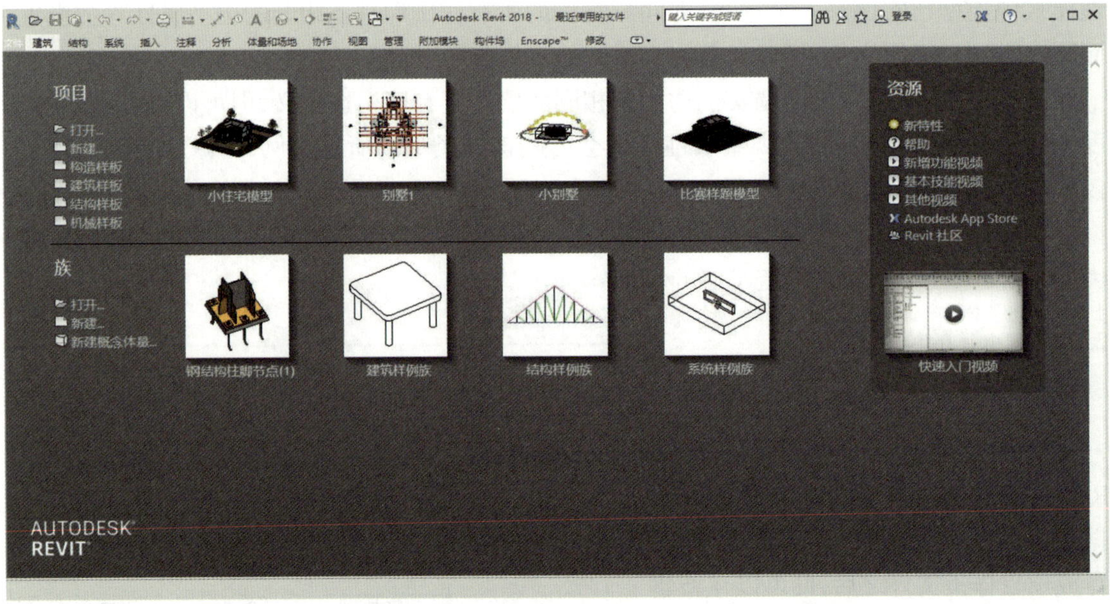

图 2-5 Revit 主界面

这里对样板文件稍作介绍。项目样板是 Revit 工作的基础,在项目样板中预设了新建项目的所有默认设置,包括长度单位、轴网标高样式、墙体类型等。项目样板仅为项目提供默认预设工作环境,在项目创建过程中,Revit 允许用户在项目中自定义和修改这些默认设置。

"选项"对话框为设计者的 Revit 安装配置提供全局设置。用户可以单击"应用程序"菜单中框选的"选项"按钮打开对话框,在 Revit 处于打开状态时,可以在打开 Revit 文件之前或之后随时设置(图 2-6、图 2-7)。

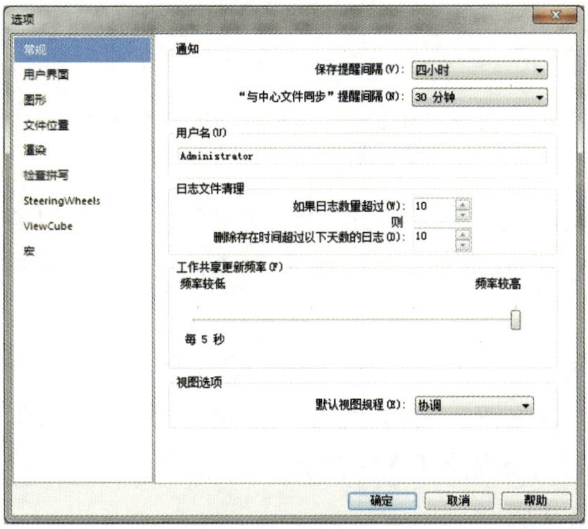

图 2-6　“常规”设置

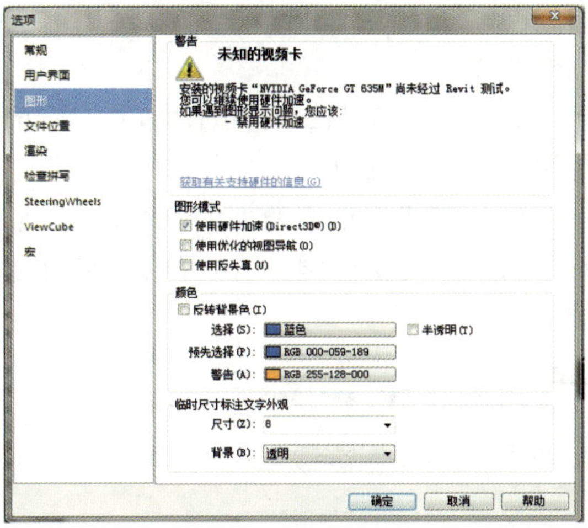

图 2-7　“图形”设置

在“选项”对话框中，切换至“文件位置”选项，可以查看 Revit 中各类项目所采用的样板设置。在该对话框中，还允许用户添加新的样板快捷方式，浏览指定采用的项目样板（图 2-8）。

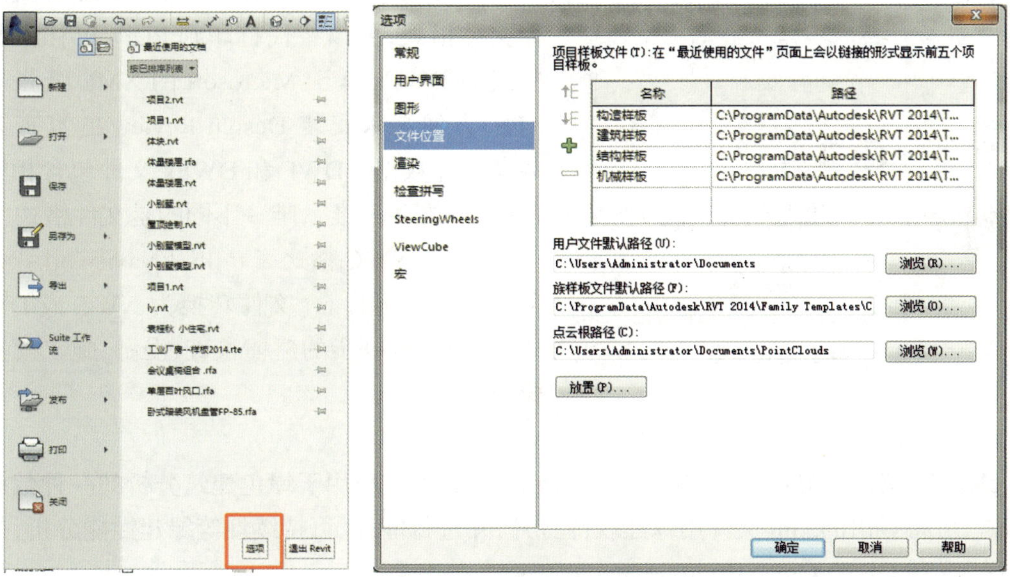

图 2-8　“文件位置”设置

切换至“常规”选项，其中有保存提醒设置以及相关后台运作的设置选项，其中“视图选项”中有“默认视图规程”选择，规程不同则指定图元在视图中的显示方式也不同。视图规程可选项有建筑、结构、机械、电气、卫浴及协调，其中建筑规程只要可见性打开，被隐藏的构件都会在视图中显示；结构规程隐藏了视图中的非承重墙，并显示已启用“结构参数”的图元；机械规程以半色调显示建筑和结构图元，并浮于视图平面上方显示机械图元，便于选择；电气规程同样以半色调灰化建筑和结构图元，并相似地浮于视图平面上方显示电气图元；卫浴规程与前两者基本相似,着意强调卫浴图元的显示;协调规程显示所有规程中的所有模型几何图形。

切换至“图形”选项,可对界面中显示的模型色彩及透明度进行设置,也可对操作界面的颜色方案进行修改。

在“选项”对话框的“用户界面”选项中单击“快捷键”后的“自定义”按钮,可以查看常用命令的快捷键,用户可以按照使自己方便的原则,自行指定命令所对应的快捷键。

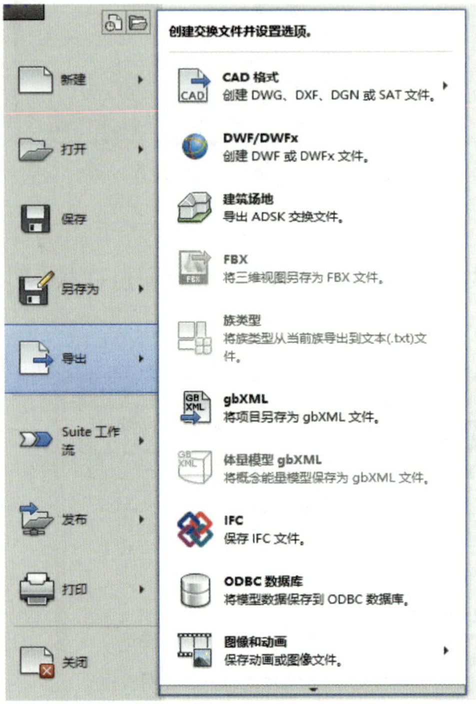

图 2-9　导出格式类型

回到“选项”界面,需要专门介绍的是“导出”这一按钮。通过 Revit 完成的文件可以按需要导出为其他各种格式的文件,常用的格式类型如图 2-9 所示。

(1)CAD 格式

CAD 格式可将做好的文件导出为施工图文件。

(2)DWF/DWFx 格式

DWF 是 Autodesk 为发布设计数据开发的一种文件格式,可以替代打印到 PDF(可移植文档格式);DWFx 基于 Microsoft 的 XML 纸张规格 XPS,方便与未安装 Design Review 的复查人员共享设计数据。DWF 和 DWFx 文件包含相同的数据(二维和三维),唯一不同的是文件格式。

注意:NWC 格式可导出为 Navisworks NWC 文件。一般可将.rvt 文件转换为 NWC 或 DWFx 文件,用于进一步的碰撞检查、漫游、施工模拟等操作。

(3)gbXML 格式

gbXML 格式可导出为 XML 文件。gbXML 是主要应用于绿色建筑分析的一种数据交换格式,可将导出的.xml 文件用绿建软件打开,并进行能耗、可持续性等绿建性能分析,如导入 Ecotect 和 GBS(Green Building Studio)中。

(4)IFC 格式

IFC 是工业基础类文件格式创建的模型文件,通常用于 BIM 程序的互操作。

(5)图像和动画

在 Revit 中生成的漫游路径,可以导出为视频动画;生成的渲染图可以导出为图像。

在项目设计、管理时,用户经常会使用多种设计、管理工具来实现自己的意图,为了实现多软件环境的协同工作,Revit 提供了“导入”“链接”“导出”工具,可以支持 CAD、FBX、IFC、gbXML 等多种文件格式。用户可以根据需要进行有选择的导入和导出。

2.2.2　建模界面

Revit 软件经过了 2013、2014 直至 2017 版，相较于前一版本，Revit 的界面都有所变化（图 2-10），这也是为更好地支持用户的工作。

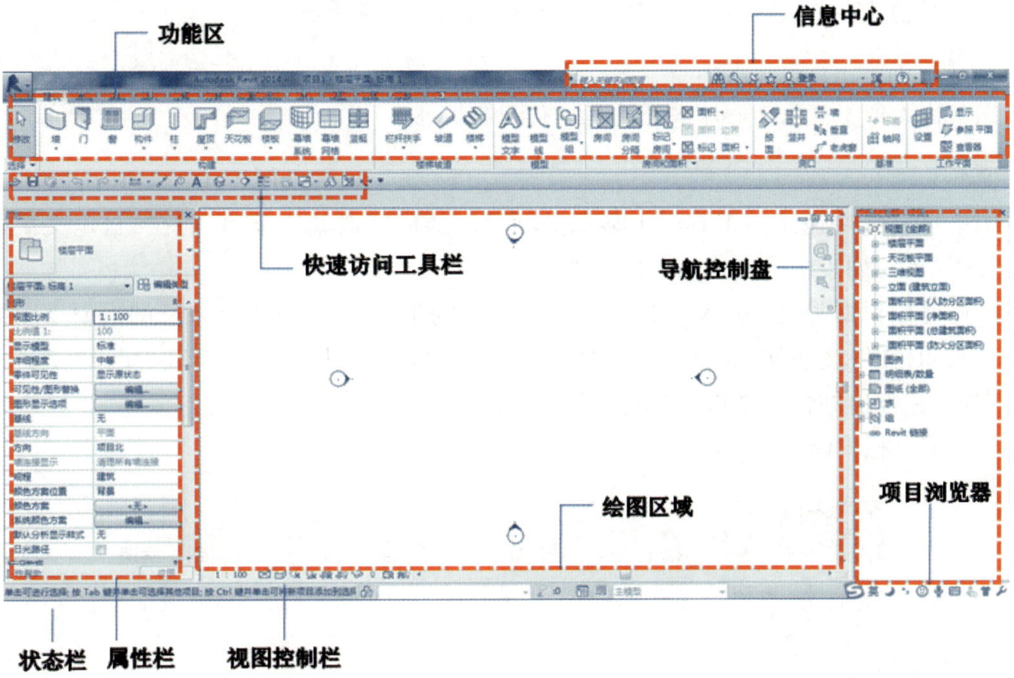

图 2-10　建模界面

1. 快速访问工具栏

除可以在功能区内单击工具或命令外，Revit 还提供了快速访问工具栏，用于执行最常使用的命令，其中包含一组默认工具。默认情况下快速访问工具栏包含下列项目，用户可以对该工具栏进行自定义，将最常用的工具添加进去。

（打开）

用于打开项目、族、注释、建筑构件或 IFC 文件。

（保存）

用于保存当前的项目、族、注释或样板文件。

（撤销）

在默认情况下用于取消上次的操作，并能显示所有操作的列表。

（恢复）

恢复上次取消的操作，另外还可显示在执行任务期间所执行的所有已恢复操作的列表。

（切换窗口）

单击下拉箭头，然后单击要显示切换的视图。

（三维视图）

打开或创建视图，包括默认三维视图、相机视图和漫游视图。

（同步并修改设置）

用于将本地文件与中心服务器上的文件进行同步。

（定义快速访问工具栏）

用于自定义快速访问工具栏上显示的项目。要启用或禁用项目，请在“自定义快速访问工具栏”下拉列表中该工具的旁边单击。

用户可以根据需要自定义快速访问工具栏中的工具内容，并根据自己的需要重新排列顺序。例如，在快速访问工具栏中创建屋顶工具，只需将鼠标放在功能区“屋顶”工具上并单击右键，在弹出的快捷菜单中选择“添加到快速访问工具栏”，即可将“屋顶”工具添加至快速访问工具栏中（图 2-11）。

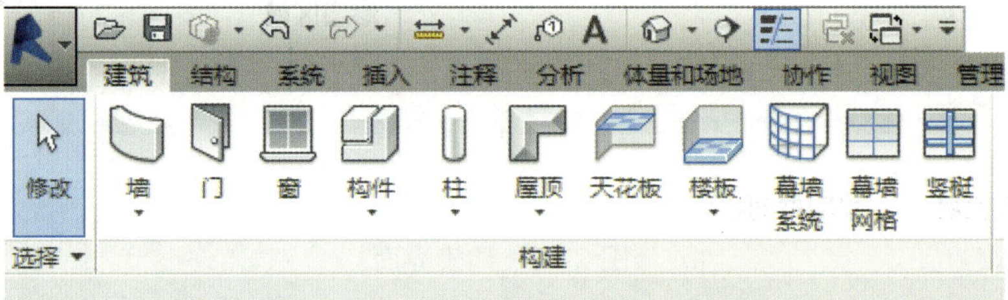

图 2-11　添加工具到快速访问工具栏

使用类似的方式，在快速访问工具栏中右键单击任意工具，选择“从快速访问工具栏中删除”，可以将工具从快速访问工具栏中移除（图 2-12）。

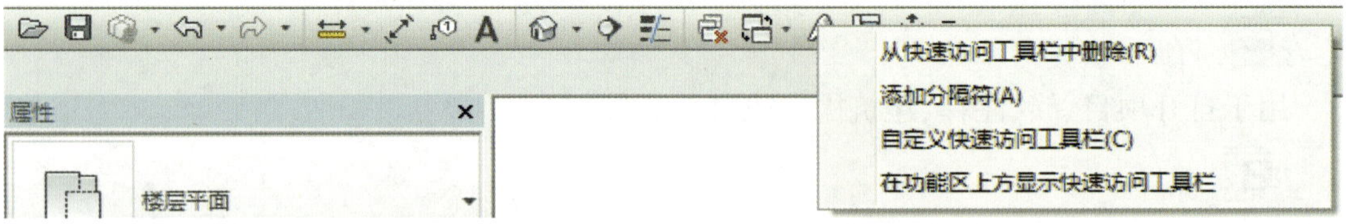

图 2-12　在快速访问工具栏中删除工具

快速访问工具栏可显示在功能区下方。在快速访问工具栏上单击“自定义快速访问工具栏”，再在下拉菜单中单击“在功能区上方显示”，就可以按照自己习惯的位置放置快速访问工具栏了（图 2-13）。

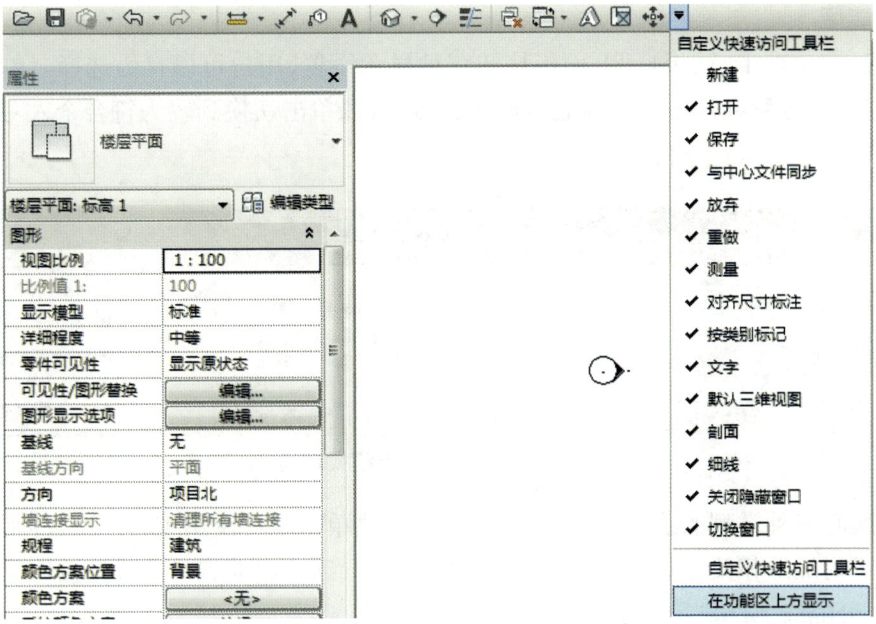

图 2-13　在功能区下方显示快速访问工具栏

单击“自定义快速访问工具栏”，在下拉菜单列表中选择“自定义快速访问工具栏”选项，将弹出“自定义快速访问工具栏”对话框（图 2-14）。使用该对话框，用户可以重新排列快速访问工具栏中的工具显示顺序，并根据需要添加分隔线。具体操作为，选中其中某一命令，左边有上移、下移、分隔线添加和删除四个选项。勾选该对话框中的“在功能区下方显示快速访问工具栏”选项，也可以修改快速访问工具栏的位置。

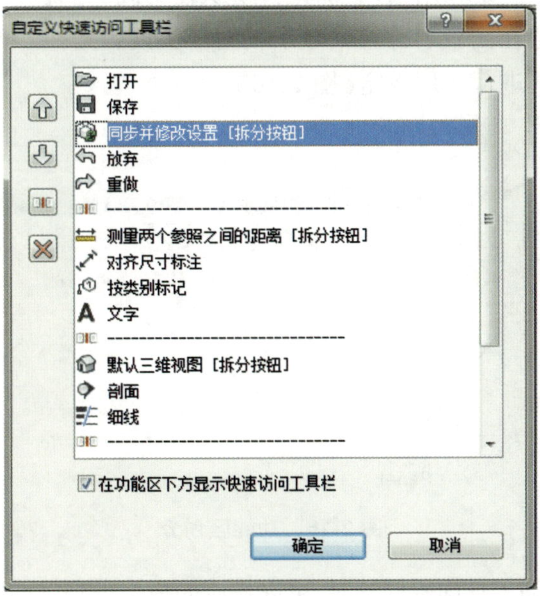

图 2-14　“自定义快速访问工具栏”对话框

2. 功能区

功能区有选项卡、面板标题、面板按钮三种显示设置,用户可以自由选择。单击右侧小的下拉箭头,即可看到其中的三种显示模式,用户可以单击切换到较为符合个人习惯的显示模式(图 2-15)。

图 2-15 功能区显示模式切换

功能区有三种类型的绘图模式:第一种是只需要单击就可调用工具;第二种是单击下拉箭头来显示附加的相关工具;第三种是分隔线,如果看到按钮上有一条线把按钮分隔为两个区域,那么分隔线上部显示的是最常用的工具。

功能区最上方对“建筑”“结构”的实例图元建立作了分类;“插入”则用于导入外部图形,支持多种格式,并且载入所需要的族或组;“注释”“分析”都属于标注图元中的类型;“体量和场地”也是实例图元,主要在需要将体量与项目相关联时调用;“协作”用于团队协作模式建立工作集时进行深入设置;“视图”与绘图区域显示和出图设置相关,也与项目浏览器关系密切;“管理”主要涉及项目设置的一些内容;“修改”则是用于编辑图元的一个板块。

Revit 根据各工具的性质和用途,分别将其组织在不同的面板中。如果存在与面板中工具相关的设置选项,则会在面板名称栏中显示斜向箭头设置按钮。单击该箭头,可以打开对应的设置对话框,对工具进行通用设定(图 2-16)。

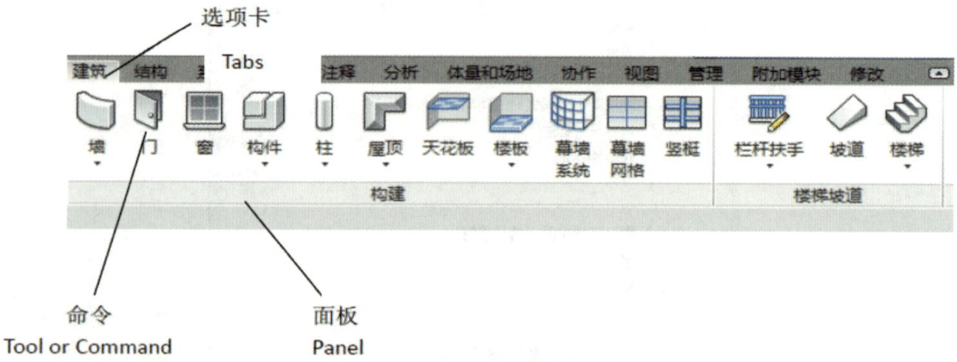

图 2-16 功能区划分

按住鼠标左键并拖动工具面板标签时,可以将该面板拖曳到功能区上其他任意位置,使之成为浮动面板。移动面板可单击图中圆圈所示的区域,要使浮动面板返回到功能区,移动鼠标至面板之上,浮动面板右上角显示控制柄时,单击“将面板返回到功能区”符号即可将浮动面板重新移至工作区域。注意工具面板仅能返回其原来所在的选项卡中(图 2-17)。

图 2-17　浮动工具面板

现以“视图”选项卡为例,对其中较为常用的“图形”“创建”和“窗口”面板进行介绍(图 2-18)。

图 2-18　常用面板

(1)视图样板

单击“视图样板”,能将已有的视图样板应用于当前视图中,也能以当前视图为模板创建一个新的视图样板。视图样板就是将该视图中涉及的比例、显示的详细程度等标准化,有了视图样板,能免除多次设置的烦琐步骤(图 2-19)。

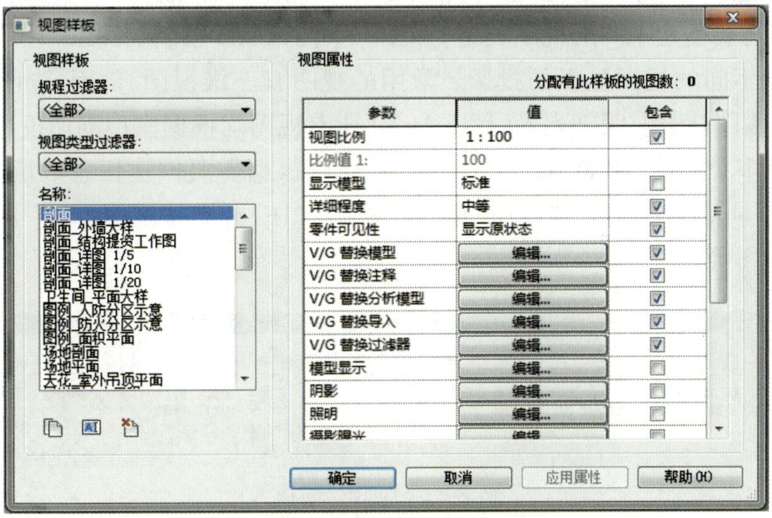

图 2-19　“视图样板”对话框

(2)可见性 / 图形替换

在建筑设计的图纸表达中,常常要控制不同对象的视图显示与可见性,用户可以通过

“可见性 / 图形替换”的设置来实现。单击“可见性 / 图形替换”后的“编辑”按钮打开“可见性 / 图形替换”对话框，可以看到如果已经替换了某个类别的图形显示，单元格会显示图形预览；如果没有对任何类别进行替换，单元格会显示为空白；勾选“可见性”中构件前的复选框为可见，取消勾选则为隐藏、不可见状态（图 2-20）。

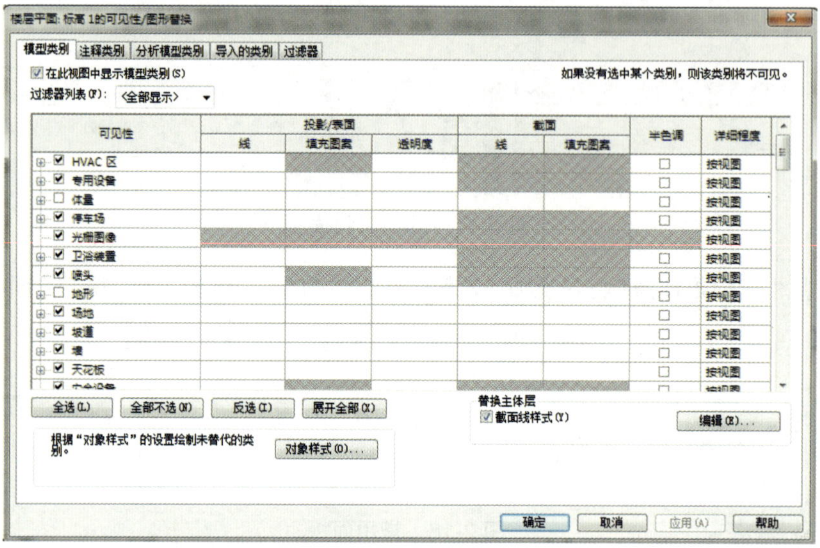

图 2-20　可见性设置

（3）细线

软件默认的打开模式是粗线模型，当需要在绘图中以细线模型显示时，可选择“图形”面板中的“细线”命令。

Revit 在“视图”选项卡的“创建”面板中提供了创建各种视图的工具，用户可以在项目浏览器中根据需要创建不同的视图类型。视图不同于 CAD 绘制的图纸，它是 Revit 项目中 BIM 模型根据不同的规则显示的投影。常用的视图有三维视图、剖面、详图索引、平面视图、立面、绘图视图、图例、明细表等（图 2-21）。所有视图均根据模型剖切投影生成，同一楼层可以有任意多个视图，例如，对于“1F”标高，可以根据需要创建任意数量的楼层平面视图，用于表达不同的功能要求，如“1F”梁布置视图、“1F”柱布置视图、“1F”房间功能视图、“1F”建筑平面图等。

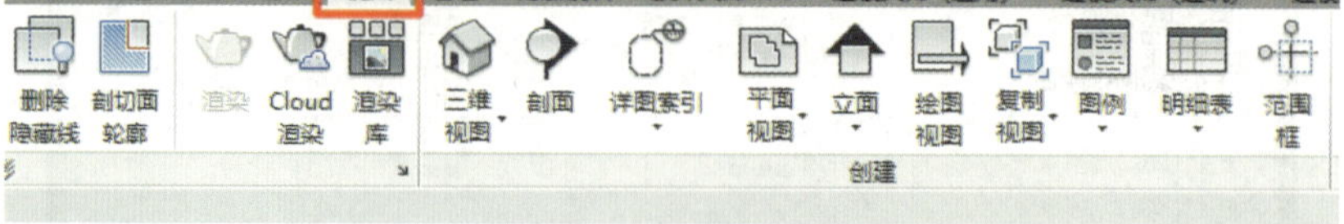

图 2-21　“创建”面板

（4）三维视图的生成

打开一层平面视图，选择“视图”选项卡，在“创建”面板中的“三维视图”下拉列表框中选择“相机”选项。

在“选项栏”中设置相机的“偏移量”，结合楼层即可设置相机放置的相对高度。在所在视图单击拾取相机位置点，移动鼠标，再单击拾取相机目标点，即可自动生成并打开透视图。

在生成的透视图中移动蓝色边框上的夹点可将视图大小调整到合适的范围。

如需精确调整视图的大小，可选择视图并选择“修改 / 相机”选项卡，单击“裁剪”面板上的“尺寸裁剪”按钮，在弹出的“裁剪区域尺寸”对话框内精确调整视图尺寸。

如果想自由控制相机透视远近的范围，可以在“视图属性”栏中勾选“远裁剪激活”复选框，然后就可以在平面图中调整范围框来控制透视远近的范围，这样就能控制透视图的深度，还可以控制远景是否显示（图 2-22）。

图 2-22　透视场景设置

同时打开一层平面、立面、三维、透视视图，选择“视图”选项卡，单击“窗口”面板下的“平铺”按钮，平铺所有视图，单击三维视图中的相机框，可在每个视图中都显示相机，这样便于更精确地调整相机高度。在平面、立面、三维视图中用鼠标拖曳相机目标点、远裁剪控制点，还可调整相机的位置、高度和目标位置。

也可选择“修改 | 相机”选项卡，单击相机边框，在“相机”一栏中修改“视点高度”“目标高度”参数值来调整相机，同时可修改此三维视图的视图名称、详细程度、模型图形样式等。

（5）剖面图

打开一个平面、剖面、立面或详图视图，选择“视图”选项卡中的“创建”，然后单击“剖面”工具。在“剖面”选项卡下的“类型选择器”中选择“详图”或“建筑剖面”（图 2-23）。

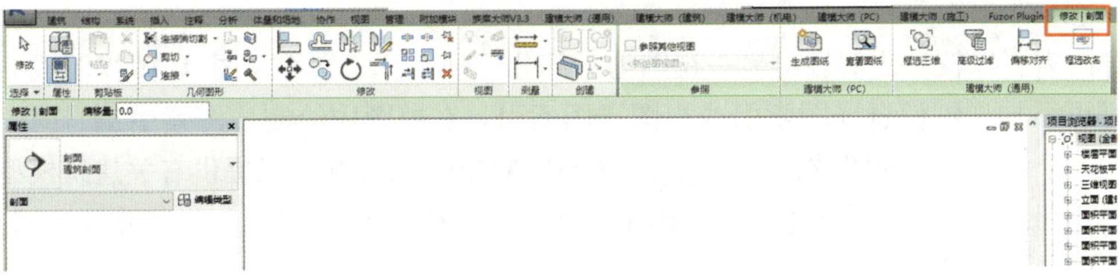

图 2-23　建筑剖面的添加

将光标放置在剖面的起点处,并拖曳光标穿过模型或族,当到达剖面的终点时单击完成剖面的创建。选择已绘制的剖面线,将显示裁剪区域,用鼠标拖曳绿色虚线视图宽度,调整视图范围,单击查看方向控制柄可翻转视图查看方向,单击线段间隙符号,可在有隙缝的或连续的剖面线样式之间切换(图 2-24)。

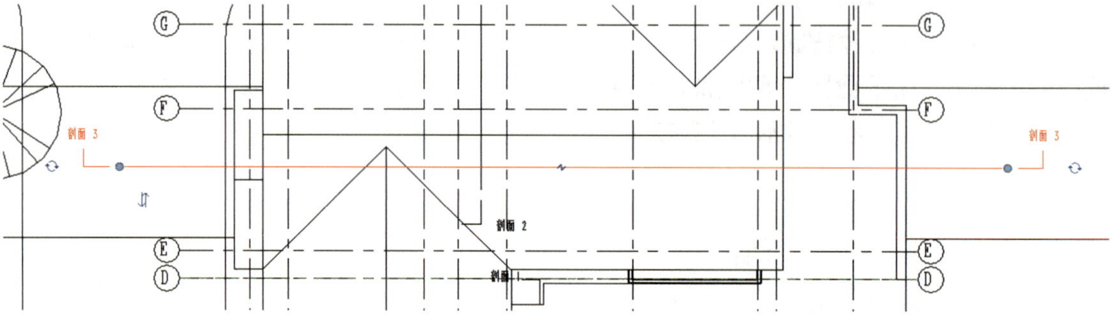

图 2-24　剖面线样式编辑

在项目浏览器中自动生成剖面视图,双击视图名称打开剖面视图,修改剖面线位置、范围,查看方向时剖面视图也自动更新。

创建阶梯剖面视图的方法是先绘制一条剖面线,选择它并在"上下文"选项卡中的"剖面"面板中选择"拆分线段",在剖面线上要拆分的位置单击并拖动鼠标到新位置,再次单击放置剖面线线段。用拖曳线段位置控制柄调整每段线的位置,自动生成阶梯式剖面图(图 2-25)。

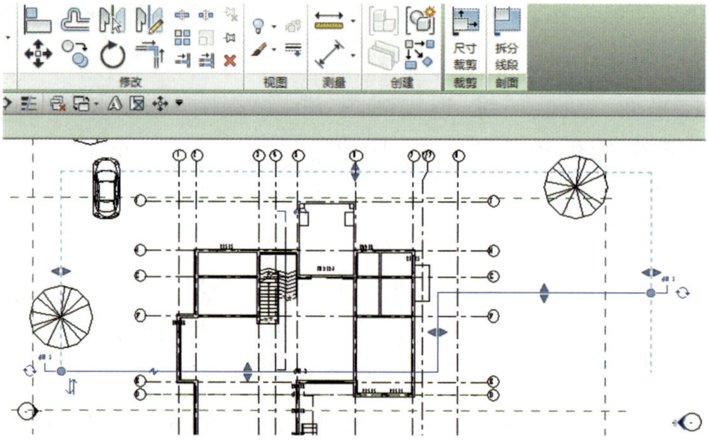

图 2-25　阶梯式剖面图

(6)详图索引

详图索引以较大比例显示另一视图的一部分,平面视图、剖面视图、详图视图或立面视图中都可添加详细信息详图索引或视图详图索引。在视图中绘制详图索引编号时,Revit 会创建一个详图索引视图,然后可以在详图索引视图中添加详图,以提供有关建筑模型中该部分的详细信息。绘制详图索引的视图是该详图索引视图的父视图,如果删除父视图,则同时删除该详图索引视图。

单击“视图”选项卡→“创建”面板→“详图索引”下拉列表→“矩形”命令，在“类型选择器”中，选择要创建的详图索引类型，将光标从左上方向右下方拖曳创建封闭网格来绘制详图索引区域，网格虚线旁边所显示的编号为详图索引编号，双击详图索引标头可查看详图索引视图（图 2-26）。

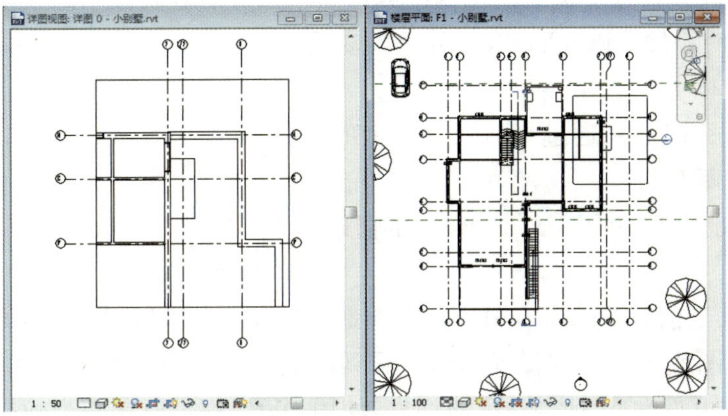

图 2-26　添加详图索引

（7）平面视图

平面视图包括楼层平面、天花板投影平面、结构平面、平面区域和面积平面。大多数模型至少包含一个楼层平面视图，大多数项目至少包含一个天花板投影平面视图，天花板投影平面视图在添加新标高到项目时会自动创建。结构平面视图是用结构样板创建新项目时的默认视图，大多数项目至少包括一个结构平面视图，并且新的结构平面视图在添加新标高到项目中时自动创建。

（8）立面

默认情况下有东、西、南、北四个正立面，也可以使用“立面”命令创建另外的内部和外部立面视图。

当项目中需创建垂直于斜墙或斜工作平面的立面时，可以创建一个框架立面来辅助设计。视图中必须有轴网或已命名的参照平面，才能添加框架立面视图。添加立面的操作是，在“视图”选项卡的“创建”面板中，单击“立面”下拉列表，选择“框架立面”工具（图 2-27）。

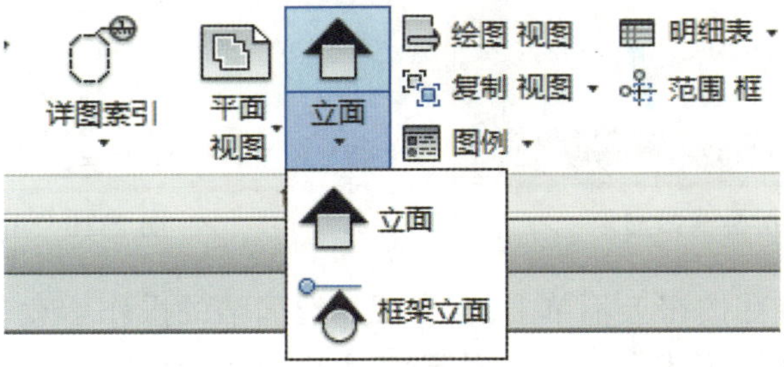

图 2-27　添加立面

切换到平面视图，单击“视图”选项卡“创建”面板中的“立面”按钮，在光标尾部会显示立面符号。在绘图区域将光标移动到合适位置单击放置,在移动过程中立面符号箭头自动捕捉与其垂直的最近的墙,自动生成立面视图。选择立面符号,此时显示蓝色虚线为视图范围,拖曳控制柄调整视图范围,包含在该范围内的模型构件才有可能在刚刚创建的立面视图中显示。

将框架立面符号垂直于选定的轴网线或参照平面并沿着要显示的视图方向单击放置,项目浏览器中同时添加了该立面,双击可进入该框架立面。

(9)切换窗口

绘图时打开多个窗口,通过“窗口”面板上的“窗口切换”命令选择绘图所需窗口。

(10)关闭隐藏对象

自动隐藏当前没有在绘图区域中使用的窗口。

(11)层叠

选择该命令,当前打开的所有窗口将层叠地出现在绘图区域(图 2-28)。还可以同时显示若干个项目视图或按层次放置视图以仅看到最上面的视图。例如,使用快捷键“VV”或“VG”可以调出“可见性 / 图形替换”对话框,使用“WC”键可以层叠当前打开的窗口,使用“WT”键可以平铺当前打开的窗口。

(12)用户界面

单击“用户界面”下拉菜单,可控制 ViewCube、导航栏、系统浏览器、状态栏和最近使用的文件等按钮的显示与否。“浏览器组织”用于控制浏览器中的组织分类和显示种类。单击“快捷键”选项将显示软件操作的快捷键汇总(图 2-29)。

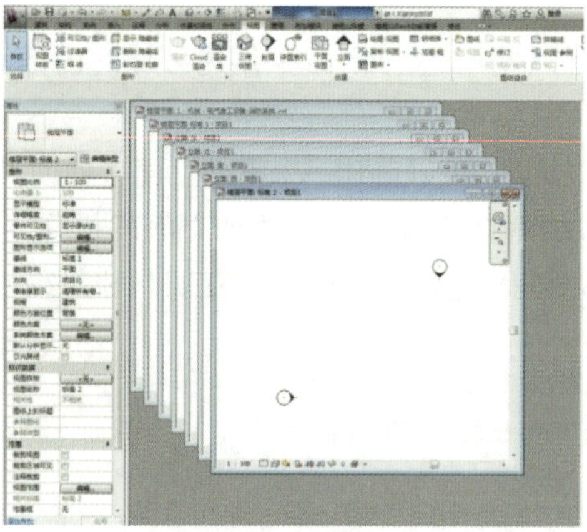

图 2-28　层叠窗口显示

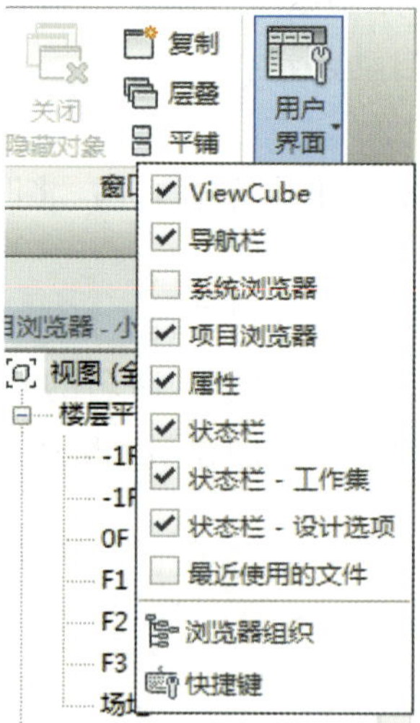

图 2-29　用户界面设置

另外,将鼠标放置在按钮上不单击,会出现相对简洁的操作示意动画,该动画一般都是将最主要的功能与简短操作相结合。这种界面对于初学者而言是十分受欢迎的(图 2-30)。

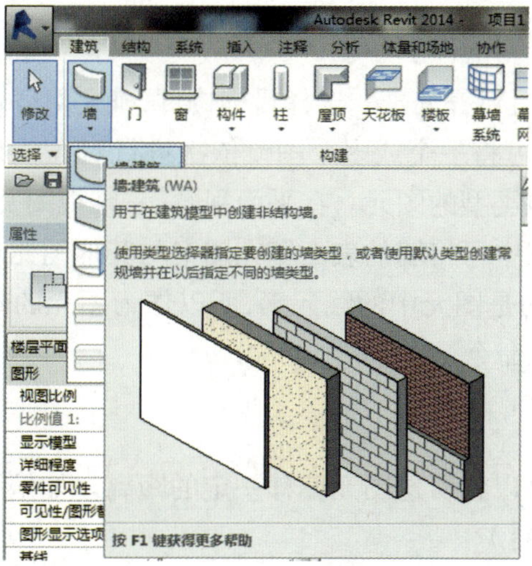

图 2-30　激活示意介绍

激活某些工具或者选择图元时，会自动增加并切换到一个上下文功能区选项卡，其包含一组只与该工具或图元的上下文相关的工具。如激活“门”功能后，界面跳转至“修改 | 放置门”，而针对“门”的特殊操作是对话框最后的“在放置时进行标记”这一按钮（图 2-31）。

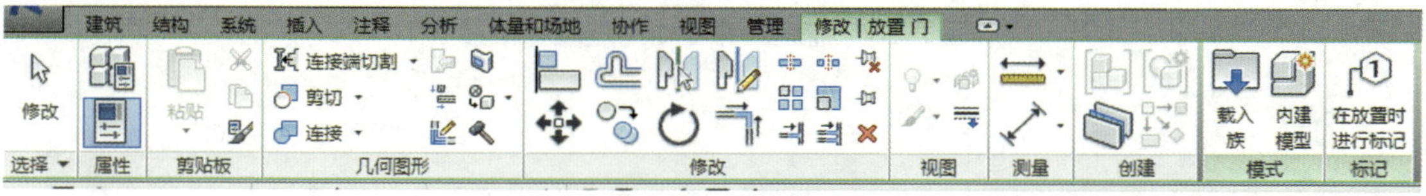

图 2-31　上下文功能区选项卡

上下文功能区选项卡有以下几个主面板。

1）选择：包含“修改”工具。

2）属性：包含“图元属性”和“类型选择器”。

3）几何图形：包含绘制平面上几何图形的修改选项。

4）修改：包含对齐、修剪、延伸、偏移、复制、移动、旋转、镜像、缩放和阵列等所必需的绘图工具（图 2-32）。

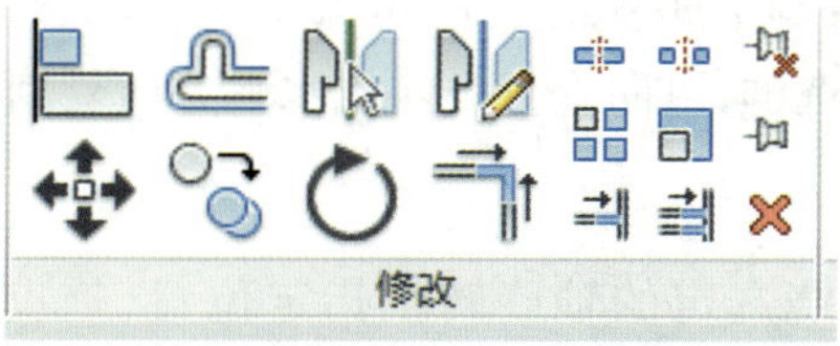

图 2-32　“修改”面板

（对齐）

在各视图中对构件进行对齐处理。选择目标构件，确定对齐位置，再选择需要对齐的构件；选择需要对齐的部位，可将一个或多个图元依次进行对齐。此命令通常用于对齐墙、梁和线，也可以用于对齐其他类型的图元。在平面视图、三维视图及立面视图等视图中都能进行操作。比如，在三维视图中可将墙的表面填充图案与其他图元对齐，而对齐可用于不同的图元类型，因为其捕捉到的是图元中的线元素，所以作为图元的基本构成元素，基本上所有 Revit 中的图元都能支持此命令。

（偏移）

在选项栏设置偏移，可以将所选图元偏移一定的距离。如偏移时需生成新的构件，勾选“复制”复选框即可（图 2-33）。

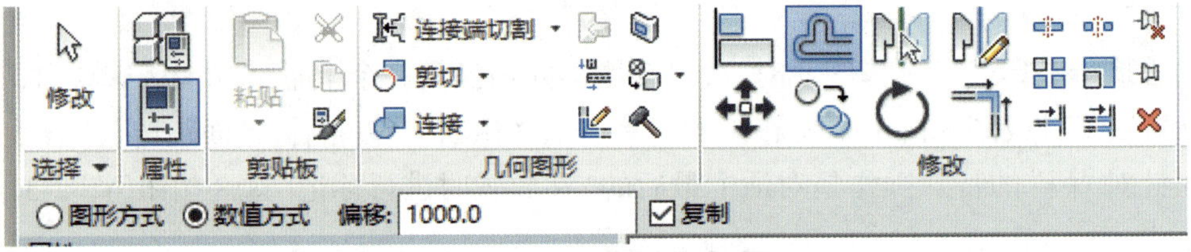

图 2-33 “偏移”命令中的选项栏设置

（镜像 - 拾取轴）

可以使用现有线或边作为镜像轴，来翻转选定图元的位置。

（镜像 - 绘制轴）

绘制一条临时线，用作镜像轴。

（移动）

单击“移动”按钮可以将选定图元移动到视图中指定的位置。

（复制）

单击“复制”按钮可以复制平面或立面上的图元。勾选“多个”复选框，可复制多个图元到新的位置，勾选“约束”复选框，可向垂直方向或水平方向复制图元。

（旋转）

单击“旋转”按钮可以绕选定的轴旋转至指定位置，拖曳中心点可改变旋转的中心位置。用鼠标拾取旋转参照位置和目标位置可旋转图元，也可以在选项栏设置旋转角度值后按“Enter”键旋转图元，勾选“复制”复选框会在旋转的同时复制一个图元的副本。

（修剪）

单击“修剪”按钮可修剪墙体、模型线等，修剪的具体操作是依次单击两段线性图元需要保留的部分，系统自动把其余部分删除。

（拆分）

在平面、立面或三维视图中单击墙体等线性图元的拆分位置即可将其在水平或垂直方向拆分成几段。

（阵列）

可以创建选定图元的线性阵列或半径阵列。其效果是阵列的图元可以沿一条直线（线性阵列）排列，也可以沿一个弧形（半径阵列）排列。

（缩放）

可以调整选定图元的大小。单击“缩放”按钮后，在选项栏中可以选择缩放方式，选择“图形方式”时，单击整个图元的起点和终点，将此作为缩放的参照距离，再单击所需绘制图元新的起点和终点，确定缩放后的尺寸；选择“数值方式”时，可以直接输入缩放比例数值，按“Enter”键即可。

（解锁/锁定）

对于特定图元，如果为了防止因误操作而受到改动，可按“锁定”按钮进行锁定，这样的话即使在被选中的情况下使用“移动”等命令，对其也不会产生影响。同理，也可按“解锁”按钮将其解锁。

（延伸）

单击“延伸”按钮，在其下拉列表中选择“修剪/延伸单个图元”或“修剪/延伸多个图元”命令，既可以修剪，也可以延伸墙体。

上下文功能区选项卡中另外几个相对较少用的面板如下。

1）视图：包含在视图中隐藏、替换视图中的图形和线处理工具。

2）测量：包含测量尺寸和标注工具。

3）放置工具：包含对正和自动连接工具。

4）标记：在放置时进行标记。

同时，选项栏将显示放置调整选项，包括标高、高度和偏移量（图 2-34）。

图 2-34　“标记”命令下的选项栏设置

退出功能区任一功能工具时，上下文功能区选项卡即会关闭。所以，上下文功能区可近似地理解为一个隐藏菜单，只有在调用了功能区的某一工具后，才会如承接上下文一样显示出来，便于对调用的功能进行进一步修改与编辑。

3. 导航控制盘

将查看对象和巡视建筑结合在一起,用户可以通过全导航控制盘查看各个对象以及围绕模型进行漫游和导航(图 2-35、图 2-36)。

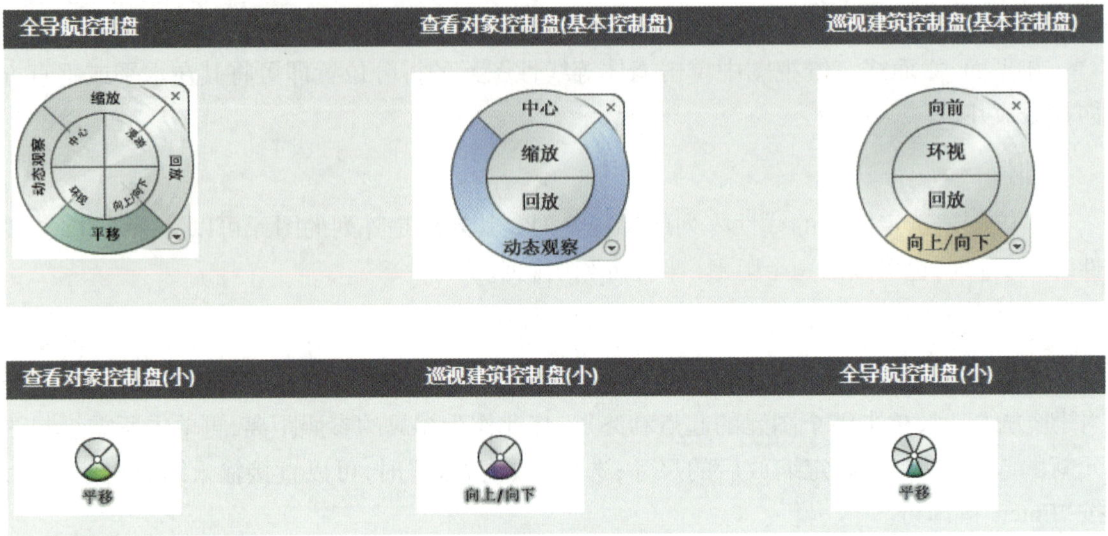

图 2-35　导航控制盘显示模式

全导航控制盘(大)和全导航控制盘(小)经优化适合有经验的用户。也就是说,大小控制盘的切换仅能在三维视图中实现,二维视图中此选项为灰显,不可调用(图 2-37)。

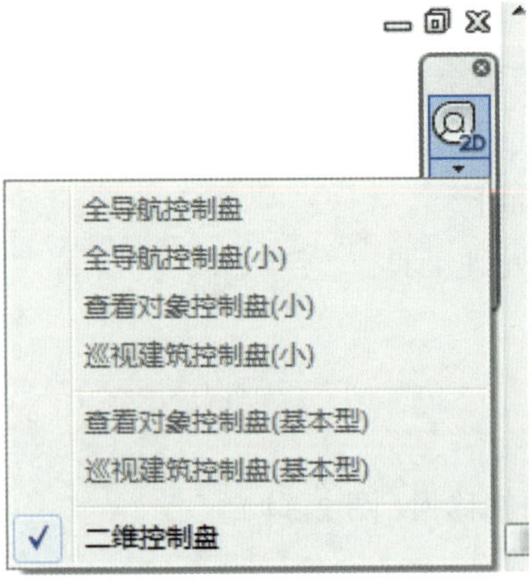

图 2-36　二维控制盘调用

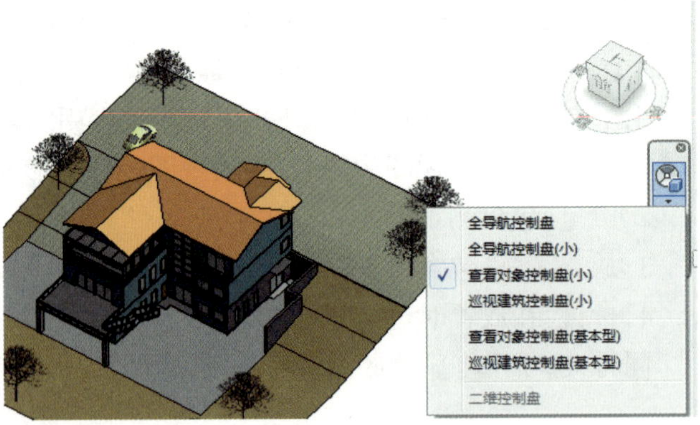

图 2-37　三维控制盘切换

4. ViewCube

ViewCube 工具是一个三维导航工具,也是一种可单击、可拖动的常驻界面。用户可以用它在模型的标准视图和等轴测视图之间进行切换。ViewCube 工具显示后,将在窗口一角以不活动状态显示在模型上方。ViewCube 工具在视图发生更改时可提供有关模型当前视点的直观反映。将光标放置在 ViewCube 工具上后，ViewCube 将变为活动状态。用户可以拖动或单击 ViewCube 来切换，也可滚动当前视图或更改为模型的主视图（图 2-38）。

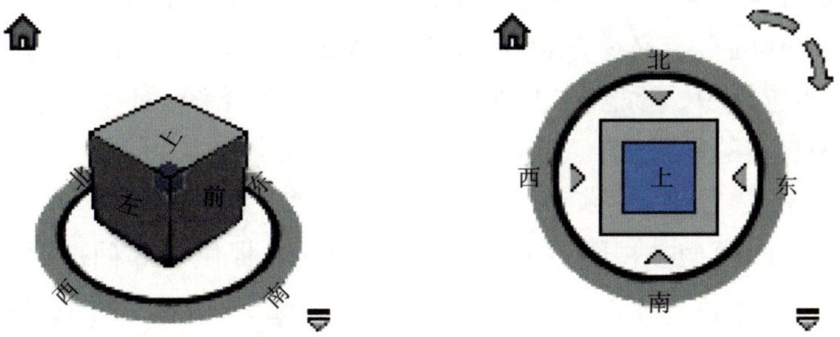

图 2-38　ViewCube 的调整

ViewCube 可通过单击“用户界面”打开或关闭。

5. 视图控制栏

视图控制栏如图 2-39 所示。

图 2-39　视图控制栏

（1）比例

视图比例用于控制模型尺寸与当前视图显示之前的关系。单击视图控制栏“1 ∶ 100”按钮，在比例列表中选择比例值即可修改当前视图的比例。注意无论视图比例如何调整，均不会修改模型的实际尺寸，仅会影响当前视图中添加的文字、尺寸标注等注释信息的相对大小。 Revit 允许为项目中的每个视图指定不同比例，也可以创建自定义视图比例（图 2-40）。

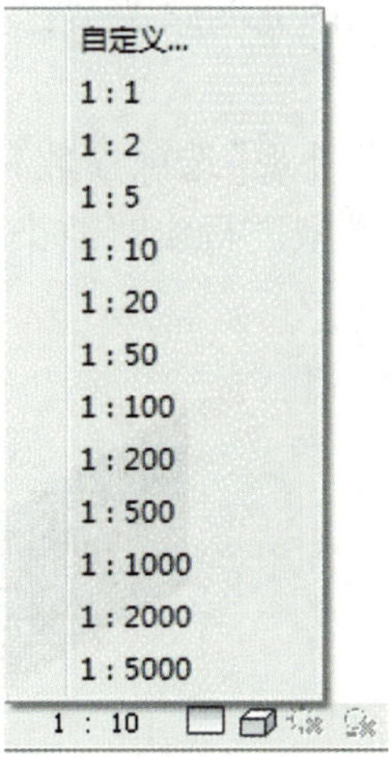

图 2-40　显示比例的切换

（2）详细程度

由于在建筑设计图纸的表达要求中，不同比例图纸的视图表达的要求不相同，所以需要对视图进行详细程度的设置。单击“详细程度”后的下拉按钮,可选择“粗略”“中等”或“精细”(图 2-41)。通过预定义详细程度,可以影响不同视图比例下同一几何图形的显示。因此,在族编辑器中创建的自定义窗在粗略、中等和精细详细程度下的显示情况可能会有所不同。例如,在平面布置图中,平面视图中的窗可以显示为四条线,但在窗安装大样中,平面视图中的窗将显示为真实的窗截面。

(3)视觉样式

视觉样式用于控制模型在视图中的显示方式。Revit 提供了 6 种视觉样式:“线框”“隐藏线”“着色”“一致的颜色”“真实”“光线追踪”(图 2-42)。显示效果由“着色”到“光线追踪”逐渐增强,但所需要的系统资源也会越来越多。一般平面或剖面施工图可设置为“线框”或“隐藏线”模式,这样系统消耗资源较少,项目运行较快。

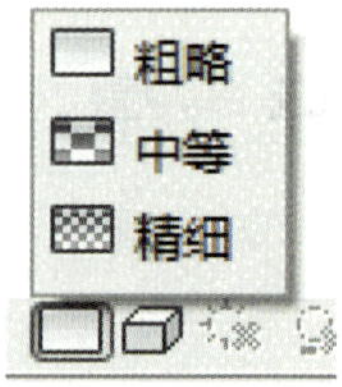

图 2-41　显示精度的切换

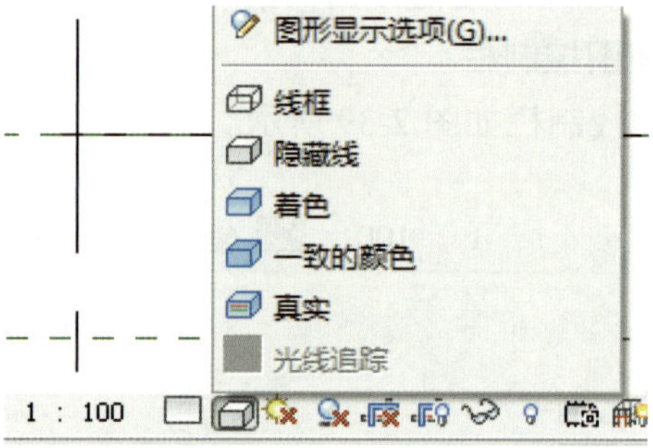

图 2-42　视觉样式的切换

1)“线框”模式是显示效果最差但速度最快的一种显示模式。

2)“隐藏线”模式下,图元将进行遮挡计算,但并不显示图元的材质颜色。

3)“着色”模式和“一致的颜色”模式都将显示对象材质定义中“着色颜色”定义的色彩。“着色”模式将根据光线设置显示图元明暗关系;“一致的颜色”模式下,图元将不显示明暗关系。

4)“真实”模式与材质定义中的“外观”选项参数有关,用于显示图元渲染时的材质纹理。“光线追踪”模式将对视图中的模型进行实时渲染,效果最佳,但将消耗大量的计算机资源(图 2-43)。

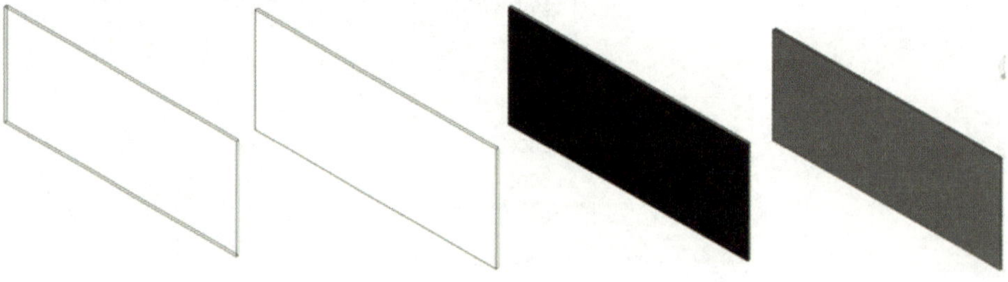

图 2-43　显示区别的示意

在本书后续章节中,将详细介绍如何自定义图元的材质,读者可参考相关内容,这样可以加深对本节所述内容的理解。

（4）打开 / 关闭日光路径、打开 / 关闭阴影

在视图中，可以通过“打开 / 关闭”阴影开关在视图中显示模型的光照阴影，增强模型的表现力（图 2-44、图 2-45）。在日光路径里面，还可以对日光进行详细设置。详见本章最后一节的整合应用技巧。

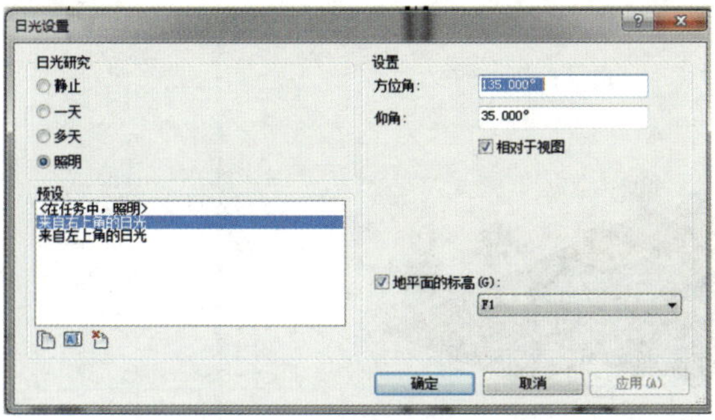

图 2-44　日光分析设置

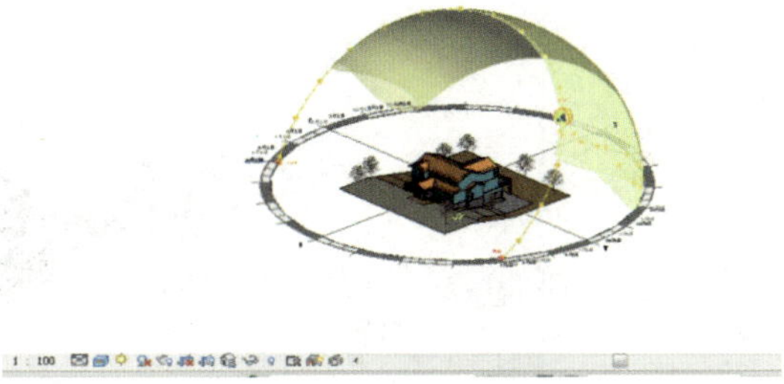

图 2-45　激活日光路径

（5）裁剪视图、显示 / 隐藏裁剪区域

视图裁剪区域定义了视图中用于显示项目的范围，由两个工具组成：是否启用裁剪和是否显示裁剪区域。可以单击按钮在视图中显示裁剪区域，再通过裁剪按钮启用视图剪裁功能，通过拖曳裁剪边界，对视图进行裁剪。裁剪后，裁剪框外的图元不显示。

（6）临时隔离 / 隐藏选项和显示隐藏的图元选项

在视图中用户可以根据需要临时隐藏任意图元。选择图元后，单击“临时隐藏或隔离图元”（或图元类别）命令，将弹出“隐藏或隔离图元”选项，用户可以分别对所选择图元进行隐藏和隔离。其中，“隐藏图元”选项将隐藏所选图元；“隔离图元”选项类似于提取，只显示选定的图元。用户可以根据图元（所有选择的图元对象）或类别（所有与被选择的图元对象属于同一类别的图元）的方式控制图元的隐藏和隔离（图 2-46）。

图 2-46　隔离 / 隐藏设置

所谓临时隐藏图元是指当关闭项目后,重新打开项目时被隐藏的图元将恢复显示。视图中临时隐藏或隔离图元后,视图周边将显示蓝色边框。此时,再次单击“隐藏或隔离图元”,可以选择“重设临时隐藏 / 隔离”选项恢复被隐藏的图元。选择“将隐藏 / 隔离应用到视图”选项,此时视图周边蓝色边框消失,将永久隐藏不可见图元,即无论任何时候,图元都将不再显示(图 2-47)。

图 2-47　临时隐藏 / 隔离

要查看项目中隐藏的图元,可以单击“视图”控制栏中“显示隐藏的图元”命令。Revit 将会显示红色边框,所有被隐藏的图元均会显示为亮红色。选择被隐藏的图元,单击“显示隐藏的图元”→“取消隐藏图元”选项可以恢复图元在视图中的显示。注意:恢复图元显示后,务必单击“切换显示隐藏图元模式”按钮或再次单击“视图控制栏”按钮返回正常显示模式,取消红色边框(图 2-48)。

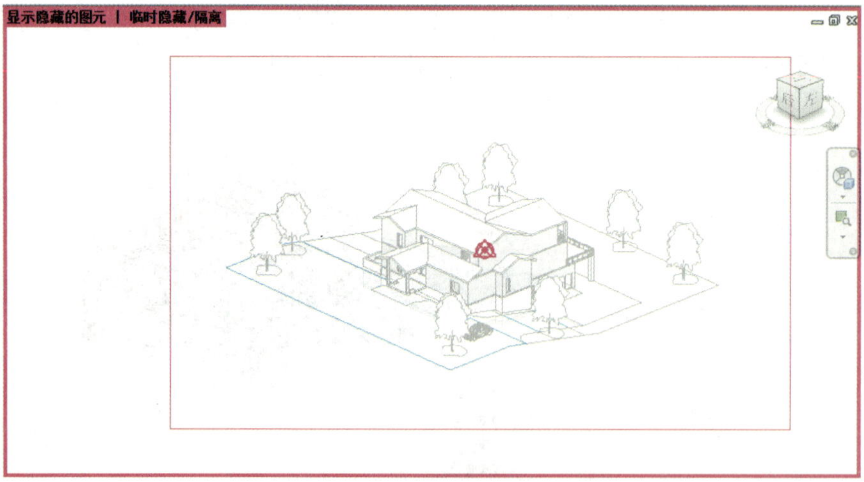

图 2-48　取消隐藏

用户也可以在选择隐藏的图元后单击鼠标右键,在右键菜单中选择“取消在视图中隐藏”→“按图元”以取消图元的隐藏。

（7）显示 / 隐藏渲染对话框（仅三维视图可使用）

单击该按钮，将打开“渲染”对话框，以便对渲染质量、光照等进行详细的设置。Revit 采用 Mental Ray 渲染器引擎对图元模式进行渲染。本书后续章节中，将介绍如何在 Revit 中进行渲染。

（8）解锁 / 锁定三维视图（仅三维视图可使用）

如果需要在三维视图中进行三维尺寸标注及添加文字注释信息，需要先锁定三维视图。单击该工具将创建新的锁定三维视图。锁定的三维视图不能旋转，但可以平移和缩放。在创建三维详图大样时，使用该功能。

（9）分析模型的可见性

仅临时显示分析模型类别：结构图元的分析线会显示一个临时视图模式，隐藏项目视图中的物理模型并仅显示分析模型类别，这是一种临时状态，并不会随项目一起保存，清除此选项则退出临时分析模型视图。

6. 属性栏

由于不同的图元具有相异的属性，所以在选中某一图元时，属性栏能显示其特殊性设置，并且以参数化模式对该图元进行调整与编辑。下面以平面视图属性为例进行说明，我们可以初步了解一种类型的图元需要哪些方面的参数来进行约束与定义（图 2-49、图 2-50）。

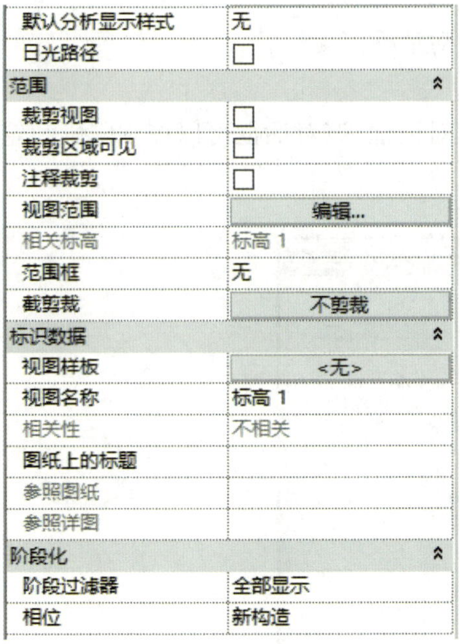

图 2-49　属性栏参数

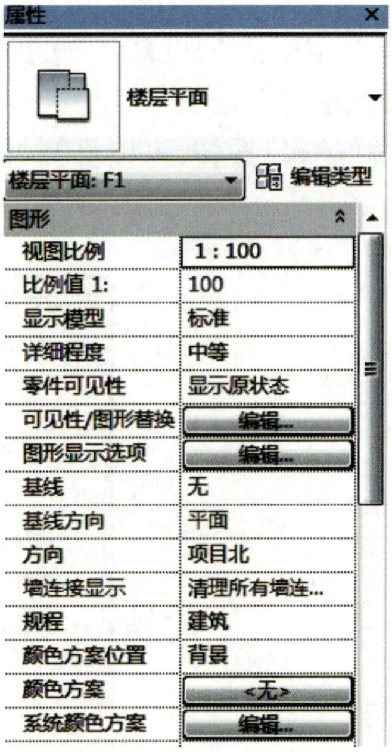

图 2-50　平面视图属性

在 Revit Architecture 中，每一个平面、立面、剖面、透视、轴测、明细表都是一个视图。它们的显示都是由各自视图的视图属性控制的，且不影响其他视图，这些显示包括可见性。作为一款参数化的三维建筑设计软件，在 Revit Architecture 中，如何通过创建三维模型的线型、线宽、颜色等控制并进行相关项目设置，从而获得所需要的符合设计要求的相关平、立、剖面大样详图等图纸呢?

(1)比例值

选择“自定义”作为“视图比例”后,即启用此属性。

(2)显示模型

通常情况下,此项设置为“标准”则显示所有图元,该值适用于所有非详图视图。设置为“不显示”则只显示详图视图专有图元(这些图元包括线、区域、尺寸标注、文字和符号),不显示模型中的图元;设置为“半色调”通常显示详图视图特定的所有图元,而模型图元显示在“定义半色调基线设置”中,可以使用半色调模型图元作为线、尺寸标注和对齐的追踪参照。

(3)详细程度

将详细程度设置应用于视图比例:粗略、中等或精细。此设置将替换该视图的自动详细程度设置。在视图中应用某个详细程度后,某些类型的几何图形可见性即会打开。墙、楼板和屋顶的复合结构以“中等”和“精细”显示;族几何图形随详细程度的变化而变化;结构框架随详细程度的变化而变化。

以“粗略”程度显示时,模型会显示为线;以“中等”和“精细”程度显示时,模型会显示更多几何图形。

(4)可见性 / 图形替换

单击“编辑”按钮可打开“可见性 / 图形替换”对话框。

(5)图形显示选项

单击“编辑”按钮,可以打开“图形显示选项”对话框,该对话框可以控制阴影和轮廓线(图 2-51)。

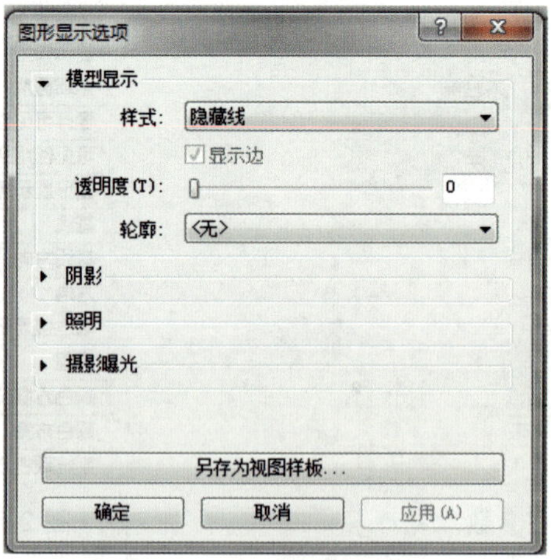

图 2-51　图形显示设置

(6)基线

在当前平面视图下显示另一个模型切面。该模型切面可从当前标高上方或下方获取,基线会变暗,但仍然可见(即使在"隐藏线"模式下同样可见)。

基线对于理解不同楼层的构件关系非常有用。通常,在导出或打印视图前要关闭基线。

(7)基线方向

在"隐藏线"模式中控制基线的显示。如果将该值指定为"平面",那么基线显示时就如同从上方查看平面视图一样进行查看;如果将该值指定为"天花板投影平面",那么基线显示时就如同从下方查看天花板投影平面一样进行查看。

(8)墙连接显示

用于设置清理墙连接的默认行为,如果将此属性设置为"清理所有墙连接",则 Revit 自动清理所有墙连接;如果将此属性设置为"清理相同类型的墙连接",则 Revit 仅清理相同类型的墙连接;如果连接了不同类型的墙,则 Revit 不能清理它们。使用"编辑墙连接"工具可以替换此设置。

(9)规程

确定规程专有图元在视图中的显示方式,也可以在项目浏览器中使用此参数组织视图,规程包括以下可选值。

1)建筑:显示所有规程中的所有模型几何图形。

2)结构:隐藏视图中的非承重墙,并显示已启用其结构参数的图元。

3)机械:以半色调显示建筑和结构图元,并在顶部显示机械图元以便更易于选择。

4)电气:以半色调显示建筑和结构图元,并在顶部显示电气图元以便更易于选择。

5)卫浴:以半色调显示建筑和结构图元,并在顶部显示卫浴图元以便更易于选择。

6)协调:显示所有规程中的所有模型几何图形。

(10)显示隐藏线

控制视图中隐藏线的显示(不适用于透视视图)。

(11)颜色方案

在平面视图或剖面视图中,用于以下各项的颜色方案:房间和面积;空间和分区;管道和风管。

(12)视图名称

视图名称显示在项目浏览器以及视图的标题栏上,除非定义了"图纸上的标题"参数的值,否则该名称也会显示为图纸上的视图的名称。

(13)图纸上的标题

图纸上的标题是指出现在图纸上的视图的名称,它可以替代"视图名称"属性中的任何值。该参数不可用于图纸视图。

(14)参照详图

该值来自放置在图纸上的参照视图。

(15)视图样板

标识指定给视图的视图样板。以后对视图样板的更改将影响视图。

（16）裁剪视图

选中“裁剪视图”复选框可启用模型周围的裁剪边界，选择此边界并使用拖曳控制柄调整其尺寸。调整边界尺寸时，模型的可见性也随之变化。要关闭边界并保持裁剪，须取消“裁剪区域可见”复选框。

（17）裁剪区域可见

显示或隐藏裁剪区域，在图纸视图和明细表视图中，视图裁剪不可用。

（18）视图范围

在任何平面视图的视图属性中，都可以设置视图范围；视图范围可以控制定义各个视图边界的特定几何平面，可通过定义准确的剖切面以及顶部和底部的裁剪平面来设置（图 2-52）。

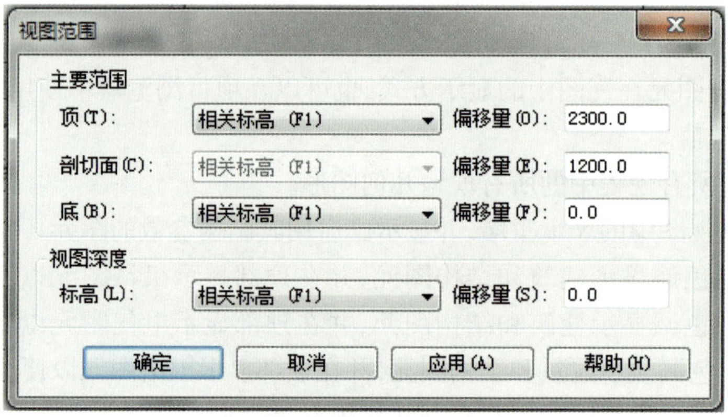

图 2-52 “视图范围”设置

2.3 项目准备——启动主界面

Revit 为 BIM 系列软件的一个分支，当下主要用于施工图设计以及后期的管线综合。运行 Revit 进入主界面，能看到界面分为项目和族两个板块。

项目板块里有一些小的预览图，这些都是之前打开过的项目，其中能看到轴网与墙体项目“综合建筑”，这与施工图要求相符合，也就是说，项目板块用于绘制常规项目（图 2-53）。

2.3.1 项目与族

再来看看族和项目有什么区别。在操作界面中，项目板块中有一个名为“建筑体量”的项目文件，而族里面有一个名为“体量”的文件，这两个文件中的形态是类似的，区别在于项目文件中的模型更完善一些，有了屋顶和幕墙等（图 2-54）。通过对照就能很容易地了解二者之间的基本运作原理与关系：在族中建立基本形体，然后载入项目中进行材质与属性的附着。

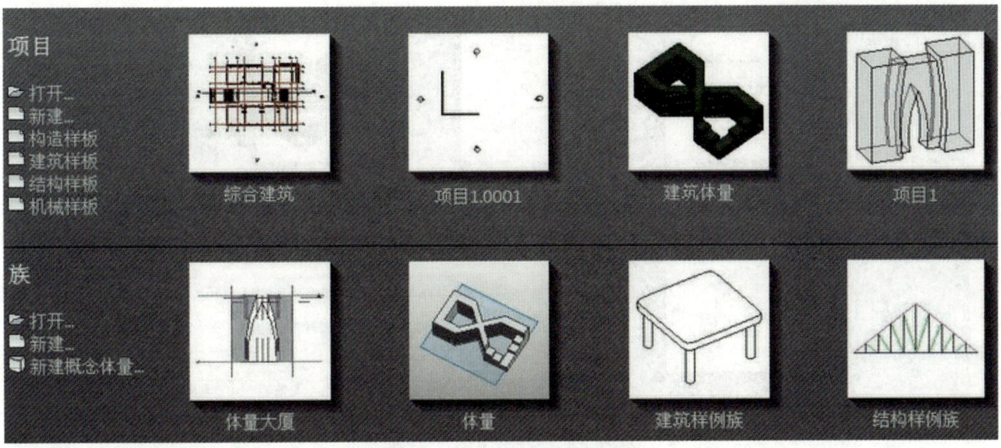

图 2-53 项目和族板块

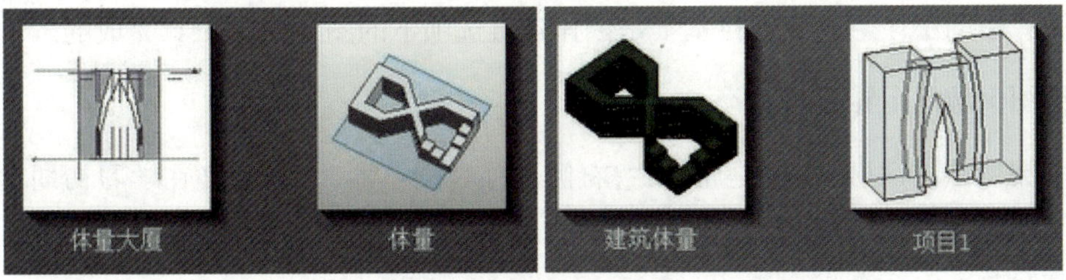

图 2-54 体量载入项目

什么情况下不能直接在项目中建模，而需要在族里面去建形体再载入项目呢？这两个项目就是很好的案例，我们能够看到，它们的共同特点是体块相对复杂，而且还出现了曲面的墙体。如果直接在项目中使用墙工具等来绘制是有一定难度的，而且在属性设置上可能会很烦琐，但如果选择族板块中的体量建模，基于体量中的很多特殊工具，就能够完成异型建模，从而可以相对自由地对形状进行编辑。制作好一个体量的族后，就可以载入项目中。而图中两个项目的区别是，“项目 1”仅仅是把体量载入，“建筑体量”则是在形体的表面附着了屋顶和幕墙，从而真正具有建筑属性。

注意：体量是族板块中的重要建模工具，能够绘制复杂形体、建筑构件。值得注意的是，用于附着墙等建筑实例的形体，与实例是相互独立的，所以在完成附着之后，形体能单独被删除，最终仅仅保留项目中所需的实例模型。

族板块中除了可以自定义绘制之外，还有建筑样例族等族库，在默认情况下打开的项目文件，其中很多族是缺失的，但我们不需要去专门下载族库，这些族库已经在安装 Revit 软件时置入了安装路径，找到所需的族后，单击“载入”族才能在项目中使用。当然也可以从网络上下载更多的族库，载入时直接通过保存路径选中即可。

项目开始时，单击项目板块中的“新建”按钮，然后在弹出的对话框中选择“建筑样板”，勾选“建筑”，最后单击“确定”按钮（图 2-55）。

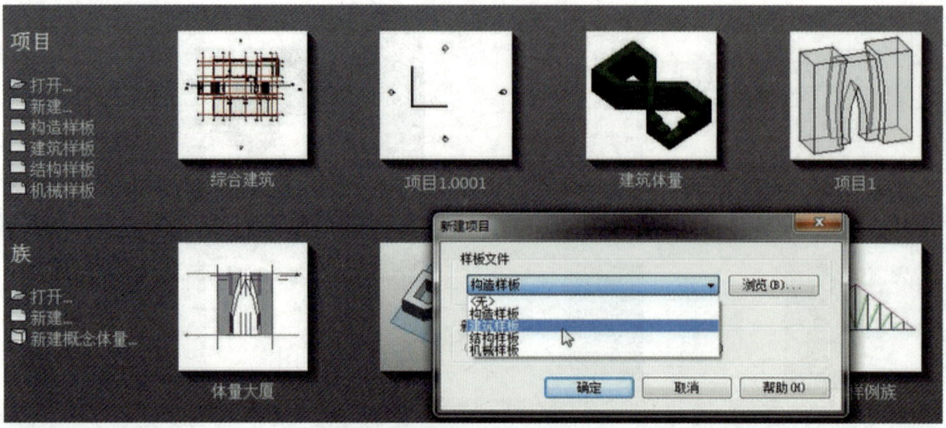

图 2-55　打开“建筑样板”

Revit 能够绘制建筑、结构和 MEP 系统，所以它涵盖了施工图阶段所有需要的专业。本书配套资源中的小住宅这个项目基本是依托建筑选项下的图元绘制工具完成的。

2.3.2　绘图区域常用界面

首先阅读绘图区域，左侧是属性栏，右侧是项目浏览器，大家务必在学习初期就习惯常常查看这两侧，因为它们的使用率非常高。

1. 属性栏

属性栏之所以使用率高，是因为图元之间区别的基本依据就是属性，以刚才“体量”载入项目为例，之所以能将形体转化为建筑，正是因为墙、屋顶等属性的不同。选中项目中的某个“墙”图元，则属性栏显示为该墙体的具体属性，这也是 BIM 技术参数化设计的核心。

2. 项目浏览器

再来看右侧的项目浏览器，它用于调用不同的视图。天花板平面一般用于室内装修。所有视图都能在项目浏览器中显示。有的人在安装软件之后，在默认的项目浏览器中没有三维模型，那么可以在“视图”选项栏中单击“三维模型”下拉箭头，再单击“默认三维视图”，即可在项目浏览器中显示三维模型。

3. 比例设置

接下来介绍比例对绘制模型的影响。首先绘制一段墙体，然后输入“DI”进行尺寸标注，如果尺寸显示较小，则可通过修改显示比例，将不同图元之间的关系调整至协调。

Revit 打开之后默认是以粗线显示的，如果觉得粗线影响交点选择，可单击“细线”按钮调至细线模式，类似于 CAD 中线宽的开启与关闭。显示精度不同，墙的剖面细节也会有区别，特别是选择了有保温层等复合层之后，精细模式的墙体填充方式可能会发生变化。

建筑、结构、系统选项卡的显示可以在“选项”对话框“用户界面”选项中进行调整。“选项”对话框可以从“应用”菜单中打开（图 2-56）。

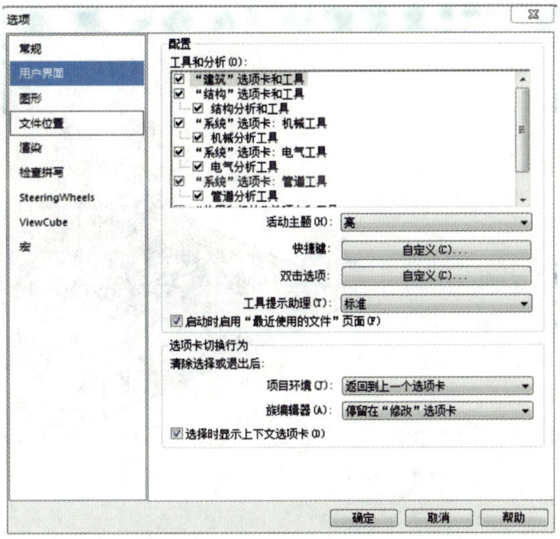

图 2-56　"选项"对话框设置

2.4　整合应用技巧——日光分析

日光分析是一个非常有用的功能，因为建筑设计中需要根据日照规范来对方案进行验算，目的是保证建筑使用质量和房间的日照率。Revit 能以模型为根据，自动对方案进行分析并形成结果。

2.4.1　我国建筑日照标准

中华人民共和国国家标准《住宅设计规范》中关于住宅建筑日照标准的规定：

每套住宅至少应有一个居住空间能获得日照。

当一套住宅中居住空间总数超过四个时，其中应有两个获得日照。（注：居住空间指卧室、起居室、客厅和餐厅的使用空间）

获得日照要求的居住空间，其日照标准应符合现行国家标准《城市居住区规划设计规范》中关于住宅建筑日照标准的规定：大城市在有效日照 8：00—16：00 时间带内，大寒日不小于 2 小时，冬至日不小于 1 小时 。

2.4.2　日光研究类型

在 Revit 中可创建项目的日光研究，以计算自然光和阴影对建筑和场地的影响。通过展示自然光和阴影对项目的影响，提供有价值的信息，支持有效的被动式太阳能设计（图 2-57）。

图 2-57　日光研究设置

通过日光研究,能够以可视的方式展示来自地形和周围建筑物的阴影对场地有怎样的影响,以及自然光在一天和一年中的特定时间会从哪些位置射入建筑物内。

室外日光研究可以显示来自地形和周围建筑的阴影是如何影响场地的;室内日光研究可以显示在一天中的特定时间内和一年中的特定时间内,自然光进入建筑内的位置。

2.4.3　日光研究模式

日光研究模式包括"静止""一天""多天"和"照明",可以在概念设计环境和项目环境中使用。用户可以单独或结合使用日光路径和"日光设置"对话框创建符合自己需要的日光研究(图 2-58)。

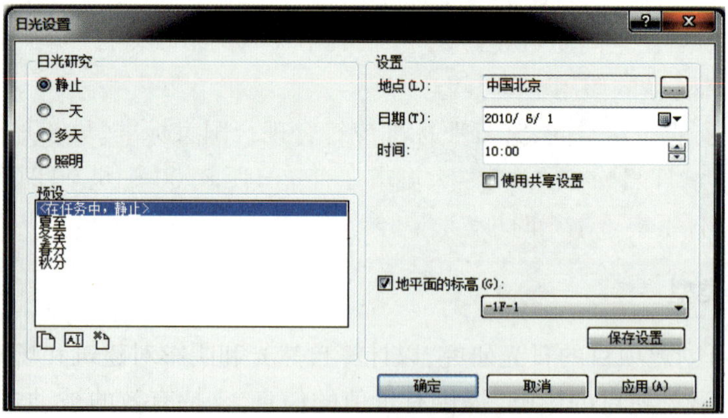

图 2-58　多种日光研究模式

注意:日光路径和"日光设置"对话框中所显示的时间是项目位置的当地时间。由于当地时间可能与日光时间有一小时或更长时间的差别(这取决于您所在的位置),因此在日光路径中以日光时间显示太阳的位置,以确保在日光正午时太阳位于头顶正上方。

日光研究基本步骤如下:创建项目;指定项目的地理位置;创建支持阴影显示的二维

或三维视图；打开日光路径和阴影（图 2-59、图 2-60）；创建“静止”“照明”“一天”或“多天”的日光研究；如果创建了“一天”或“多天”的日光研究，则查看产生的动画（图 2-61）；保存日光研究结果；导出日光研究结果。

图 2-59　打开日光路径

图 2-60　打开阴影

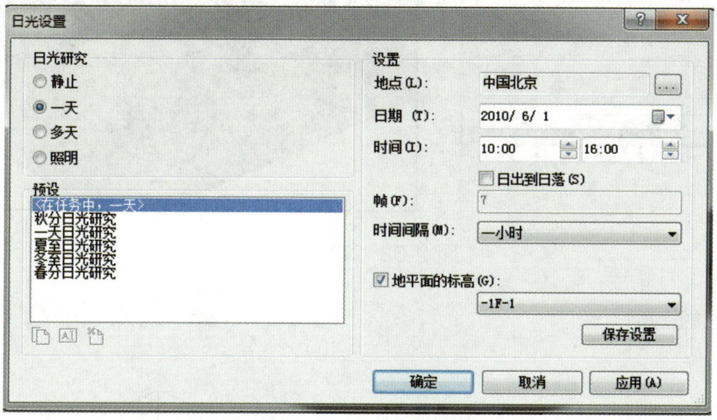

图 2-61　生成动画模式

下面我们以“静止”日光研究模式为例介绍详细步骤。

1. “静止”日光研究模式

为了有更好的研究效果，一般选用三维视图来研究，当然常规的平面、立面、剖面视图也可以用于日光研究。

首先，选择相应的视图，右键单击“复制视图”，并重新命名（图 2-62）。

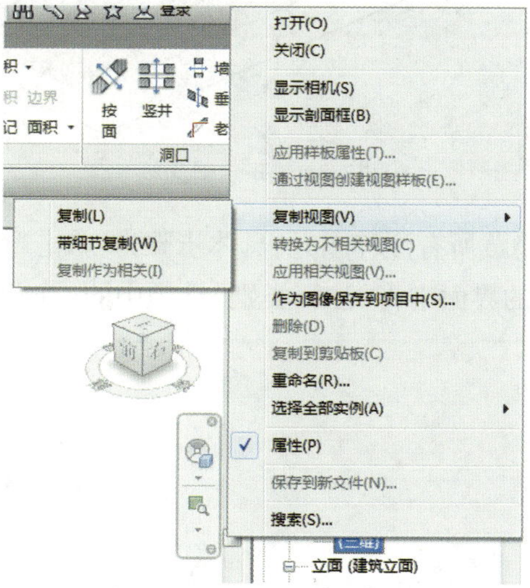

图 2-62　复制视图

需要注意的是,三维视图设置:可设置裁剪,也可打开剖面框(图 2-63、图 2-64)。

图 2-63　裁剪设置

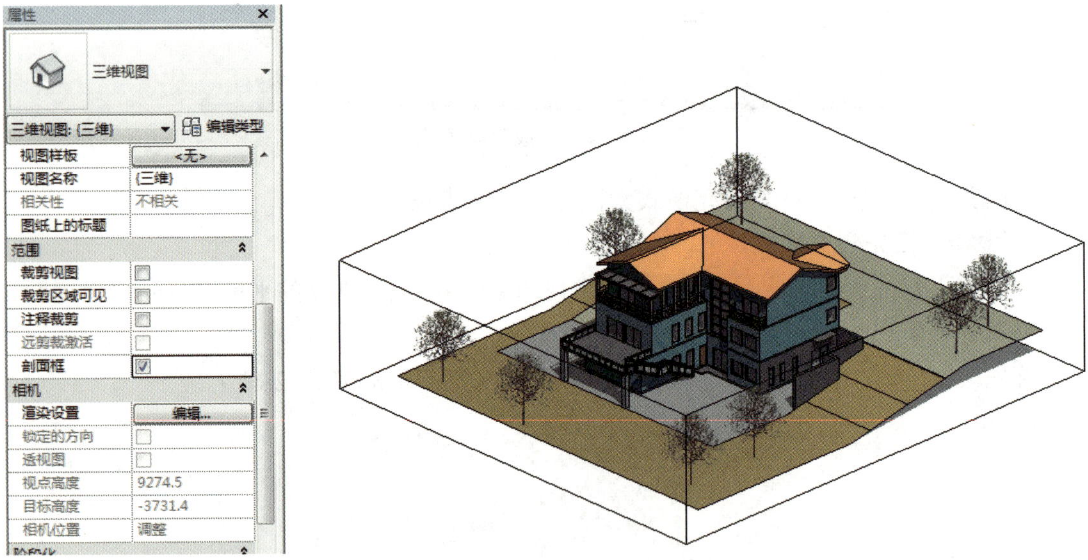

图 2-64　开启剖面框

二维视图设置是为了隐藏所有注释图元,具体步骤为:单击“可见性 / 图形替换”旁的“编辑”按钮(图 2-65),在随后的界面中将“注释类别”选项中的“在此视图中显示注释类别”取消勾选(图 2-66)。

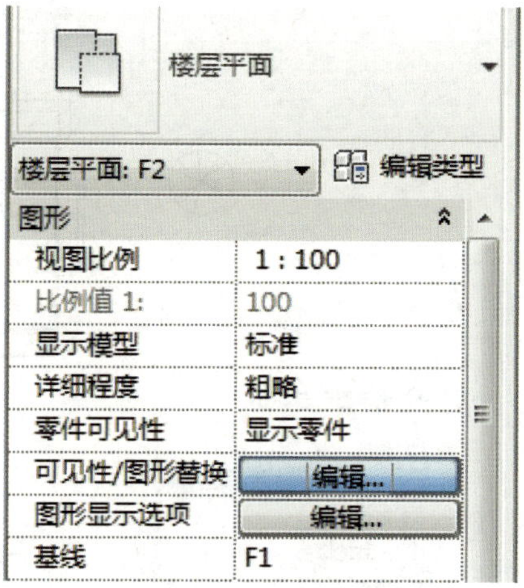

图 2-65 可见性设置

图 2-66 隐藏“注释图元”

显示样式调整为“隐藏线”或其他模式(图 2-67)。

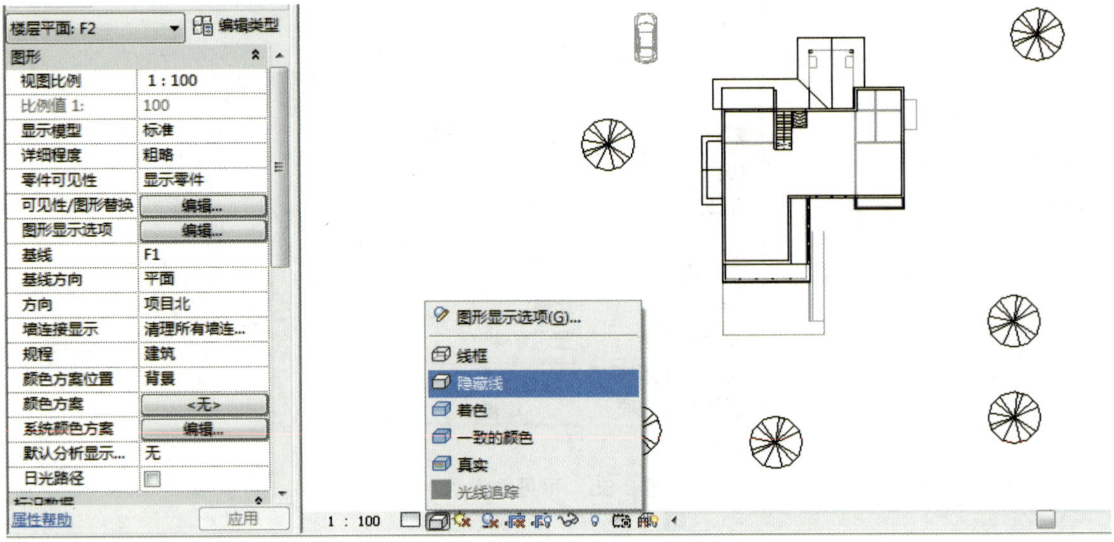

图 2-67 “隐藏线”模式

平面视图:正常情况下,方向为项目正北,指视图的顶部。生成日光研究时,就设属性“方向”为“正北”,以便为项目创建精确的日光和阴影样式(图 2-68)。

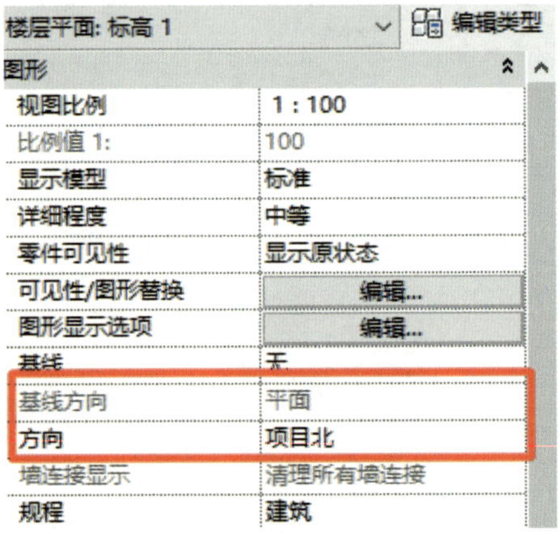

图 2-68 设置方向

静止日光研究会生成单个图像,图像用来显示项目位置在指定日期和时间所受到的日光和阴影影响。

通过设置项目所在地的经纬度、年月日、时分秒等参数快速创建多种日光研究方案。选择“图形显示选项”,对日光强度、间接光、投影阴影、边缘样式等进行选择(图 2-69、图 2-70)。

进入“日光设置”选项,选择“静止”,选择日期和时间,设定“地平面的标高”,可以查看阴影如何落在特定标高上,而不是落在地形上。创建静止日光研究:选择“位置”选项,进入“位置、气候和场地”对话框,在“定义位置依据”下拉列表中选择“Internet 映射服务”,通过 Google 地图,进行位置定位。再选择“默认城市列表”,定位世界各大城市(图 2-71),保存设置并进行命名。在相应视图中自动创建静止日光研究。

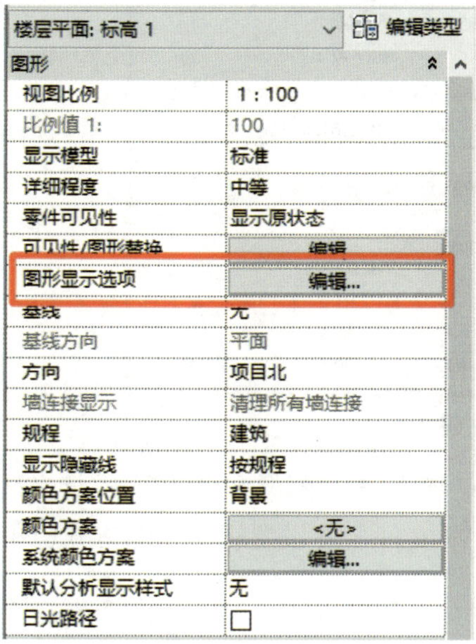

图 2-69　图形显示选项

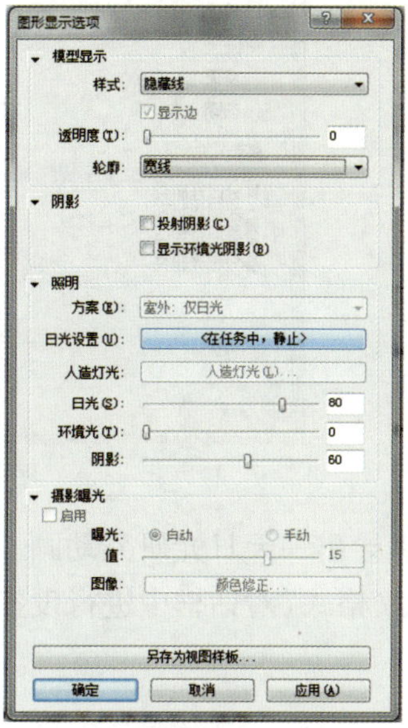

图 2-70　设置显示参数

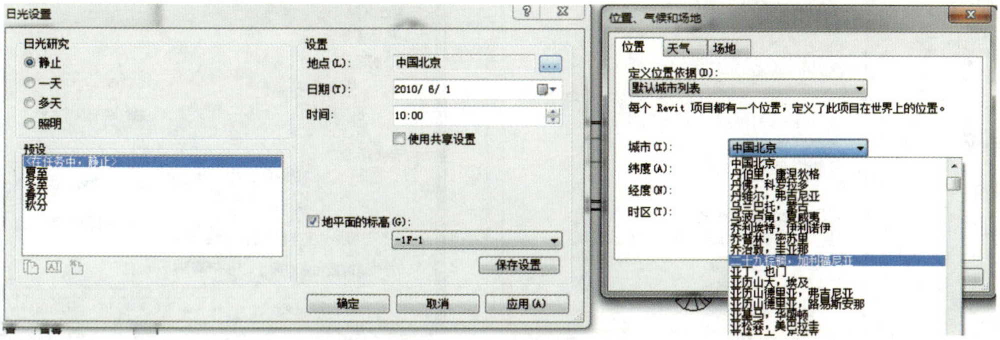

图 2-71　定位设置

注意：大型项目中，设置"打开阴影"会影响系统速度，因而需要关闭阴影。

2. "一天"日光研究模式

"一天"日光研究指一个动画，该动画可显示在特定一天内的已定义的时间范围内项目位置处阴影的移动。

同理先创建日光研究视图并进行相关设置，定义视觉样式并设置侧轮廓样式。

创建"一天"日光研究，进入"日光设置"对话框，选择"一天"；同理先选择"地点"；设置时间范围、时间间隔；设定"地平面的标高"；保存设置并进行命名，然后单击"确定"按钮（图 2-72）。

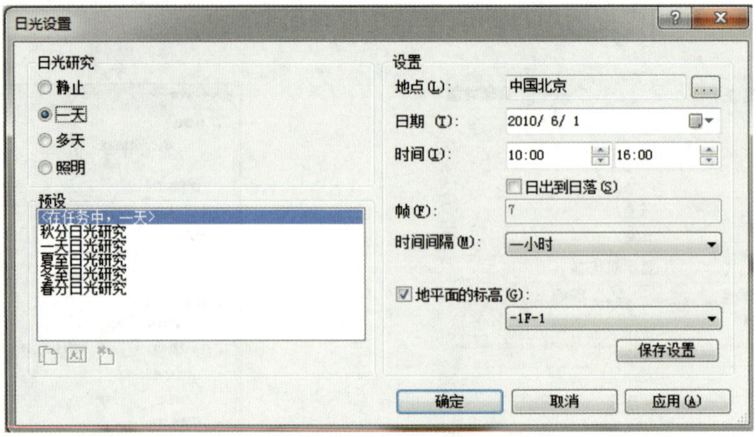

图 2-72　“一天”日光研究设置

最后导出一天日光研究动画。选择“文件”→“导出”→”图像和动画”→”日光研究”，在“长度 / 格式”对话框中进行设置，给定存盘的 AVI 文件名并设置视频压缩方式(图 2-73、图 2-74)。

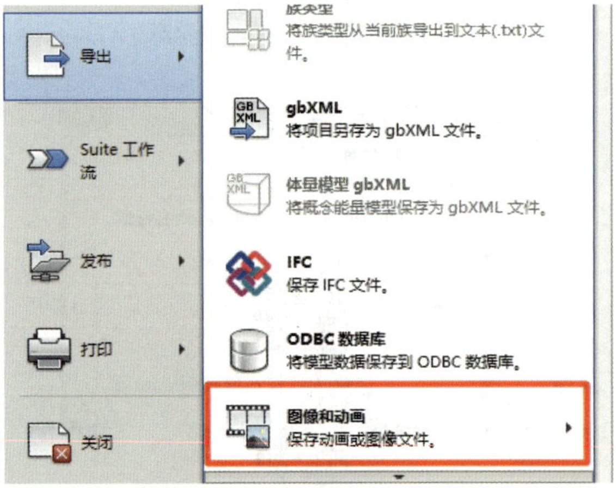

图 2-73　导出动画

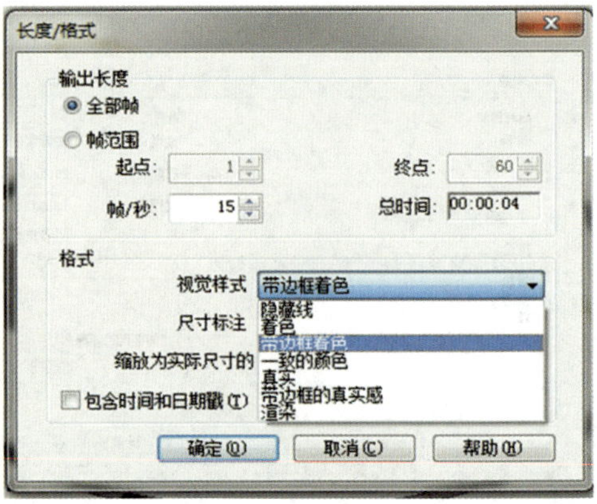

图 2-74　视频格式设置

3.“多天”日光研究模式

“多天”日光研究可表示在已定义的天数范围内某个特定时间项目位置处阴影的效果。同理，可创建多天日光研究视图并进行相关设置(图 2-75)。

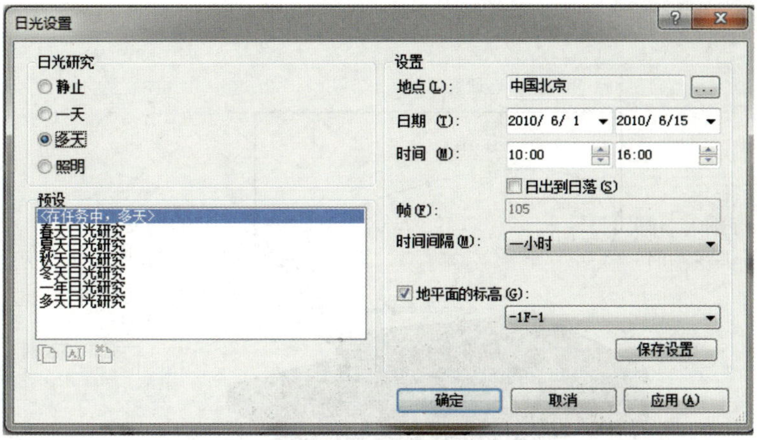

图 2-75　“多天”日光研究设置

进入“日光设置”对话框，选择“多天”，进行相关设置之后导出。

4. “照明”日光研究模式

“照明”日光研究生成单个图像，显示从活动视图中的日光位置投射的阴影。

可以在“日光设置”对话框中指定日光位置，指定时可选择“预设”（例如“来自右上角的日光”）或输入“方位角”和“仰角”的值。

通过“照明”模式，可以创建现实世界中可能并不存在的照明条件，因此使照明研究最适合制作演示图形（图 2-76）。

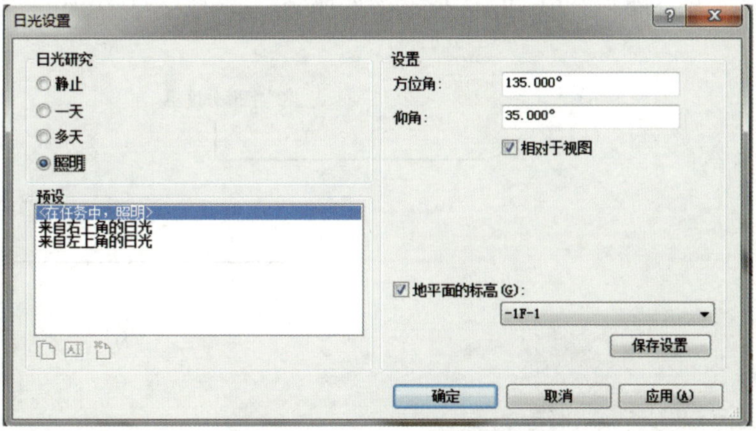

图 2-76　“照明”日光研究设置

2.4.4　使用日光路径

日光路径是在所指定项目地理位置处日光在天空中的运动范围的可视化表示。通过日光路径的屏幕控制柄，可以将日光沿其每天路径放置在任意点以及沿其“8”字形分度标放置在任意点来创建日光研究。

1. 每天路径

每天路径是指太阳于指定日期在天空中移动所遵循的弧形路径。它在“静止”“一天”

和“多天”模式中可见(图 2-77)。

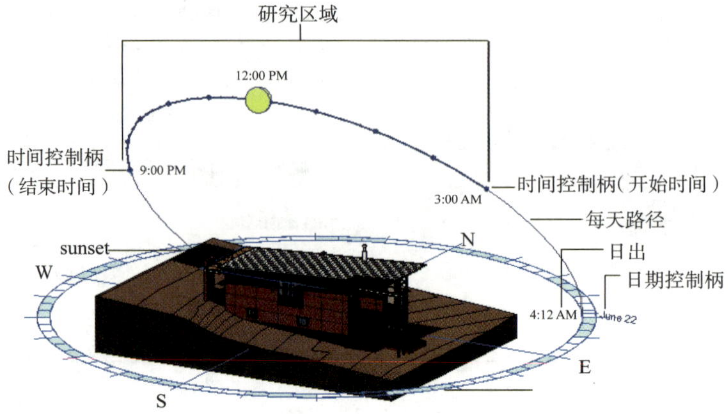

图 2-77 显示日光路径

1)“静止”和“一天”模式:沿每天路径拖曳日光可以修改时间,或者拖曳每天路径本身可以修改日期。

2)“多天”模式:拖曳任一每天路径可以修改研究的开始日期或结束日期。

2. “8”字形分度标

“8”字形分度标代表一年内每天的同一时刻太阳在天空中位置的“8”字形路径。它在“静止”“一天”和“多天”模式中可见。

将日光垂直于每天路径并沿“8”字形分度标拖曳,可以修改日期(图 2-78)。

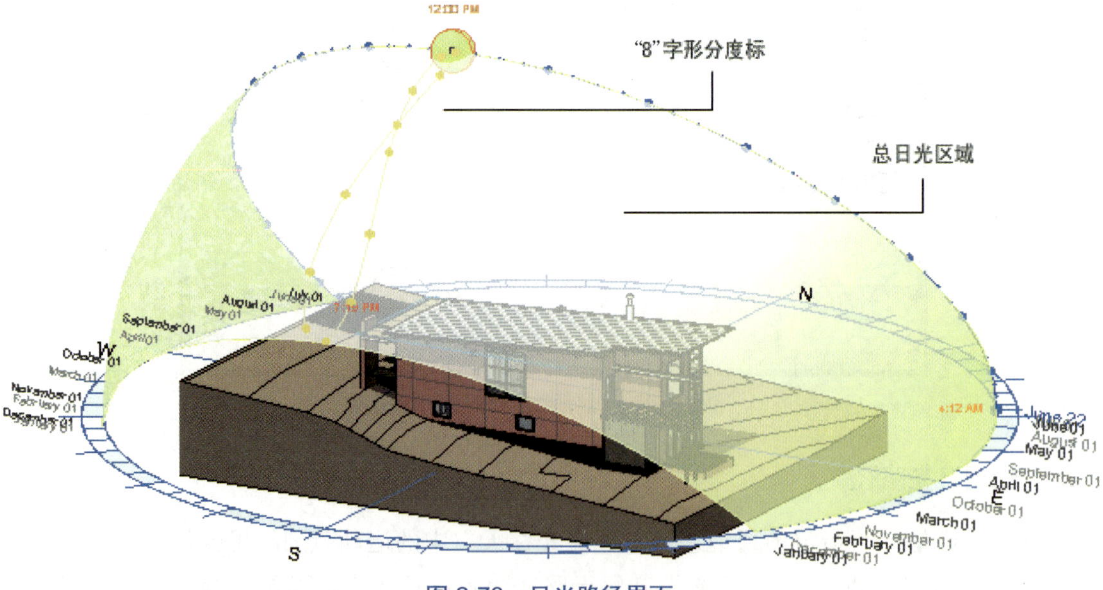

图 2-78 日光路径界面

3. 研究区域

研究区域代表指定日期和时间(或日期范围和时间范围)的日光路径高亮显示区域。

它在“一天”和“多天”模式中可见。

1）“一天”模式：拖曳指定时间范围的任何一个端点，可以增大或减小研究时间段。

2）“多天”模式：拖曳高亮显示研究区域的任何边界可以增大或减小研究时间段，或者将研究区域的整个表面拖曳到总日光区域内的新位置。

要在保持时间范围不变的情况下修改开始和结束时间，请沿每天路径拖曳该表面。要在保持日期范围不变的情况下修改开始和结束日期，请沿“8”字形分度标拖曳该表面。

4. 总日光区域

总日光区域代表指定地理位置全年内日光在天空中的移动区域（地平线上方）的着色区域。它在“静止”“一天”和“多天”模式中可见。

将光标放置在日光上，并按住鼠标左键可显示总日光区域。移动日光：将日光拖曳到指定研究区域内的任意位置，可以修改日期和 / 或时间（图 2-79）。

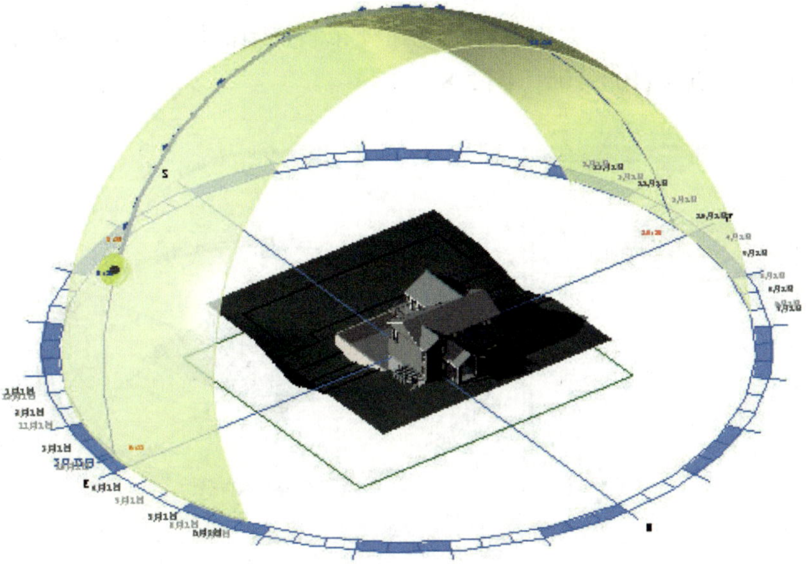

图 2-79　日期设置

5. 地面指南针

地面指南针是指放置在模型地平面上的分段圆形，它约束着日光路径，显示项目相对于正北的方向，它在所有日光研究模式中均可见。

地面指南针指示正北方向，如果修改项目方向，指南针指示方向不会随之变化。使用 ViewCube 调整视图中模型的方向时，地面指南针会随模型移动，因为它是视图的一部分（图 2-80）。

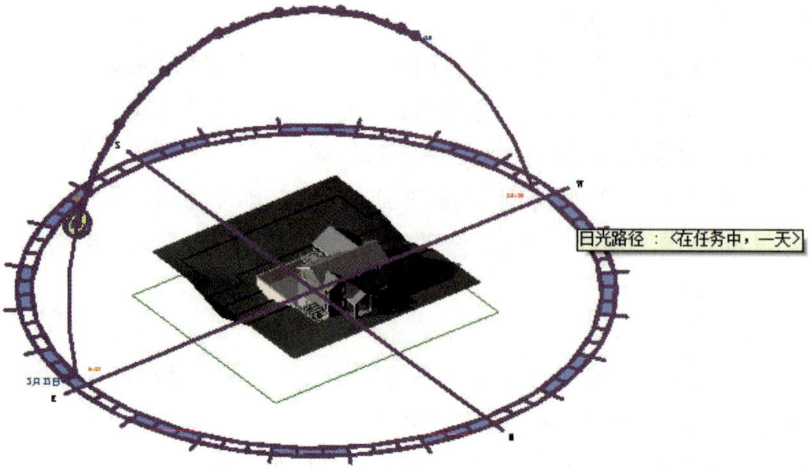

图 2-80　地面指南针设置

6. 调整日光路径大小

通过修改日光路径的显示大小或将日光路径布满更新的模型,可以调整日光路径的大小,默认为 150%,取值为 [100,500](图 2-81)。

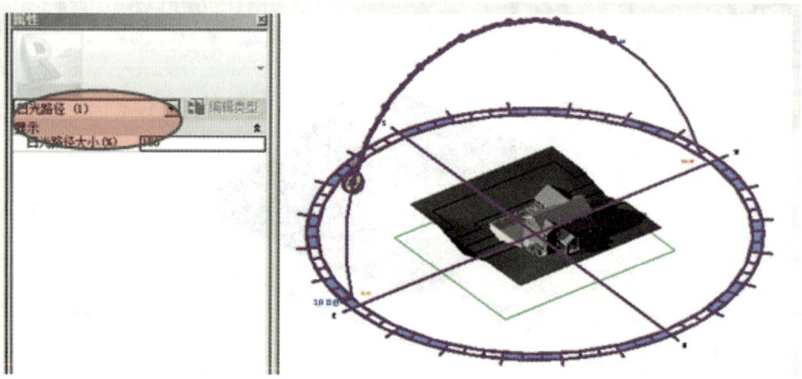

图 2-81　日光路径大小设置

快速打开 / 关闭日光路径如图 2-82 所示。快速打开 / 关闭阴影(当取消了阴影投影后)如图 2-83 所示。

图 2-82　打开 / 关闭日光路径

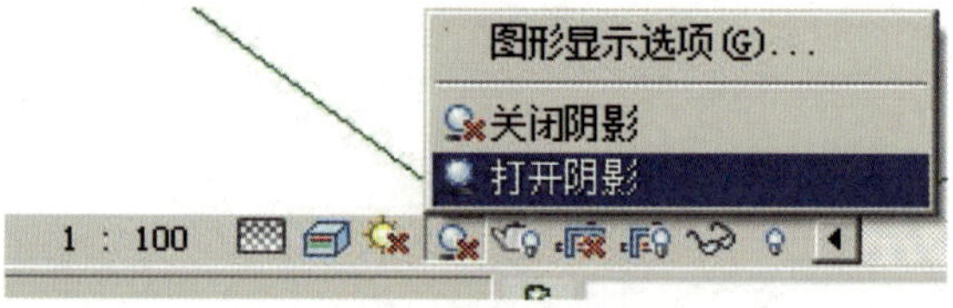

图 2-83　打开 / 关闭阴影

2.4.5　预览日光研究动画

创建日光研究动画之后，可以使用选项栏上的控制按钮预览特定帧或完整的动画。

要控制动画，可使用选项栏上的以下按钮：

- 向后移动 10 帧；

- 向前移动 10 帧；

- 显示上一帧；

- 显示下一帧；

要显示特定动画帧，请对“帧”输入帧编号（图 2-84）。

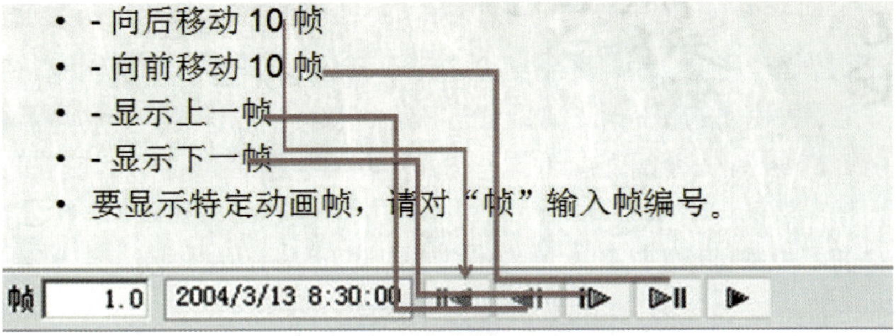

图 2-84　日光研究动画控制

本章小结

本章从 Revit 整体架构理念入手，介绍了 Revit 的图元概念及管理模式，接着介绍了 Revit 架构中所支持的文件格式。随后将建模界面分为快速访问工具栏、功能区、ViewCube、导航控制盘、选项栏、视图控制栏和属性栏，并着重对其中常用的功能按钮进行了详细介绍，最后将与施工图设计息息相关的日照分析方法单独作为一个小节进行了界面与操作的讲解。通过本章学习，读者能对 Revit 软件有一个系统的了解，也为后续的建模打下良好的基础。

项目 3　标高的绘制

课程思政

职业归属感

古语有云“千里之行,始于足下”,“不积跬步,无以至千里”。意思是走一千里路也要从第一步开始,不积累每一步,永远达不到千里远的地方。今天,我们的千里之行可通过汽车、飞机、高铁等各类高科技的交通工具来实现,这句话仿佛距离我们很遥远。但是,我们的每一个成功,又无不包含着其中的深意。一件件事情的成功,绝不是偶然,必有一个开始,而这一个又一个的开始,则犹如我们千里之行的“跬步”。

“天地一浮云,此身乃毫末。”事情都要从头做起,从点滴的小事做起,每一个人都有不同的路,路的终点、路的远近都是不同的,不管走到哪,我们都应脚踏实地地走。在人生的征程中,有满树的鲜花,也有满丛的荆棘,有平坦的大路,也有泥泞的小道,有风和日丽的艳阳,也有雨雪风霜的酷寒,没有一个人的人生是“春风得意马蹄疾,一日看尽长安花”。告诉自己微笑着去面对吧。

同理,万丈高楼平地起,一栋栋建成的高楼大厦都是从图纸开始,任何图纸都是由第一个标高绘制而来。所以,要脚踏实地、认认真真做好当下每一件事情。在我们身边经常有人抱怨:“这件事情你去找某某,我还有更重要的事情”“这点小事还要我做,摆明了瞧不起我”“一个螺丝留着干嘛,我扔垃圾桶里了”……这些我们日常生活中的琐事,有些人在一丝不苟地做着,而有些人却在浑浑噩噩地等待着“大任”的到来,殊不知这样的等待,终究只会误人误己。

某工地施工员把结构标高当成了建筑标高,结果楼建完后整体矮了 10 cm,直接导致项目损失过百万。这个教训告诉我们要养成踏实的习惯和良好的心态,在绘制标高时,一定要精心设计每一个节点和细节,对容易造成看图人员混淆的点做好区分,绝不可粗心大意。

在 Revit 中，项目是单个设计信息数据库——建筑信息模型。项目文件包含了建筑的所有设计信息（从几何图形到构造数据）。这些信息包括用于设计模型的构件、项目视图和设计图纸。通过使用单个项目文件，Revit 不仅可以轻松地修改设计，还可以使修改反映在所有关联区域（平面视图、立面视图、剖面视图、明细表等）中，文件的同源性方便了项目管理。

让我们来结合具体案例学习一下 Revit 土建方面的知识。通过一个小别墅的绘制，使大家从零基础开始，最后能对 Revit 有个基本认知，并能使用它来完成常规项目。

项目开始就需要对标高进行设置。标高用来定义楼层层高及生成平面视图，标高不是必须作为楼层层高。轴网用于构件定位，在 Revit 中轴网确定了一个不可见的工作平面。轴网编号以及标高符号样式均可定制修改。软件目前可以绘制弧形和直线轴网，不支持折线轴网。

在本章中，需重点掌握标高的 2D、3D 显示模式的不同作用，影响范围命令的应用，标高标头的显示控制以及如何生成对应标高的平面视图等功能应用。

3.1　新建项目

双击打开 Revit 2018 软件，单击“新建项目”，选择项目样板文件“小住宅样板文件2018.rte”，点击“确定”按钮进入绘图界面（图 3-1）。注意，切勿双击打开样板文件来作为项目文件使用。

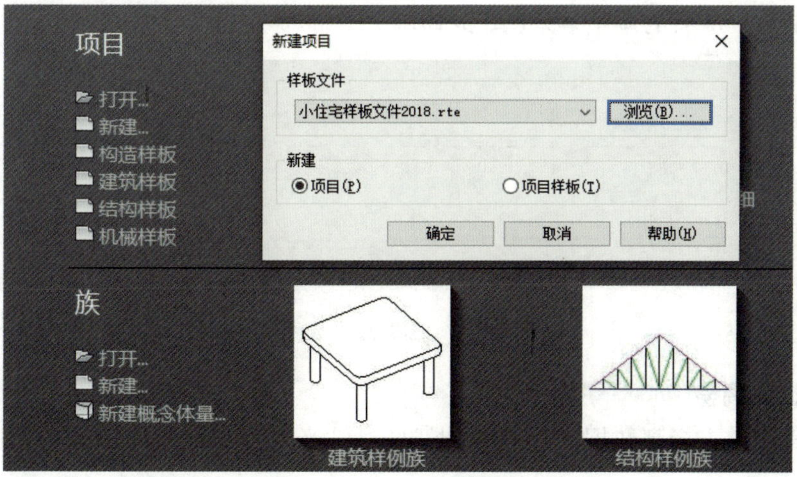

图 3-1　新建项目界面

3.2　调整标高

作为屋顶、楼板和天花板等以层为主体的图元的参照，标高大多用于定义建筑内的垂直高度或楼层。用户可为每个已知楼层或建筑的其他必需参照（如第二层、墙顶或基础底端）创建标高。

视频：小住宅标高的绘制 1

正式开始项目设计时,必须事先打开一个立面视图,在项目浏览器中展开“立面(建筑立面)”项,如双击视图名称“立面”→“南”,进入南立面视图(图 3-2)。

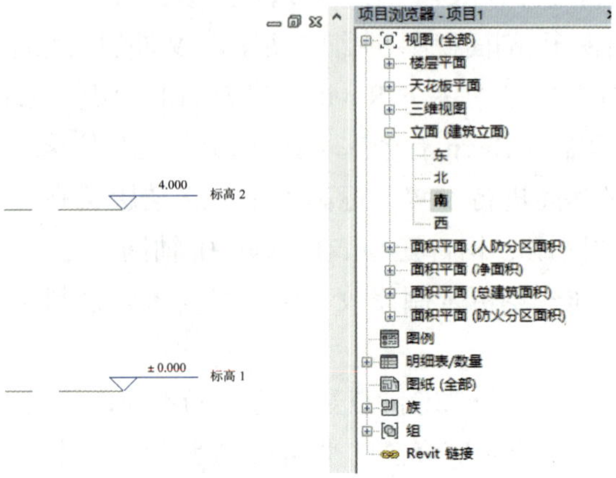

图 3-2　南立面视图

由于项目要求 1 层层高为 3300,所以需要对标高 2 进行调整,调整方式有如下三种。

1. 临时尺寸调整

第一种是选择标高 2 的线段,然后将显示出的临时尺寸修改为 3 300。临时尺寸需要单击图元才能显示,并且需要修改哪个图元,就需要先选中该图元,再来修改临时尺寸,这是依据了 Revit 的绘图识别逻辑。如果选中的是不该被调整的图元,那么同样会出现临时尺寸,但此时就不能达到应有的调整效果(图 3-3)。

图 3-3　临时尺寸显示

2. 标高数据调整

方法是直接单击标高数据,但标高数据单位是“米”,所以此时应输入 3.3(图 3-4)。

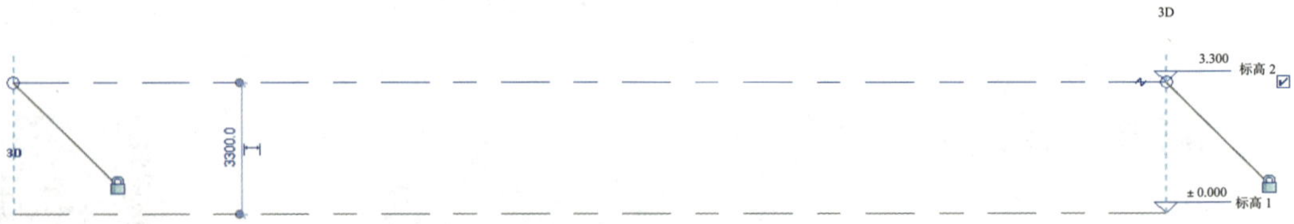

图 3-4　调整标高数据

3. 移动调整

选中图元，单击“移动”按钮（图 3-5），并勾选“约束”，保证图元锁定在水平或者垂直方向运动，再输入 700。

图 3-5　点击“移动”调整标高

3.3　添加标高

接下来添加项目中的其他需要的标高。我们可以通过复制的方式进行绘制。

选中标高 2，单击“修改标高”选项卡下“修改”面板中的“复制”命令，在下面的选项栏中勾选“多个”可以进行多重复制，利用“复制”命令创建标高 3。移动光标在标高“F2”上单击捕捉一点作为复制参考点，然后垂直向上移动光标，输入间距值 3000，按“Enter”键确认后复制新的标高（图 3-6）。

视频：小住宅标高的绘制 2

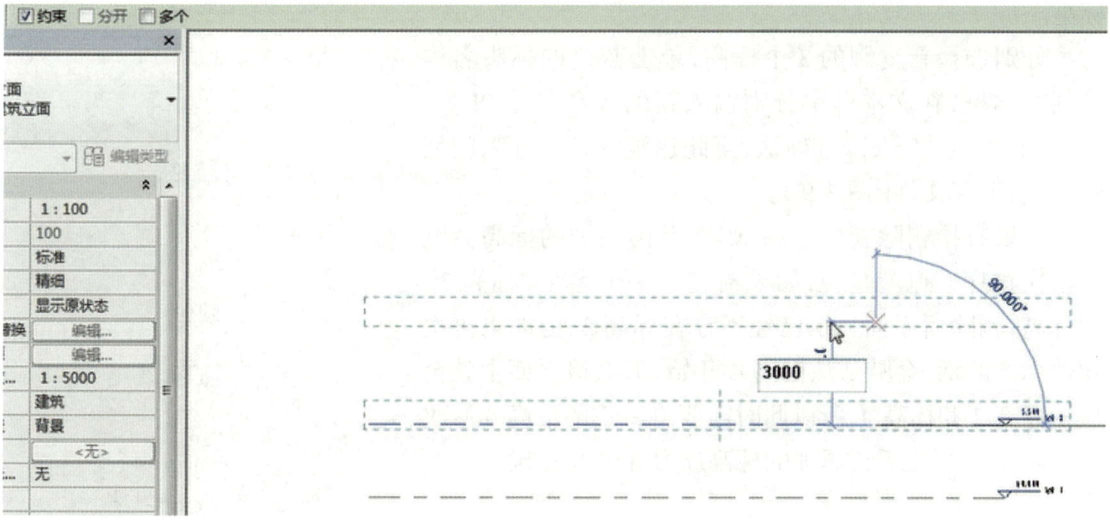

图 3-6　复制添加标高

用同样的方式向下复制标高 1,出现了两个有 ± 符号的标高,而真实项目中只应出现一个(图 3-7)。这时就需要在属性栏中作出调整。标高 1 所属类型为"正负零标高",而标高 2 与标高 3 都属于"上标头"(图 3-8)。

图 3-7　调整标高属性

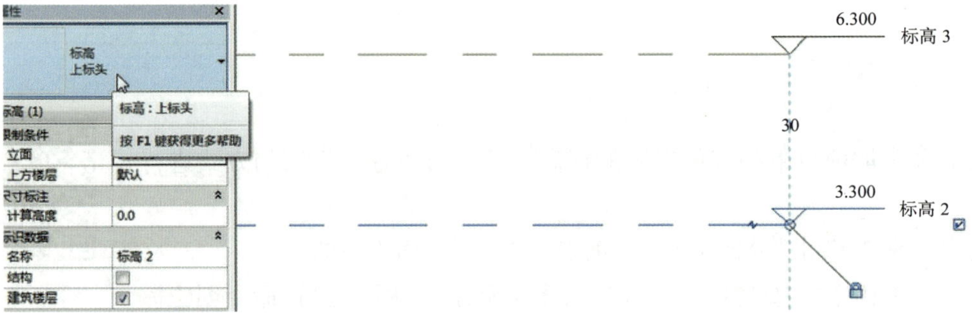

图 3-8　调整为"上标头"

继续向下移动光标,分别输入间距值 2850、200 ,按"Enter"键确认后复制另外 2 个新的标高。

分别选择新复制的 3 个标高,单击蓝色的标头名称激活文本框,在文本框中分别输入新的标高名称 0F、-1F、-1F-1,按"Enter"键确认,至此建筑的各个标高就创建完成,保存文件(图 3-9)。

如果直接删除新建标高,则之后再添加的标高会默认依次排序。也就是说,如果新建了一个名为"标高 3"的标高,删除后立面显示已经不存在标高 3,但如果再次新建标高的话,会默认从标高 4 开始,那么该立面中就会显示标高 2 和标高 4,所以此时需要将新建的标高 4 修改为标高 3,这样之后再添加的标高序号才恢复正确。

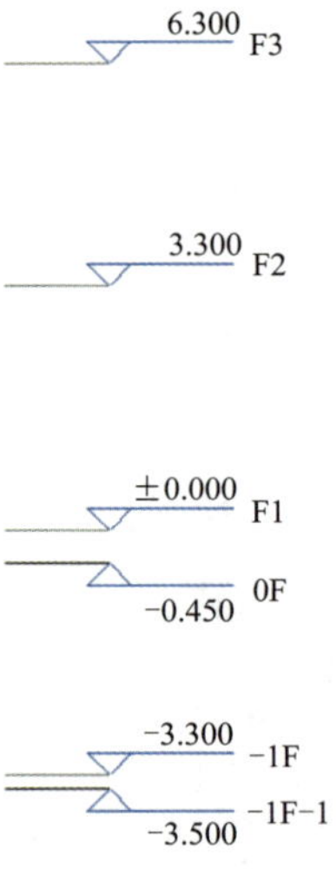

图 3-9　编辑楼层名称

3.4　编辑标高

注意：在 Revit Architecture 中复制的标高是参照标高，因此新复制的标高标头都是黑色显示，而且在项目浏览器中的"楼层平面"项下也没有创建新标高所生成的平面视图。这是因为标高是有限水平平面，只用作屋顶、楼板和天花板等以标高为主体的图元的参照。复制现有标高时不创建对应的平面视图。但所创建的每个标高都默认是一个楼层，并且拥有关联楼层平面视图和天花板投影平面视图。如果在选项栏上单击"平面视图类型"，则可以选择创建在"平面视图类型"对话框中仅仅指定的楼层。

如果取消了"创建平面视图"，则认为标高是非楼层的标高或参照标高，并且不创建关联的平面视图。墙及其他以标高为主体的图元可以将参照标高用作自己的墙顶定位标高或墙底定位标高。

在立面视图中，标高是否与轴网相交，决定了在相应标高视图中是否显示轴网（图 3-10）。

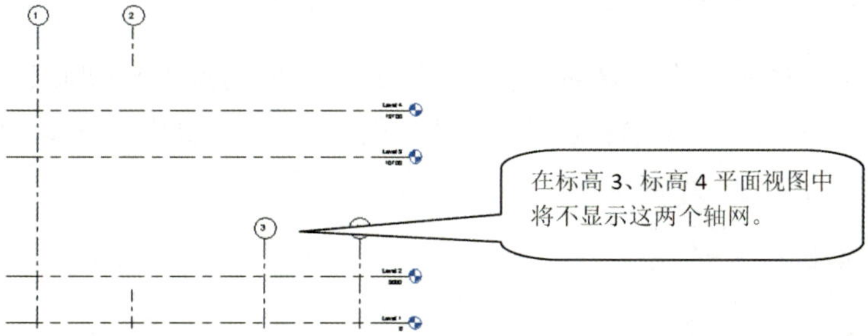

图 3-10　轴网与标高关系示意

标高标头之间有干涉，下面将对标高做局部调整。按住"Ctrl"键单击拾取标高"0F"和"-1F-1"，从类型选择器下拉列表中选择"标高：GB_下标高符号"类型，两个标头自动向下翻转方向。

注意：当放置光标以创建标高时，如果光标与现有标高线对齐，则光标和该标高线之间会显示一个临时的垂直尺寸标注。当绘制标高线时，标高线的头和尾可以相互对齐。选择与其他标高线对齐的标高线时，将会出现一个锁以显示对齐。如果水平移动标高线，则全部对齐的标高线会随之移动（图 3-11）。

单击选项卡"视图"→"平面视图"→"楼层平面"命令，打开"新建平面"对话框，从下面列表中选择"-1F"，单击"确定"按钮后，在项目浏览器中创建新的楼层平面"-1F"，并自动打开"-1F"作为当前视图。通过这一在项目浏览器中载入新建楼层平面的操作，在项目浏览器中双击"立面（建筑立面）"项下的"立面"→"南"，立面视图回到南立面中，新创建的标高标头变成蓝色显示（图 3-12）。

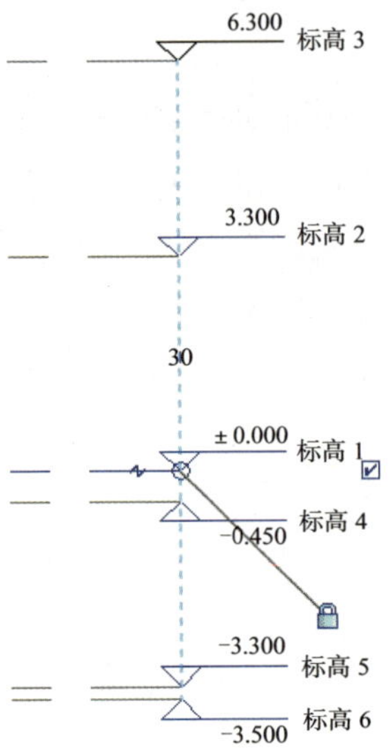

图 3-11　对齐拖曳

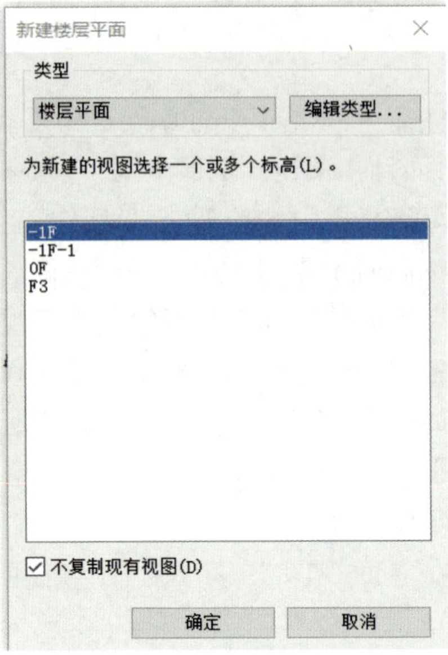

图 3-12　将新建标高添加至楼层平面

选中某一标高后的蓝色虚线是对齐作用,在锁定状态下拖动蓝色圆点,所有标高线都能同时进行联动拉伸,而单击“锁”标志能够将选中的标高解锁,此时拖曳蓝色圆点,则可只对这一标高线进行拉伸。

本章小结

本章着重介绍了标高的绘制与修改方法,作为项目的开始阶段必备的图元要素,其中也有很多技巧性的操作,能够通用于“注释图元”类型,而且是训练软件熟练度的开始。大家通过本章学习,需要熟悉建模界面,然后对常用的命令能够完全掌握并养成良好的作图习惯,这对提高后续的建模效率十分关键。下一章我们将继续学习另一种注释图元——轴网的绘制。

项目 4　轴网的绘制

■ 课程思政

社会责任感

《礼记·经解》:"《易》曰:'君子慎始,差之毫厘,谬以千里。'"毫、厘是两种极小的长度单位。意思是说开始稍微有一点差错,结果会造成很大的错误。西汉时期,赵充国奉汉宣帝之命去平定西北地区的叛乱,见叛军军心不齐,就采取招抚的办法,使得大部分叛军投诚。可汉宣帝命他出兵,结果却出师不利。后来他按皇命收集军粮,造成叛乱。这其中体现了量变到质变的哲学原理。

同理,在 BIM 标记、标注和注释过程中,所有的注写应符合规范要求,培养个人细心、耐心、有责任感的职业品质。绘制轴网是建立模型的基础,如若绘制错误或数值标注错误,那么在实际建筑工程中损失将不可估量,所以务必要保证模型参数的精确性。有时候细节性的问题往往会成为致命的问题,不能忽视细节,细节一旦被忽视就会由小引大,终会造成无可挽回的后果。

轴网用于为构件定位,在 Revit 中轴网确定了一个不可见的工作平面,而且轴网不属于模型,所以只需在一层建立轴网,就可以在每一楼层平面、立面和剖面视图中自动显示轴网,也可自定义控制其显示楼层。

轴网编号以及标高符号样式均可定制修改,软件目前可以绘制弧形和直线轴网,不支持折线轴网(图 4-1)。

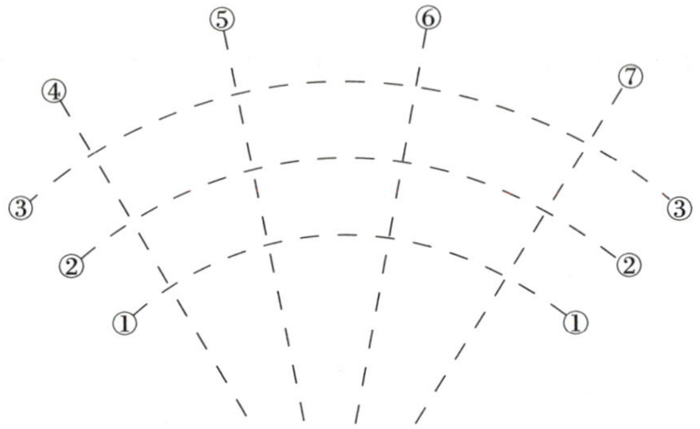

图 4-1 轴网类型

轴网是可帮助整理设计的注释图元,用于帮助项目中构件的定位。轴线与标高相似,是有限平面。所以可以在立面视图中拖曳其范围,使其不与标高线相交。这样,便可以确定轴线是否出现在为项目创建的每个新平面视图中。

在南北立面只能看到①~⑦轴,看不到 A、B 轴(图 4-2)。

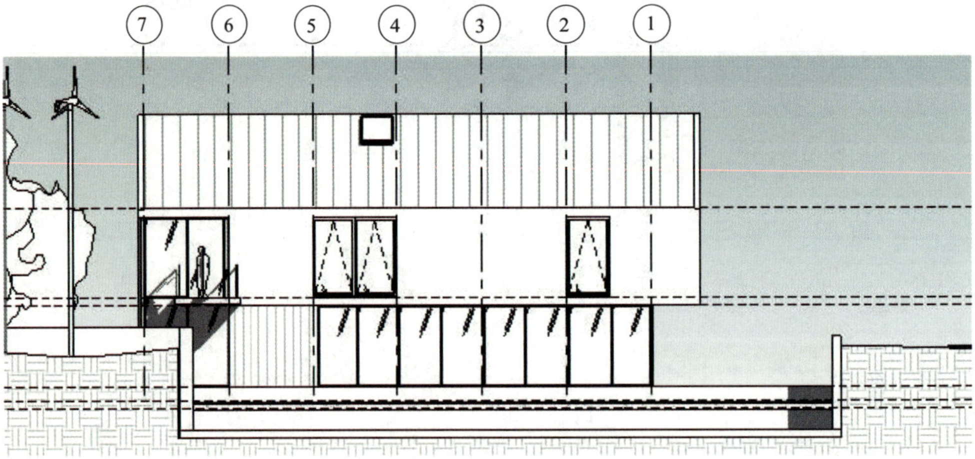

图 4-2 立面视图与轴网显示

在本章节中,需重点掌握轴网的 2D、3D 显示模式的不同作用,影响范围命令的应用,轴网的显示控制等功能应用(图 4-3)。

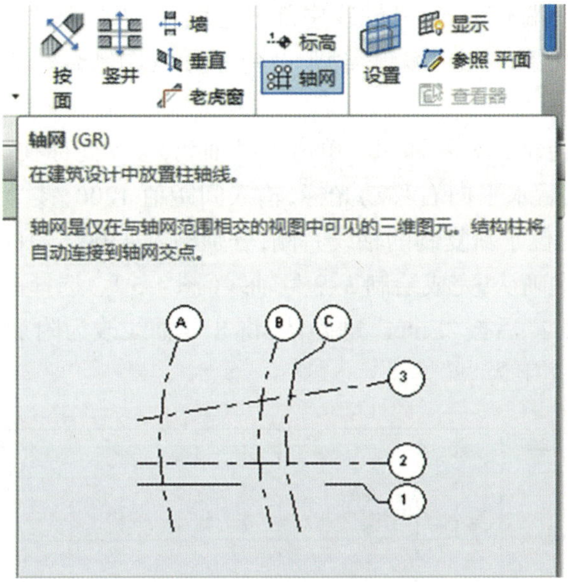

图 4-3　“轴网”命令

4.1　创建轴网

视频：小住宅轴网的绘制

在项目浏览器中双击“楼层平面”项下的“F1”视图，打开首层平面视图。

选择适当位置，从上至下绘制第一条垂直轴线，此间按住“Shift”键能形成与约束相似的效果，控制轴线方向为正交，轴号为 1（图 4-4）。

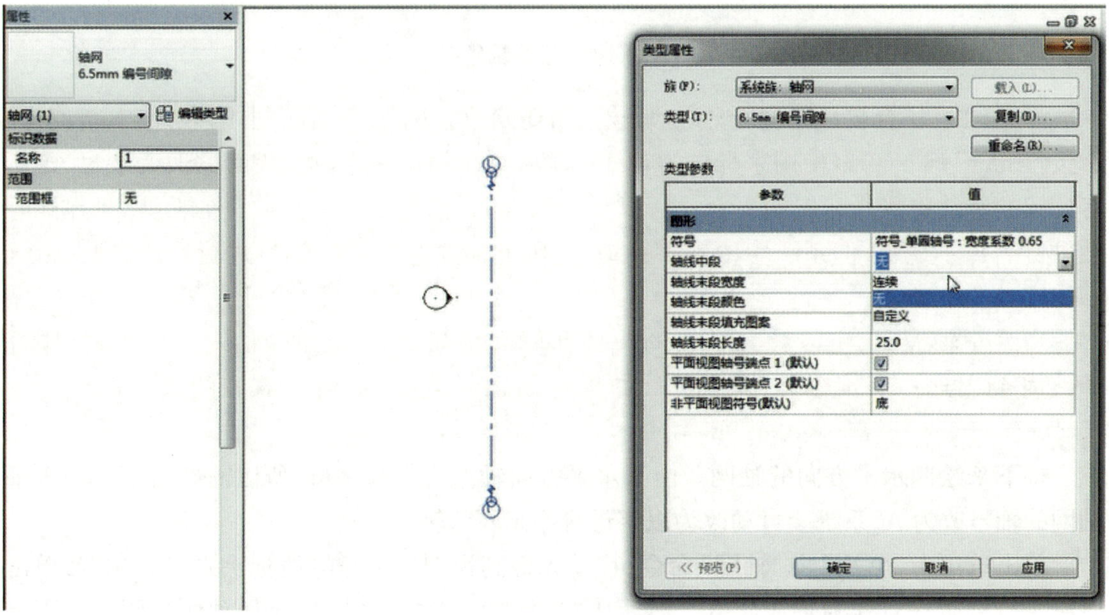

图 4-4　修改轴网参数

默认的轴线只有一端有轴号,且轴线中部未连续,所以接下来需要对它进行一定的修改。选中轴线,在属性栏中单击“编辑类型”,将“平面视图轴号端点”都勾选,“轴线中段”的“无”改为“连续”。

利用“复制”命令创建 2~8 号轴网。单击 1 号轴线,移动光标在 1 号轴线上单击捕捉一点作为复制参考点,然后水平向右移动光标,输入间距值 1200,按“Enter”键确认后完成复制 2 号轴线。保持光标位于新复制的轴线右侧,分别输入 4300、1100、1500、3900、3900、600、2400,按“Enter”键确认,完成绘制 3~9 号轴线(图 4-5)。选择 8 号轴线,标头文字变为蓝色,单击文字输入“1/7”后按“Enter”键确认,将 8 号轴线改为附加轴线。同理,选择后面的 9 号轴线,修改标头文字为“8”。

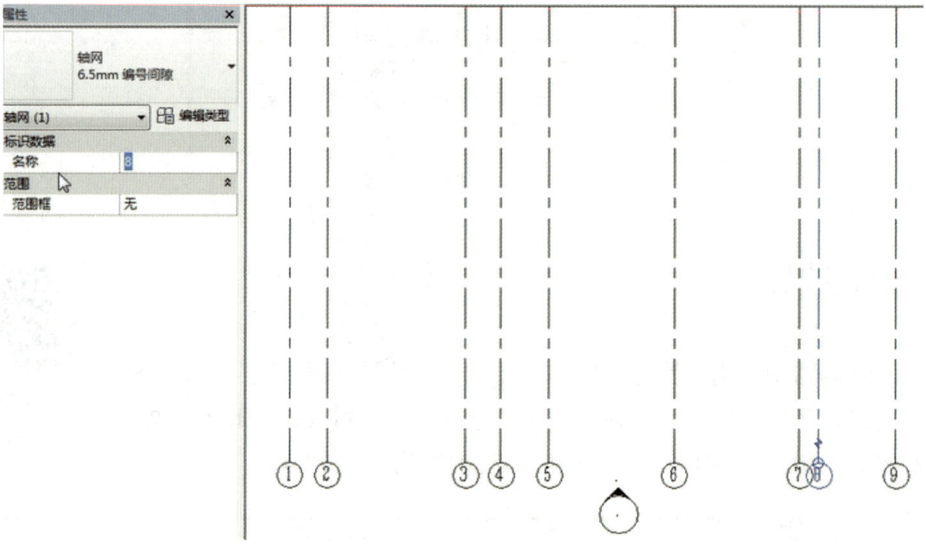

图 4-5　修改轴号

注意: Revit 会自动为每个轴网编号。如要修改轴网编号,请单击编号,输入新值,然后按“Enter”键。 可以使用字母作为轴线的值。如果将第一个轴网编号修改为字母,则所有后续的轴线将进行相应的更新。所以与标高类似,轴号也具有自动叠加功能,且在删除某轴号后虽不显示,但系统中依然存在该号,因此需要对新建的轴号进行修改,确保后续添加序号的正确。

当绘制轴线时,可以让各轴线的头部和尾部相互对齐。 如果轴线是对齐的,则选择线时会出现一个锁以指明对齐。 如果移动轴网范围,则所有对齐的轴线都会随之移动。

接下来绘制水平方向的轴网。由于水平方向轴号为大写字母,所以需要将第一根水平轴网的轴号改为 A,系统会自动改为以字母排序来新建轴号。

单击选项卡“常用”→“轴网”命令,移动光标到视图中 1 号轴线标头左上方位置,单击鼠标左键捕捉一点作为轴线起点。然后从左向右水平移动光标到 8 号轴线右侧一段距离后,再次单击鼠标左键捕捉轴线终点创建第一条水平轴线。

选择刚创建的水平轴线，修改标头文字为“A”，创建 A 号轴线。

利用“复制”命令，创建 B~I 号轴线。移动光标在 A 号轴线上单击捕捉一点作为复制参考点，然后垂直向上移动光标，保持光标位于新复制的轴线右侧，分别输入 4500、1500、4500、900、4500、2700、1800、3400 后按“Enter”键确认，完成复制。选择 I 号轴线，修改标头文字为“J”，创建 J 号轴线（目前的软件版本还不能自动排除 I、O 等轴线编号）。

4.2　调整轴网

由于立面符号与水平轴网重合，所以需要移动立面符号（图 4-6）。所以，我们需要对其进行调整，需要注意的是，立面符号的移动一定要选择完整，因为立面符号是一个圆圈加一个箭头，二者是独立的，单击圆圈，四周出现小对勾框，可以选择立面方向，而圆圈中部有一根虚线，远端还有一根平行线，这条线是立面的范围，移动立面符号时，一定要确保两个元素都被移动，这样才能完整地显示出需要的范围（图 4-7）。

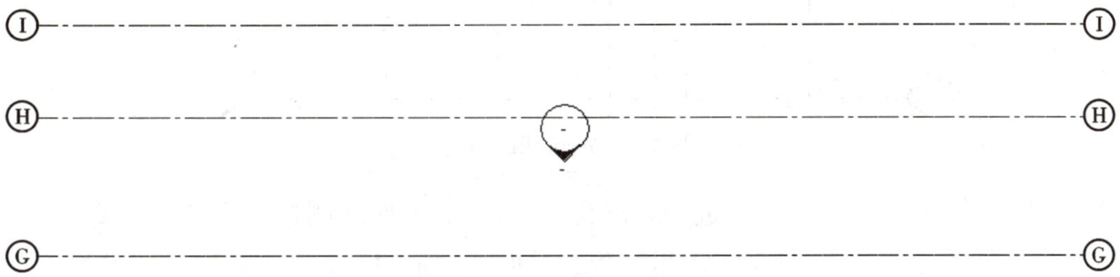

图 4-6　调整立面符号

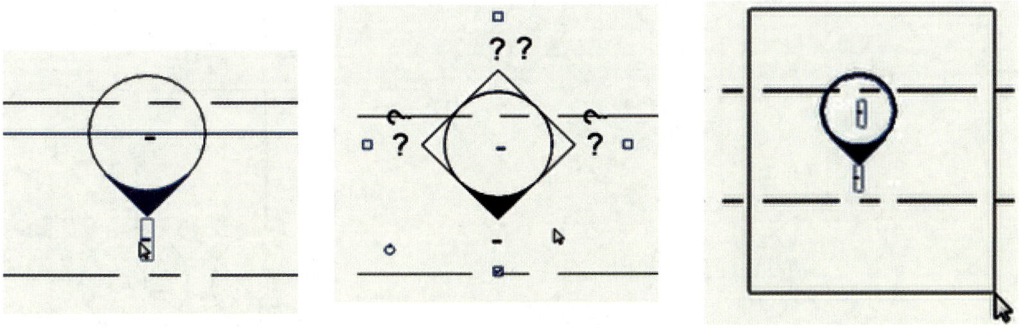

图 4-7　立面符号选择

单击立面符号中的小黑箭头或者圆圈都没有完整地选中，所以必须通过框选才能全选中，然后才能对其进行下一步的移动。鼠标放置在选中的立面符号附近，则光标自动变为“移动”符号。

4.3 编辑轴网

绘制完轴网后，需要在平面图和立面视图中手动调整轴线标头位置，修改 7 号和 1/7 号轴线、D 号和 E 号轴线两端的标头发生重叠，以满足出图需求。

单击垂直轴网中任意一根轴线，在轴号下沿会出现一根蓝色虚线，这表示拉伸其中一根轴线，则其他轴线能够实现联动拉伸(图 4-8)。在"标头位置调整"符号上按住鼠标左键拖曳可整体调整所有标头的位置；如果先单击打开"标头对齐锁"，然后再拖曳即可单独移动一根标头的位置。

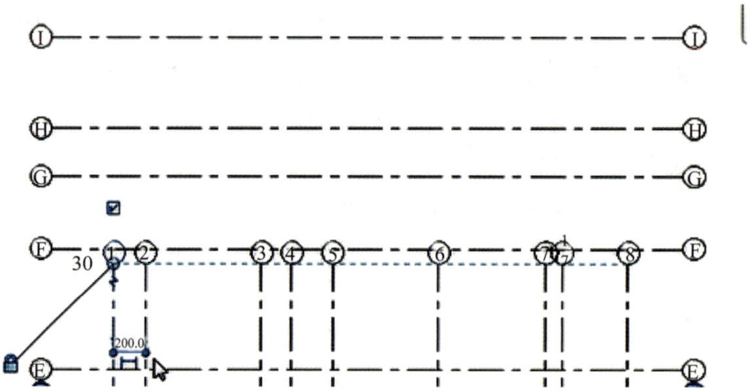

图 4-8　轴网端点拖曳

7 轴号与 1/7 轴号由于距离过近呈现出相互遮挡，需要作出调整。单击折断线位置即图中所示位置，能够添加弯头，拖动图示鼠标位置，即可对轴号位置进行调整(图 4-9)。

在项目浏览器中双击"立面(建筑立面)"项下的"立面"→"南"进入南立面视图，使用前述编辑标高和轴网的方法，调整标头位置、添加弯头(图 4-10)。

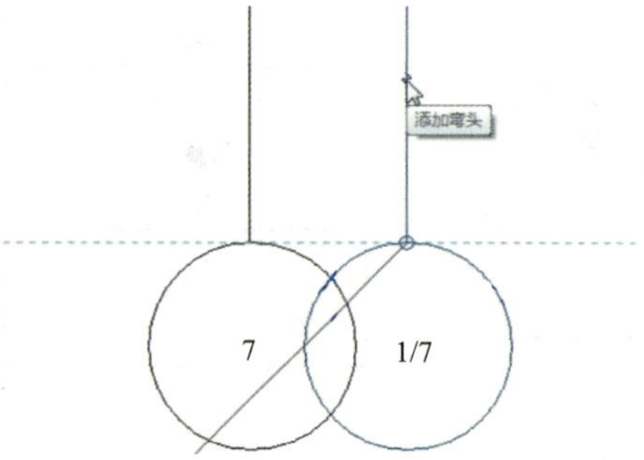

图 4-9　添加弯头

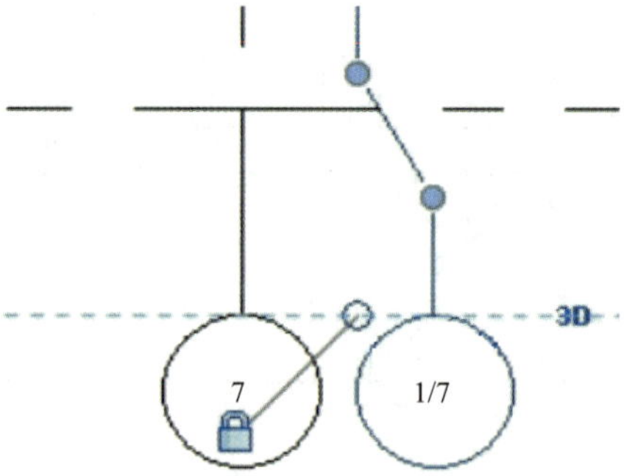

图 4-10　拖曳弯头点

同样方法调整东立面或西立面视图标高和轴网(如图 4-11)。

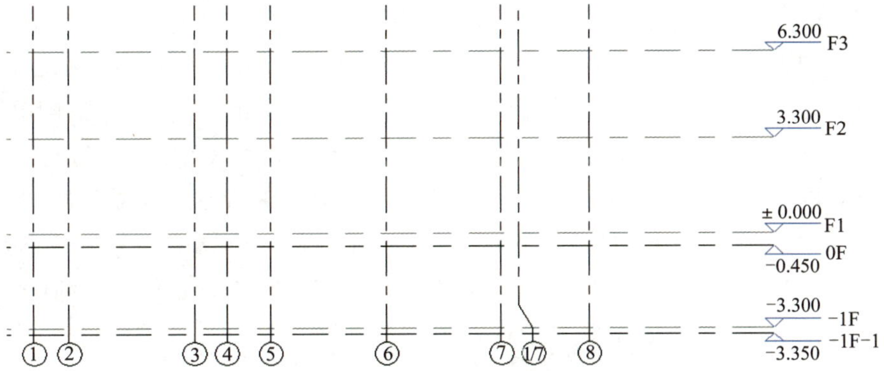

图 4-11 调整轴网与标高长度

至此标高和轴网创建完成，选中所有轴线并锁定，保存文件。

4.4 整合应用技巧——曲线轴网绘制

本项目的轴网相对比较简单，接下来为大家拓展介绍一些稍复杂项目中的轴网的绘制，这样有助于大家把绘制技巧与复杂图形结合起来，也希望通过研究式的介绍，能使大家在实践中对项目特点自行研究后得到具体的解决方式。

如图 4-12 所示，项目要求的轴网由直线部分和曲线部分共同构成。下面我们一起来一边分析这个案例中轴线的特点，一边进行绘制。

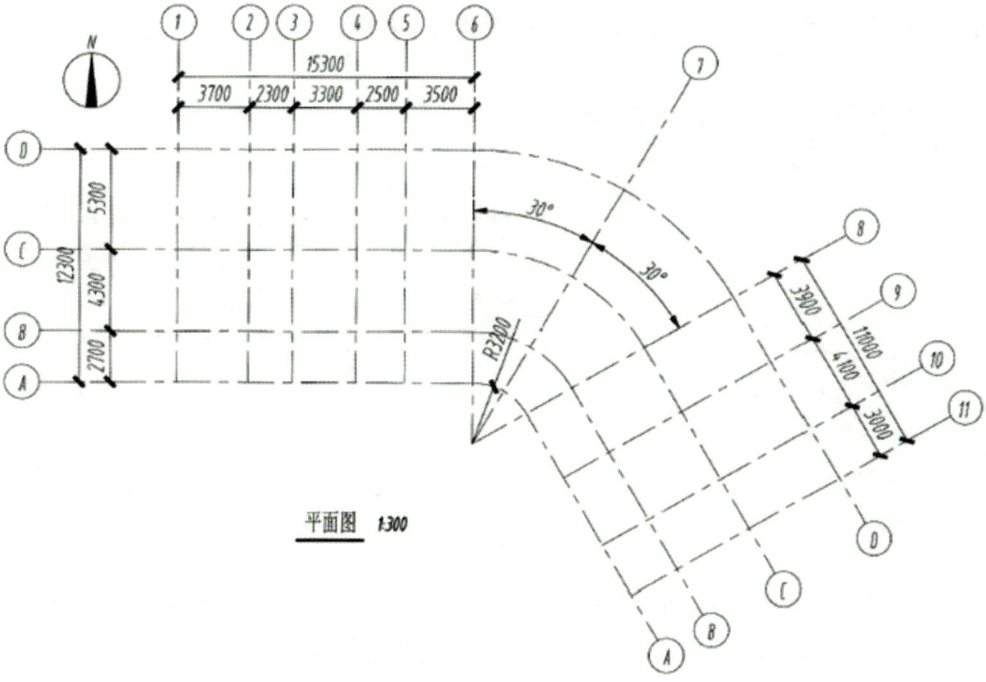

视频:轴网拓展

图 4-12 弧线形式的轴网

注意:首先大家需要有一个初步概念,由于这是一道选自 BIM 等级考试中的原题,所以如果一场考试总时间为三个小时的话,其实留给这道题的绘制时间希望大家能控制在 30 分钟之内。对于初学者而言,时间相对紧张,而且当考题相对复杂时,我们就更需要在解题时首先分析出最佳解决方案以及预估出该方案的可行性,避免绘制过程中因出现大的调整浪费时间。争取一次到位,最多只做细部调整。绘图的方法有很多种,但哪一种才是最快捷最有效的呢?在这样的指导思想下,我们在做每一道具体的考题时,其实是需要对 Revit 的绘图原理有整体把握后来选择最优解题思路。除去真正的操作时间,其实留给考生思考的时间并不多,所以希望大家在备考时熟悉操作界面,并且能训练出快速思维的习惯。

我们首先来分析这组轴网的特点,然后再进行绘制。

因为轴网形体较为复杂,由直线和曲线共同形成,而又因为"轴网"这一命令绘制过程是需要定位的,所以我们需要先来分析案例中轴网的定位关系。

通过分析我们可以看到,1 到 6 号轴网其实只有相对的位置关系,所以绘制时不需要在绘图区域上精确定位,问题在 7 号轴网的起点,需要与 A 轴之间距离为 3200 并作为半径起始点向外层层扩展轴网。

而 A 轴中又有一部分依托了这个起点作为弧线部分,所以如果没有定位到圆心, A 轴是无法生成的。有了这一推理,我们就能得到绘图逻辑应该为:先绘制横向数字轴网;再来绘制纵向的字母轴网。

因为轴网绘制过程中,轴号会自动排序,所以为了不要做过多的后期调整,我们一般的绘图方式是先不要直接使用"轴网"命令,而是从参考平面入手,先精确定位到关键点,然后轴网就能直接以这些定位点作为控制点生成,免去了调整轴号等后期比较浪费时间的过程。

首先绘制两个成角度的参照平面,保持垂直方向的参照平面不变,将斜向的参照平面调整为角度"60"(图 4-13)。

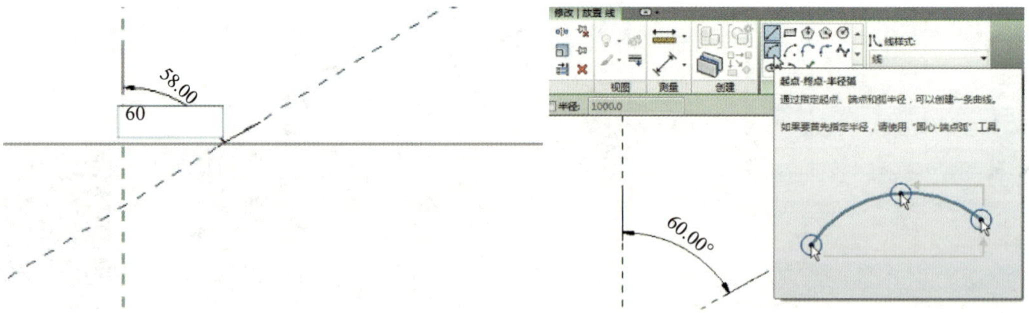

图 4-13　绘制斜向参照平面

由于参照平面只能作为直线参考,所以接下来的曲线部分我们要选择"模型线"的方式进行绘制(图 4-14)。选择"圆心 - 端点弧"方式(图 4-15),首先确定交点为圆心,然后沿竖直参考平面输入 3200 半径,接下来在斜向的参考平面上捕捉圆弧终点(图 4-16)。

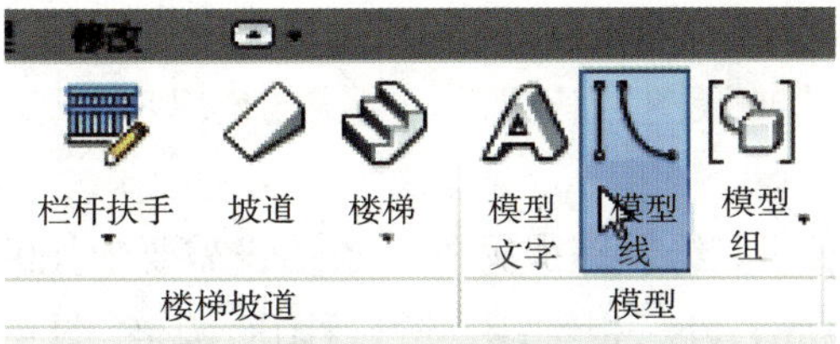

图 4-14　“模型线”选择

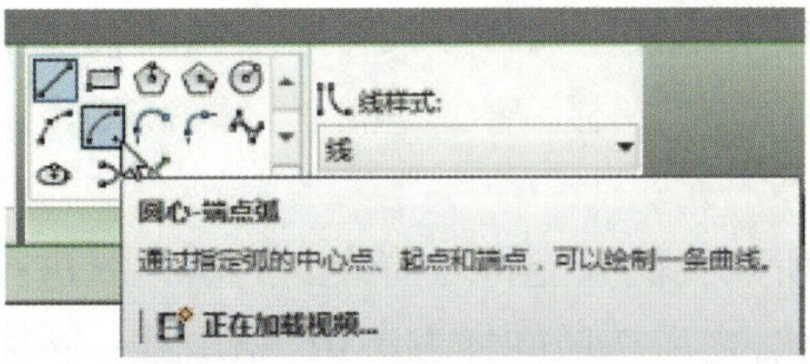

图 4-15　选择“弧线绘制”

注意：Revit 绘图设置能自动捕捉到圆弧的切线方向，所以这对该案例的斜向轴线绘制十分有用（图 4-17）。

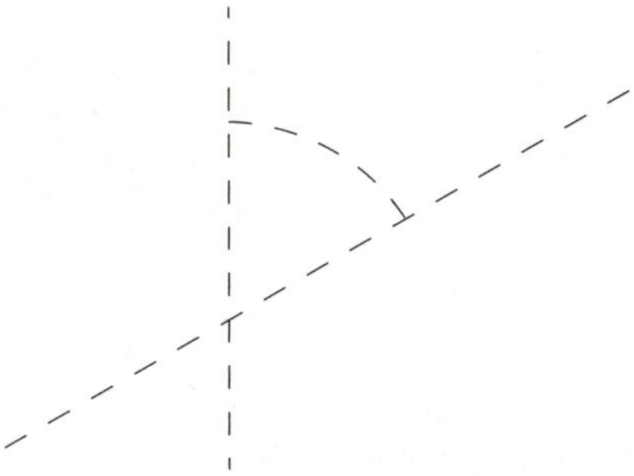

图 4-16　绘制弧线

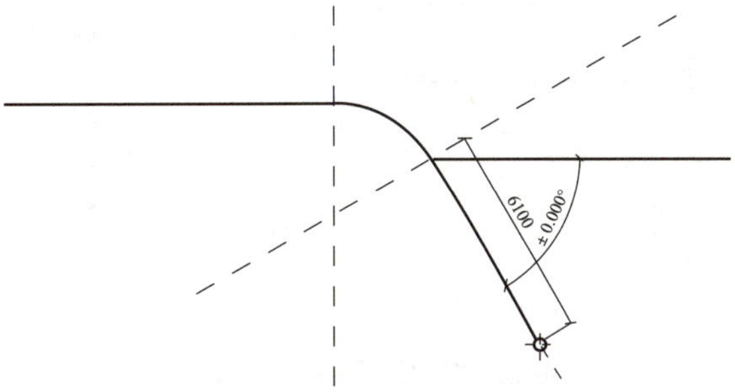

图 4-17　自动捕捉切线方向

然后用“模型线”命令将两端延伸。接下来因为有了这三段模型线作为参考，就可以用“拾取线”命令来绘制由直线和曲线共同构成的轴线了（图 4-18）。注意：此时一定要勾选“多段”，这样才能将三段线段同时选中而作为一根轴线的形状。

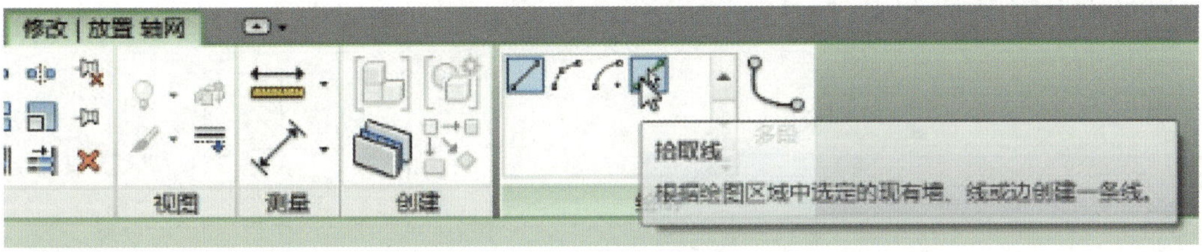

图 4-18

注意：绘制的前提是这几条线段一定要连续（图 4-19）。

绘制完成后，将轴线两端的轴号旁方框单击“√”，将轴号正确显示为“A”（图 4-20）。

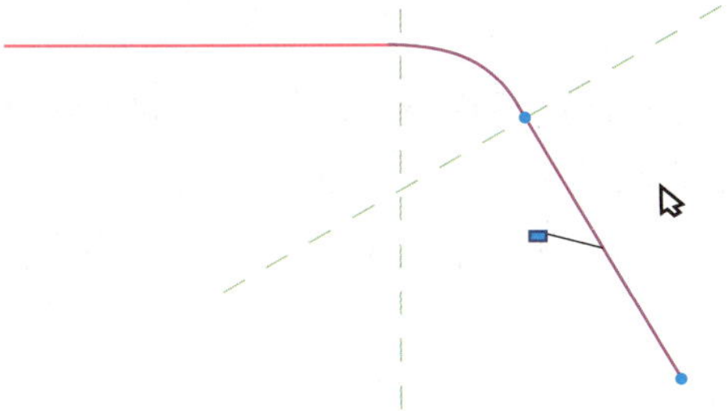

图 4-19　端点连续

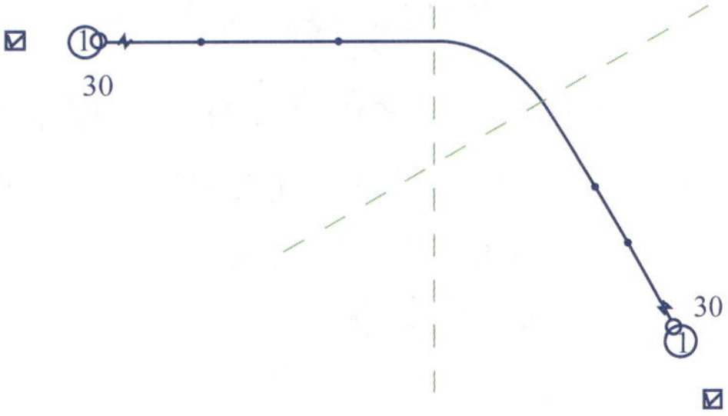

图 4-20　完成绘制

接下来使用偏移方式将所绘制的轴线层层向外添加。

注意:"偏移"命令不能直接偏移轴线,因为轴线图元其实不是真实的模型图元,只是一种注释图元。

所以我们只能将之前绘制的模型线进行偏移。绘制完成另外三条轴线需要依托的模型线形状,之后按照同样方法用"拾取线"命令生成另外三根轴线,并进行图面调整(图 4-21)。

接下来绘制纵向轴网。通过分析可以看到,关键轴线是 6 号轴线,因为从它开始向左能按尺寸绘制其左边部分的 1~5 号轴,向右能够有助于 7 号轴线定位,并能继续绘制后续的轴线(图 4-22)。

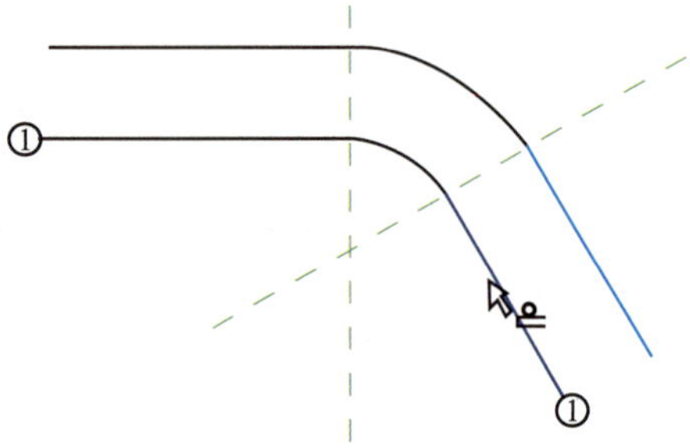

图 4-21 "偏移"绘制模型线

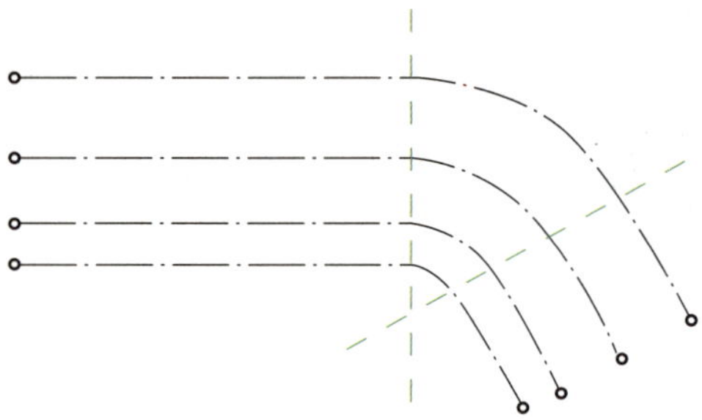

图 4-22 完成横向轴网绘制

由于轴号是自动排序的,所以我们最好先绘制 1 号轴线,这样能免去后续对轴号修改的步骤。但此时我们只有 6 号轴线的竖向定位,所以我们先从 6 号轴线位置向左偏移一个 1 到 6 号轴线间的总尺寸,找到 1 轴的定位(图 4-23),然后绘制出 1~6 号轴线。

6 号轴线定位之后,7 号轴线的起点也确定了,此时就可以此为起点,绘制一条与水平面夹角为 60 度的 7 号轴线(图 4-24)。

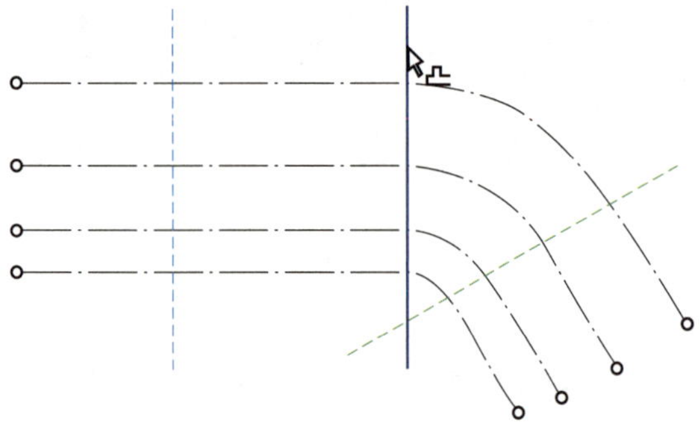

图 4-23 纵向轴网定位

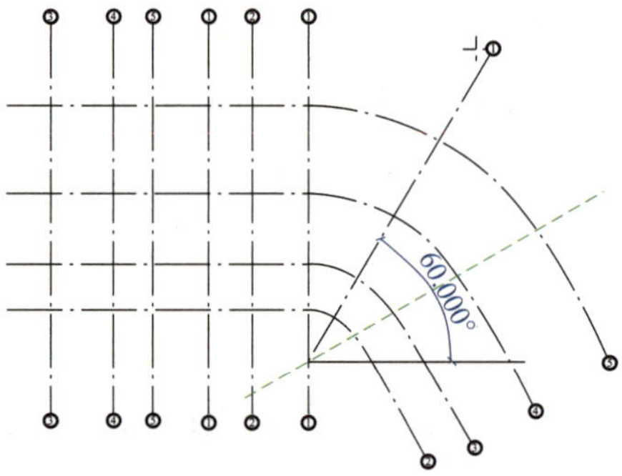

图 4-24 完成绘制

进一步调整轴网。选中其中任何一根轴线,显示的蓝色虚线表示轴线间的关联,所以只需调整任意一条轴线的长度,随之关联的轴网就能联动变化(图 4-25)。而如果在选定某根轴线后,将"锁"打开,则可以单独调整这一条轴线的长短。右边轴网可用多重复制方式沿切线方向绘制完成(图 4-26)。

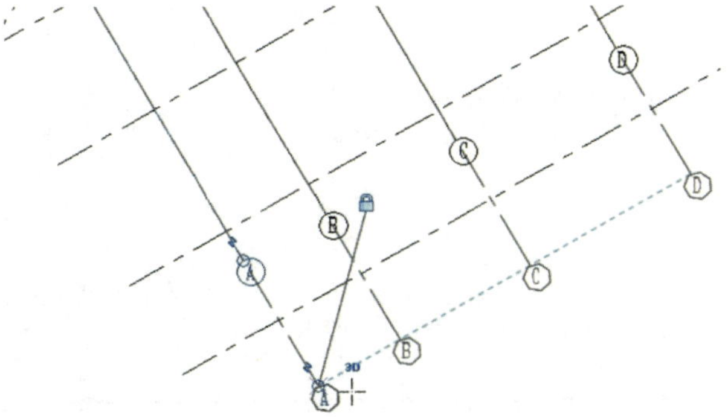

图 4-25　调整轴网长度

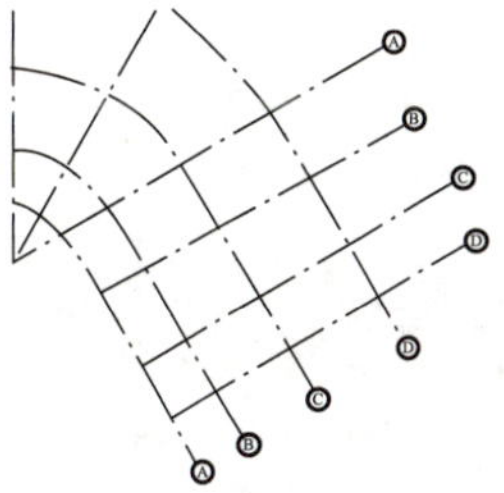

图 4-26　修正轴号

本章小结

通过对实际项目轴网的绘制与调整的详细介绍，大家掌握了轴网绘制中的重点与难点，并且由于项目的轴网较为简单，所以本章最后一个小节特别引入了 BIM 等级考试中的相对复杂的轴网题型，讲解了做题思路与建模过程，目的是使大家对常用的工具和编辑方法有更全面的掌握。到本章为止注释图元类型就学习完毕了，从下章开始我们将学习地下一层平面墙体等实例图元的创建与编辑。

项目 5　墙体的绘制

课程思政

职业归属感

俗语“人尽其才,物尽其用”的意思是每个人都应该充分发挥才能,各种东西都应该充分发挥功用。西汉名将、民族英雄霍去病,如果没有得到汉武帝的欣赏而精心培养,他也无法成就自己战功卓越的一生;三国时期的孔明,如果没有遇到刘备,他的满腹谋略将无处施展,或者他的一生只能在隆中那个小小的地方度过,而屈了他的才能。人尽其才,实在是一种幸运,能够让自己的才能充分地发挥。所以,你准备好了自己的才能,还需要一个好的机遇,才能尽显其才。如果人不能尽其才,物不能尽其用,都是一种遗憾。

2015 年,邹彬靠着练就的砌墙绝活,被中建五局推荐参加第 43 届世界技能大赛,一路过关斩将拿到砌筑项目优胜奖,实现了中国在这一奖项零的突破。我们每个人都有自己的特点及优势,需要根据我们所处的社会环境、家庭需求、自己的特点和人生目标,找到最适合自己且能够发挥最大优势的自我定位。

同理,墙体不仅仅是建筑空间的分隔主体,也是门窗、墙饰条与分隔条、卫浴灯具等的承载主体,每一种墙体都有其特性、作用以及优势,不同墙体应该适应不同需求,所以我们需要在创建墙体之初就有一个整体的考量与规划,充分发挥墙体的各种功用,努力做到物尽其用,杜绝不合理或浪费。

上章完成了标高和轴网等定位设计，从本章开始将从地下一层平面开始，分层逐步完成小别墅三维模型的设计。本章将创建地下一层平面的墙体构件。

单击“墙”命令后，界面切换到“修改 | 放置墙”属性栏中，定位线默认显示为“墙中心线”，这是用于设置墙定位方式的，以轴线为参考，墙能以不同方式沿轴线绘制，可以使墙中心线与轴线对齐，也可选择墙的某一边界作为对齐参考，还能够设置偏移距离来完成与参考线之间更多的距离选择（图 5-1）。

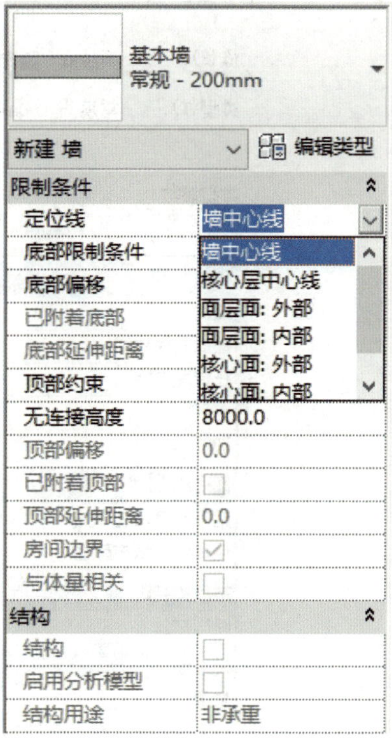

图 5-1　墙体定位线设置

“底部限制条件”用于对墙底部位置进行设置，目前该项目默认的限制条件仅有标高 1 和标高 2，这是因为打开立面视图中能看到该项目仅有两个标高。

注意：查看立面视图后必须返回平面视图才能继续绘制墙体，这是因为立面视图无法定位墙所在的某个平面，它其实是无限垂直于地面的面的叠合。而与之相似，标高仅仅能在立面视图中进行绘制，因为同理，平面视图中其实也是无限水平面的叠合。

如果墙体并没有从某楼层标高开始，而是下沉或是浮起了一定距离，则可以通过“底部偏移”来进行设置，以某一高度为底部限制，正为上浮，负为下沉（图 5-2）。

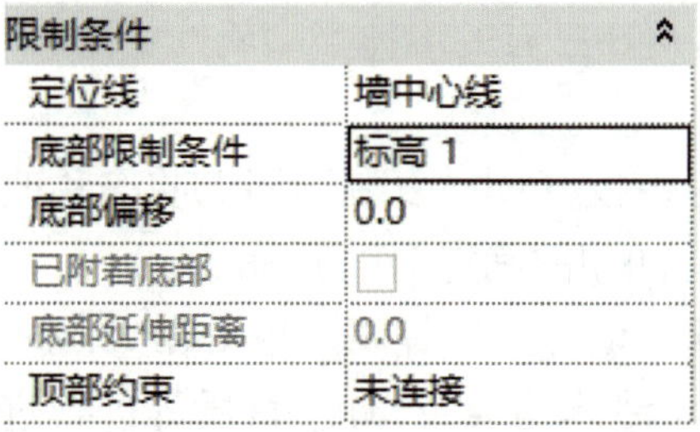

图 5-2　底部限制参数

“顶部约束”与之相似，只是多了一个“未连接”选项，这样能够绘制出与标高没关联的高度。选择之后，就能同时激活“无连接高度”。而如果底部和顶部都作了限制，那么“无连接高度”则是灰显，不能设置。

5.1　绘制地下一层外墙

视频：地下一层墙体的绘制

从地下一层开始建立墙体。单击“墙”命令，在属性栏中下拉选择“墙”类型，这时大家能看到其中没有完全符合项目要求的墙体类型，这时需要单击“编辑类型”，以某个墙体类型为模板，单击“复制”按钮来新建一个墙体类型,然后在新建墙体类型中再做修改(图 5-3)。

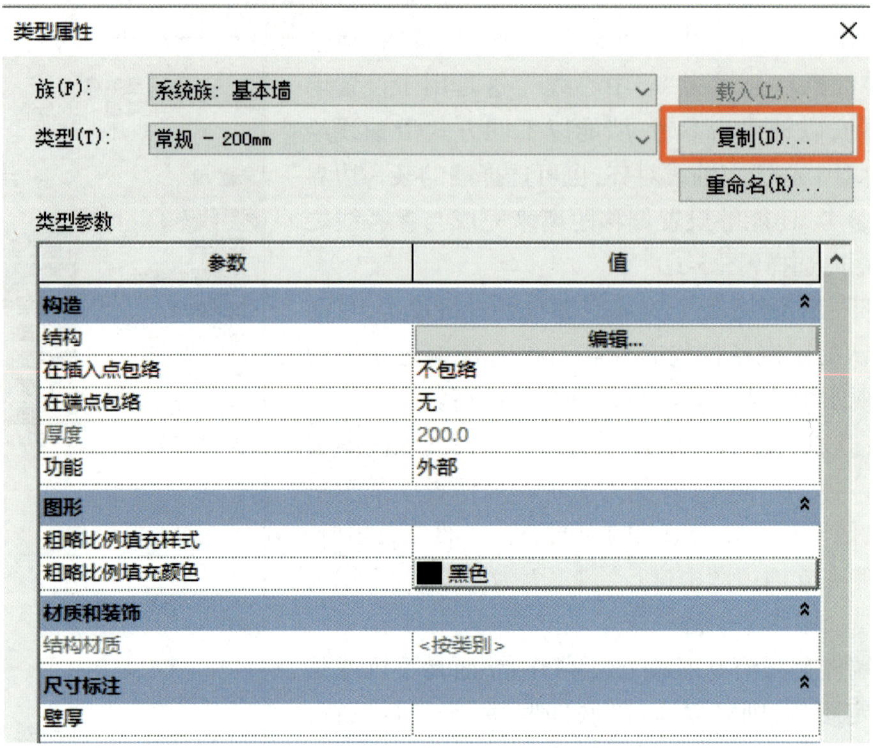

图 5-3　使用“复制”命令新建墙体

特别要注意的是,不要直接在已有的墙体类型属性中做修改,新建类型需要在原有类型基础上复制得到。

以已有的常规墙 -200 为模板,单击“复制”按钮,将名称改为“基本墙:外墙饰面砖”之后,单击“确定”按钮(图 5-4)。

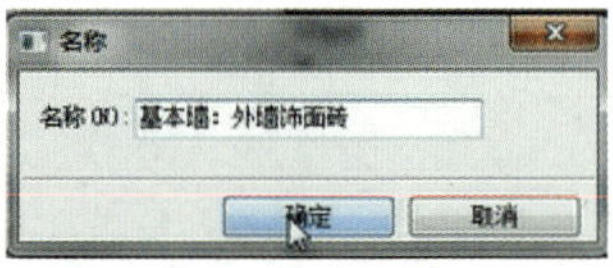

图 5-4　输入墙体名称

新建了墙类型后,再对这一墙体进行编辑。单击在“类型”属性面板中的“结构”,对新建墙体构成及厚度、材质等进行进一步的设置(图 5-5)。

图 5-5　编辑结构

注意看这个界面中,墙体结构层是有外部边和内部边的区别,并且分为了上下两个“核心边界”以及“结构”三层(图 5-6)。其中“核心边界”表示了材质之间的分隔界面,主要作用是能作为墙体的定位线参考，所以它虽然没有厚度，但却是很重要的定位元素，在设置墙体结构时一定要注意核心边界的位置是否符合项目中的墙定位要求。

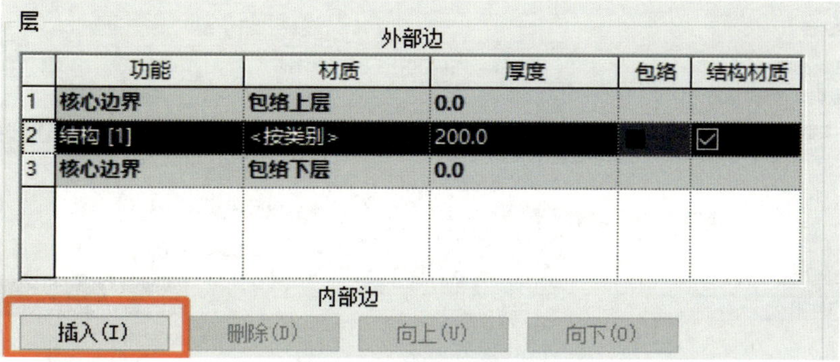

图 5-6　墙体结构设置

一般来说，建筑项目会将结构部分和饰面部分区别开，因为在施工过程中这种分层是分阶段修建的，这时就可以使用“核心边界”的概念来对墙体作出预设。

目前墙体的三层结构不能满足饰面砖外墙的要求，还需要再在内外各添加一个面层。单击“插入”按钮，并且保证结构层与饰面层的分隔，所以需要单击“向上”或者“向下”按钮进行调整，最终使饰面层和结构层之间有核心边界作为间隔，也就是使结构层两边都有核心边界包裹（图 5-7）。

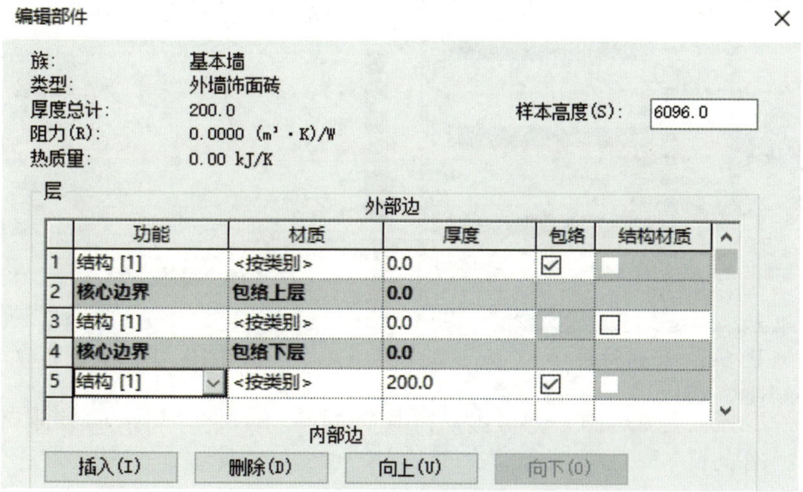

图 5-7　添加面层

接下来修改外墙饰面砖材质，单击“外部边”一侧的“材质”栏中“<按类别>”后面的小省略号图标，在“材质浏览器”中的“搜索”栏中输入“外墙饰面砖”，能看到“在文档中找不到搜索术语”（图 5-8），说明现有材质库中没有可以现成调用的资源，此时需要单击左下角“新建材质”按钮，在“默认为新材质”处单击鼠标右键，并在显示的菜单栏中选择“复制”，然后单击名称，将复制出的新材质重新命名为“外墙饰面砖”（图 5-9、图 5-10），我们先不设置具体材质,直接单击“确定”按钮后将该层厚度改为20。

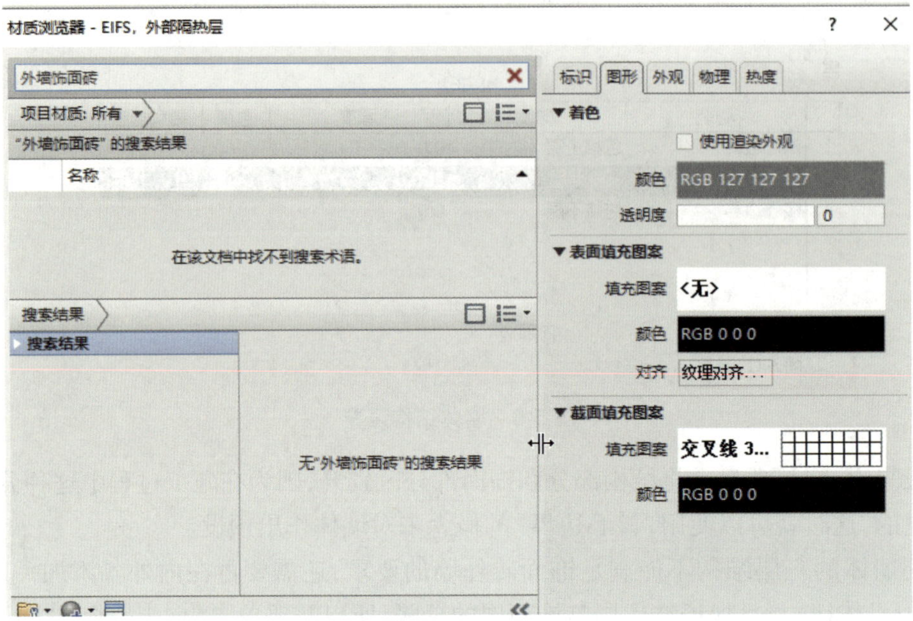

图 5-8　搜索“材质”

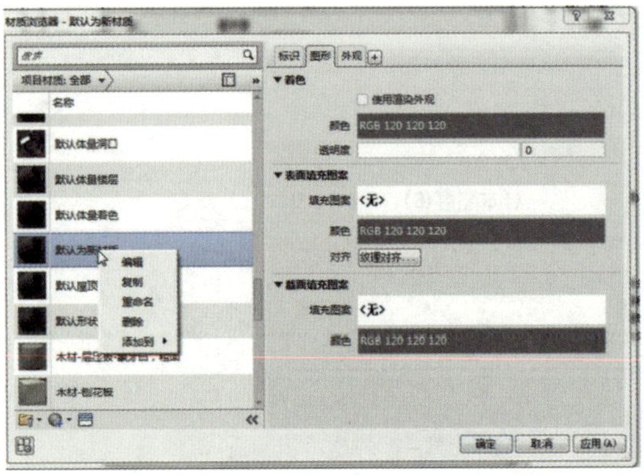

图 5-9　新建材质

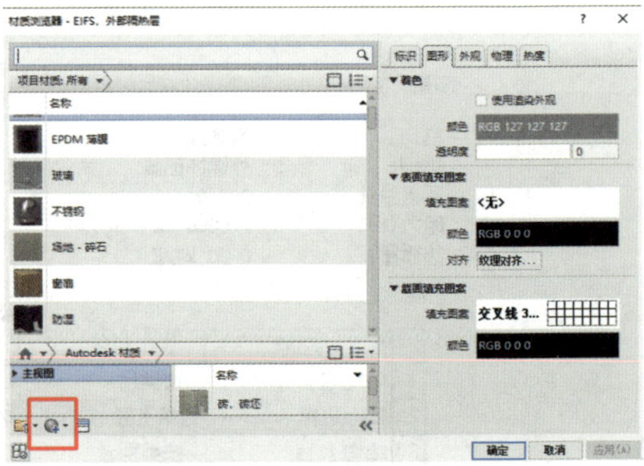

图 5-10　添加材质名称

注意:这一步骤只是添加了一个名为“外墙饰面砖”的材质名称,而具体材质还需要做进一步的设置(图5-11)。

层

外部边

	功能	材质	厚度	包络	结构材质
1	结构 [1]	<按类别>	20	☑	☐
2	核心边界	包络上层	0.0		

图 5-11　设置面层厚度

参照以上步骤,结构层为砖墙,在“材质浏览器”中搜索关键字“砖”,就能看到材质库中所有砖材质类型，选择“砌体 - 普通砖 75×225”，单击“确定”按钮，然后将厚度改为 200。内部边的结构暂时不做材质设置，只将其厚度也设置为“20”即可（图 5-12）。

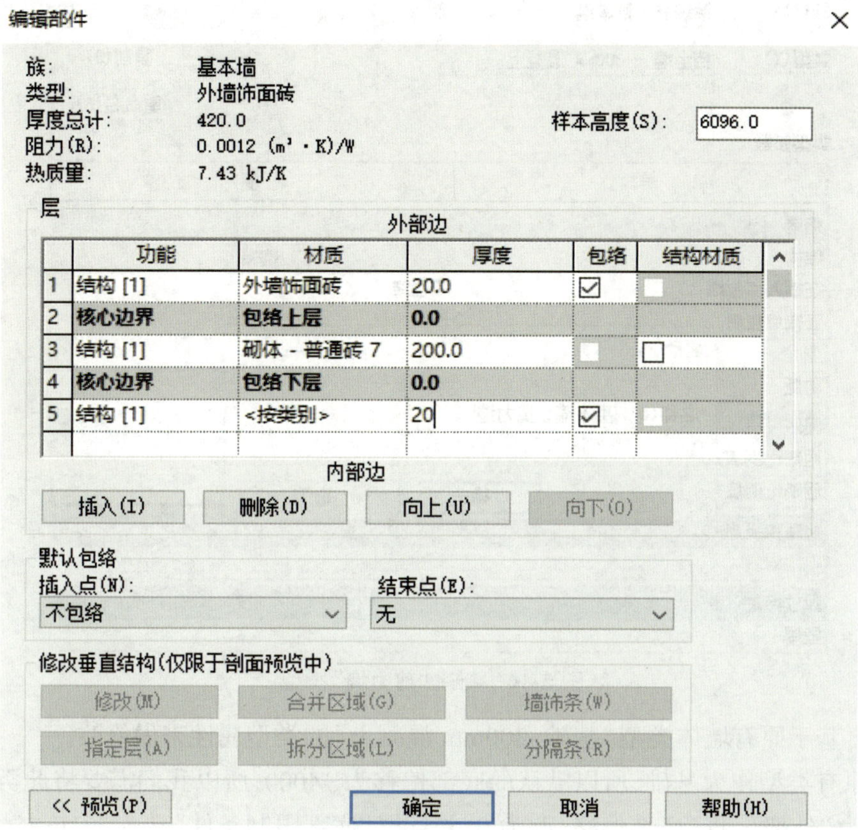

图 5-12　完成墙体设置

结构设置结束后，单击“确定”按钮，能看到“厚度”为灰显的“240”不能再做修改，因为这一厚度是由我们对墙体的几个不同材质层设置值之和（图 5-13）。

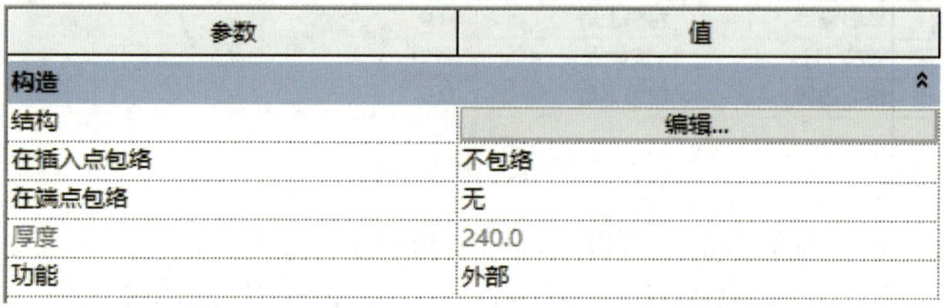

图 5-13　墙体厚度显示

由于该项目的地形有坡度，所以地下一层中有一部分埋于地基中，以“剪力墙”类型存在，另一部分露出地面，以“外墙饰面砖”类型存在。所以 -1F 中的外墙是由两种墙体组成。

所以，接下来我们还需要新建一个 200 厚的剪力墙。以“基础 -300mm 混凝土”为模板，参照之前的方法，新建一个名为“基本墙：剪力墙”的墙体，并将结构层厚度改为 200（图

5-14、图 5-15）。

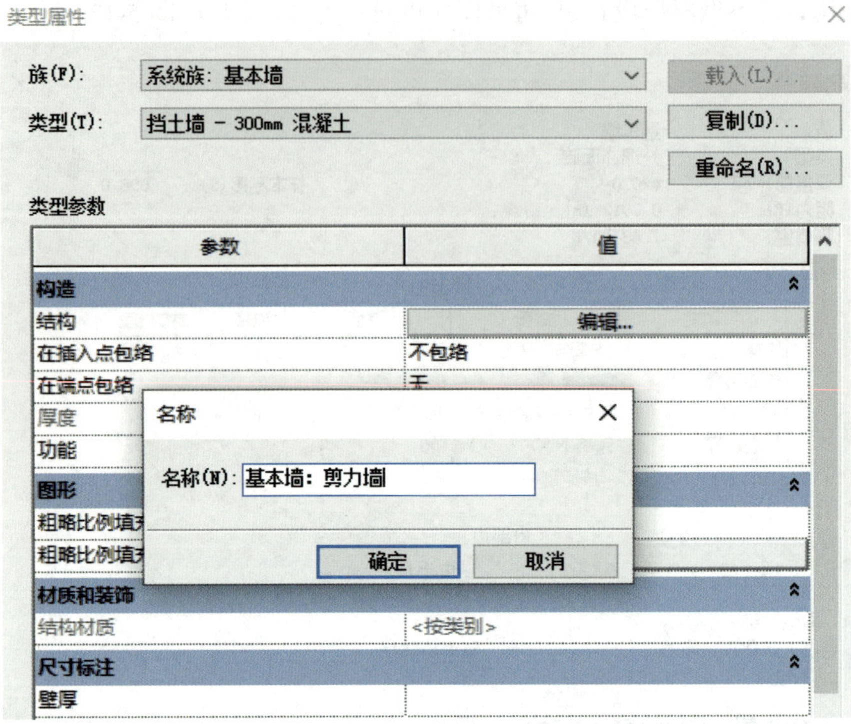

图 5-14　新建“剪力墙”类型

然后再基于原有墙体类型“基础 -300mm 混凝土”的类型属性来做修改。

因为原有类型作为基础，所以默认的底部偏移为 -4000，所以我们需要将此类型属性中“功能”改为“外部”，将“底部偏移”改为 0，并且把“底部限制条件”选为“-1F-1”，顶部约束“直到标高 1F”。

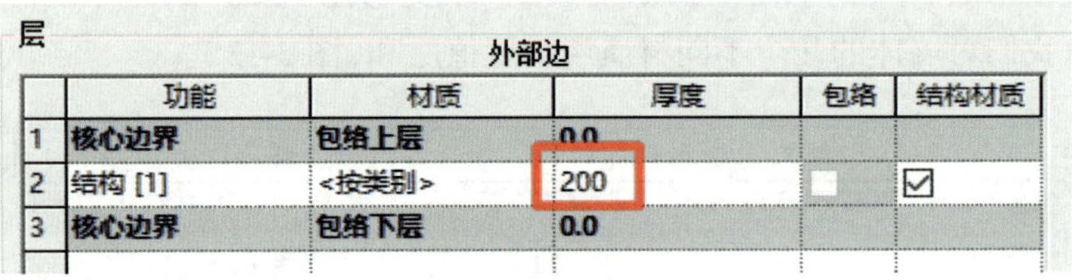

图 5-15　修改参数

为了保证墙体内外的正确性，所以外墙的绘制顺序为顺时针。

选择“-1F”楼层平面，以默认的“墙中心线”为定位线，绘制面板选择“直线”命令，将“链”勾选，保证连续绘制。移动光标单击鼠标左键捕捉 E 轴和 2 轴交点为绘制墙体起点，然后顺时针单击捕捉 E 轴和 1 轴交点、F 轴和 1 轴交点、F 轴和 2 轴交点、H 轴和 2 轴交点、H 轴和 7 轴交点、D 轴和 7 轴交点绘制完上半部分墙体后，单击“Esc”键退出绘制模式（图 5-16）。

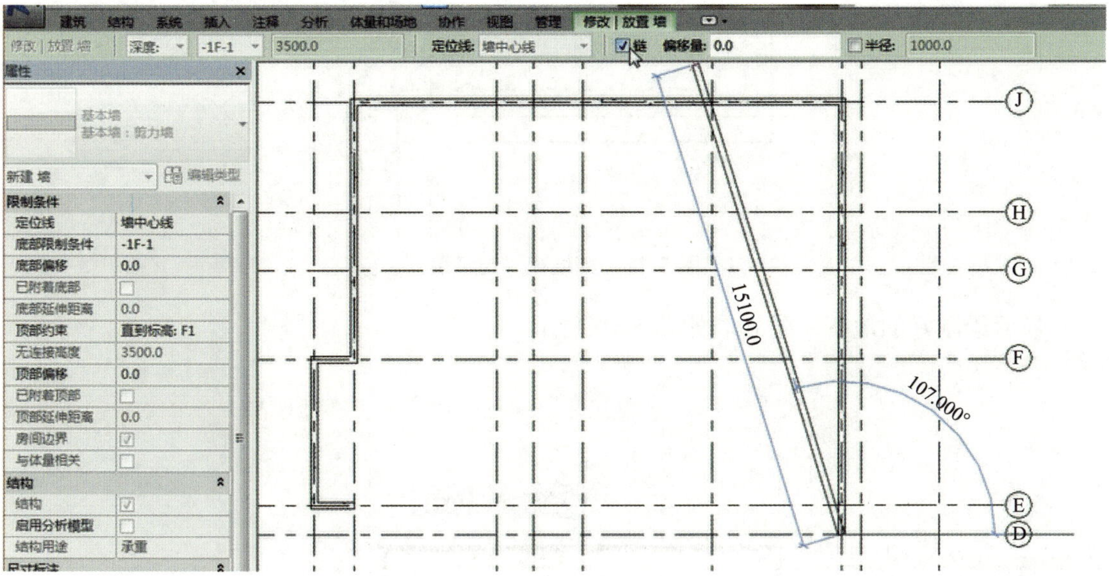

图 5-16　顺时针绘制墙体

在类型选择器中选择“基本墙:外墙饰面砖”类型,单击“属性”按钮打开“图元属性”对话框,同样设置实例参数“基准限制条件”为“-1F-1”,“顶部限制条件”为“直到标高 1F”,单击“确定”按钮关闭对话框。选择“绘制”面板下“直线”命令,移动光标单击鼠标左键捕捉 E 轴和 2 轴交点为绘制墙体起点,然后光标垂直向下移动,键盘输入 8280 按“Enter”键确认(图 5-17)。

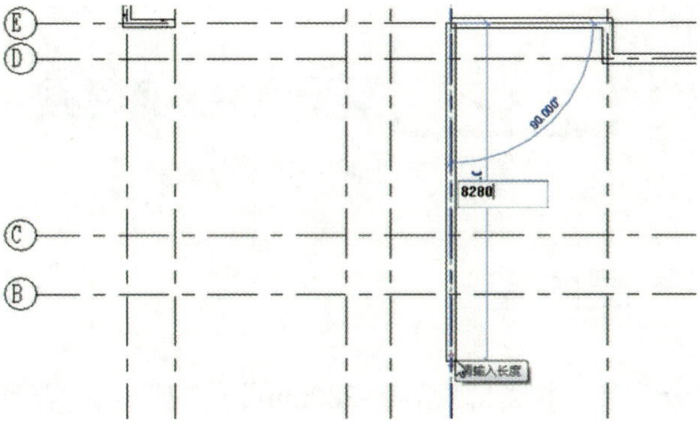

图 5-17　输入指定长度

光标水平向右移动到 5 轴单击,继续单击捕捉 E 轴和 5 轴交点、E 轴和 6 轴交点、D 轴和 6 轴交点、D 轴和 7 轴交点绘制下半部分外墙,这样就完成了地下一层整体外墙的绘制。

大家能看到由于的材质不同,所以在两种类型墙交接的地方出现了分隔。此时可以切换显示的精细程度,查看不同精度下墙体截面的填充区别(图 5-18)。

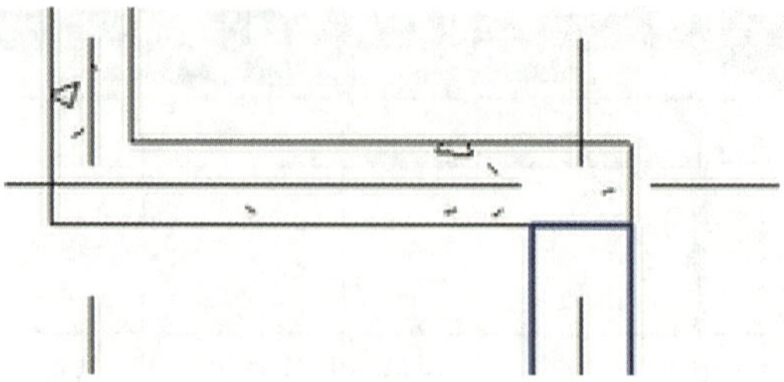

图 5-18　精细模式显示填充

最后绘制好的地下一层外墙如图 5-19 所示。

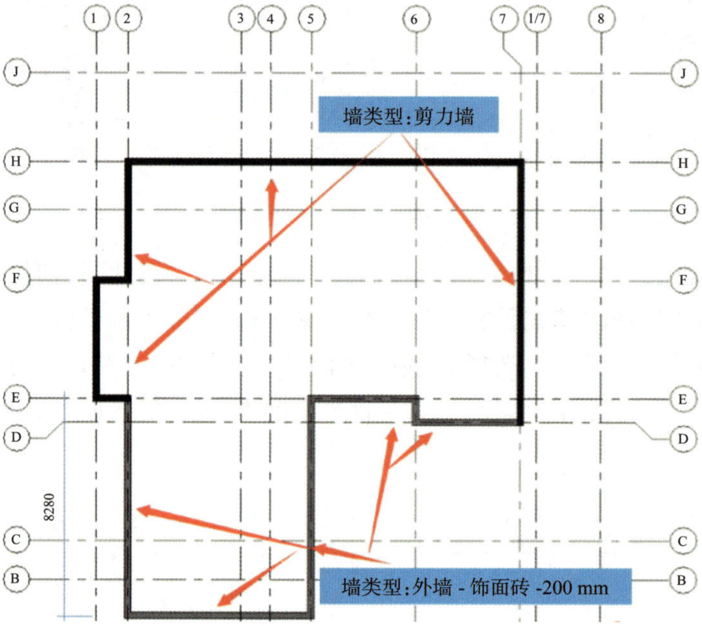

图 5-19　完成地下一层外墙绘制

5.2　绘制地下一层内墙

地下一层的内墙分为“基本墙:普通砖 -200mm”和“基本墙:普通砖 -100mm”两种,按前文所述方法新建。

单击选项卡“常用”→“墙”命令,在类型选择器中选择“基本墙:普通砖 -200mm”类型。再进入“材质”选项,对墙体材质作出设置(图 5-20)。

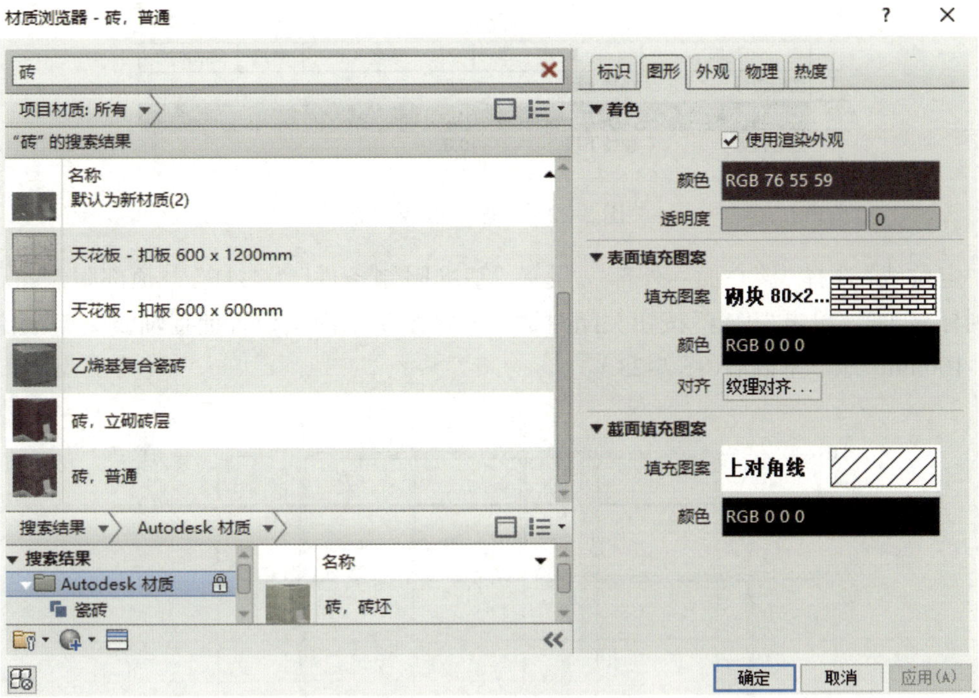

图 5-20　新建"内墙"类型

在"绘制"面板选择"直线"命令，选项栏"定位线"选择"墙中心线"，设置参数"基准限制条件"为"-1F"，"顶部限制条件"为"直到标高 1F"，单击"确定"按钮关闭对话框。按图所示内墙位置捕捉轴线交点，绘制"普通砖 -200mm"地下室内墙（图 5-21）。

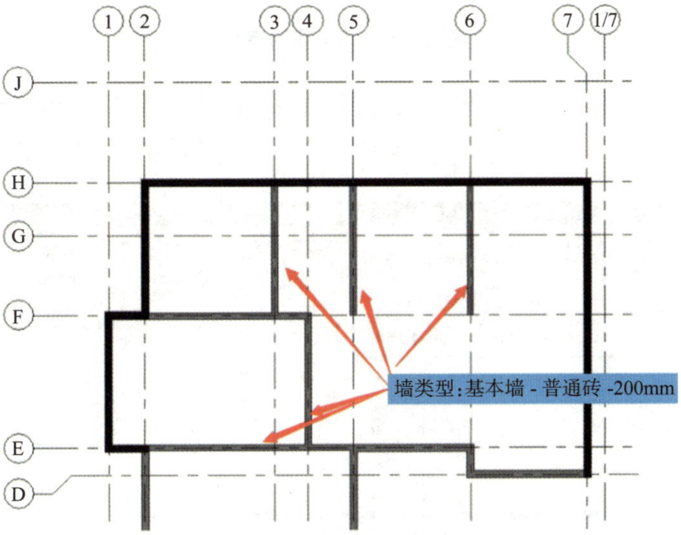

图 5-21　200 厚内墙位置

在类型选择器中选择"基本墙：普通砖 -100mm"，对结构层作出设置（图 5-22）。

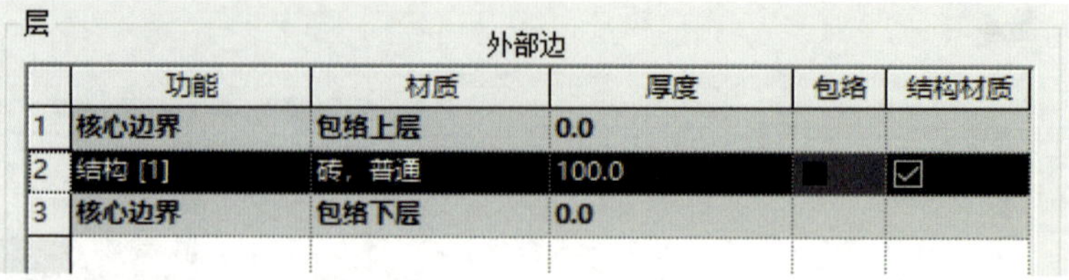

	功能	材质	厚度	包络	结构材质
1	核心边界	包络上层	0.0		
2	结构 [1]	砖，普通	100.0	☐	☑
3	核心边界	包络下层	0.0		

图 5-22　新建 100 厚内墙

“定位线”选择“核心面—外部”，设置“基准限制条件”为“-1F”，“顶部限制条件”为“直到标高 1F”，单击“确定”按钮关闭对话框。按图所示内墙位置捕捉轴线交点，绘制“普通砖 -100mm”地下室内墙(图 5-23)。

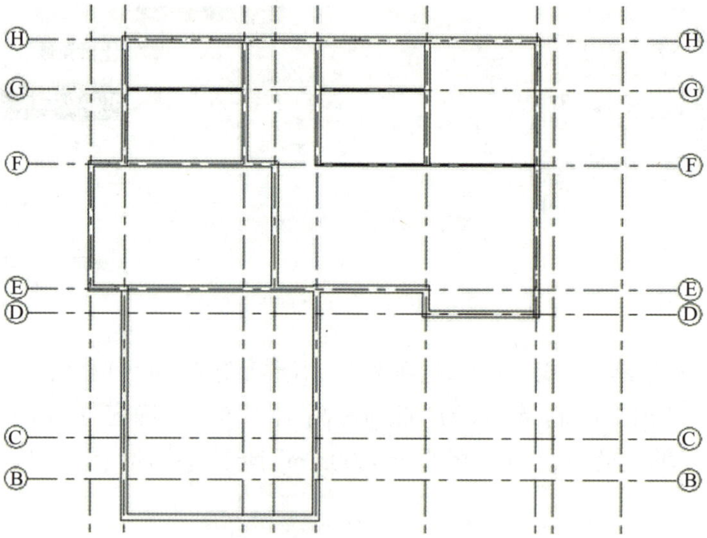

图 5-23　100 厚内墙位置

注意：相同结构层的墙体在交接时能自动连接，而且笔者在之前的操作中出现了错误，画到了 J 轴(图 5-24)，该层墙体依照该项目应为只到 H 轴，所以需要对墙体进行调整。

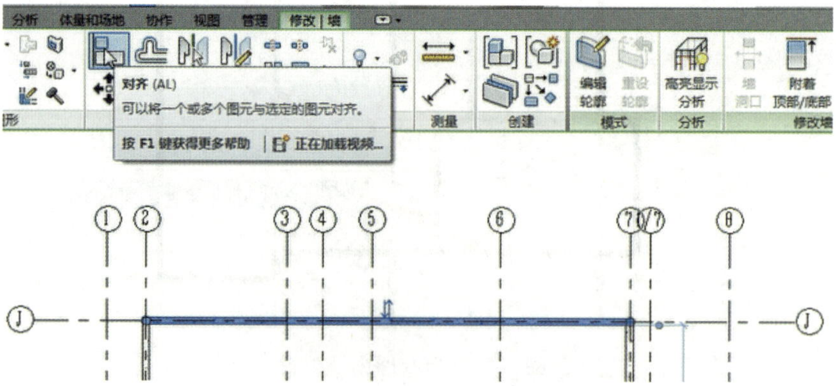

图 5-24　将 J 轴墙体调整至 H 轴

这时可运用“对齐”命令，先单击 H 轴作为对齐参考（图 5-25）。

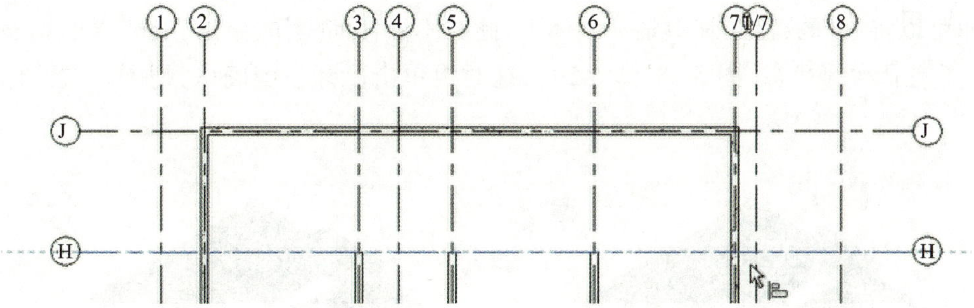

图 5-25　使用“对齐”命令

再单击目前位于 J 轴的墙体中心线，墙体移动的同时也自动地与两侧相交墙体进行了剪切，并且在对齐完成后有“锁”标志，如果将其锁住，那么该墙体就会与 H 轴关联，只要移动 H 轴，那么墙体也会随之移动，这是一种调整墙体的快捷方式（图 5-26）。

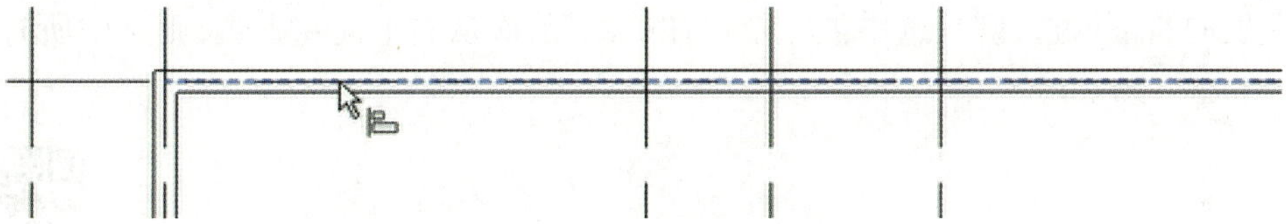

图 5-26　将墙体与轴网锁定

切换到粗线显示模式，这样更接近于出图效果，大家能看到有些交接处自动连接但有错动，这是由于墙厚不同但结构层相同所导致的。

完成该层绘制之后，切换至三维模式进行检查发现墙体高度并不一致，这是由于之前在绘制墙体时没设置高度限制所导致的。如果项目中墙体类型很多，那么这些问题是不可避免的。所以，随时切换三维视图进行查看也是一个及时发现问题的直观方法（图 5-27）。

图 5-27　三维视图查看

此时高出的墙体高度如果未做限制，则默认显示为之前在设置墙体结构时的“样本高度”。选中墙体修改限制条件，就能进行修正。如果修改的墙体首尾相连，那么则不需要逐一单击，而可以将鼠标放置在其中某一墙体上，此时不做任何操作，单击“Tab”键能切换到一组墙体都高亮显示的状态(图 5-28、图 5-29)，这时再单击鼠标左键确认，则可一次性选中所有墙体。

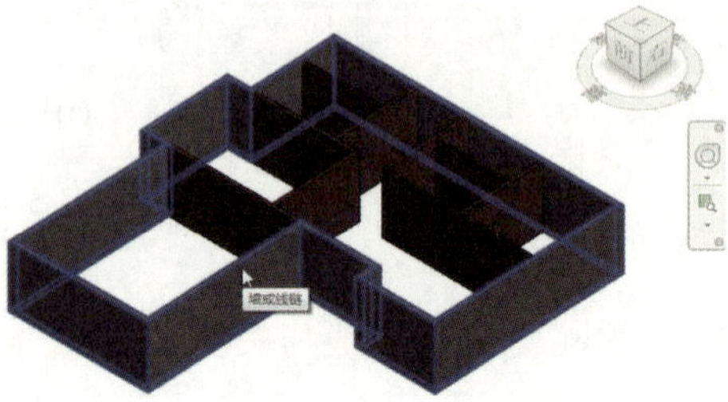

图 5-28　放置光标

图 5-29　单击“Tab”键

接下来将地下一层的墙复制到一层，此时可以用框选的方式选中，具体操作与 CAD 类似，从左上向右下框选，则只选中被完全框住的图元；而从右下向左上选，则选中所有框边接触到的图元(图 5-30)。

图 5-30　选中所有外墙

视频：复制一层墙体

在“修改 / 墙”选项卡中，单击“过滤器”，只勾选“墙”，然后单击“复制到剪切板”，单击之后进入新的楼层平面，然后单击“粘贴”。单击“粘贴”按钮的下拉箭头，选择“与同一位置对齐”，则完成了垂直向上一层复制的过程。但由于复制过程中墙体的高度限制条件不变，由于在 -1F 绘制的外墙的底部限制条件为“-1F-1”，-1F-1 与 -1F 之间相差 200，所以导致新楼层中复制的墙体也会下沉 200，会与下部已有墙体重合。所以，此时还需要修改新楼层平面中墙体的限制条件(图 5-31)。

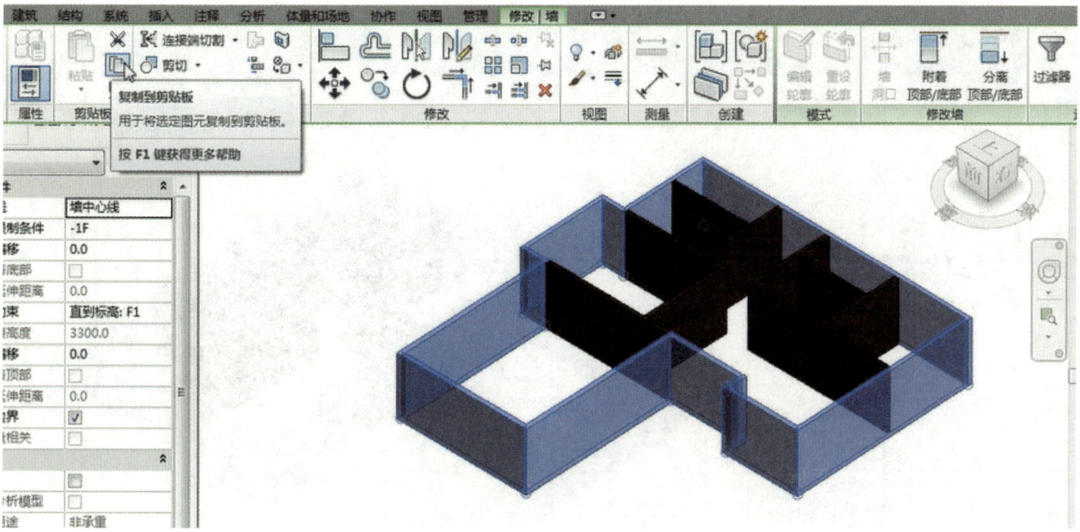

图 5-31　使用“剪贴板”复制墙体

注意:也可切换至三维模式,只选中外墙,选择“复制到剪贴板”后,选择“与选定的标高对齐”(图 5-32、图 5-33),此时高亮显示了其中一堵外墙,并提示有重合部分,这是由于修改的疏忽导致可能有些墙体的高度仍不正确,不过此时可以通过将两层的墙体相互剪切,去掉重合部分。

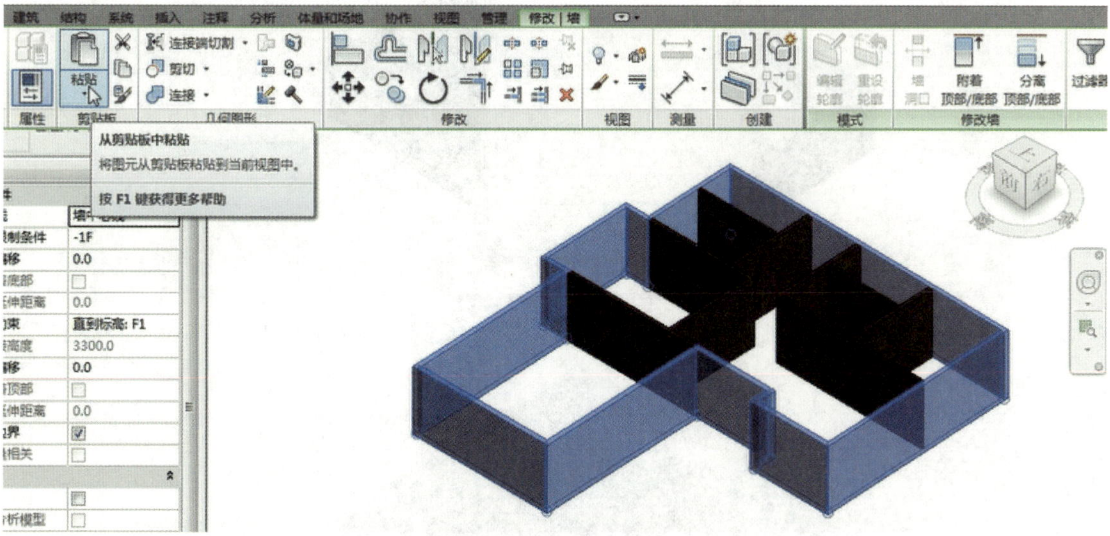

图 5-32　“粘贴”命令

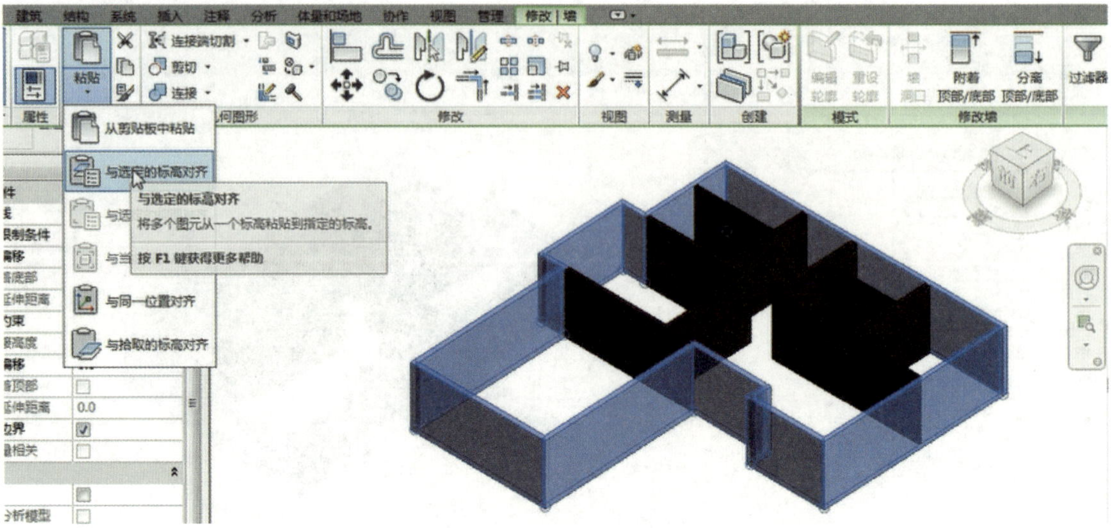

图 5-33　选择需粘贴至的标高

注意：不同楼层之间的图元复制必须通过复制到剪贴板再粘贴到新的楼层(图 5-34、图 5-35)。

图 5-34　选择楼层

图 5-35　完成不同层的墙体复制

5.3　修改一层的外墙

本项目一层的外墙其实与地下一层的外墙并不完全一致，所以需要对其进行一定的修改。一层的墙与 B 轴重合，所以使用“对齐”工具将墙移动与 B 轴对齐（图 5-36、图 5-37）。

视频：修改一层外墙

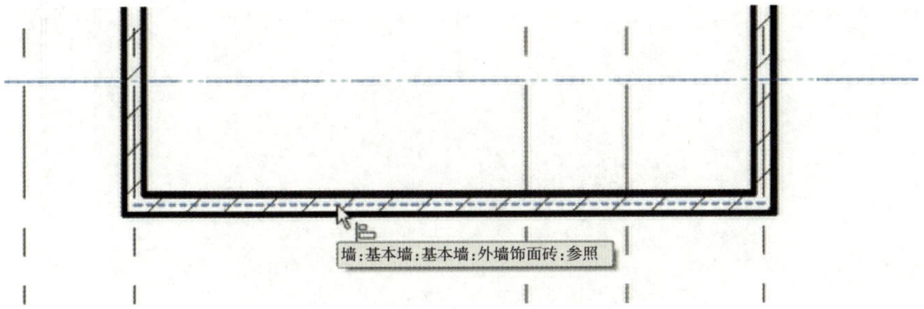

图 5-36 选中墙体

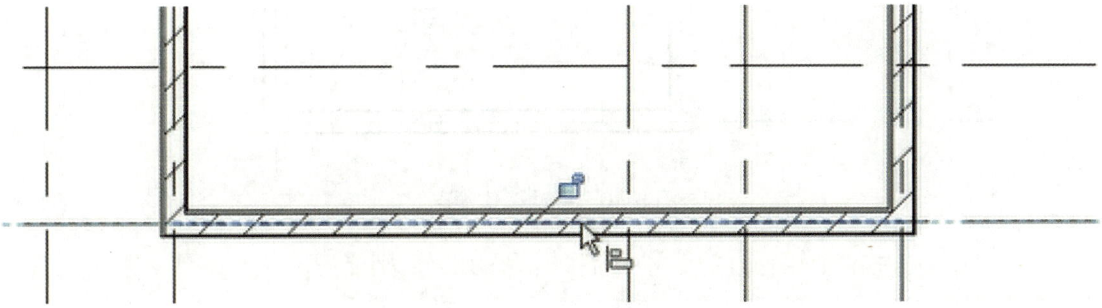

图 5-37　将墙体与 B 轴对齐

接下来修改 5、6 号轴之间的外墙（图 5-38）。选择“基本墙 - 外墙饰面砖”墙体类型，在 1F 楼层平面绘制，参照图中属性栏的设置。由于所有一层的墙体都在地面以上，所以接下来在三维视图中选中所有一层外墙，将墙体类型修改为“基本墙 - 外墙饰面砖”。

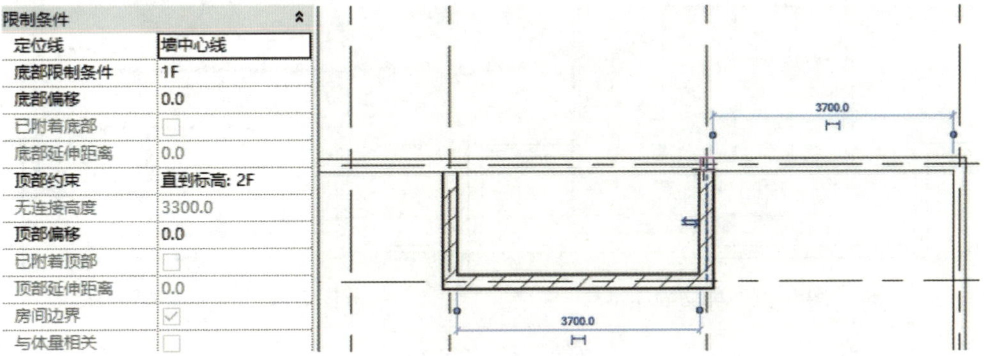

图 5-38　修改墙体

然后需要把多余的外墙删除，使用拆分命令先将这段墙体打断。

光标显示为刻刀形状,这时在 5 轴与 6 轴之间任意选取一点,墙被截断为两个部分(图 5-39),然后将多余部分剪切(图 5-40)。

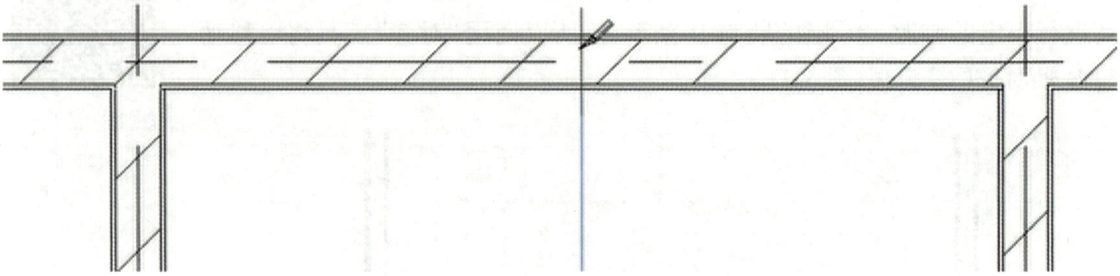

图 5-39　拆分墙体

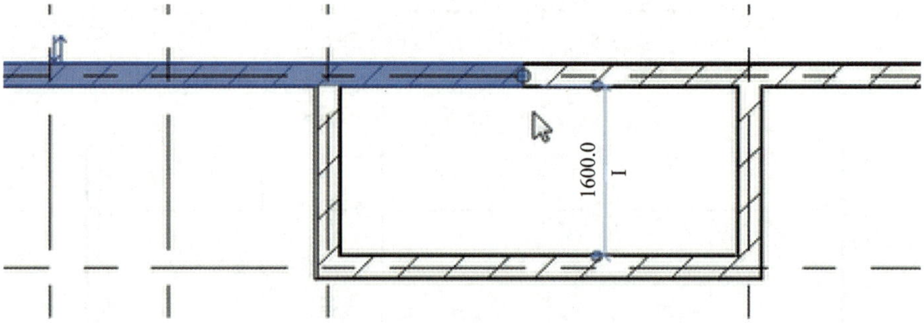

图 5-40　移动墙体端点

注意:依此选中两个相垂直的墙体中需要保留的部分,则能把多余墙体自动删除。这一命令还能实现两个未交接图元之间的连接。而如果只剪切其中一段,则可以使用“修剪 / 延伸单个图元”剪切方式。大家可以参照预览动画示意进行学习并使用(图 5-41、图 5-42)。

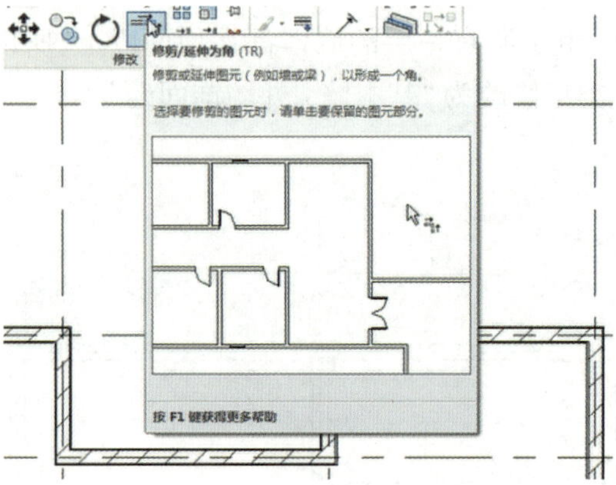

图 5-41　剪切墙体示意

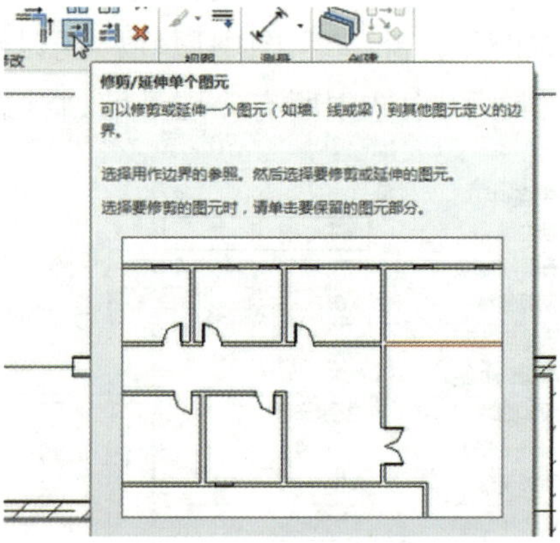

图 5-42　延伸墙体示意

调整材质,完成一层外墙的绘制(图 5-43、图 5-44)。

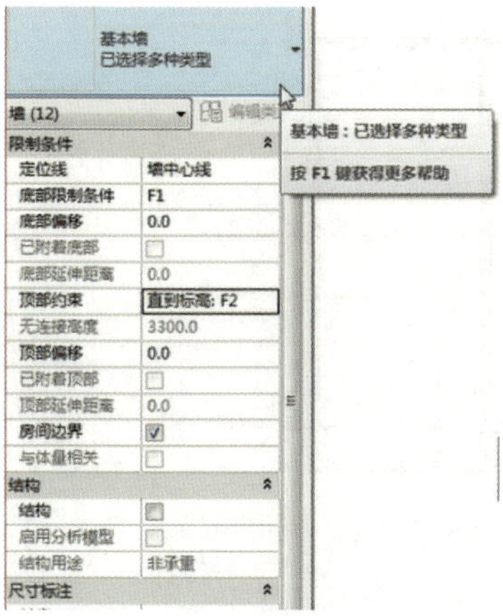

图 5-43　调整墙体材质

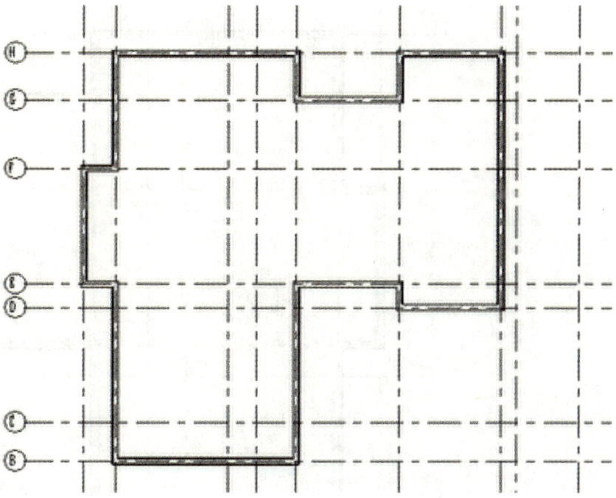

图 5-44　完成一层外墙绘制

5.4　一层内墙的绘制

视频：一层内墙

依然分为 200 与 100 厚两种类型，请大家参照图 5-45 所示自行绘制。

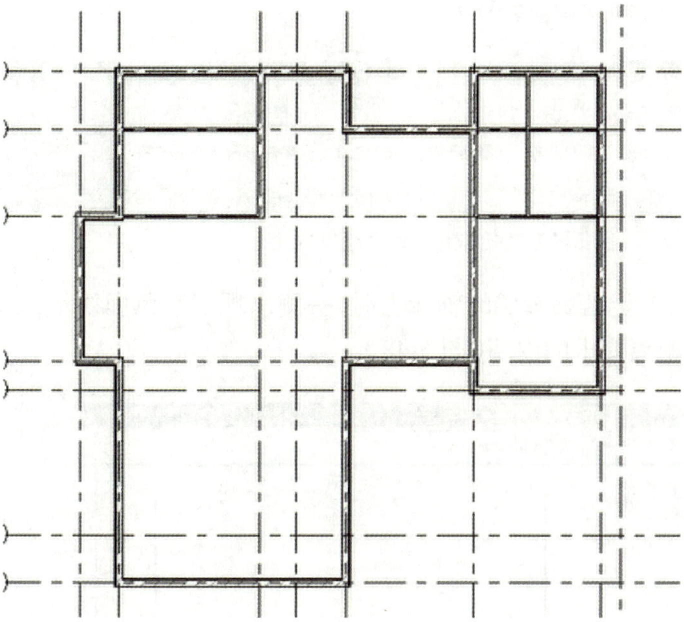

图 5-45　一层内墙位置

单击设计栏“基本”→“墙”命令，在类型选择器中选择“基本墙：普通砖-200 mm”类型，选项栏选择“绘制”命令，“定位线”选择“墙中心线”。单击“属性”按钮打开“图元属性”对话框，设置实例参数“基准限制条件”为“1F”，“顶部限制条件”为“直到标高 2F”，单击“确定”关闭对话框，绘制 200 mm 内墙（图 5-46）。

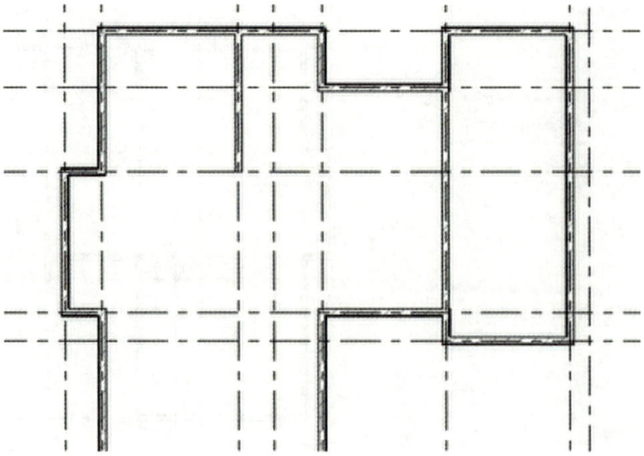

图 5-46　绘制 200 厚内墙

在类型选择器中选择“基本墙:普通砖 - 100 mm”类型,在选项栏选择“绘制”命令。单击“属性”按钮打开“图元属性”对话框,设置实例参数“基准限制条件”为“1F”,“顶部限制条件”为“直到标高 2F”,单击“确定”关闭对话框,绘制 100 mm 内墙。

其中图示位置有一段墙体需要从轴线偏移 1650,而临时尺寸仅能以 100 为模数进行增减,所以此时可选用“拾取线”命令(图 5-47)。

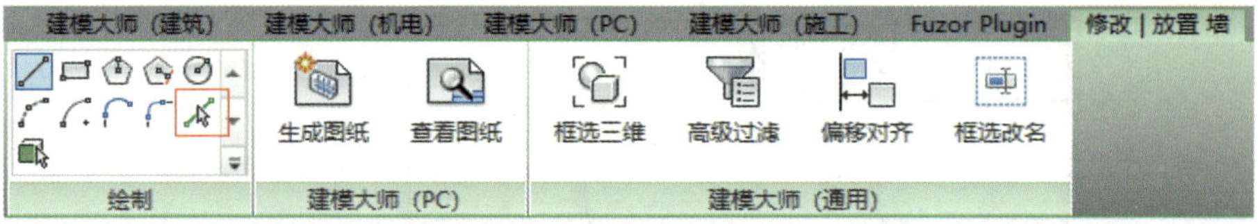

图 5-47　“拾取线”命令绘制内墙

调整偏移量,将鼠标放置于需要参照的轴线上时,一侧出现了蓝色虚线示意偏移方向,确认后即可生成一段符合距离要求的内墙(图 5-48)。

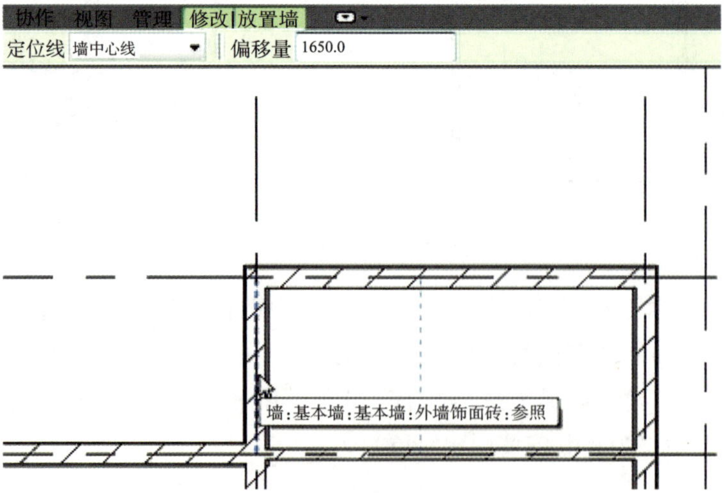

图 5-48　偏移量设置

生成一段与参照轴线上墙体长度一致的 100 厚墙体,墙体一侧的一组箭头是翻转方向操纵杆,可以将墙体内外边进行翻转(图 5-49)。

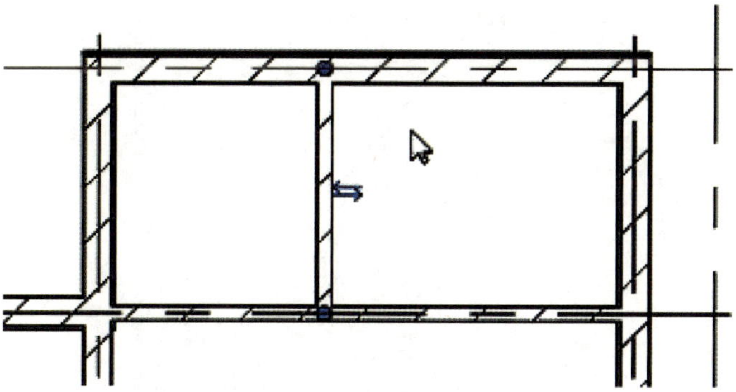

图 5-49　翻转墙体方向

参照图 5-50 所示完成 100 厚内墙的创建。

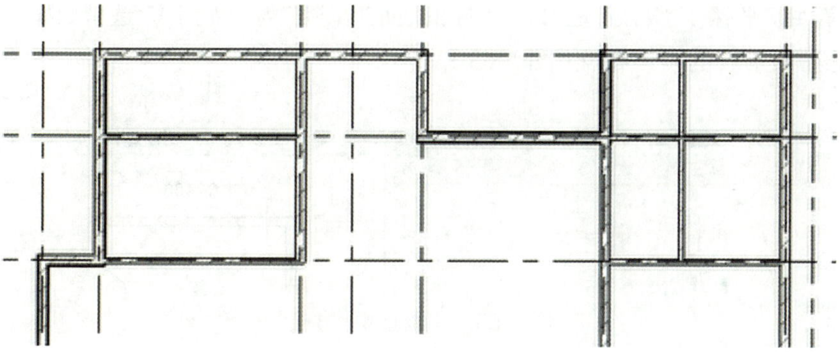

图 5-50　100 厚内墙位置

5.5　整合应用技巧——墙连接

视频:墙连接

注意:下面对编辑墙连接(图 5-51)做一些介绍。虽然该项目中未被运用,但却是很有用的编辑工具,以便大家进行拓展学习。

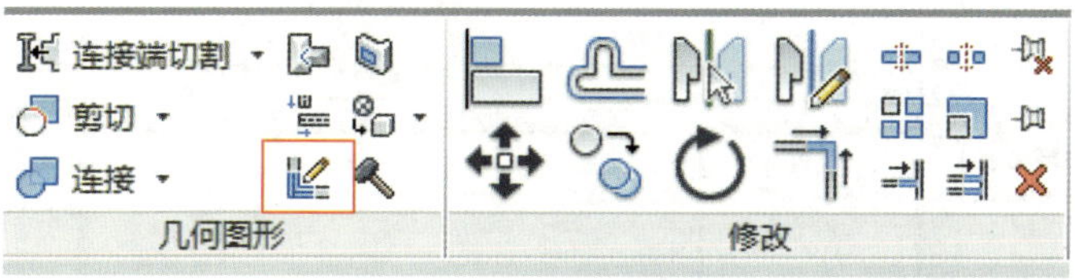

图 5-51　"墙连接"命令

当创建墙时, Revit 会自动处理相邻墙体的连接关系,大家可以根据需要编辑墙连接。使用该工具能够进行墙体的平接、斜接和方接(图 5-52)。

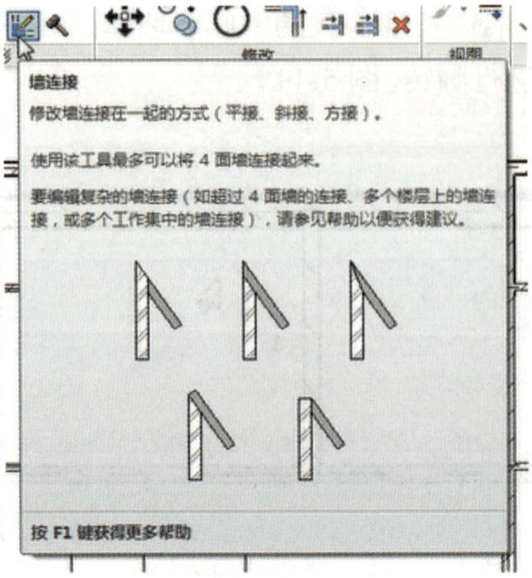

图 5-52 墙连接模式

墙连接一定是出现在墙的角点，所以当鼠标移至墙交点时会出现一个方框，选中其中一个角点，能看到“平接”“斜接”是可以选择的，而“方接”为灰显不能选择，因为方接只能用于两段不是互相垂直的墙体相交(图 5-53)。

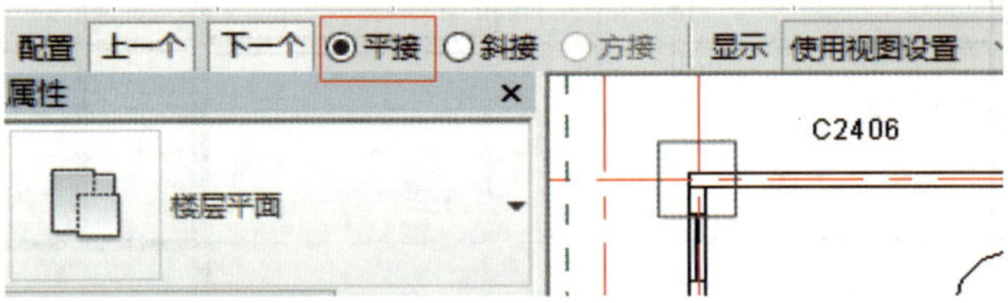

图 5-53 不能选中“方接”

平接是指在墙之间创建对接，这是默认连接类型，能在本来自动连接的墙体上添加接头线。且单击“上一个”或“下一个”，能切换两个相垂直墙体之间的交接包围方式(图 5-54)。

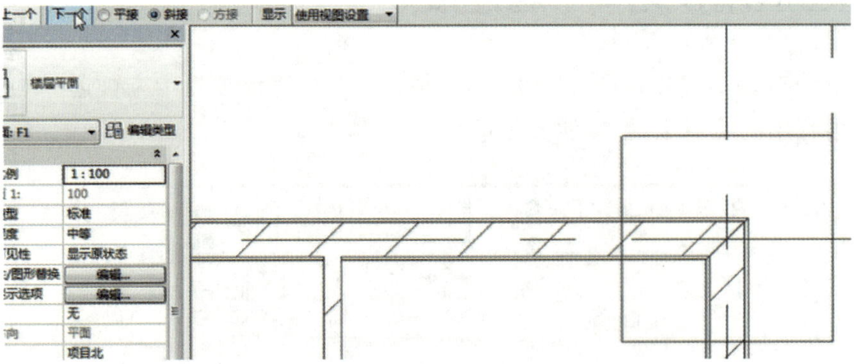

图 5-54 切换墙体交接方式

斜接是指在墙之间创建斜接，所有小于 20° 的墙连接都是斜接。能将两个墙体做 45 度的交接，而此时的“上一个”或“下一个”按钮就没有实际的区别了，仅仅在平接模式下能显示“上一个”和“下一个”的切换区别(图 5-55)。

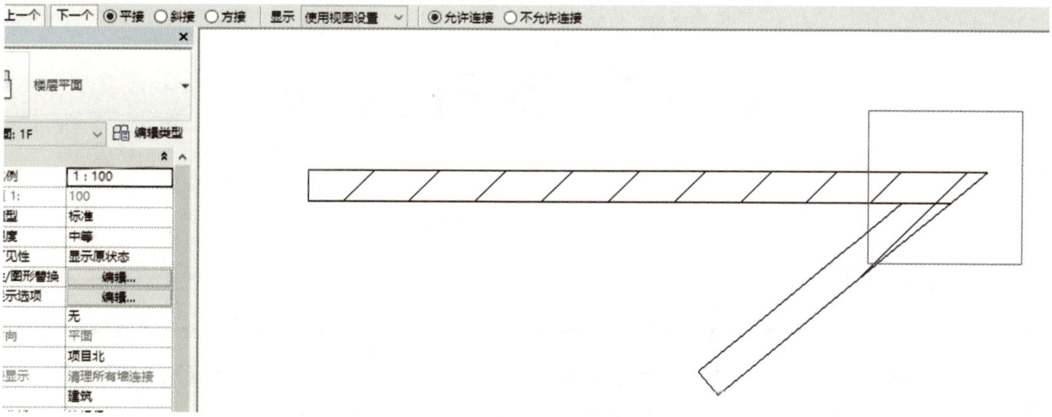

图 5-55　斜接模式

方接是指对非垂直相交的墙体，可以使用本选项，使墙端头呈 90 度。对于已连接为 90 度的墙，此选项无效。

方接的作用是为模型提供更多种接近实际情况的模式。因为实际项目中两段成角度的墙体之间，交接模式会有几种方案。除了平接和斜接依然可用外，还能进行方接编辑，并且依然可以使用“上一个”或“下一个”进行切换（图 5-56）。

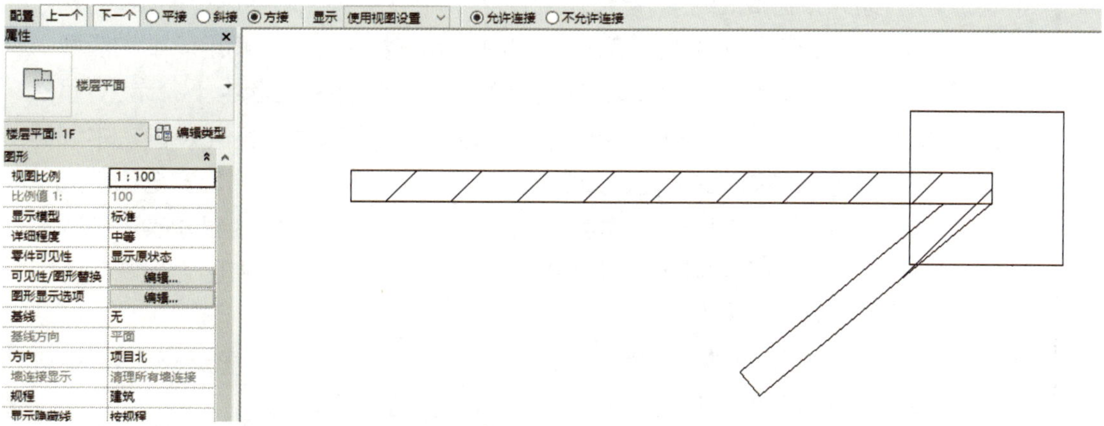

图 5-56　方接模式

因为实际施工时不可能砌筑出尖角的砖墙，所以使用方接模式能更准确地反映材质特性与工程量，避免误差。

本章小结

我们从地下一层的外墙与内墙开始，到一层的外墙与内墙的顺序对墙体的创建以及墙体类型的编辑进行了介绍，其中的重点与难点是关于材质的设置与修改，最后对成角度的墙的交接编辑进行了更有针对性的讲解。下一章我们将进行楼板绘制的介绍。

项目6　楼板的绘制

课程思政

社会责任感

“你脚下的地板，也是楼下的天花板。”凡事都有两面性，在对立统一中发展，只看事物的一面而忽视另一面都是偏颇的，如感性与理性、科学与艺术……失败和成功也是一对矛盾统一体，我们要学会客观和辩证地看这个问题。孟子曰：“故天将降大任于士人也，必先苦其心志，劳其筋骨，饿其体肤，空乏其身，行拂乱其所为，所以动心忍性，曾益其所不能。”很多时候很多事情往往当时看是坏事，日后可能会转化为好事，这取决于看问题的角度和个人的判断。正确地认识问题，从问题中反思，吸取教训就可能将矛盾转化成为宝贵的财富。

楼板就是建造房子需要用到的板，它有两种：一种是预制板；另一种是现浇板。预制板就在前期已经加工成型，直接运到现场就能够安装。如果选择的是现浇板，需要在现场进行浇筑，同时要结合房屋的结构，确定楼板的厚度，满足承重的需要。

现代都市人们大多住的是楼房，邻里噪声问题在我们的生活中十分常见，虽然看似简单，但处理起来难度不小。近年来，少数人的性格变得“戾气太重”，由邻里噪声导致的纠纷案件屡有发生，且呈现暴力化、极端化态势，对社会治安与稳定造成了负面影响。邻里之间本应互相尊重、互相关怀、互相体谅。而楼层间噪声问题体现的正是国民的涵养，大家应该辩证地看待问题，要互换思考问题，因为你踩的不仅是地板，也是楼下的天花板。

所以，要尊重邻里，选择客观的角度来看每一个问题，养成居家安静的习惯，你的一言一行，将影响你的后代，文明与野蛮的区别只在一念之间。

6.1　地下一层楼板的绘制

视频：地下一层楼板

在完成了两层墙体之后，我们来添加这两层的楼板。单击“项目浏览器”中的 -1F，选择“楼板”下拉菜单，由于该项目中并未使用“面楼板”，所以在此先对其进行一定介绍（图 6-1）。

之前提到的体量载入项目中，除了添加屋顶和墙体等属性之外，还能在标高与项目相关处使用这一命令，它能捕捉到体量与标高交接面，自动形成楼板。相似地，“墙”命令中的“面墙”可捕捉表面（图 6-2）。

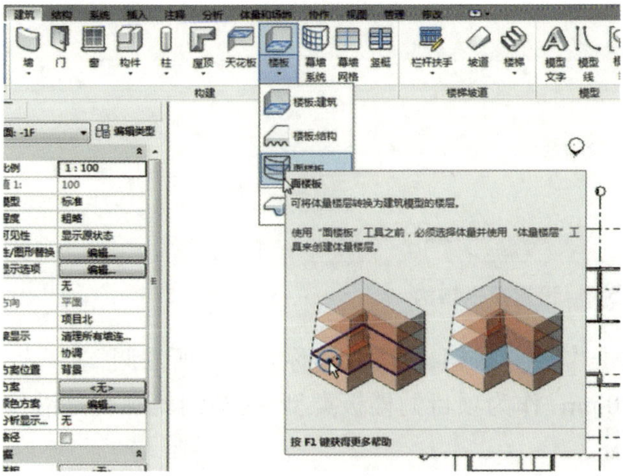

图 6-1　面楼板

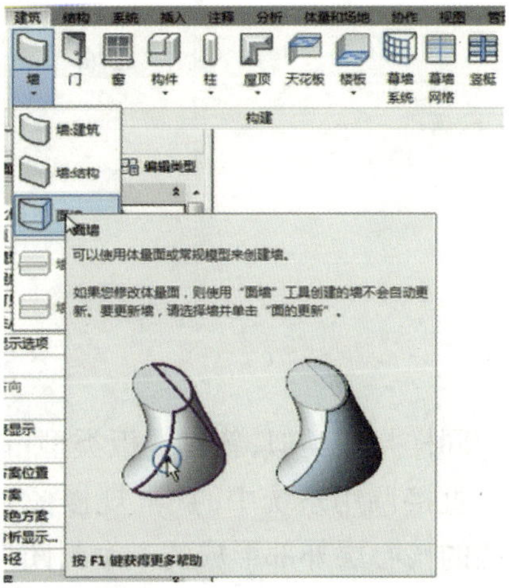

图 6-2　面墙

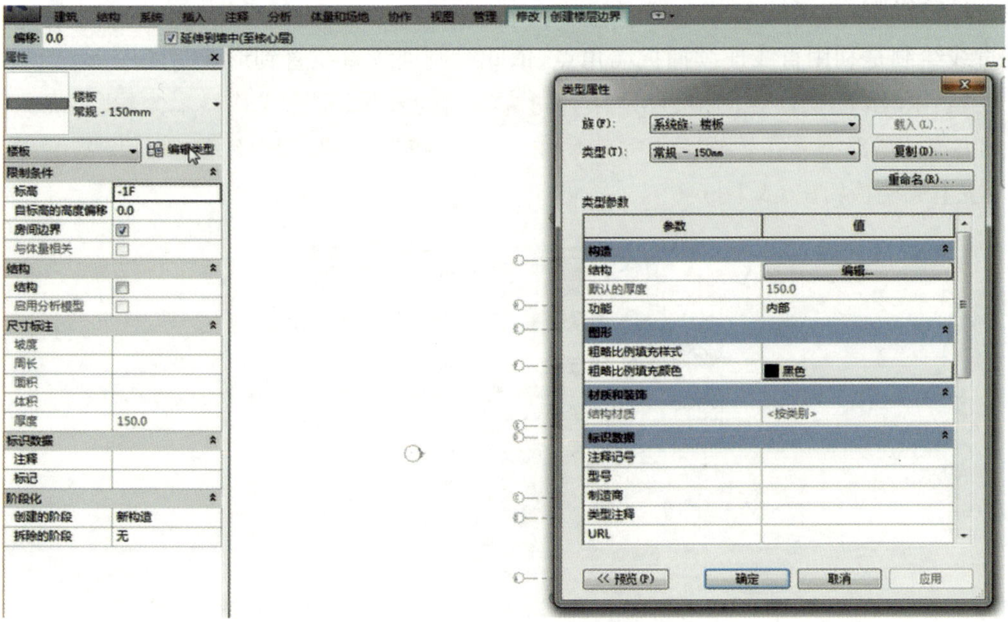

图 6-3　调整楼板参数

单击“楼板”命令,在属性栏中继续单击编辑类型(图 6-3),可以调整其结构厚度,基本操作方式与墙体的设置类似(图 6-4)。

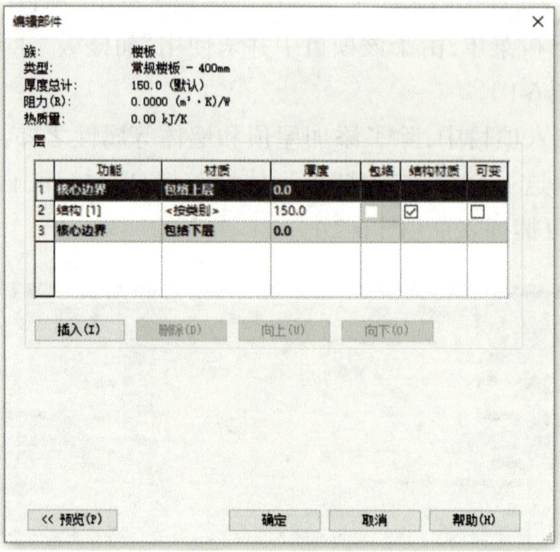

图 6-4 设置楼板结构

同样与墙类似,新建楼板类型可单击“复制”按钮,再修改名称后进行所需调整。

直接调用系统中的“常规楼板 -150mm”作为项目的楼板类型,楼板的轮廓就是沿建筑外墙的核心层外部形成的一个封闭形状。

具体绘制方法这里介绍三种,分别为直线绘制、拾取墙绘制与拾取线绘制。

6.1.1 直线绘制

直线绘制是利用直线连续捕捉墙角点,依此绘制连续直线直到形成封闭图形。

注意:Revit 的操作界面中,凡是作为轮廓编辑的步骤,轮廓线均显示为粉色,而只要涉及轮廓编辑,则都需要在轮廓编辑完毕后单击“×”或“√”进行确定,否则绘图界面保持灰显,无法生成楼板(图 6-5、图 6-6)。

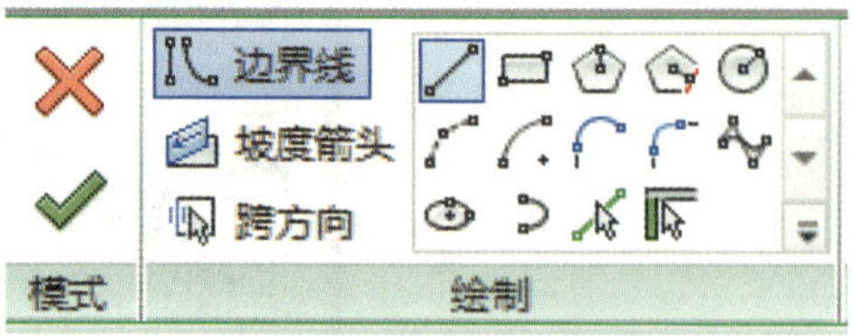

图 6-5 直线绘制边界线

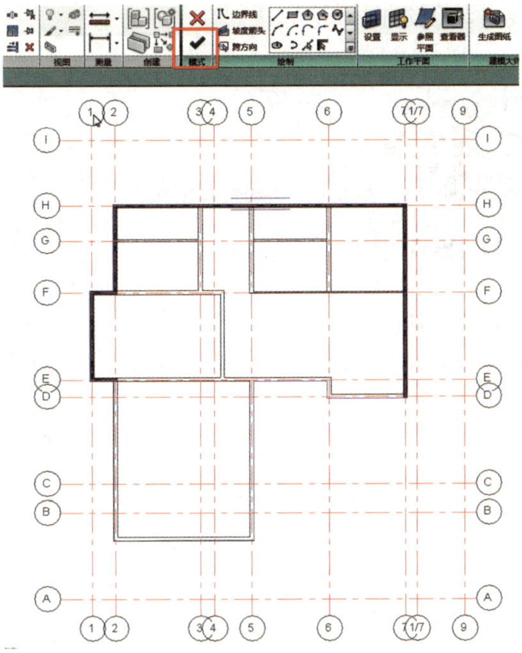

图 6-6　轮廓示意

完成后的地下一层楼板图 6-7 所示。

图 6-7　完成地下一层楼板绘制

6.1.2　拾取墙绘制

单击“拾取墙”按钮之后勾选“延伸到墙中(至核心层)”(图 6-8、图 6-9),则是捕捉到墙体的核心边界,也即是使楼板边界与结构层边界相关联,而由于该项目的外墙设置除了结构层之外还有 20 厚的外墙饰面砖,所以此时将偏移量设置为 -20,移动光标到外墙外边线上,依次单击拾取外墙外边线自动创建楼板轮廓线。

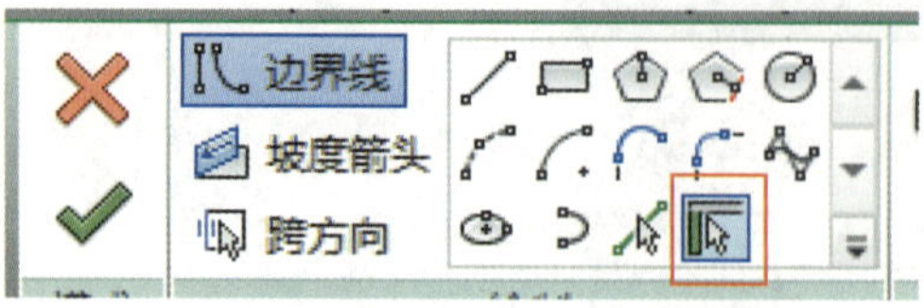

图 6-8 “拾取墙”绘制边界线

图 6-9 偏移量设置

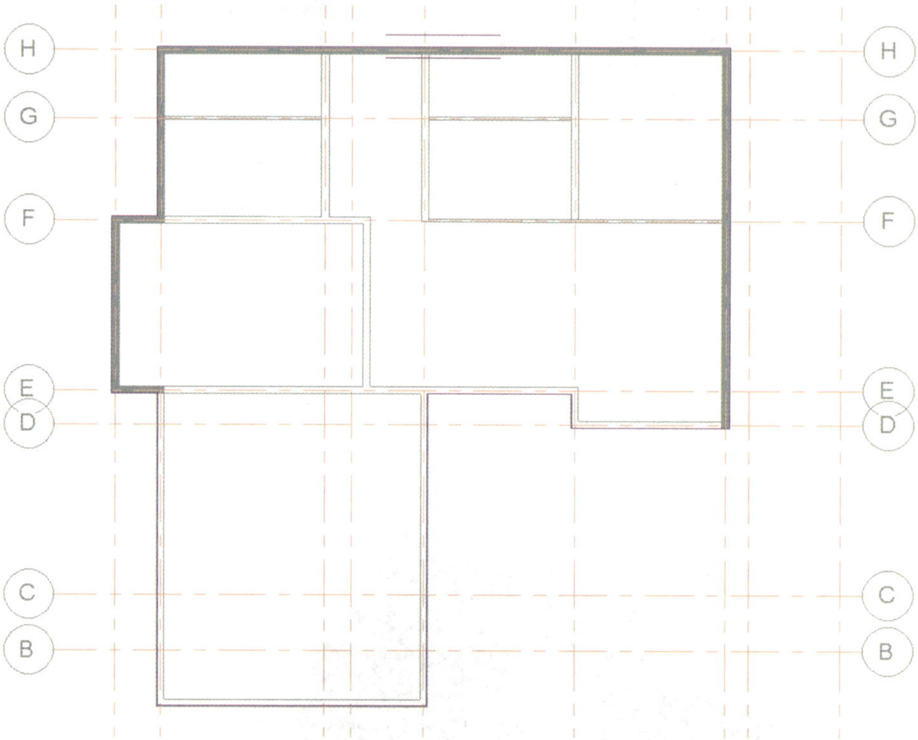

图 6-10 生成轮廓

注意:拾取墙创建的轮廓线默认和墙体保持关联关系。所以可在如图 6-11 所示的对话框中进行手动选择。

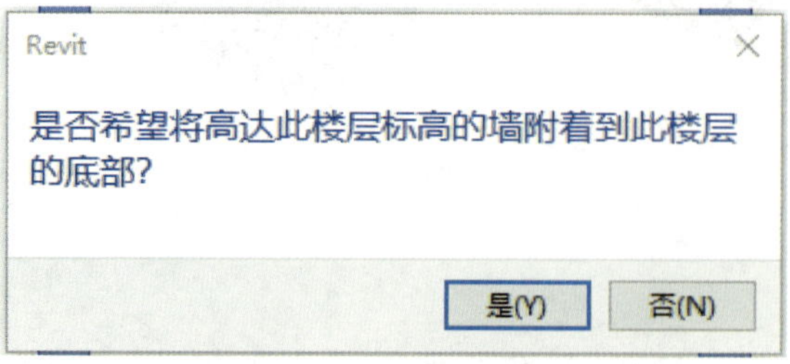

图 6-11 生成轮廓

6.1.3　拾取线绘制

拾取线绘制图 6-12 所示。使用这种方式绘制能够选择墙体的中心线(图 6-13)或者边线作为参考线,我们直接捕捉外墙的外部边,依次单击(图 6-14)。

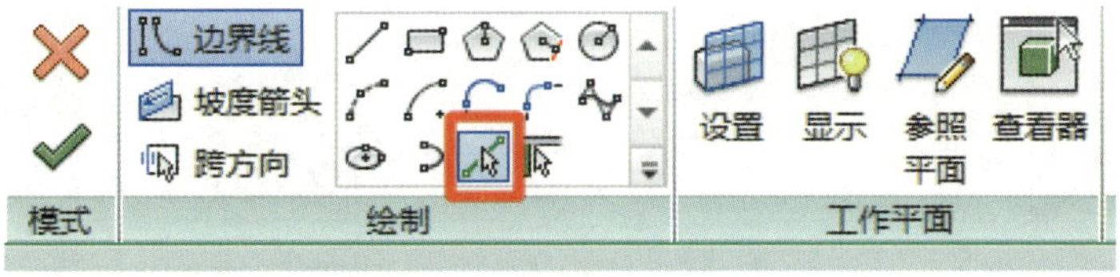

图 6-12　“拾取线”绘制边界线

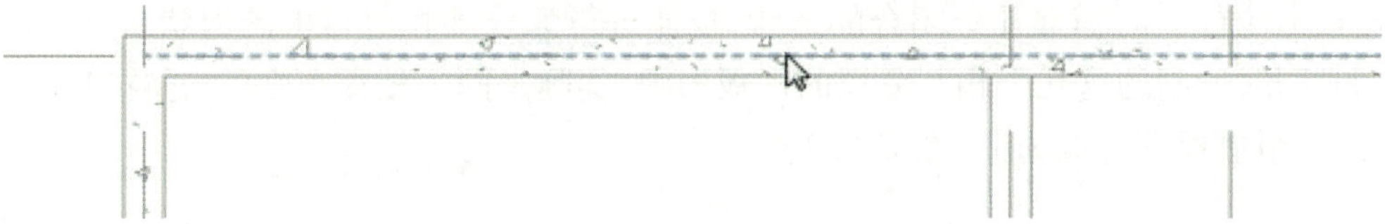

图 6-13　选择参考线

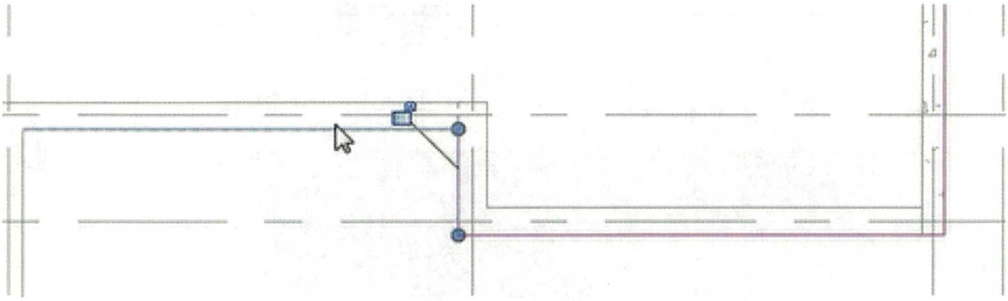

图 6-14　选择墙外侧绘制

注意:该方法存在的问题是,不能自动进行墙的剪切,所以如图 6-15 所示,相同材质的墙体会被捕捉完全。

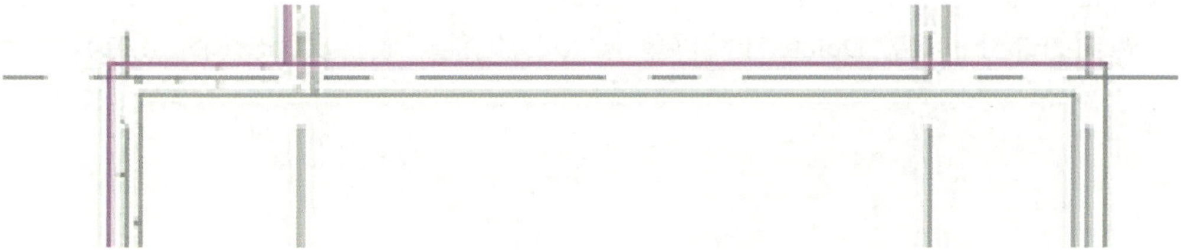

图 6-15　“拾取线”方式绘制楼板的问题

所以需要在选择墙体之后,对细部作出剪切或拖曳等修改,最终保证其形状的首尾连接与完美闭合,否则无法生成楼板,如图 6-16 所示会弹出警告。

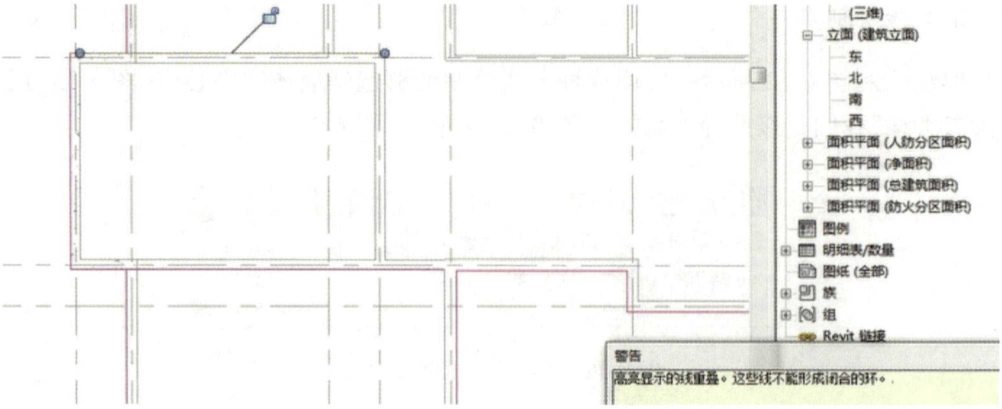

图 6-16　进一步调整轮廓线

楼板命令能同时捕捉几个闭合的形状,也能进行弧线等相对自由的形状绘制。而在轮廓绘制时同时绘制的这几个相互分离的楼板形状,实际是同一楼板存在的,选中其中某一个片段,这一组楼板都会被选中(图 6-17)。

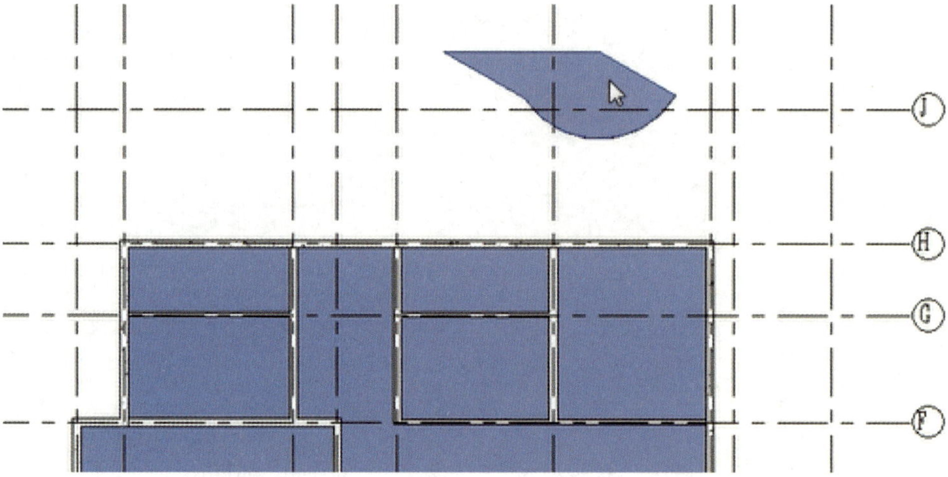

图 6-17　同时绘制若干闭合形状

楼板轮廓也能进行再次编辑。选中需要编辑的楼板,单击“编辑边界”(图 6-18),选中需要删除的部分,单击“Delete”键,再单击“√”,则能完成再次编辑(图 6-19)。

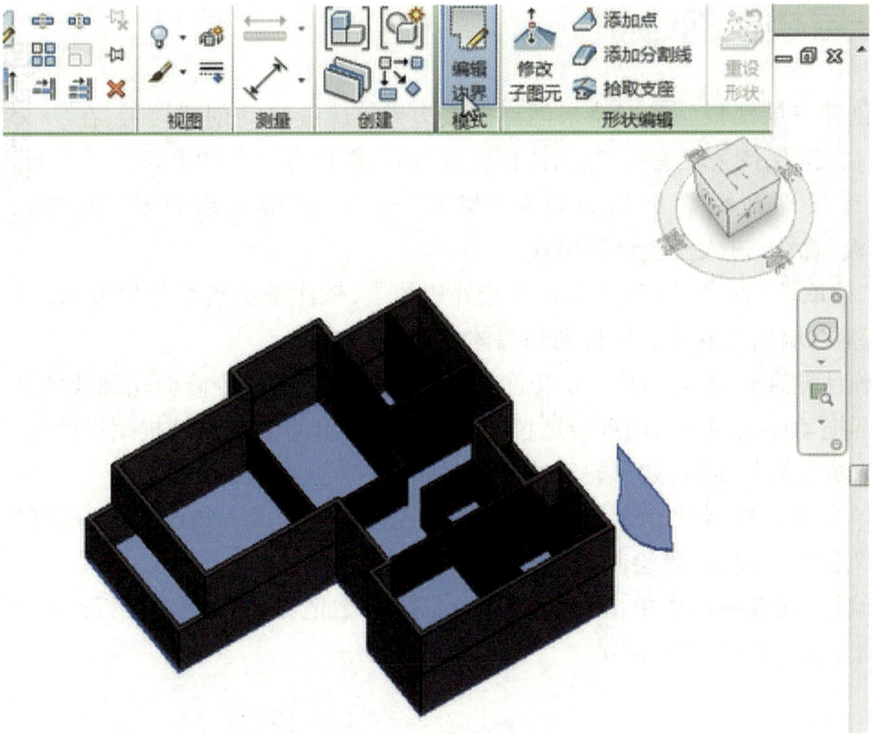

图 6-18　编辑楼板

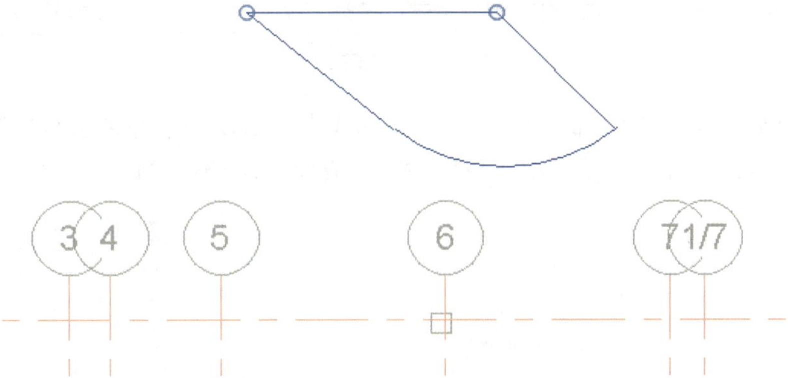

图 6-19　选中需删除的轮廓

注意：这几种绘制模式并不局限于楼板的绘制，也并无优劣之分，以个人习惯为准，目的是建模过程更加高效灵活。这些方法可以用于绘制多种图元类型，如屋顶、墙体等。

6.2 一层楼板的绘制

视频:一层楼板

下面创建一层楼板。根据墙来创建楼板边界轮廓线自动创建楼板,在楼板和墙体之间保持关联关系,当墙体位置改变后,楼板也会自动更新。

打开首层平面 1F。单击设计栏“楼板”命令,或单击设计栏“基本”→“楼板”命令,进入楼板绘制模式。

单击“拾取墙”命令,移动光标到外墙外边线上,依次单击拾取外墙外边线自动创建楼板轮廓线,拾取墙创建的轮廓线自动和墙体保持关联关系。

检查确认轮廓线完全封闭。可以通过工具栏中“修剪”命令修剪轮廓线使其封闭,也可以通过光标拖动迹线端点移动到合适位置来实现,Revit 将会自动捕捉附近的其他轮廓线的端点。当完成楼板绘制时,如果轮廓线没有封闭,系统会自动提示。

可以单击设计栏“线”命令,此时光标在绘图区域将变成一枝小画笔,选择选项栏上需要的“线”“矩形”“圆弧”等绘制命令,绘制封闭楼板轮廓线。

设置偏移:在选项栏中单击“偏移”命令,选择“数值方式”,设置楼板边缘的“偏移”量为 20,取消勾选“复制”(图 6-20)。

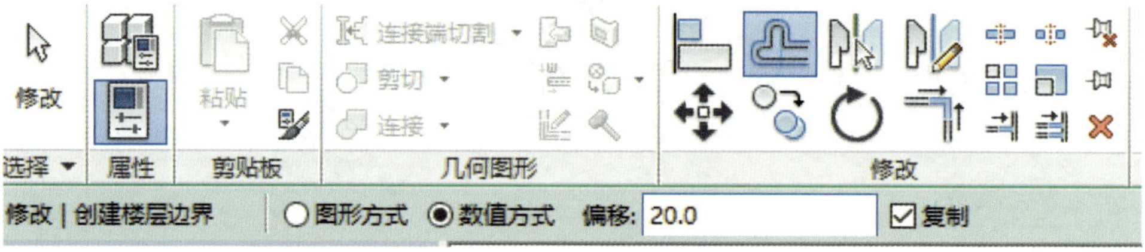

图 6-20 偏移设置

移动光标到一条楼板轮廓线上内侧,在轮廓线内侧出现一条绿色虚线预览后,按“Tab”键直到出现一圈绿色虚线预览。单击鼠标左键完成偏移,结果如图 6-21 所示。

图 6-21 偏移方向选择

选择 B 轴下面的轮廓线,单击工具栏“移动”命令,光标往下移动,输入 4490。单击设计栏“线”命令,用“绘制”命令添加楼板轮廓(图 6-22)。

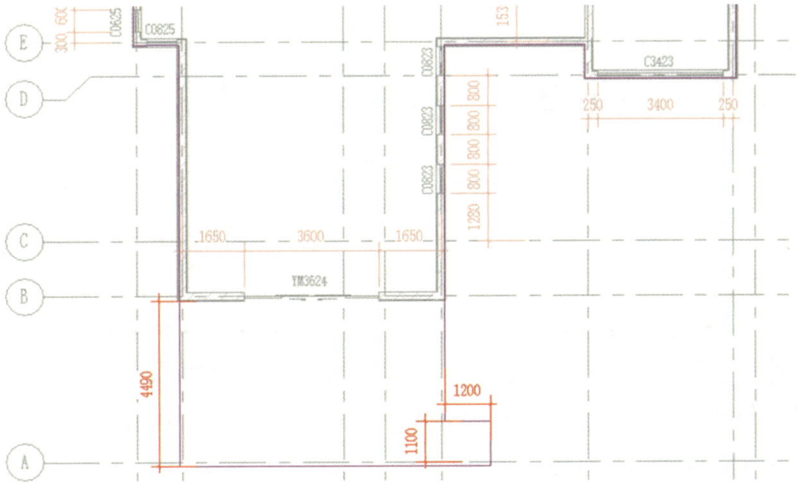

图 6-22　添加轮廓

单击工具栏“修剪”命令，分别单击如图 6-23 所示标注为 1 和 4 的线、2 和 3 的线。

完成后的楼板轮廓线草图(图 6-23)。

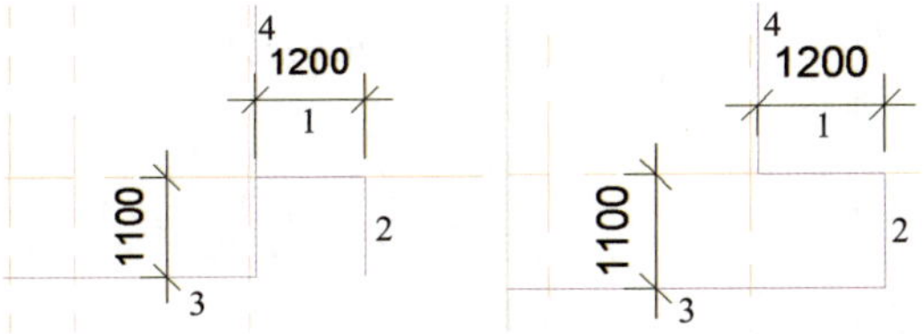

图 6-23　修改轮廓

设计栏中单击“楼板属性”命令，打开“图元属性”对话框，选择楼板“类型”为“常规—100 mm”，单击“确定”关闭对话框。

本案一层平面的主体都已经绘制完成，最后保存文件。

由于二层的门窗与一层大致相似，所以接下来我们先将地下一层和一层的门窗绘制完成，再将一层墙体复制至二层，而门窗作为附着在墙体上的图元，也能被同时复制。

本章小结

本章介绍了项目所有的楼板层的创建与编辑方法，并且以此为例了解 BIM 技术中的图元关联功能，如绘制过程中与墙的剪切。这一功能将不同构件结合起来，实现联动，这不仅便于建模的修改，同时也实现了精准的工程量计算。

至此，我们基本完成了大的框架体系的建立，接下来我们将学习如何将墙上的门窗等构件进行添加与编辑。

项目 7　门窗的绘制

课程思政

社会责任感

《孟子》曰：“不以规矩，不能成方圆。”意思是不用规和矩，就画不成方形和圆形。这句话比喻人人遵守规则，才能有良好的秩序。这揭示了一个重要的道理：做任何事情都要有规矩，懂规矩，守规矩。

工匠精神：标准和规矩意识

社会是由人集合而成的。社会活动是人的活动。人们活动的动机和目的往往不同，如果没有规矩来约束，各行其是，社会就会陷入混乱，陷入无秩序。大到国家小到邻里间的日常相处，无时无刻不受到法律约束。

历史上没有一种单纯依靠法律和道德教化形成的良好社会风气。所以要建设和谐社会，既要坚持依法治国，同时也要大力提高人们的思想品质。既要公民自觉遵守社会公德，做到文明诚信，同时也通过加强和完善的法律制度建设，来规范人们的行为。只有把自律和他律结合起来，才能形成一种良好的社会风气，社会才会圆满。社会与学校中的规章制度，是为了让社会生活能够平稳流畅地进行，最终目的是形成全体遵守的规则，如果每个人都能遵守规则，那么世界会变得更加美好；如果无视规则，那么就会寸步难行，因此我们需要在生活中对自己的行为加以约束。

同理，在绘制门窗时，需要对门窗的类型、定位、高度进行确认，同时还要注意门窗的内、外开口方向，慢慢养成良好的绘图习惯。良好的绘图能力和习惯是每一个设计人员最基本的素质。实践证明，绘图能力是计算机绘图能力的基础，工作应认真、踏实，同时熟能生巧，通过培养良好的习惯，能大大提升工作效率。

在三维模型中，门窗的模型与它们的平面表达并不是对应的剖切关系，这说明门窗模型与平立面表达可以相对独立。此外，门窗在项目中可以通过修改类型参数如门窗的宽和高以及材质等，形成新的门窗类型。门窗主体为墙体，它们对墙具有依附关系，删除墙体，门窗也随之被删除。

7.1　地下一层门的绘制

视频：门 1

单击进入地下一层平面，单击“门”命令（图 7-1）。

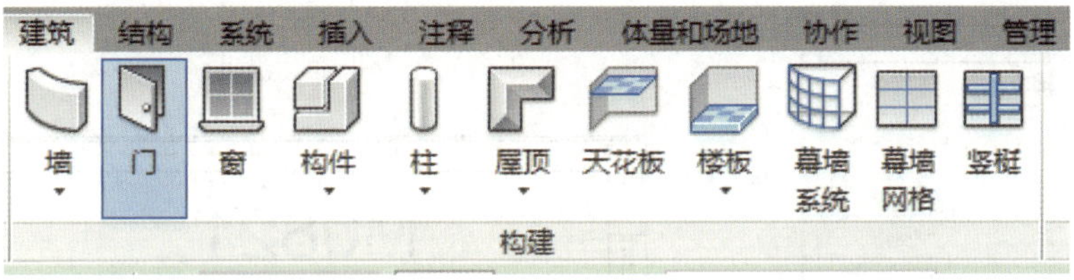

图 7-1　“门”命令

将图示中的“在放置时进行标记”按钮开启后，插入门的时候就能将该门的类型标记显示出来，这也是符合我国施工图的要求（图 7-2）。

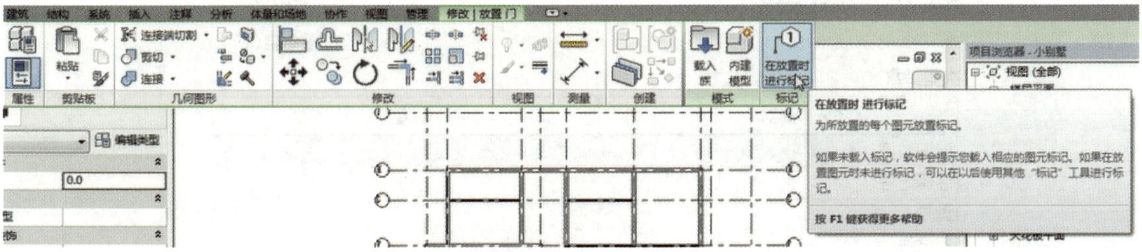

图 7-2　放置时进行标记

以“单扇门 - 与墙齐 750 × 2000”为例，鼠标没有在墙体上运动时，光标显示为“禁止”符号，这是因为门和窗必须依附于墙存在，不能凭空放置。在墙体上单击鼠标左键放置，可见该门类型“M0820”也同时标记在了门上，而且与墙边之间有临时尺寸便于进一步调整位置。“M0820”这一标记即是类型属性中“标识数据”参数分类下的“类型标记”参数。而这个参数进行修改后，则显示在门上的标记也会随之自动更改（图 7-3）。

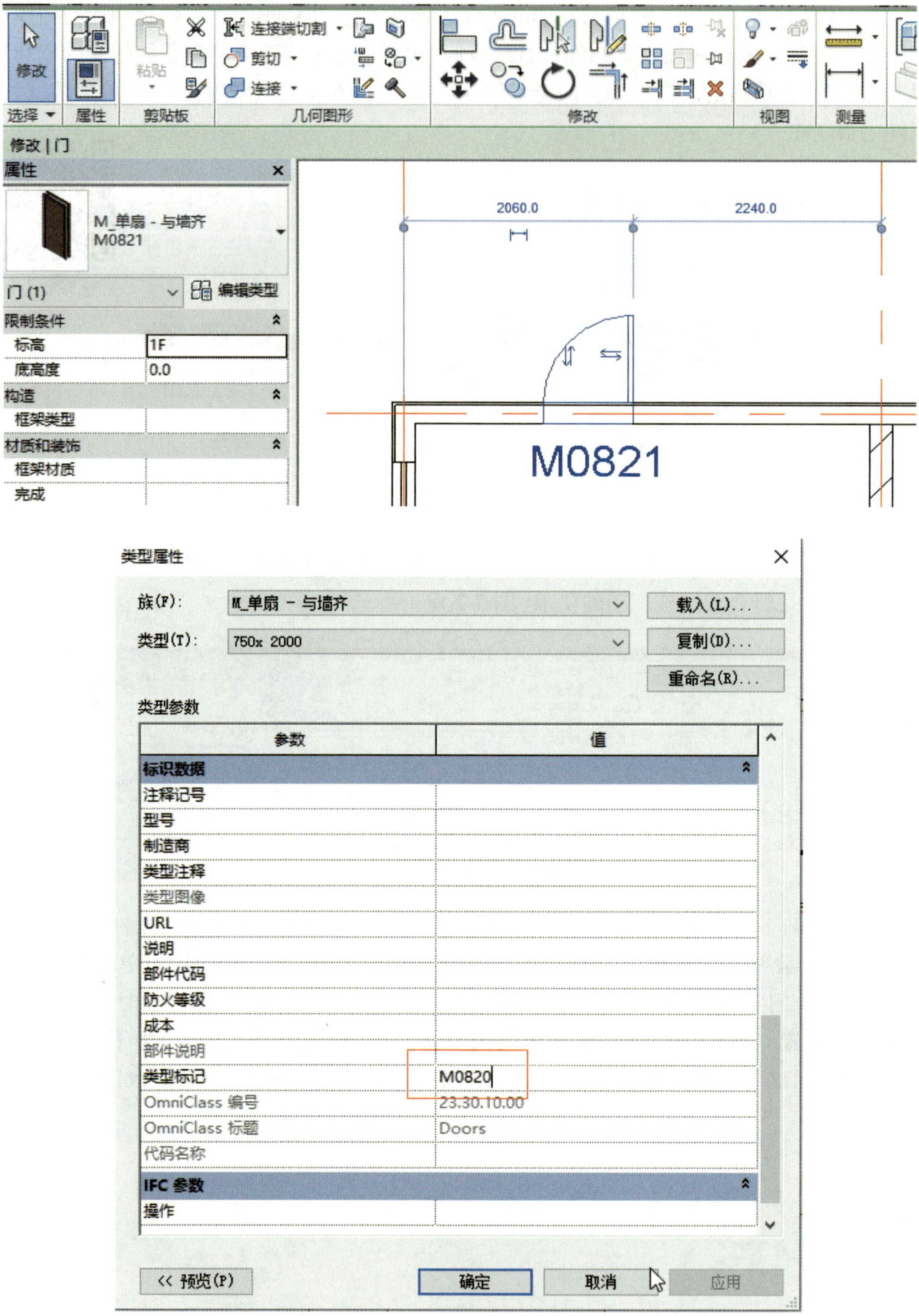
修改
选择
属性
粘贴
剪贴板
连接端切割
剪切
连接
几何图形
修改
视图
测量
修改 | 门
属性
M_单扇 - 与墙齐
M0821
门 (1)
编辑类型
限制条件
标高
1F
底高度
0.0
构造
框架类型
材质和装饰
框架材质
完成
2060.0
2240.0
M0821
类型属性
族(F):
M_单扇 - 与墙齐
载入(L)...
类型(T):
750x 2000
复制(D)...
重命名(R)...
类型参数
参数
值
标识数据
注释记号
型号
制造商
类型注释
类型图像
URL
说明
部件代码
防火等级
成本
部件说明
类型标记
M0820
OmniClass 编号
23.30.10.00
OmniClass 标题
Doors
代码名称
IFC 参数
操作
<< 预览(P)
确定
取消
应用

图 7-3　修改类型标记

注意：大家切记不要轻易修改这一参数，因为它需要严格地与尺寸相符，我们在 CAD 二维出图时常常为了省事而直接修改标记符号，但在 Revit 环境中，这一修改会导致一系列的问题（图 7-4），甚至影响到后期的工程量清单及门窗表的生成。所以，如果没有我们需要的类型标记，则需要我们自行添加一个门或窗的类型，然后在新建的构件中添加所需参数（图 7-5）。

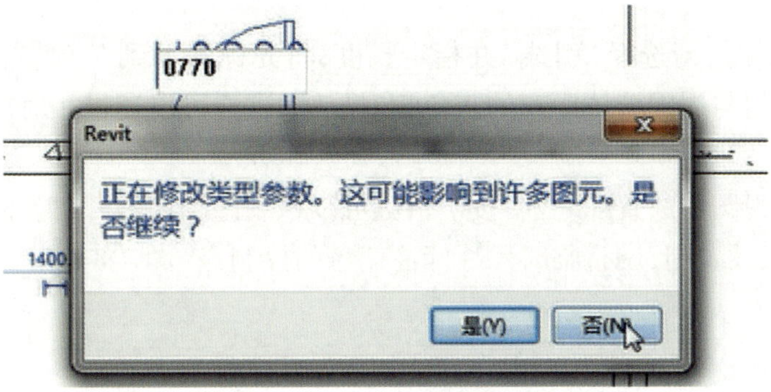

图 7-4　直接修改原有类型

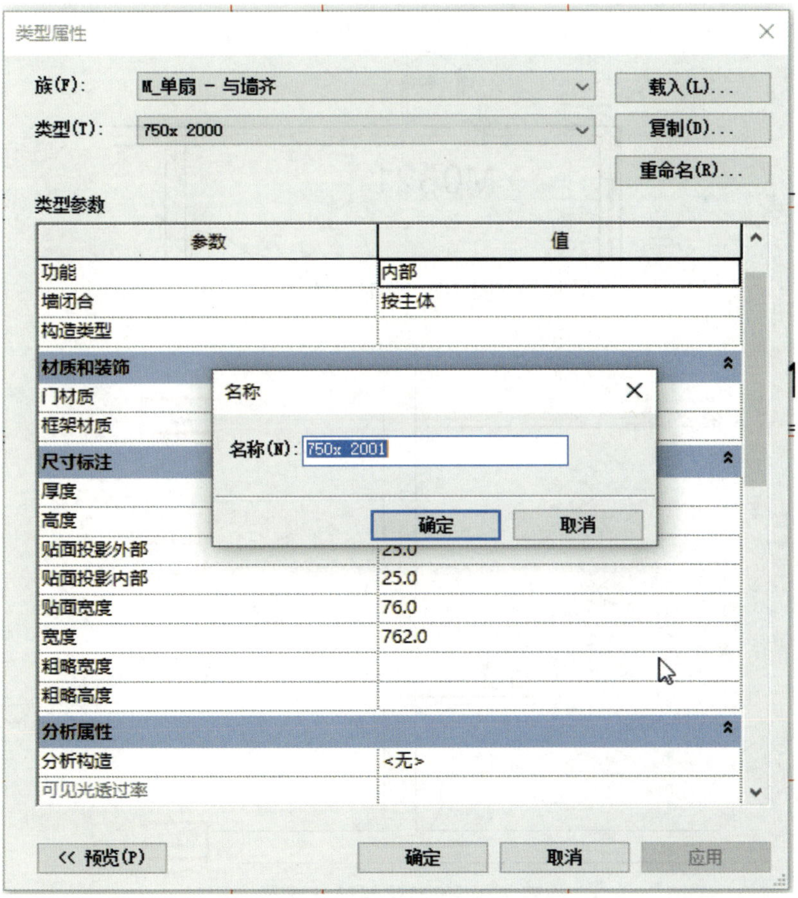

图 7-5　使用“复制”新建门类型

打开“-1F”视图，单击选项卡“常用”→“门”命令，在类型选择器中选择“单扇门 - 与墙齐 750×2000”类型。在选项栏上选择“在放置时进行标记”，以便对门进行自动标记（图 7-6）。

图 7-6　放置门

要引入标记引线，请选择“引线”并指定长度，将光标移动到 3 轴“普通砖 -200mm”的墙上，此时会出现门与周围墙体距离的灰色相对尺寸，这样可以通过相对尺寸大致捕捉门的位置（图 7-7）。

注意：在平面视图中放置门之前，按空格键可以控制门的左右开启方向。在墙上合适位置单击鼠标左键以放置门，调整临时尺寸标注蓝色的控制点（图 7-8）。

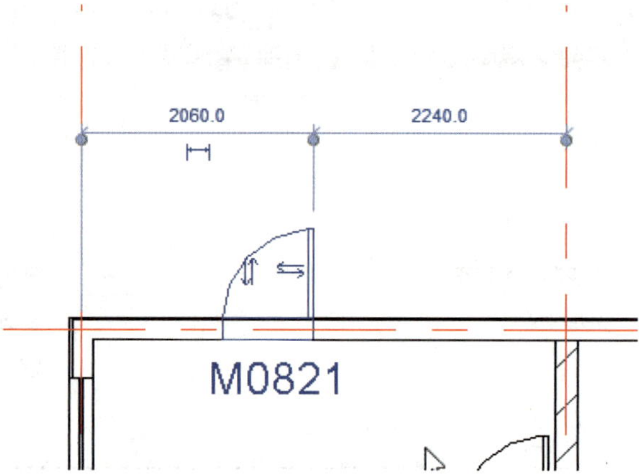

图 7-7　临时尺寸

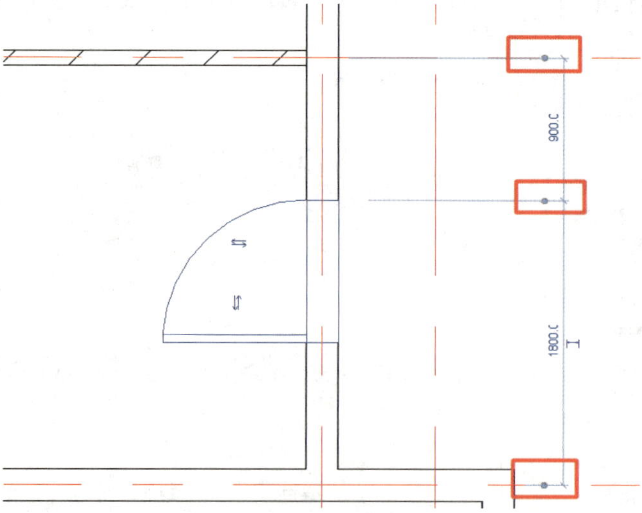

图 7-8　修改临时尺寸端点

拖动蓝色控制点移动到 F 轴“普通砖 -200mm”墙的上边缘，修改尺寸值为 100。

项目中缺失的门类型可在族库中载入，如车库所需的推拉门、阳台所需的卷帘门等大多都可在其中找到（图 7-9）。

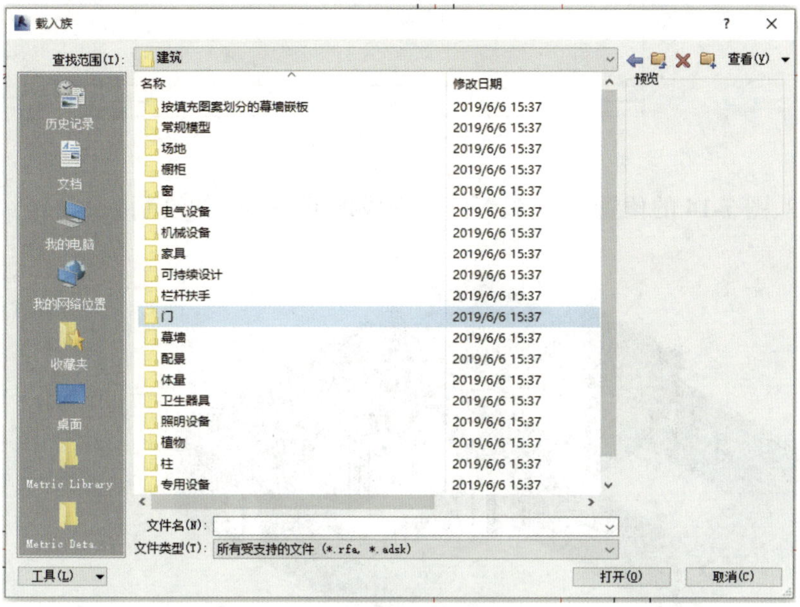

图 7-9　载入门族

在类型选择器中分别新建“卷帘门：JLM5422”“装饰木门 -M0921”“装饰木门 -M0821”“推拉门 -YM2124”“YM1824：YM3267”门类型，按图所示位置插入到地下一层墙上。完成后地下一层的门如图所示，保存文件。

注意：放置门时，单击“水平”按钮可将门标记垂直或水平放置，单击门标记，也可对其位置进行调整（图 7-10、图 7-11）。

视频：推拉门

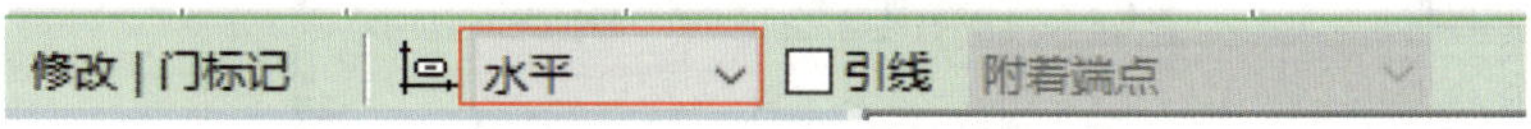

图 7-10　切换标记方向

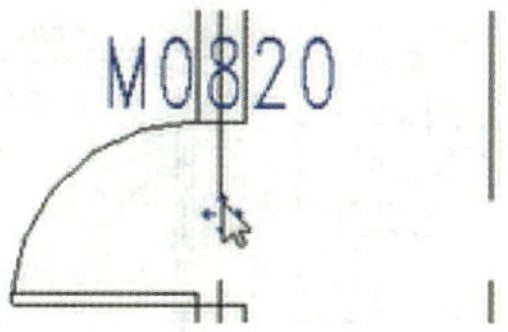

图 7-11　调整门的开启方向

注意：放置门时，以墙中心线为界，偏向哪一侧则门向该侧开启；引线的作用是将两个相互影响的标记拉开一定距离，但又使标识明确。单击引线上的蓝色圆点可进行移动调整（图 7-12）。

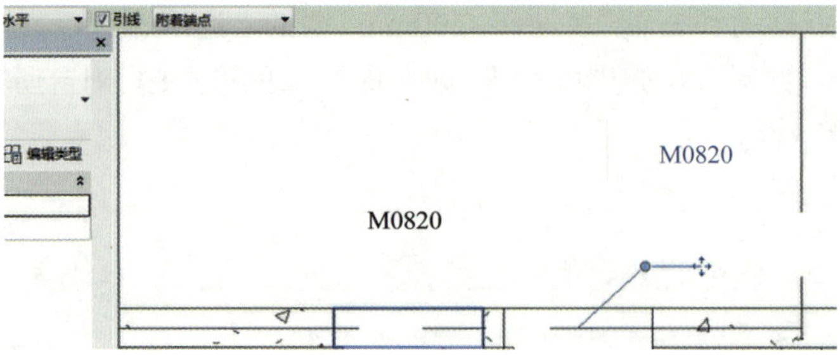

图 7-12　添加引线

按图 7-13、图 7-14 的位置依 次放置门。完成地下一层门的绘制。

视频:门 2

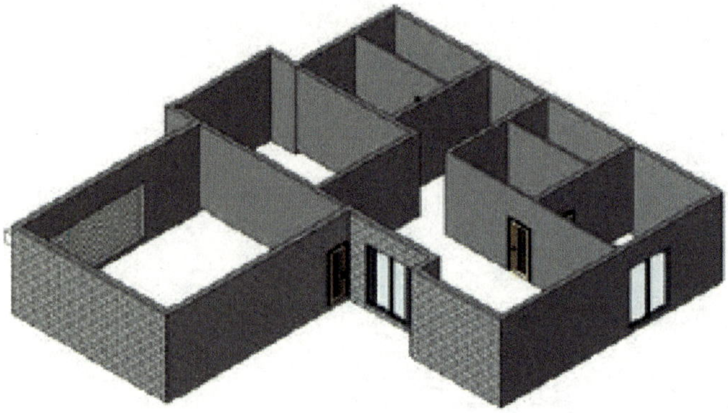

图 7-13　三维视图中的门显示

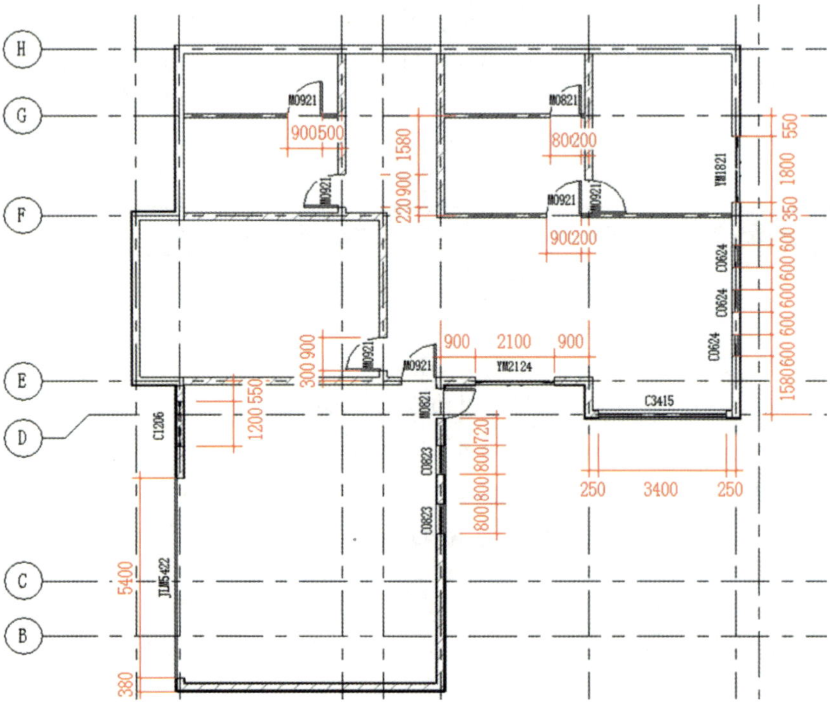

图 7-14　地下一层门的位置示意

7.2　放置地下一层的窗

视频：地下一层窗

打开“-1F”视图，单击选项卡“常用”→“窗”命令。在族库中载入所需类型后，进入类型选择器中分别新建“推拉窗 1206：C1206”“固定窗 0823：C0823”“C3415”“固定窗 0624：C0624”类型名称，按图 7-15 所示位置，在墙上单击将窗放置在合适位置。

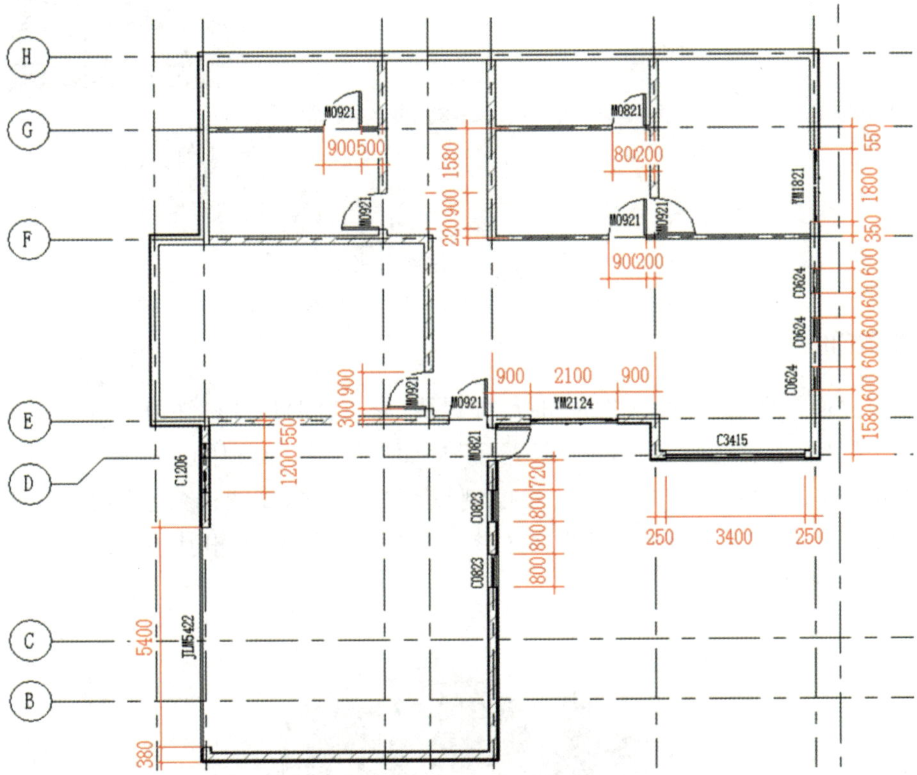

图 7-15　地下一层窗的位置示意

7.3　窗编辑——定义窗台高

本案例中窗台底高度不全一致，因此在插入窗后需要手动调整窗台高度。几个窗的底高度值为：C0624-250mm、C3415-900mm、C0823-400mm、C1206-1900mm，其调整方法如下。

7.3.1　修改底高度

在任意视图中选择“固定窗 0823：C0823”，单击“编辑类型”，修改底高度值为 400，单击“确定”完成设置（图 7-16 左图）。

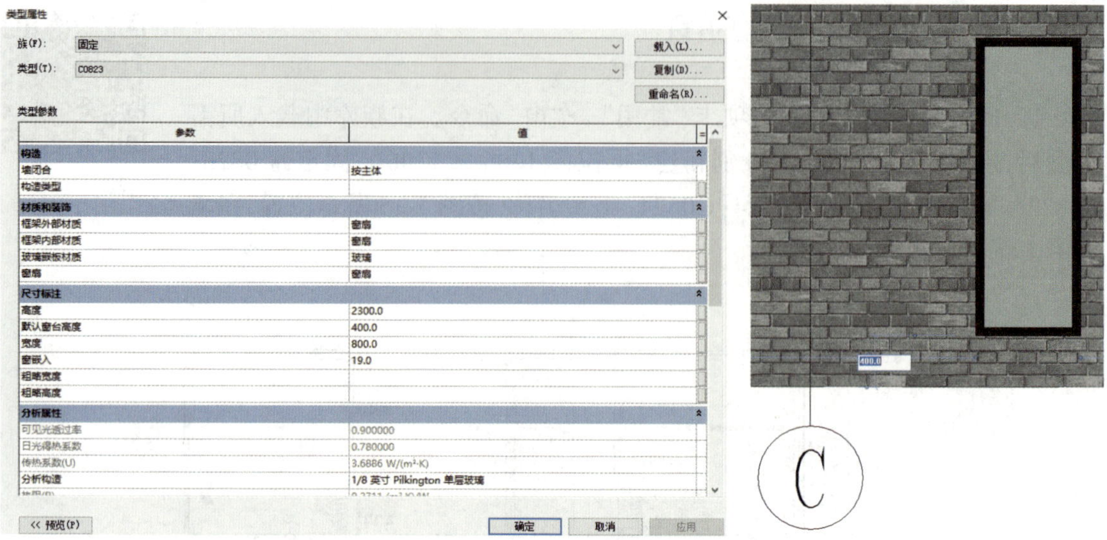

图 7-16　修改窗台高度

7.3.2　修改临时尺寸

切换至立面视图,选择窗,移动临时尺寸界线,修改临时尺寸标注值。进入项目浏览器,鼠标单击“立面(建筑立面)”,双击“东立面”从而进入东立面视图。在东立面视图中选择“固定窗 0823:C0823”,移动临时尺寸控制点至“-1F”标高线,修改临时尺寸标注值为“400”后按“Enter”键确认修改(图 7-16 右图)。用同样方法,编辑其他窗的底高度,完成地下一层窗的绘制(图 7-17)。

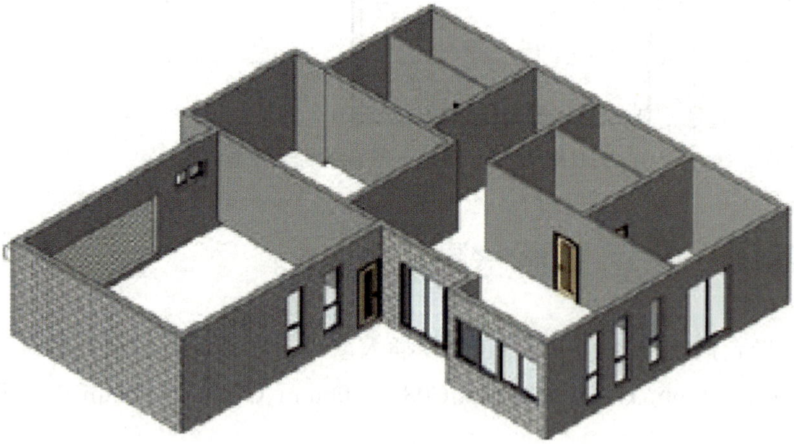

图 7-17　三维视图窗的显示

7.4　一层墙体与门窗的绘制

视频:一层窗

7.4.1　一层墙体的另一种绘制方法

切换到三维视图,将光标放在地下一层的外墙上,高亮显示后按“Tab”键,所有外墙将全部高亮显示(图 7-18)。

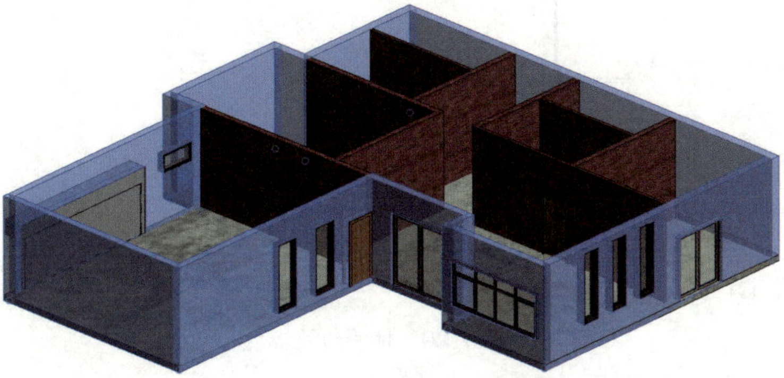

图 7-18　选中所有外墙

单击鼠标左键,地下一层外墙将全部选中,构件亮显,如上图所示。单击菜单栏“编辑”→“复制到粘贴板”命令,将所有构件复制到粘贴板中备用。单击菜单栏“编辑”→“对齐粘贴”→“按名称选择标高”命令,打开“选择标高”对话框,如上图所示。单击选择“1F”,单击“确定”。

地下一层平面的外墙都被复制到首层平面,同时由于门窗默认为是依附于墙体的构件,所以一并被复制(图 7-19)。

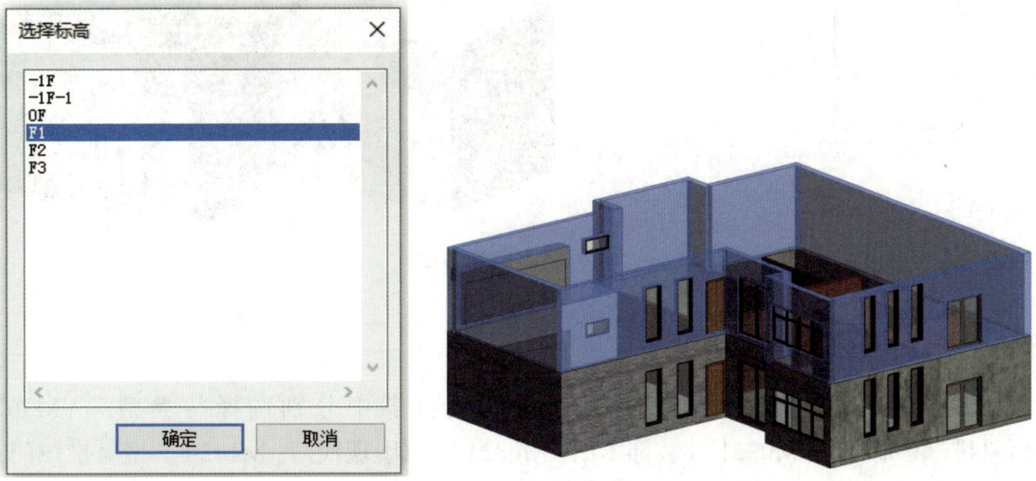

图 7-19　使用“复制到剪贴板”创建一层墙体

在项目浏览器中双击“楼层平面”项下的“1F”,打开一层平面视图。框选所有构件,单击选项栏“过滤选择集”工具，打开“过滤器”对话框，取消勾选“墙”，单击“确定”(图 7-20)。

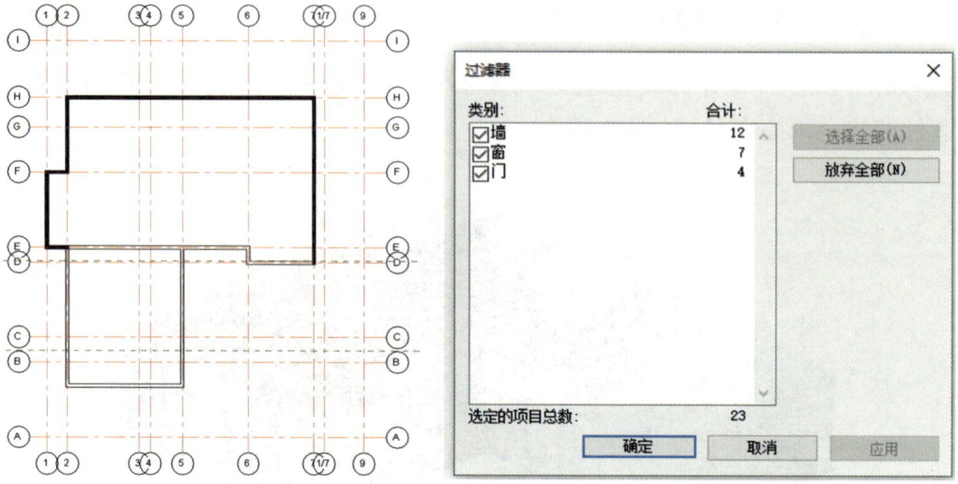

图 7-20　使用过滤器

选择所有门窗，按“Del”键，删除所有门窗(图 7-21)。

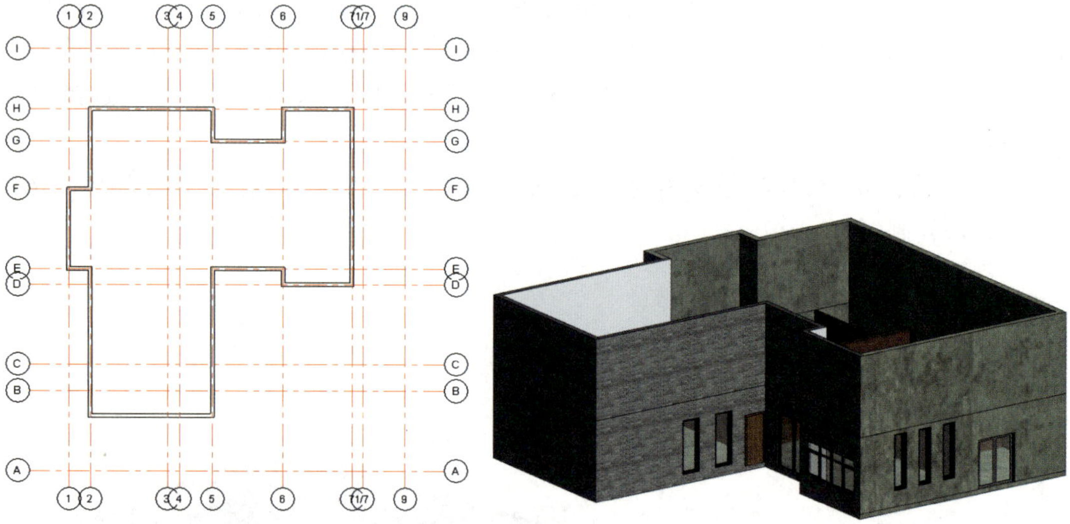

图 7-21　删除门窗

7.4.2　一层门窗的绘制

单击设计栏“基本”→“门”命令，在类型选择器中分别选择门类型：“YM3627：YM3624”“装饰木门- M0921”“装饰木门- M0821”“双扇现代门：M1824”“型材推拉门：塑钢推拉门”，按图 7-22 所示位置移动光标到墙体上单击放置门，并编辑临时尺寸精确定位。

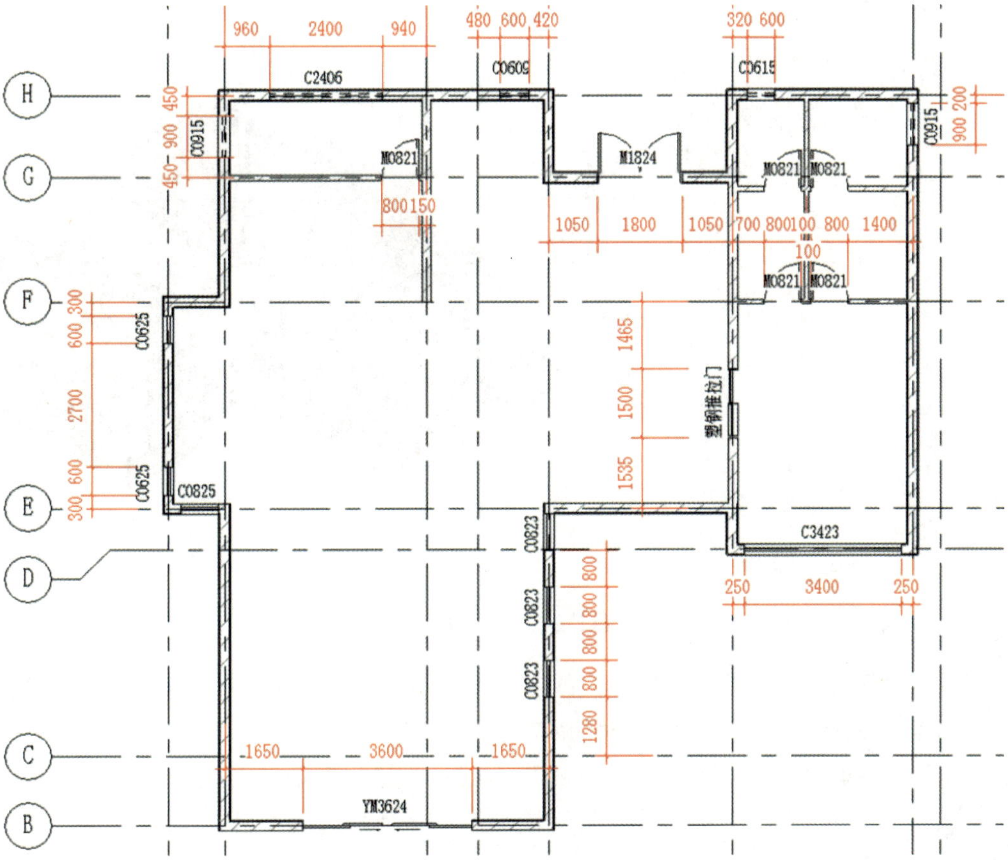

图 7-22 一层门窗位置示意

单击设计栏“基本”→“窗”命令，在类型选择器中选择窗类型：“推拉窗 2406：C2406”“C0615：C0609”“C0615”“C0915”“C3415：C3423”“固定窗 0823：C0823”“推拉窗 C0624：C0825”“推拉窗 C0624：C0625”，按图 7-22 所示位置移动光标到墙体上单击放置窗，并编辑临时尺寸精确定位。

编辑窗台高：在平面视图中选择窗，单击“属性”按钮打开“图元属性”对话框，设置参数“底高度”参数值，调整窗户的窗台高。各窗的窗台高为：C2406-1200 mm、C0609-1400 mm、C0615-900 mm、C0915-900 mm、C3423-100 mm、C0823-100 mm、C0825-150 mm、C0625-300 mm。

再按图 7-23 所示位置添加一层楼板。具体方法前文已做了介绍，此时不再赘述。

注意：

①过滤选择集时，当类别很多，需要选择的很少时，可以先单击“放弃全部”，再勾选“墙”等需要的类别；当需要选择的很多，而不需要选择的相对较少时，可以先单击“选择全部”，再取消勾选不需要的类别。这样可以提高选择效率。

②过滤器是按构件类别快速选择一类或几类构件最方便快捷的方法。

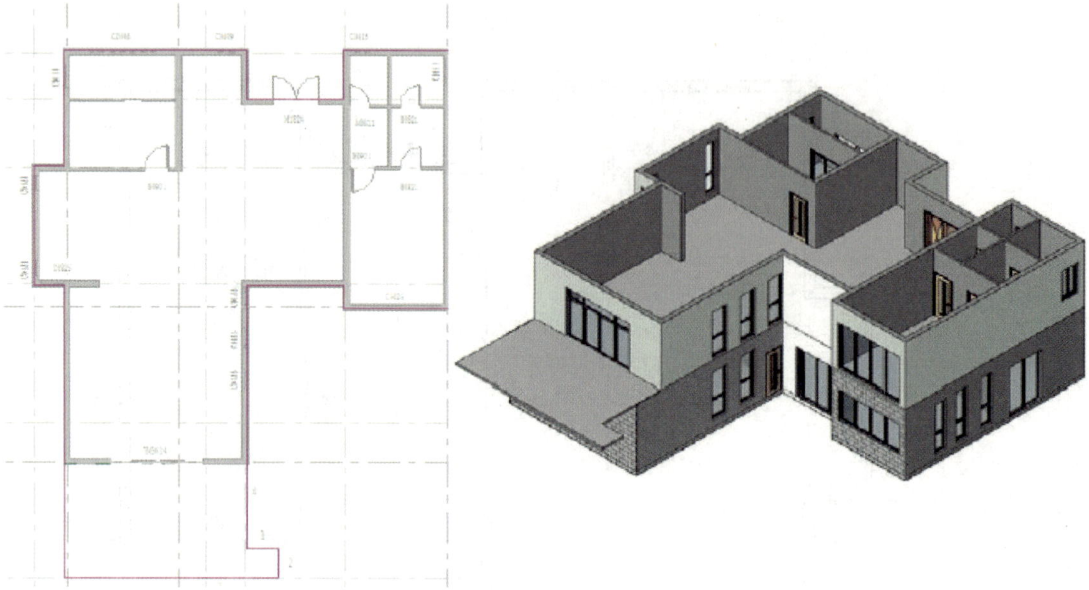

图 7-23　一层楼板轮廓

③“复制到剪贴板”工具可将一个或多个图元复制到剪贴板中,然后使用“从剪贴板中粘贴”工具或“对齐粘贴”工具将图元的副本粘贴到其他项目中或图纸中。

④“复制到剪贴板”工具与“复制”工具不同。要复制某个选定图元并立即放置该图元时(例如,在同一个视图中),可使用“复制”工具。在某些情况下可使用“复制到剪贴板”工具,例如,需要在放置副本之前切换视图时。

⑤在 Revit 中创建图元没有严格的先后顺序,所以用户可以随时根据需要绘制或复制。

7.5　二层墙体与门窗的绘制

学习了整体复制、对齐粘贴以及墙的常用编辑方法,复习了墙体的绘制方法和门窗的插入和编辑方法,学习了楼板的创建方法,我们开始创建二层平面主体构件。

视频:二层外墙窗

7.5.1　二层墙体的绘制

展开“项目浏览器”下的“立面”项,鼠标双击“南”,进入南立面视图。在南立面中,从首层构件左上角位置到首层构件右下角位置,按住鼠标左键拖曳选择框,框选首层所有构件,如图 7-24 所示。

在构件选择状态下,选项栏单击“过滤选择集”工具,打开“过滤器”对话框,确保只勾选“墙”“门”“窗”“楼板”类别,单击“确定”关闭对话框。

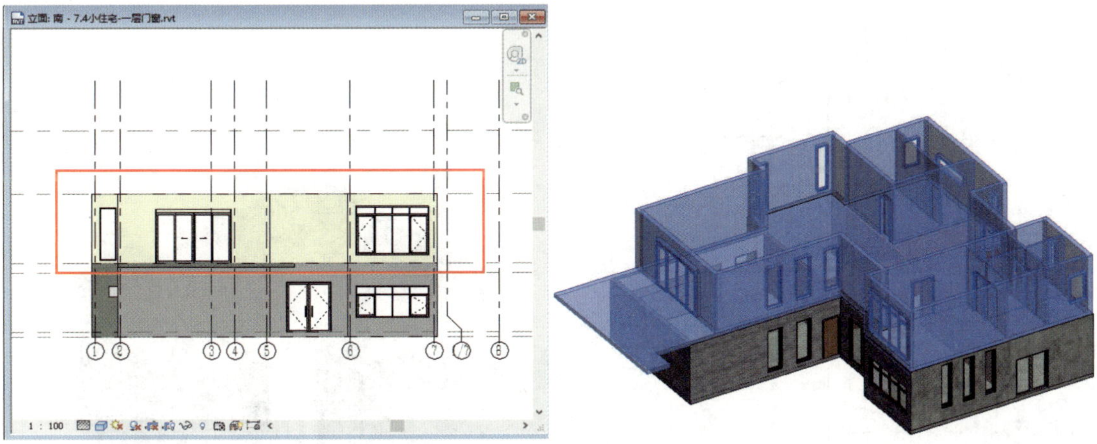

图 7-24　在立面视图选择

单击菜单栏“编辑”→“复制到粘贴板”命令，将首层平面的所有构件复制到粘贴板中备用。

单击菜单栏“编辑”→“对齐粘贴”→“按名称选择标高”命令，打开“选择标高”对话框，单击选择“2F”，单击“确定”。首层平面所有的构件都被复制到二层平面（图 7-25）。

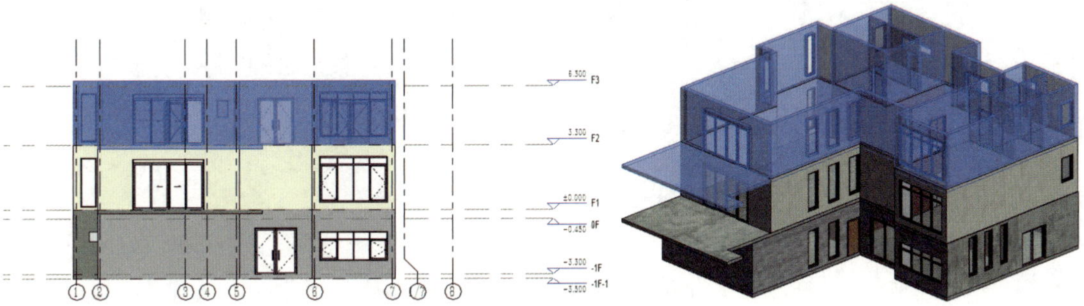

图 7-25　粘贴至二层

在复制的二层构件处于选择状态时（如果已经取消选择，请在南立面视图中再次框选二层所有构件，单击“过滤选择集”工具，打开“过滤器”对话框，只勾选“门”“窗”类别，单击“确定”选择所有门窗。按“Del”键，删除所有门窗。

7.5.2　编辑二层外墙、内墙

复制上来的二层平面墙体，需要手动进行局部位置、类型的调整，或绘制新的墙体（图 7-26）。切换到二层平面视图，按住“Ctrl”键连续单击选择所有内墙，再按“Del”键，删除所有内墙。

调整外墙位置：单击工具栏中的“对齐”命令，如图移动光标单击拾取 C 轴线作为对齐目标位置，再移动光标到 B 轴的墙上，按“Tab”键拾取墙的中心线位置，单击拾取，移动墙的位置使其中心线与 B 轴对齐（图 7-27）。

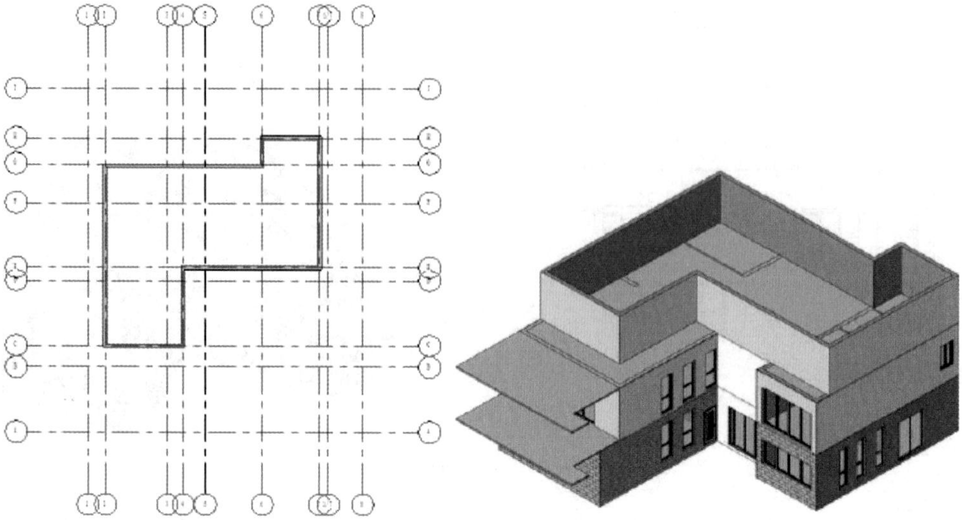

图 7-26　二层外墙示意

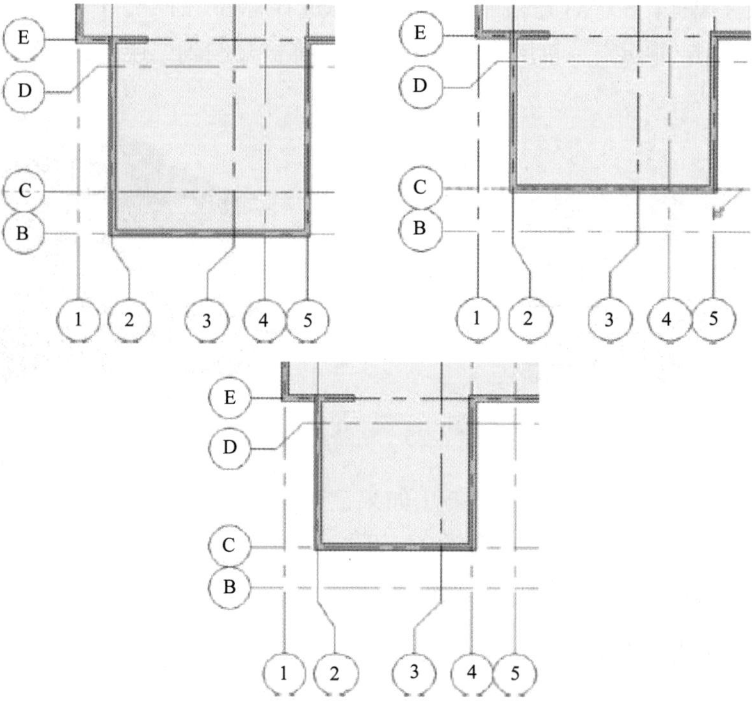

图 7-27　删除内墙

同理,以 4 轴线作为对齐目标位置,将 5 轴线上的墙拾取墙中心线,使其对齐至 4 轴线,其余部分外墙可以通过工具栏“修剪”命令,修改墙的位置如上图所示。

新建外墙“基本墙:外墙-白色涂料”如上图所示。选择二层外墙,在类型选择器中将墙替换为“基本墙:外墙-白色涂料”,更新所有外墙类型。

单击选项栏“属性”按钮,设置二层墙体的“顶部限制条件”为“直到标高 3F”,单击“确定”按钮。

7.5.3　绘制二层内墙

下面接上节练习，继续绘制二层平面内墙。

单击设计栏“基本”→“墙”命令，在类型选择器中选择“基本墙：普通砖 - 200mm”类型，单击“属性”按钮打开“图元属性”对话框，设置实例参数“基准限制条件”为“2F”，“顶部限制条件”为“直到标高 3F”，单击“确定”关闭对话框。选项栏选择“绘制”命令，“定位线”选择“墙中心线”，按如图 7-28 所示位置绘制“普通砖 -200mm”内墙。在类型选择器中选择“基本墙：普通砖 -100mm”，选用“绘制”命令，单击“属性”按钮打开“图元属性”对话框，设置实例参数“基准限制条件”为“2F”，“顶部限制条件”为“直到标高 3F”，单击“确定”关闭对话框，如图 7-28 绘制“普通砖 - 100mm”内墙。完成后的二层墙体（图 7-29），保存文件。

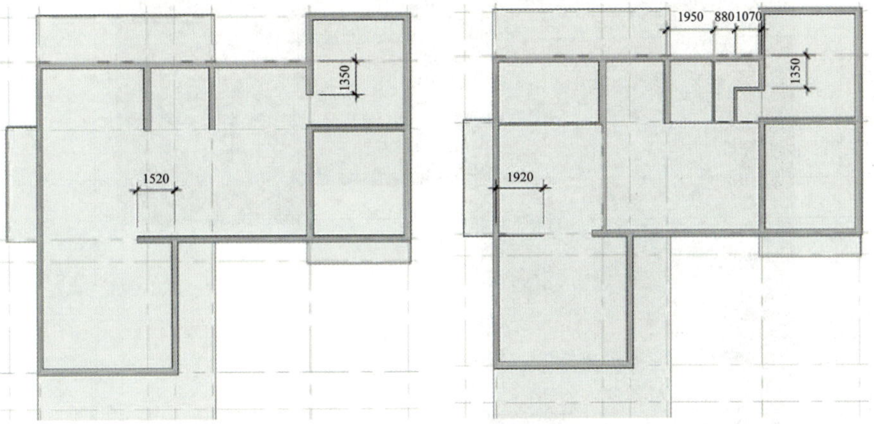

图 7-28　绘制二层内墙

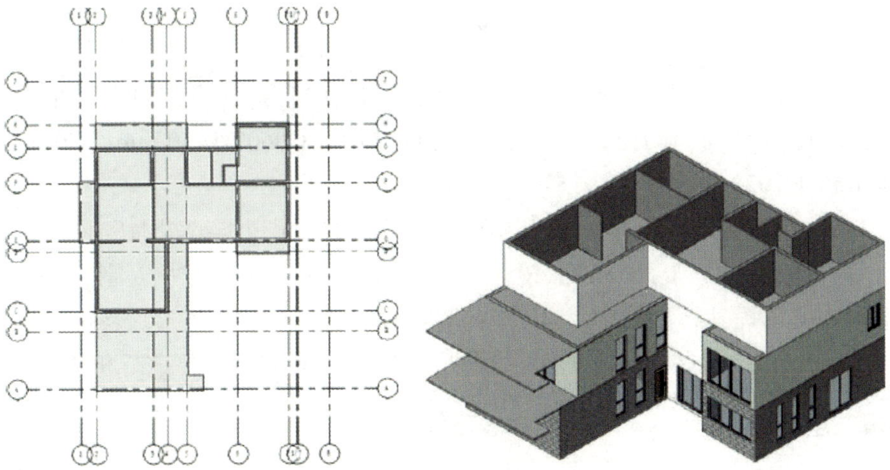

图 7-29　完成二层墙体创建

7.5.4 插入和编辑门窗

编辑完成二层平面内外墙体后,即可创建二层门窗(图 7-30)。门窗的插入和编辑在此不再详述。

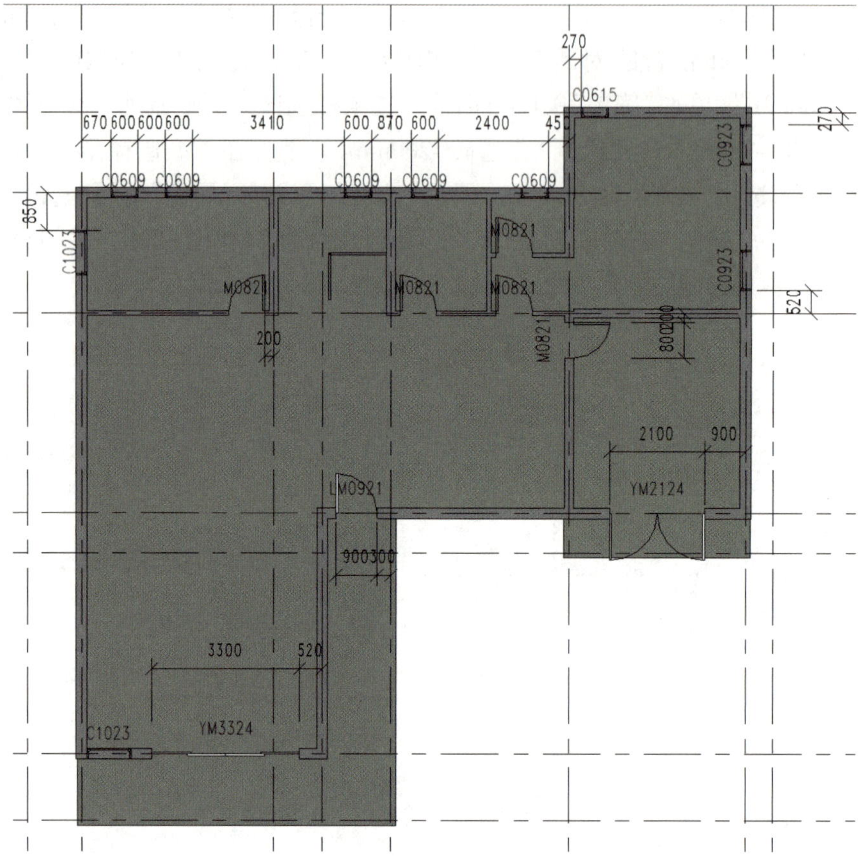

图 7-30 添加门窗

编辑窗台高:在平面视图中选择窗,单击“属性”按钮打开“图元属性”对话框,设置参数“底高度”参数值,调整窗户的窗台高。各窗的窗台高为:C0609-1450 mm、C0615-850 mm、C0923-100 mm、C1023-100mmC0915-900 mm。

选择门窗,自动激活“修改门 / 窗”选项卡,在“修改”面板下编辑命令可在平面、立面、剖面、三维等视图中移动、复制、阵列、镜像、对齐门窗。在平面视图中复制、阵列、镜像门窗时,如果没有同时选择其门窗标记,可以在后期随时添加,在“注释”选项卡的“标记”面板中选择“标记全部”命令,然后在弹出的对话框中选择要标记的对象,并进行相应设置。

7.5.5 编辑二层楼板

二层楼板不需要重新创建,只需编辑复制一层楼板边界的位置即可。

修剪完成后的二层楼板轮廓线草图(图 7-31 左图)。完成轮廓绘制后,单击“完成绘制”命令创建二层楼板,结果如图 7-31 右图。

视频:二层楼板

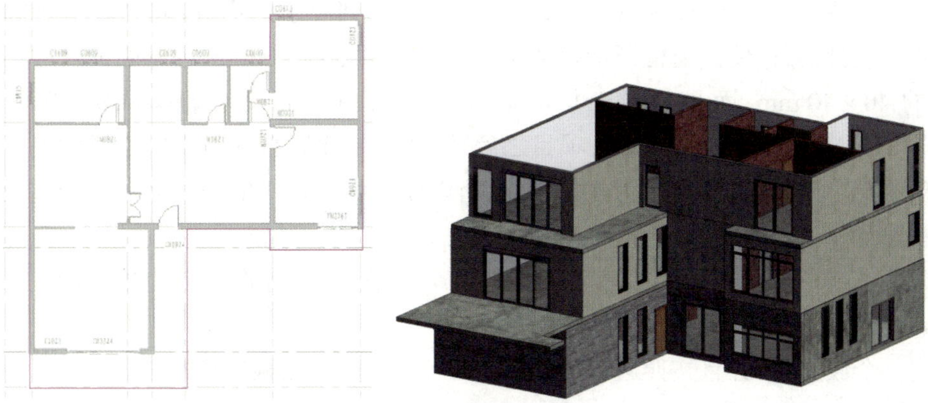

图 7-31 添加二层楼板

至此本案二层平面的主体都已经绘制完成，保存文件。

大家学习了“对齐”“粘贴”命令的使用方法、墙的绘制和编辑方法以及如何插入门窗构件及楼板的绘制方法。请大家自行完成插入并编辑小别墅练习地下一层、首层和二层的门窗，绘制小别墅地下一层、首层和二层楼板的墙体。

7.6 整合拓展技巧——窗族的制作

视频：窗的制作

在实际项目中，我们经常会碰到可供选择的门窗不能满足项目的特殊要求，甚至网络资源中也没有合适的族构件可供使用，特别是项目如果比较特殊，那么可能从窗的形式到窗扇开启方式来说都需要自定义来创建，那么接下来我们就通过一个窗的制作来了解其中需要掌握的知识点。

窗族制作最大的特点就是，我们希望所创建的构件不是一个固定的尺寸，而能够按照我们的要求能自由修改一些尺寸或材质参数，这样才具有参数化设计思维。希望大家通过下面的学习，能够对族构件中的参数添加与设置有深入的理解。我们还是会以 BIM 等级考试中的真题作为案例（图 7-32），大家通过学习也同时能对考试题型的复杂程度有所适应。

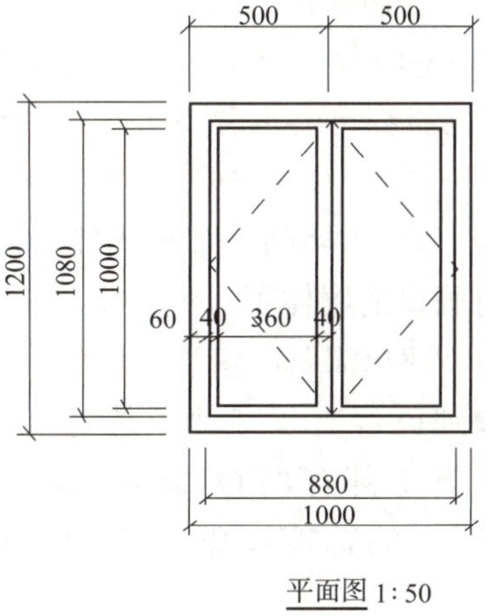

图 7-32 窗族案例

试题要求用“公制窗”作为族模板,创建出符合下列要求的窗族,其中最重要的要求是对一些参数进行设置,使其窗框断面尺寸不仅为当前的 60 × 60 mm,窗扇断面尺寸不仅为当前要求的 40 × 40 mm,而且要求窗框断面尺寸和窗扇断面尺寸能够调整,玻璃厚度为 6 mm。同时要求所创建的窗族载入项目之后,能插入墙体后自动与墙中心线对齐。按照我国的施工图要求,窗的平面显示为 4 根细线,所以需要将项目中的窗平面显示调整至符合施工图制图规范。

首先我们来进行窗框的绘制。窗框是这个窗族最外侧的一个边框,我们先创建出 60 × 60 mm 的规定尺寸。

新建一个族文件,并且按照题目的提示,以“公制窗”为模板(图 7-33)。

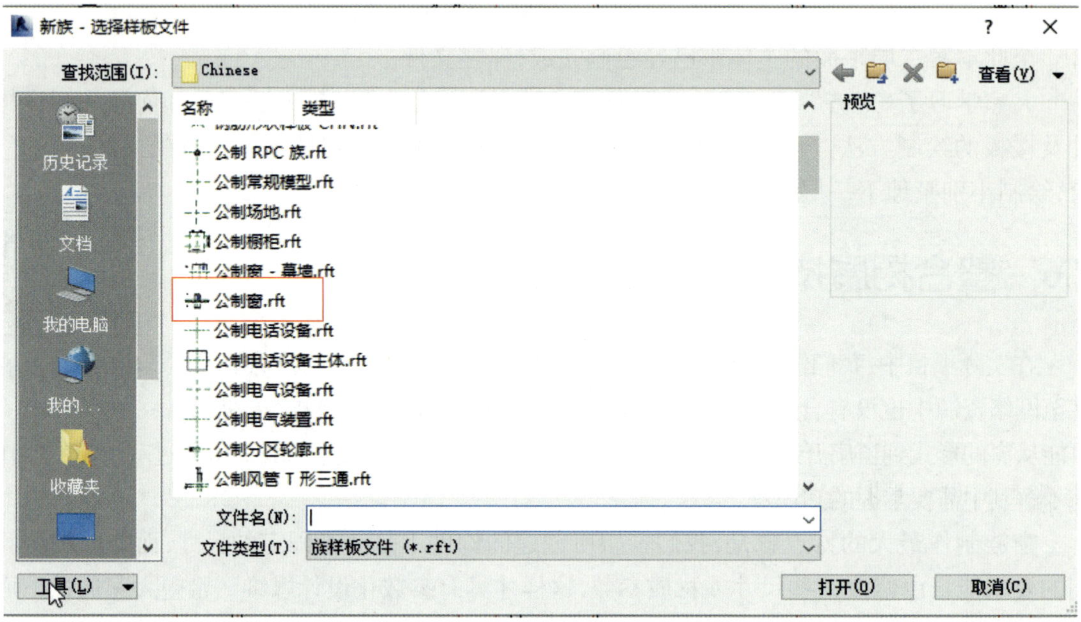

图 7-33　使用“公制窗”族模板

注意:特别选择这个模板是因为该模板已经对载入项目后的族作了设置,保证项目中某个墙体上插入窗时能够同时自动将墙剪切出一个与窗尺寸相同的洞口,所以在新建族时如果仅仅用“公制常规模型”当然也能创建出所需要的窗构件形态,但在载入项目之后是无法自动剪切墙体的,因为在族文件中缺少与墙的联动关系设置。

单击“公制窗”打开新建族之后,切换到三维视图能看到,在没有创建任何实体的情况下,系统中本来已经存在一个有洞口的墙体了(图 7-34)。这个墙体在载入项目中时是不会显示的,我们只需要在洞口范围创建出需要的窗类型即可。

再切换到平面视图,能看到已经有了一个“宽度 =1000”的参数(图 7-35),这个数据是可以调整的,我们还看到上部有“EQ”标识,这个标识分别标注了三个参考平面之间的距离,这是为了保证窗的宽度调整在立面方向始终是以中心对称方式平分的。

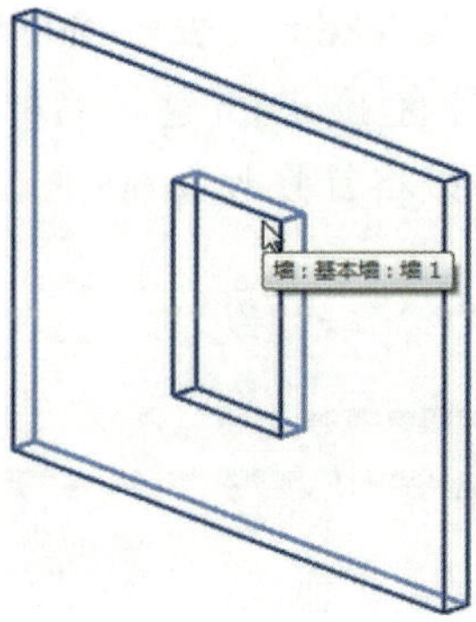

图 7-34　三维模视图

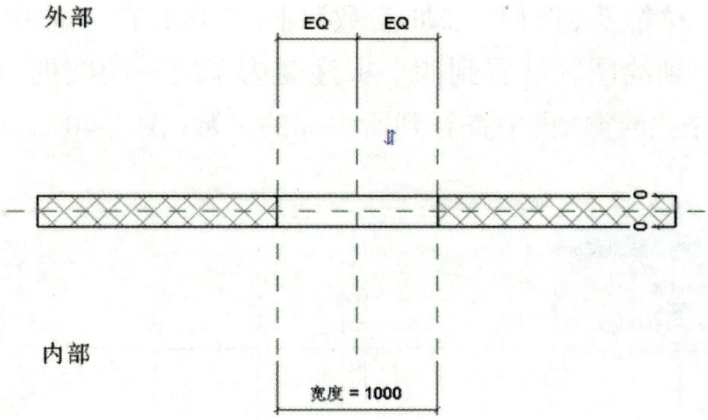

图 7-35　平面视图

单击“外部立面”，又能看到“高度”和“默认窗台高度”这两个参数，这是“公制窗”模板预设好的，所以它们也是可以调整的（图 7-36）。

7.6.1　绘制窗框

先了解一下概括性的步骤，首先我们选择在外部立面中绘制出窗框轮廓，然后使用族的拉伸功能生成具有一定厚度的窗框，然后再将这两个维度的尺寸都设为 60 mm。

注意：如果需要窗框尺寸能进行参数化调整，必须借助参照平面来实现。所以窗框轮廓不能直接绘制。我们需要首先绘制参照平面，然后将窗框轮廓与参照平面相关联，然后才能实现参数设置。

窗框的确定需要一大一小两个矩形轮廓，而大的矩形轮廓就是窗洞轮廓，已经有了参照平面，所以我们需要绘制 4 个参照平面，以形成的 4 个交点来确定小的矩形框。此时，我们无须刻意控制参照平面之间的距离，接下来进行统一调整（图 7-37）。

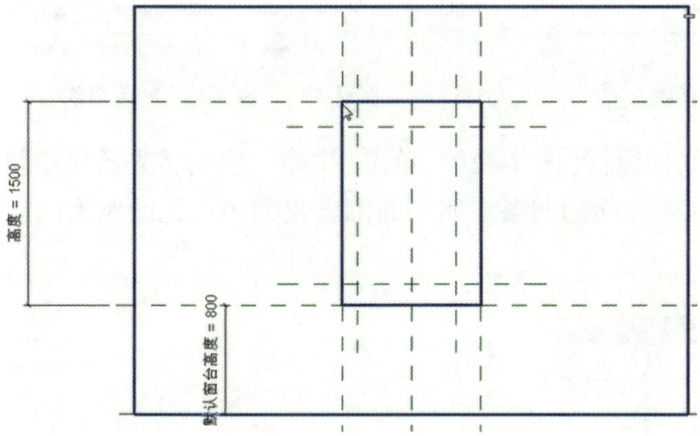

图 7-36　绘制参照平面

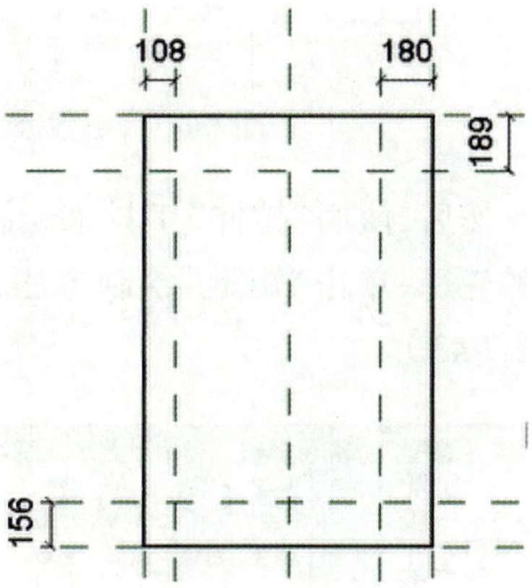

图 7-37　标注尺寸

注意：将参考平面之间的距离进行标注，需要注意的是，所需的尺寸只有 4 个，所以多余的标注一定要删除。

单击“注释”下的“对齐”命令，可见这四个尺寸并不是 60 mm，这时我们不需要逐一进行修改，而是可以通过添加一个参数来进行统一调整。按住“Ctrl”键选中四个标注，单击

“标签”下拉箭头,选择“添加参数”(图 7-38),在名称中输入“ckdm”,表示窗框断面(图 7-39)。回到绘图区域看到四个标注变为了统一的数据,并且有了 ckdm 这一名称,此时我们就可以在“族类型”中查看到所添加的参数(图 7-40),并可以将其修改为 60(图 7-41)。

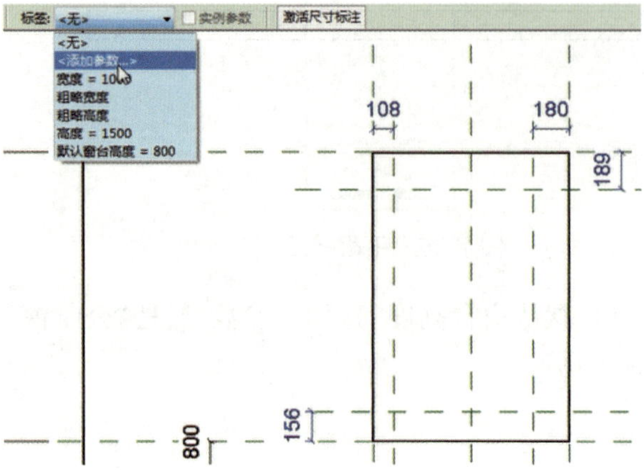

图 7-38　添加参数

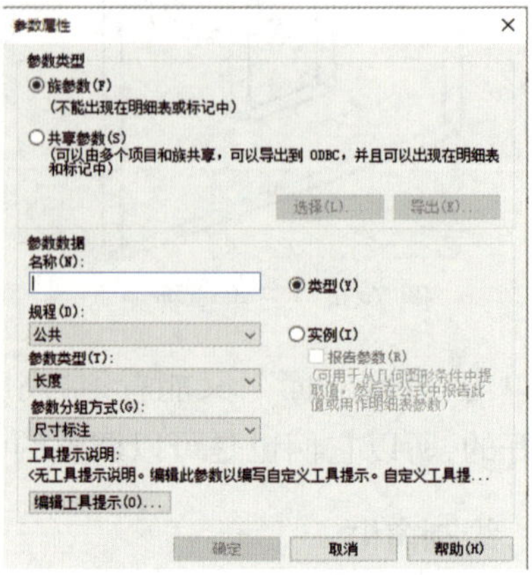

图 7-39　添加参数名称

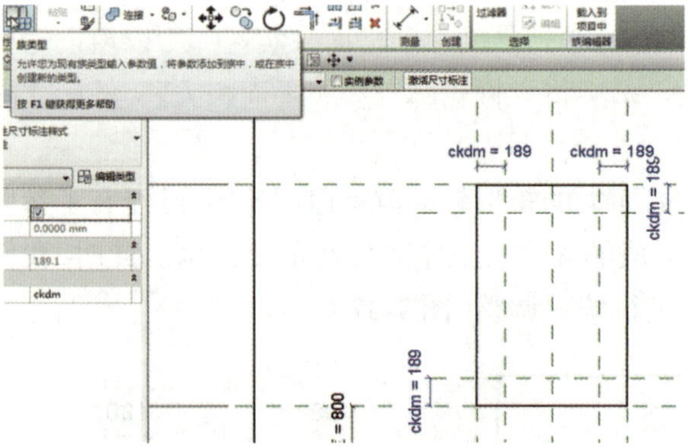

图 7-40　参数添加成功

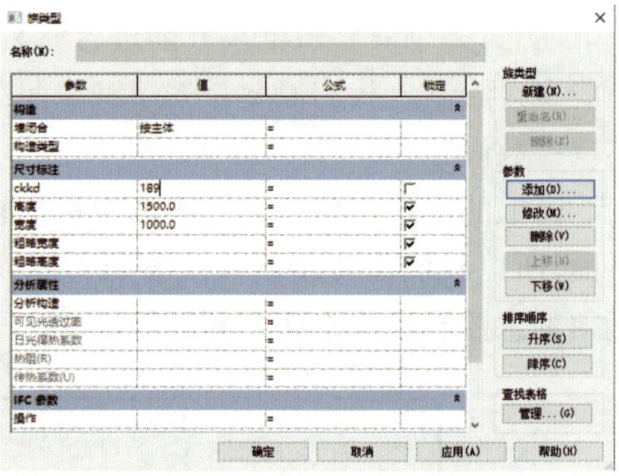

图 7-41　“族类型”参数修改

然后,使用“拉伸”工具来绘制立体窗框(图 7-42)。单击“拉伸”工具,首先需要绘制拉伸的轮廓,单击“矩形”绘制方法,基于外面的四条参照平面围合出的角点先绘制大的矩形(图 7-43)。

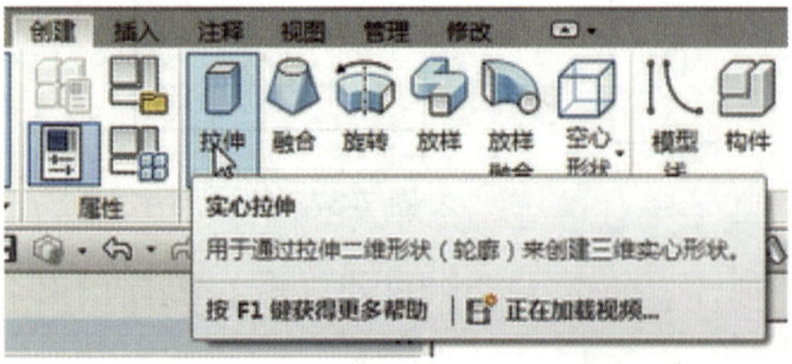

图 7-42　“拉伸”命令绘制窗框

图 7-43　使用矩形绘制

注意:不要一次绘制两个矩形,在绘制一个完毕之后,立即将四条矩形边“上锁”,这个锁定是将轮廓与参照平面相关联的核心操作，而且是一个即时的显示，如果绘制完矩形后没有马上锁，那么之后再选定这些想锁定的轮廓，就没有锁这个标记出现了（图 7-44）。

接下来，以另外四条新绘制的参考平面角点为定位来绘制较小的矩形框，同样在绘制完毕之后马上将其与参照平面锁定（图 7-45）。单击“√”即生成了有厚度的立体窗框（图 7-46、图 7-47）。

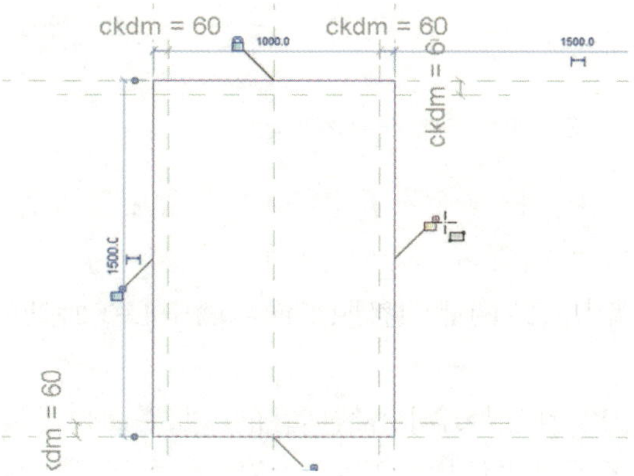

图 7-44　边界与参考平面锁定

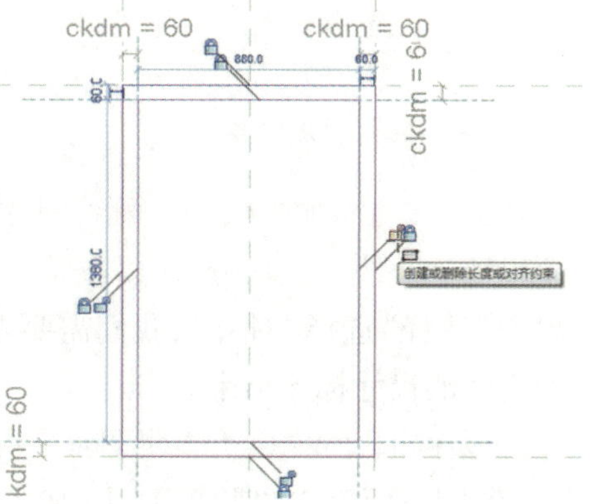

图 7-45　新绘制边界与参考平面锁定

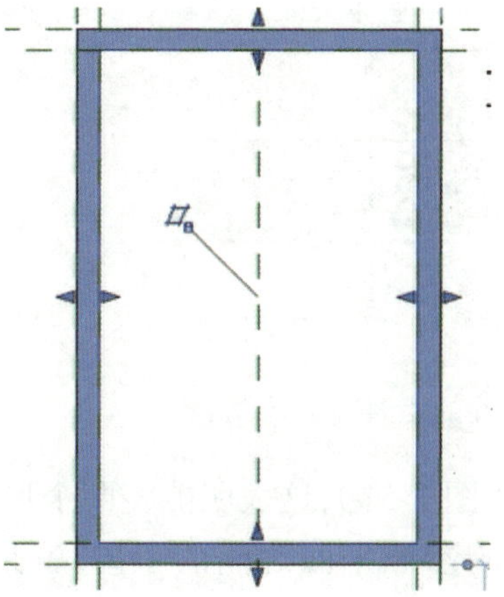
图 7-46　生成拉伸窗框

图 7-47　三维模式显示

7.6.2　修改窗框厚度

按照要求，我们还需要将厚度也改为 60 mm，并且保证这个厚度能被墙中心线均分。选中窗框，切换到“参照标高”平面，蓝色箭头显示能将厚度进行拖曳调整（图 7-48）。具体调整到什么位置呢？我们需要在平面中添加两个参照平面，来将其与厚度的两个范围边相关联。

绘制完成后拖曳蓝色箭头将各范围边与参照平面锁定，这样才能保证参照平面之间的尺寸发生变化时，厚度能进行联动调整（图 7-49）。

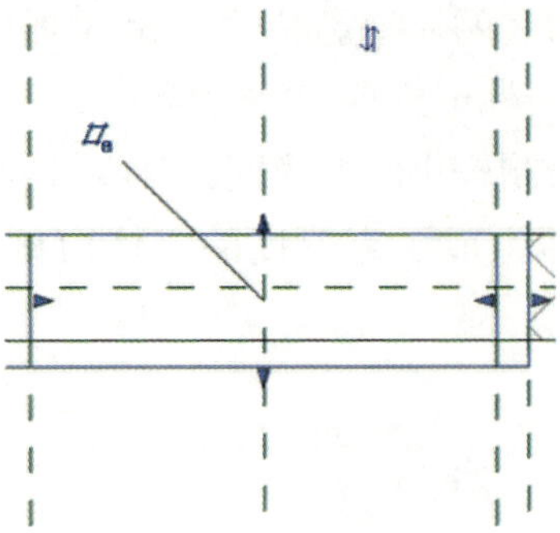

图 7-48　厚度调整

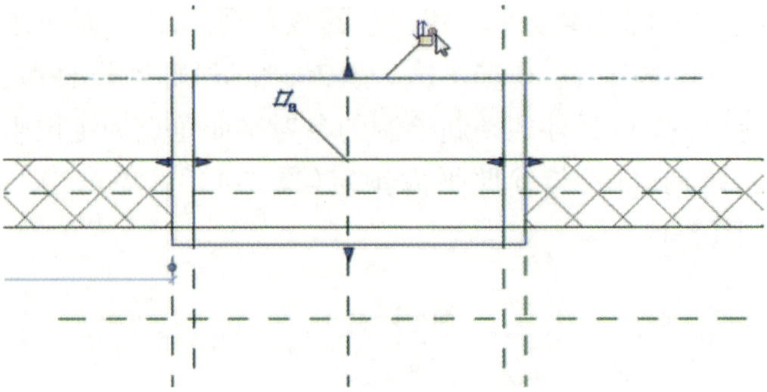

图 7-49　与参照平面锁定

注意:与之前添加参数的步骤不同的是,因为窗框厚度除了能按照参数需要修改为 60,还需要以墙中心线形成均分,所以在厚度设置上就需要多一个均分步骤的设置。

单击“注释”选择“对齐”,我们需要先将墙中心线两侧的参照平面与墙中心线所处的参照平面之间的尺寸标注出来。

注意:要保证尺寸一定是参照平面之间的距离,在选择墙中心线所在的参照平面时,需要按住“Tab”键先切换至“参照平面”(图 7-50),否则在系统默认情况下,我们将鼠标移动到墙中心线上时,最先选到的其实是墙这个实体,而并不是参照平面,这就会影响参数的生成。

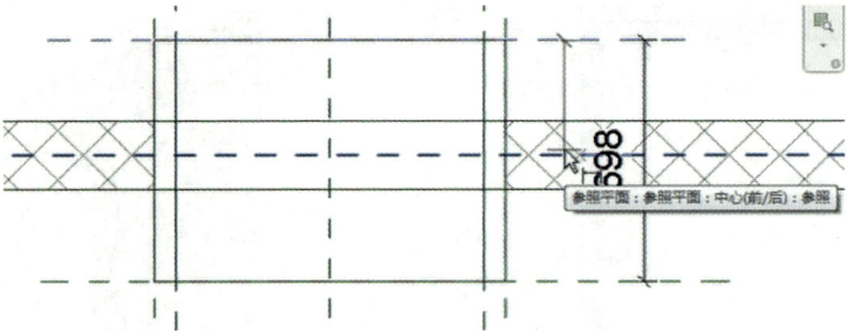

图 7-50　标志参考平面之间的距离

尺寸标注完毕后,能看到尺寸边上有“EQ”标志(图 7-51),这表明能将两个尺寸均分。在什么范围进行均分呢?就是我们先标注的两侧的参照平面之间的距离,就是图中的“732”(图 7-52),接下来我们通过添加一个参数来修改这个数据为“60”。单击这个尺寸,按之前添加窗框断面参数的方法选择“窗框宽度”参数。能看到不仅将其调整为了“60”,还基于墙中心线进行了均分(图 7-53)。

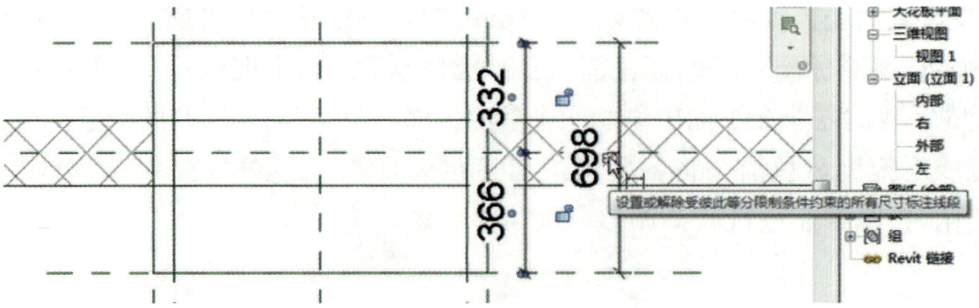

图 7-51　点击“EQ”均分尺寸

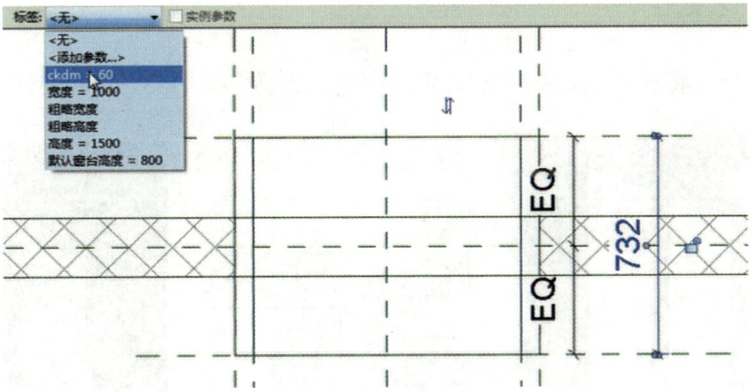

图 7-52 添加厚度参数

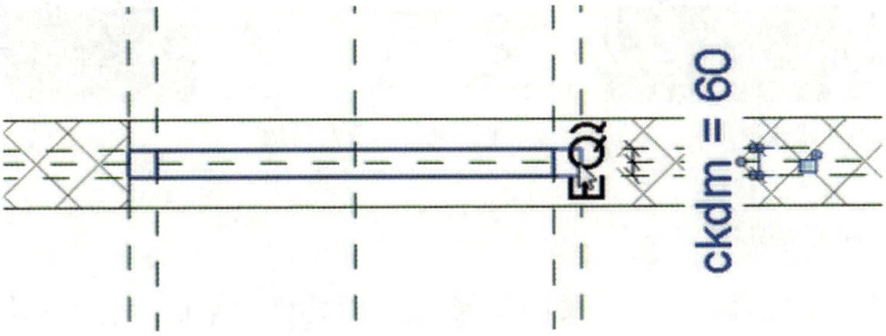

图 7-53 沿墙中心线均分

接下来进行窗扇的绘制并添加窗扇宽度参数,方法与窗框绘制完全一致,这里不做赘述。

注意:由于两个窗扇在中心线位置轮廓是重合的,所以需要分别"拉伸",否则由于轮廓重合无法生成厚度。

窗扇厚度的参数设置与窗框厚度方法相同,不再详述。

创建形体的最后一步是窗玻璃的绘制,由于玻璃轮廓没有重合,所以可以同时生成(图 7-54)。

图 7-54 绘制玻璃

7.6.3 添加材质参数

进行材质选择，将窗框、窗扇和玻璃都分别进行设置（图 7-55、图 7-56、图 7-57）。

图 7-55 修改材质

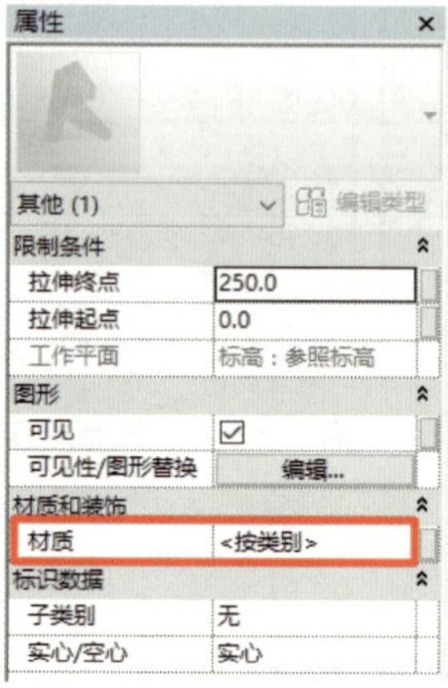

图 7-56 设置材质

图 7-57 材质显示

7.6.4 自定义平面表达形式

完成了构件制作之后还有一个关键步骤，就是对构件的平面表达方式作出调整。因为如果不做修改，那么载入项目中之后，立面表达中缺少窗扇开启标识，平面图中显示的是窗的实际剖面轮廓，而我们需要将其修改为四条细线的形式。

注意：这几根开启线位于墙中心线所在平面上，所以需要在绘制前将工作平面设置于此，然后选择模型线绘制即可在这一平面上生成，随后将“子类别”选择为“立面打开方式”，即可正确显示为虚线。

选择“工作平面”中的“设置”按钮，在弹出的对话框中选择“选择一个平面”，然后单击“确定”，在绘图区域中选定墙中心线所在的参照平面（图 7-58、图 7-59），打开“外立面视图”（图 7-60）。为了便于操作，我们使用过滤器选中除了窗之外的图元，将它们都隐藏。然后创建立面上标示开启方式的斜线。

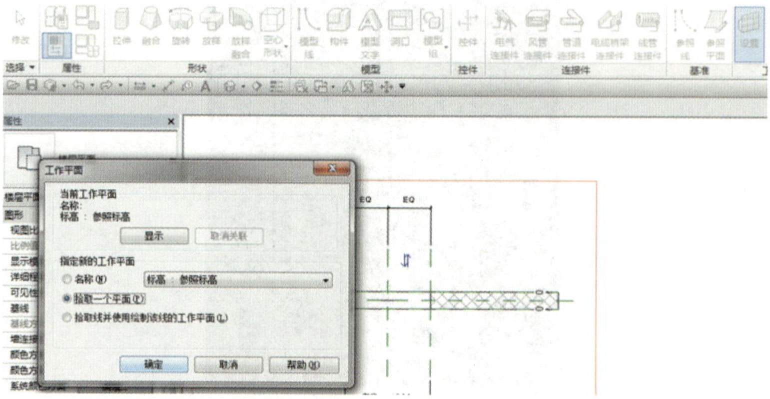

图 7-58 选择绘制平面

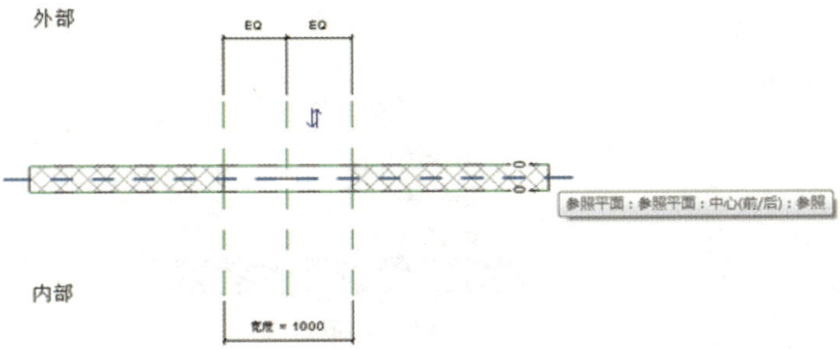

图 7-59　绘制参照平面

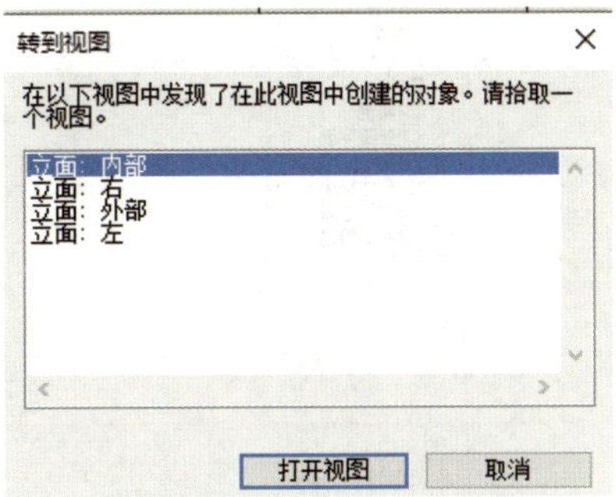

图 7-60　打开外立面视图

在“可见性 / 图形替换”中，将其使用在“前 / 后视图”，详细程度中将“粗略”“中等”和“精细”都勾选，就表示在这三种详细程度下都会把开启线显示出来（图 7-61）。

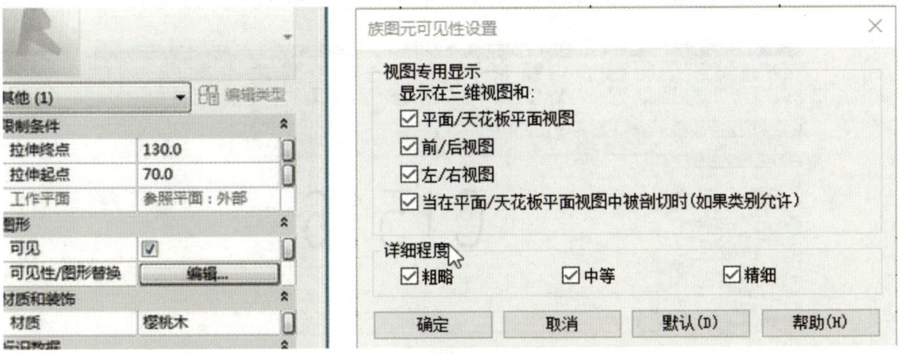

图 7-61　可见性设置

注意：如果直接在项目中添加窗的开启方式，仅仅能对某个实例进行添加，窗族本身并没有，所以其他的相同类型窗是无法生成开启线的。

将窗载入项目中后，需要绘制墙体，然后单击“窗”，就能在下拉菜单中选择我们所制作的窗。

接下来我们来调整窗的平面表达方式，现在的表示方式如图 7-62 所示，但是我们希望窗能在平面视图下简化为四条细线，所以需要进入窗族文件中自行绘制并设置。

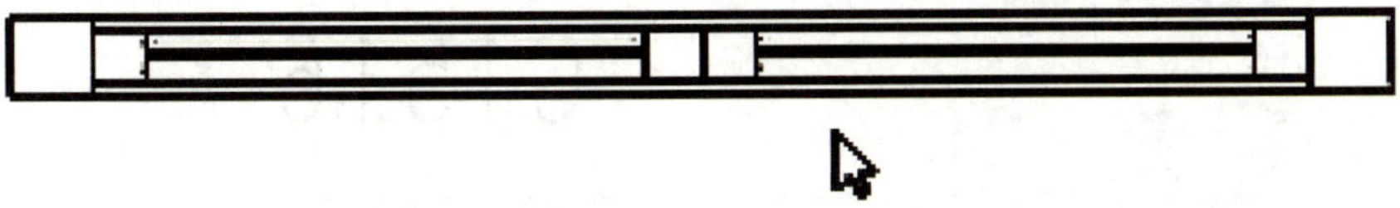

图 7-62　平面表达

选中平面视图中的窗，然后在属性栏中“可见性 / 图形替换”中取消“在平面视图中显示”，载入项目中时平面中就不显示窗了（图 7-63）。

由于图面中参照平面等其他图元太多，影响我们修改窗的平面表达，所以我们将所有图元选中，使用“过滤器”，如图 7-63 所示勾选，然后隐藏（图 7-64）。

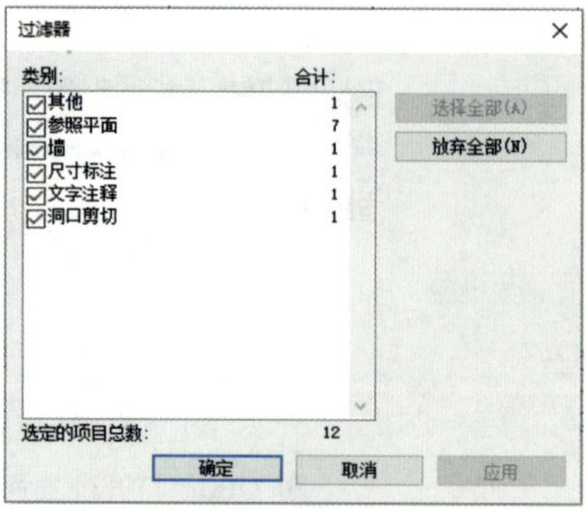

图 7-63　过滤器选择

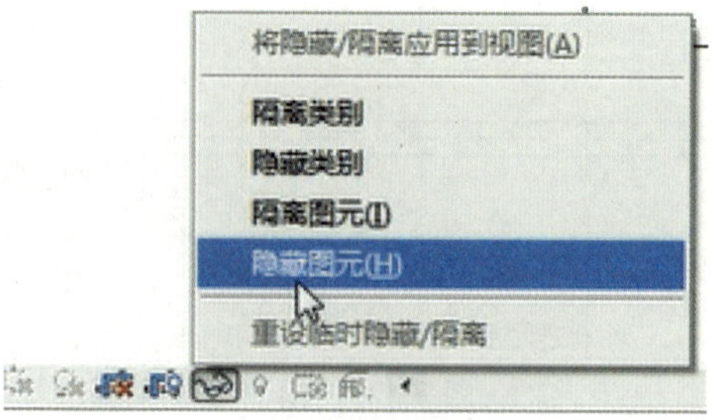

图 7-64　隐藏选中的图元

接下来回到窗族文件中(图 7-65),将窗顶面设置为工作平面,并在这个面上绘制两条细线,这样就为窗的平面显示做好了调整,载入项目中进行查看并检验(图 7-66)。

图 7-65　隐藏窗平面表达

图 7-66　添加窗平面表达

本章小结

本章介绍了在之前绘制的地下一层以及一层墙体上插入并编辑门窗的相关方法,然后作为复习，将整个二层的墙体、楼板和门窗的创建都放在了这一章，大家能对之前学习的墙体与楼板的具体编辑方法有所回顾，这也是从学习认知心理学的角度入手对知识进行强化的一个特别考虑。

主体创建完成后，本章末节又以 BIM 考试中的真题作为案例，对窗的自定义族创建进行了更深入的介绍，也通过窗族的绘制，使大家对"族"概念有了具体认知，为项目建模方法作了补充与完善。

项目 8　屋顶的绘制

课程思政

历史使命感

中华民族的传统建筑文化,在五千年的中华文明史中留下浓墨重彩的一笔。它既是中华文明的一例见证,也是我们先祖勤劳与智慧的体现。从原始社会的洞穴,到“覆压三百余里,隔离天日”的秦阿房宫,从大汉四百年的长安未央宫到明清的紫禁城,还有今日看不到的亦是史书上也难以寻得的那千千万万座宏伟建筑,中华文明的传统建筑已成为举世瞩目的文化遗产。

在千年的智慧结晶与沉淀中,我国传统建筑形成了特有的建筑思想,其中建筑屋顶有着悠久的历史和传统,它的造型丰富多彩,构造简单,排水性好,就地取材,沿用至今。屋顶的组成材料与周边环境协调,强调保护环境和节约资源,同时作为建筑最外部的围护构件,兼顾美观。所以我们要从自身做起,贯彻落实我国的建筑方针:经济、适用、绿色、美观,做到人与自然和谐共生。

屋顶是建筑的重要组成部分。在 Revit Architecture 中提供了多种建模工具。如迹线屋顶、拉伸屋顶、面屋顶、玻璃斜窗等是创建屋顶的常规工具。此外，对于一些特殊造型的屋顶，我们还可以通过内建模型的工具来创建。

拉伸屋顶一般用于绘制由一种截面形状按路径拉伸所形成的屋顶。其绘制过程是：先需要确定一个平面，在平面内确定一个拉伸轮廓，然后在与该平面垂直的方向上进行生成拉伸形状（图 8-1）。

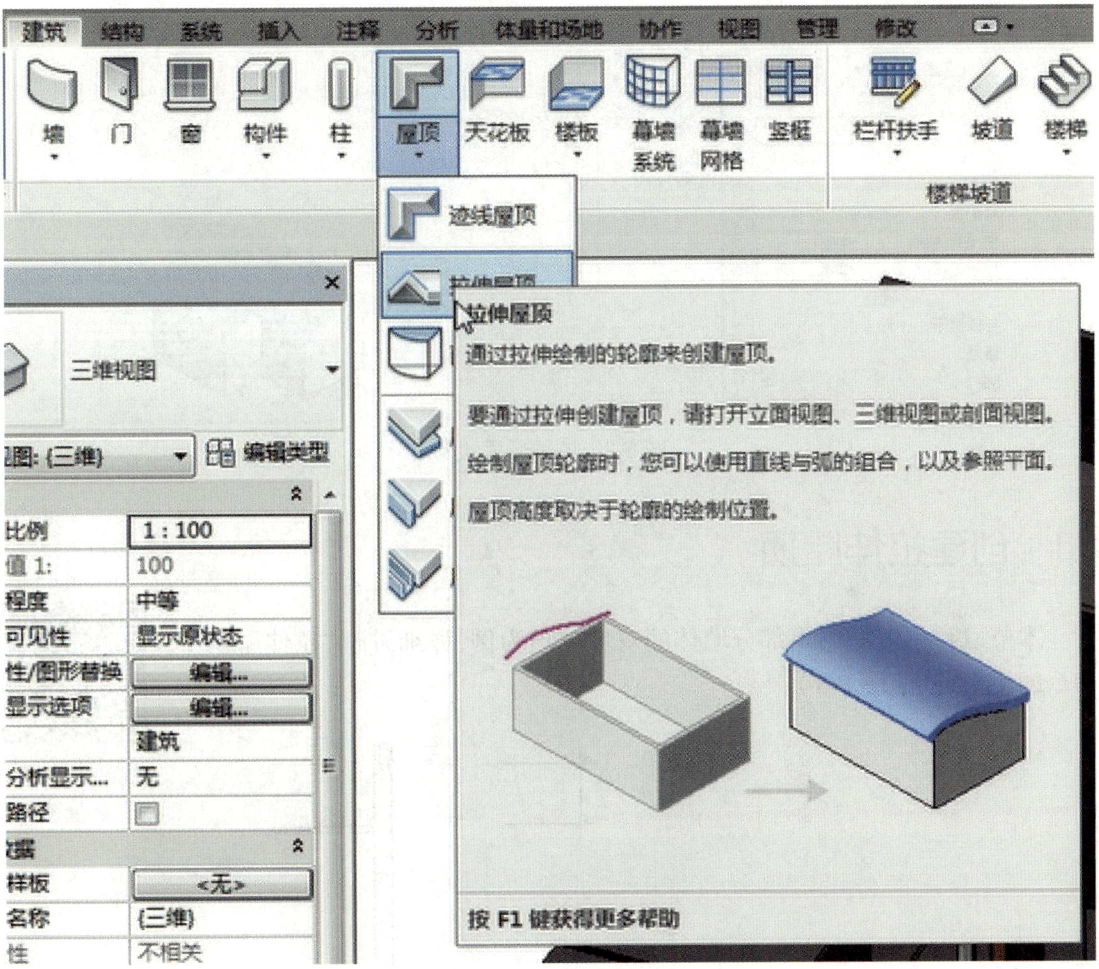

图 8-1　拉伸屋顶示意

迹线屋顶能够用于生成多坡屋面，绘制方式是首先需要确定一个闭合的轮廓，然后再设置各条轮廓线的坡度（图 8-2）。

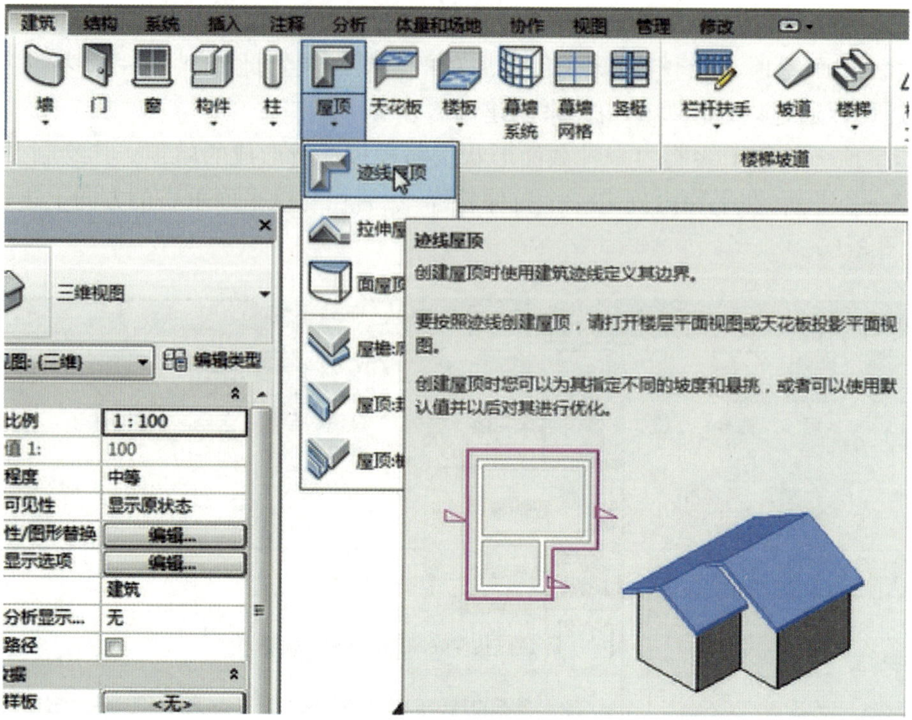

图 8-2　迹线屋顶绘制

8.1　创建拉伸屋顶

本节以首层左侧凸出部分墙体的双坡屋顶为例，详细讲解“拉伸屋顶”命令的使用方法(图 8-3)。

视频：一层双坡屋顶

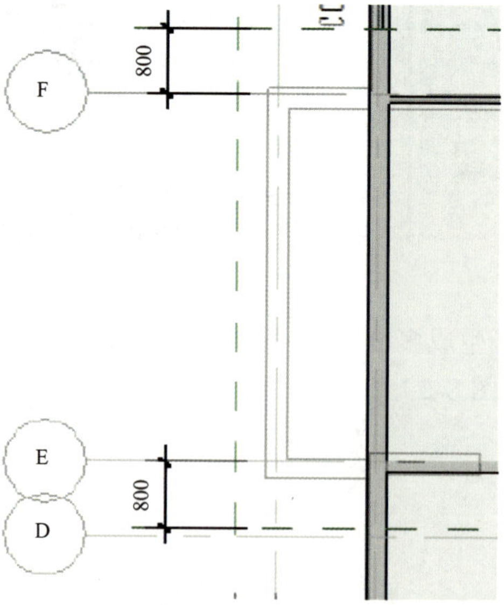

图 8-3　拉伸屋顶位置示意

在 2F 中绘制屋顶，但是由于屋顶的轮廓实际上是基于 1 层的墙体然后做出一定的出挑形成的，所以绘制屋顶时需要参照下面的墙体轮廓，所以想要确定屋顶的位置，首先需要做的是使 1 层的墙体能在 2 层作为参考被显示出来，这样就能轻松定位。

可以这样来理解这个概念：从顶视图方向往下看，可以在不同高度上看到建筑的各层平面图，所以如果能够对这个高度进行调整和设置，就能控制向下看的深度；而如果位于 2 层向下看，要想看到楼板下一层的墙体，将这个高度设置为 1 层即可。

有了这个概念，我们来看看平面视图中的哪一个参数能对此进行控制呢？单击进入 2F 楼层平面，在左边的属性栏中能看到有一个名为“基线”的参数（图 8-4），它就能达到我们的要求。默认状态下，各层平面视图的基线都是本层，而如果将此层的基线调整为 1F，此时就能看到在绘图区域中，1 层的墙体已经灰显出来，也就能依此进行屋顶轮廓的定位了（图 8-5）。

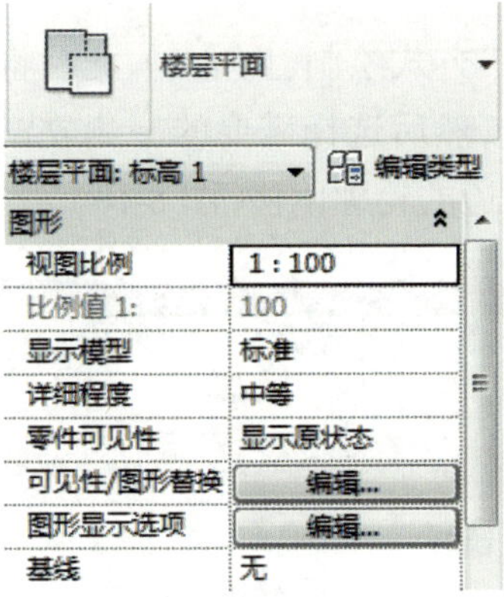

图 8-4 “基线”设置

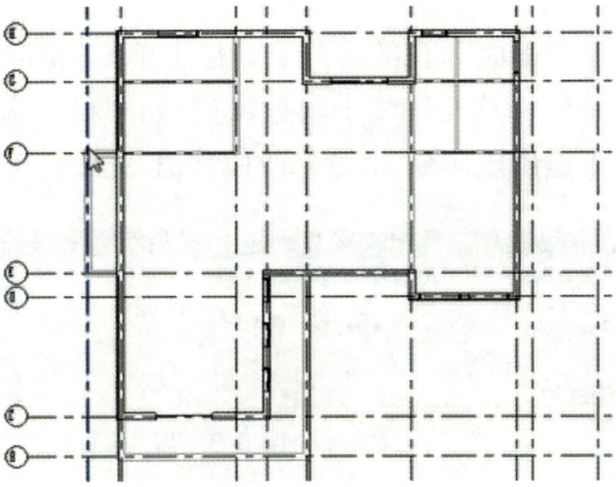

图 8-5 定位屋顶轮廓

接下来需要参照 1 层墙体来把双坡屋顶的边界确定，坡屋顶两侧屋檐基于轴线偏移为 800，正面出挑墙体轴线向外 500。

单击“常用”选项卡“屋顶”右边小三角下拉菜单，单击“拉伸屋顶”命令，所示系统会弹出“工作平面”对话框提示设置工作平面（图 8-6）。

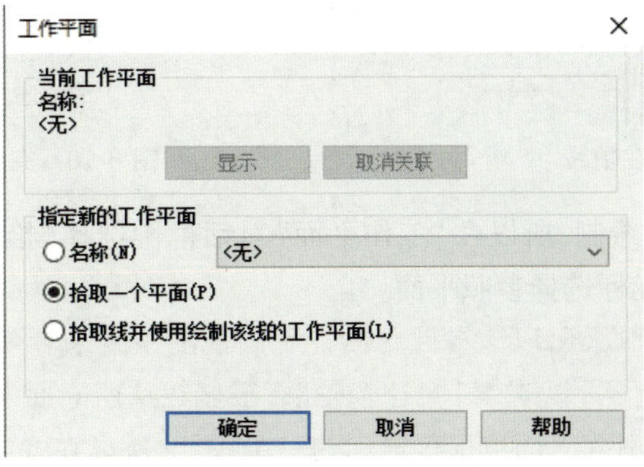

图 8-6 设置工作平面

这个双坡屋顶的轮廓能够从西立面方向看到，而拉伸方向是垂直于纵向轴线。所以先来确定一个轮廓所在的平面，以“参照平面”方式确定(图 8-7)。

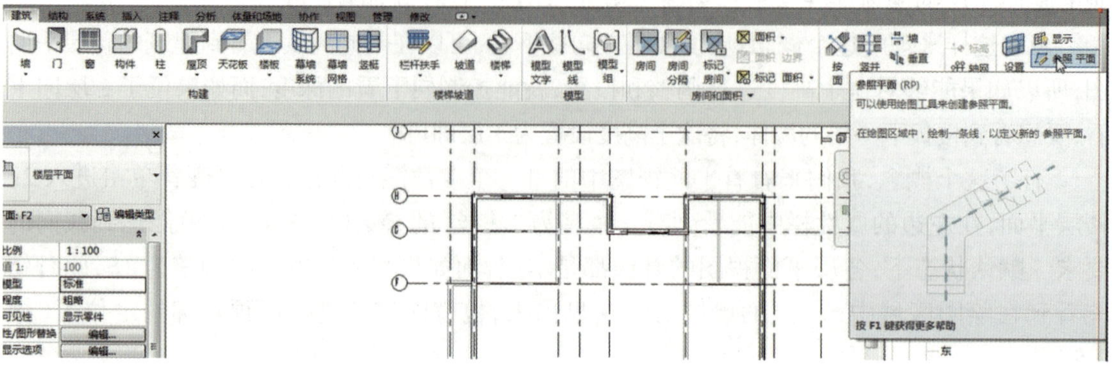

图 8-7　绘制轮廓所在平面

单击“参照平面”，在随后的工具栏中单击“拾取线”方式绘制(图 8-8)，此时将偏移值调整为 500。将鼠标移至轴线 1 附近，将会如图显示虚线，然后选择需要的一侧放置参照平面(图 8-9)。不退出该命令，继续修改偏移值，完成另外两边的轮廓偏移(图 8-10)。

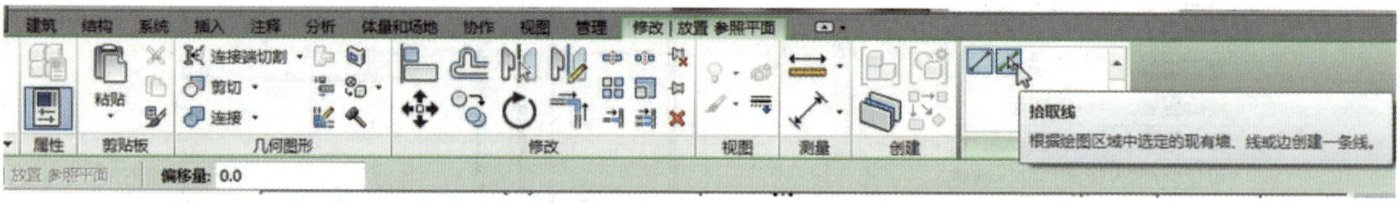

图 8-8　以“拾取线”方式绘制

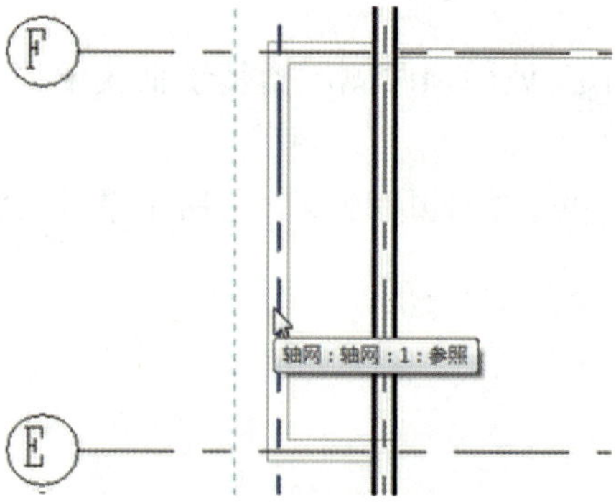

图 8-9　选择墙所在轴线

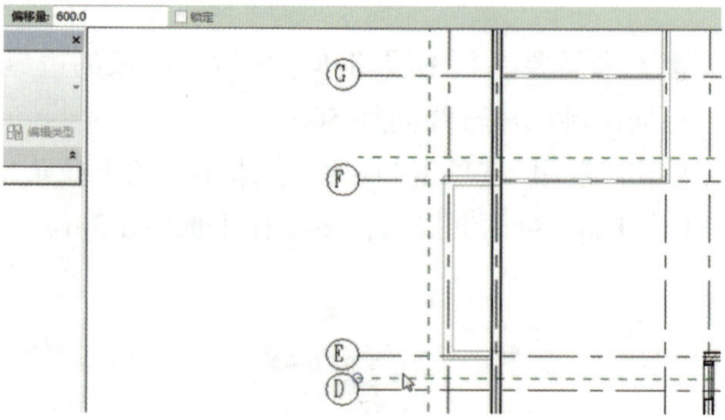

图 8-10　完成偏移

重新选择迹线屋顶绘制，所以在“工作平面”对话框中选择“拾取一个平面”，单击“确定”关闭对话框。移动光标选择参照平面。

注意：由于垂直于纸面，所以该参照平面在平面视图角度来看仅仅显示为一条虚线，只能从东、西两个方向才能显示完整，针对这个轮廓，很显然从西立面来看是最直接的，不会出现任何的遮挡。甚至在南北立面也仅仅显示为一条虚线，所以在弹出的“转到视图”对话框中只有“东、西两个立面”，然后选定“西立面”，单击“打开视图”。

在接下来弹出的对话框中需要继续确定屋顶是基于哪一个楼层确定的，此时选择 2F（图 8-11），单击“确定”按钮后进入西立面视图，此时立面大部分灰显，但有一根绿色虚线很明显的示意，这就是屋顶所选定的起始高度。

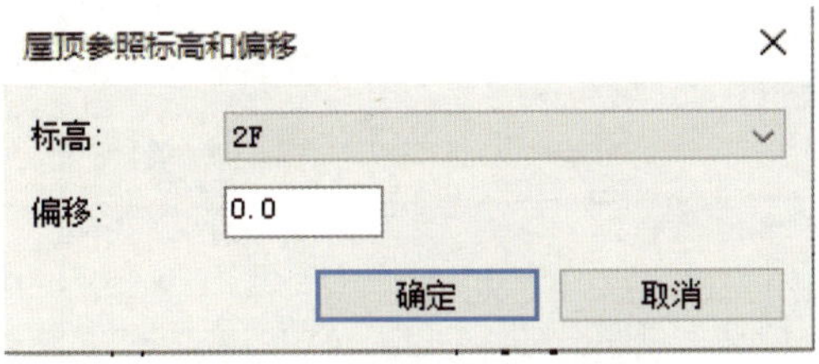

图 8-11　选择屋顶所在楼层

基于 2F 标高线开始绘制屋顶轮廓。首先需要确定的是屋顶起点。该项目设置起点为距离 2F 标高线向上偏移 162。

注意：而两点才能确定位置，另一点的位置的确定可依据我们看到的左边一根灰显的垂直虚线，这根虚线其实就是之前绘制的双坡屋顶两侧的参照平面的其中一个（图 8-12），只不过切换了视图角度而已。这种空间关系大家一定要仔细理解并掌握。

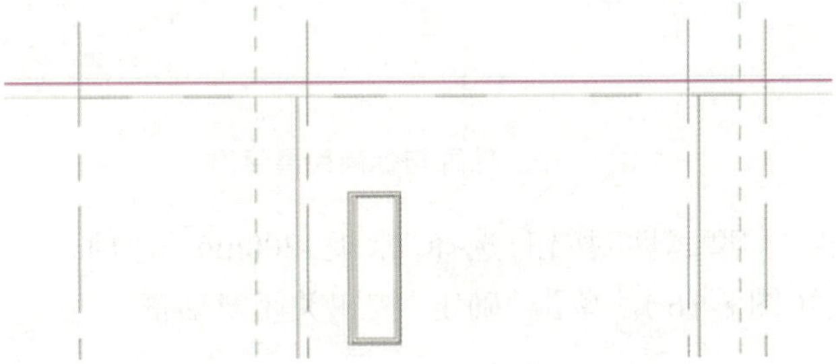

图 8-12　自标高偏移

在西立面视图中间墙体两侧可以看到两根竖向的参照平面，这是刚才在 F2 视图中绘制的两根水平参照平面在西立面的投影，用来创建屋顶时精确定位。

确定好起坡点之后，绘制一根与水平面夹角为 22 度的直线（图 8-13）。

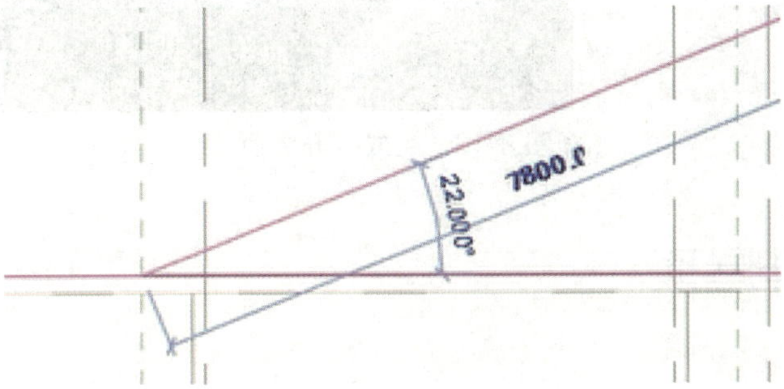

图 8-13　绘制坡度线

另一侧的轮廓不需要绘制，可使用镜像得到。但因为需要基于镜像轴居中对称，所以可以将之前绘制的水平线拖曳到以两侧虚线为界,此时选择“绘制镜像轴”命令,再剪切多余线之后得到如图 8-14 所示轮廓。之后单击“√”退出轮廓绘制,生成拉伸屋顶。距离楼层标高 162 mm(图 8-15)。

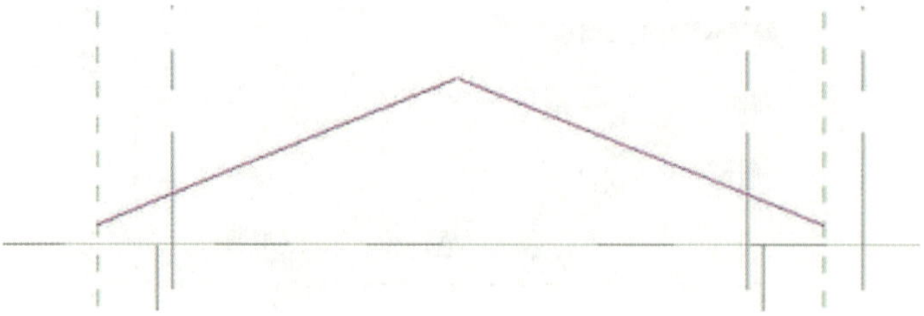

图 8-14　完成轮廓绘制

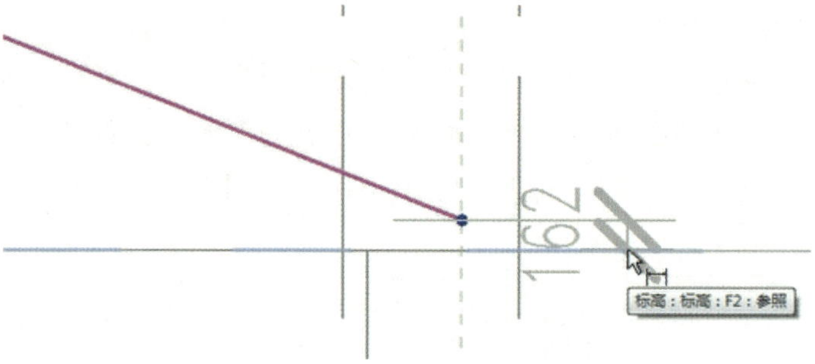

图 8-15　轮廓与标高距离示意

选中该屋顶,单击“类型属性”按钮,选择“常规 -200mm”选项,如果没有该类型则需自行创建,这里不再赘述(图 8-16)。单击“确定”按钮关闭对话框。

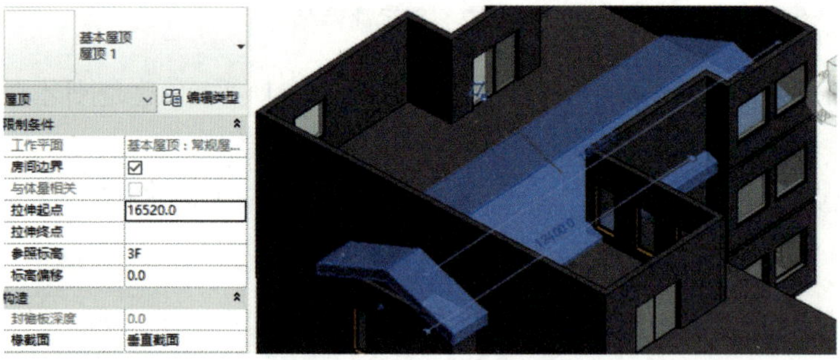

图 8-16　生成拉升屋顶

8.2　修改拉伸屋顶

8.2.1　通过参数修改

在三维视图中观察创建的拉伸屋顶,可以看到屋顶长度过长(图 8-17),延伸到了二层屋内,同时屋顶下面没有山墙,下面将逐一完善这些细节。

在属性栏中有“拉伸起点”和“拉伸终点”两个参数，拉伸起点就是屋顶的起点位置与参照面的距离。这个参照面就是我们之前的绘制轮廓时选择过的挑出屋檐的参照平面。所以，拉伸起点参数为“0”定位是正确的，我们需要修改的是拉伸终点的参数，按照挑出墙面距离输入 1700 即可（图 8-18）。

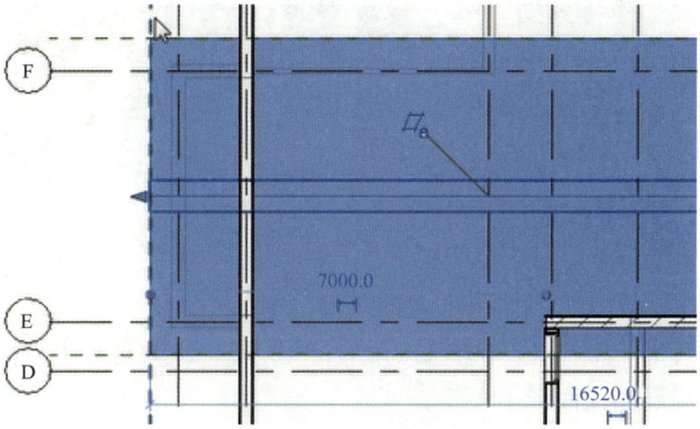

图 8-17　修改屋顶长度

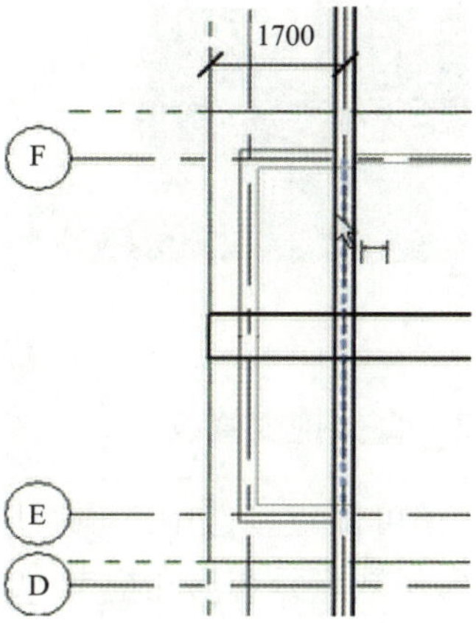

图 8-18　参数修改

8.2.2　通过“连接 / 取消连接屋顶”修改

连接屋顶：打开三维视图，在“修改”选项卡中“编辑几何形”面板中单击“连接 / 取消连接屋顶”命令（图 8-19）。先单击拾取延伸到二层屋内的屋顶边缘线，再单击拾取左侧二层外墙墙面，即可自动调整屋顶长度使其端面和二层外墙墙面对齐，最后结果如图 8-20 所示。

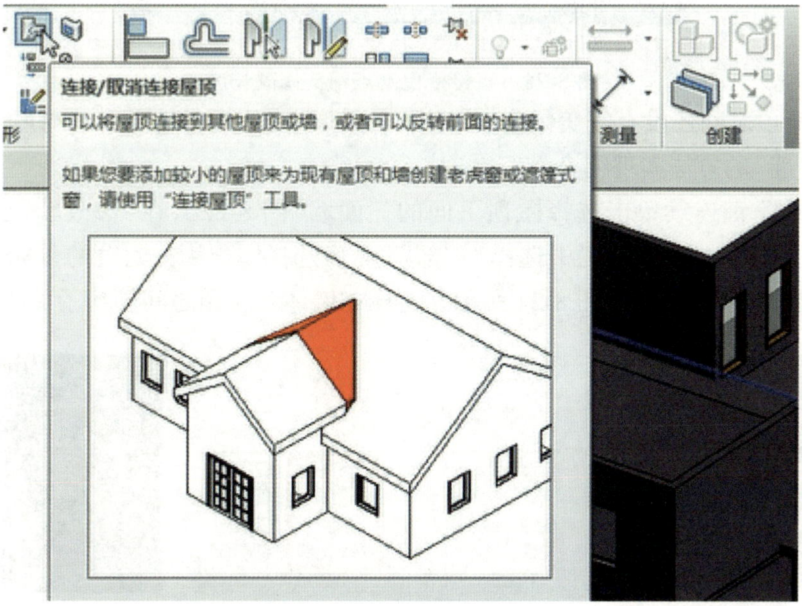

图 8-19　“连接屋顶”命令

图 8-20　完成屋顶长度修改

8.2.3　直接拖曳修改

还可以直接选中屋顶后,在平面视图中拖曳蓝色三角形符号(图 8-21),这种方式更为直观,但缺点是容易在拖曳时出现误操作而产生误差。

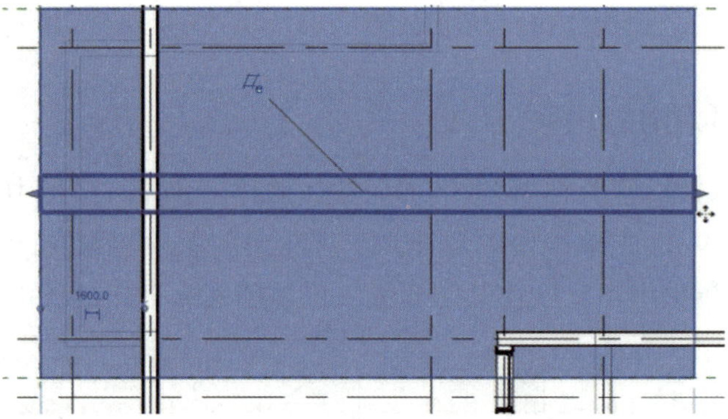

图 8-21　直接拖曳端点箭头修改长度

墙体与屋顶之间还没有完美闭合,出现了三角形空洞,此时需要将墙与屋顶关联起来,可使用“附着墙”的方法实现闭合。

按住“Ctrl”键连续单击选择屋顶下面的三面墙(图 8-22),在“修改墙”面板单击“附着”命令(图 8-23),再在选项栏中选择“顶部”,然后选择屋顶为被附着的目标,则墙体自动将其顶部附着到屋顶下面,如图 8-24 所示。这样在墙体和屋顶之间创建了关联关系。

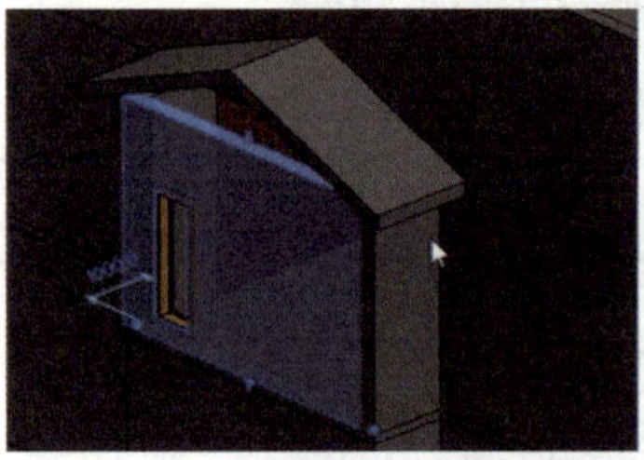

图 8-22　选中墙体

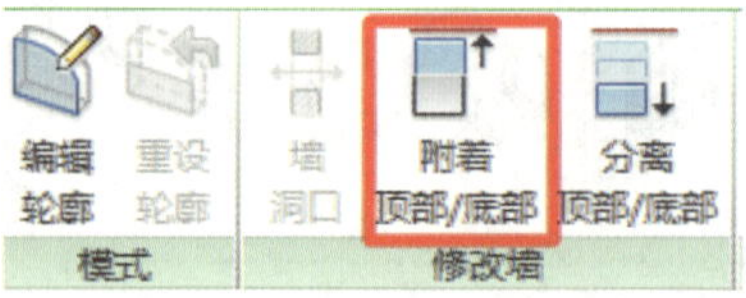

图 8-23　选择“附着屋顶”

图 8-24　完成“附着”

由于之前墙体创建时仅仅新建了“外墙饰面砖”这一材质名称,但并未对其材质的参数作过多调整，所以在墙体与屋顶都建好后，为了凸显出两种图元的区别，可以将材质做进一步的设置。

选中外墙，在“类型属性”中单击“编辑类型”，单击“结构”进行材质设置，进入材质浏览器，勾选“使用渲染外观”（图 8-25）。在“外观”一栏中单击“颜色”并任意选择，“图形”栏中单击“表面填充图案”，选择需要的外观填充图案（图 8-26）。

视频：外墙及屋顶着色修改

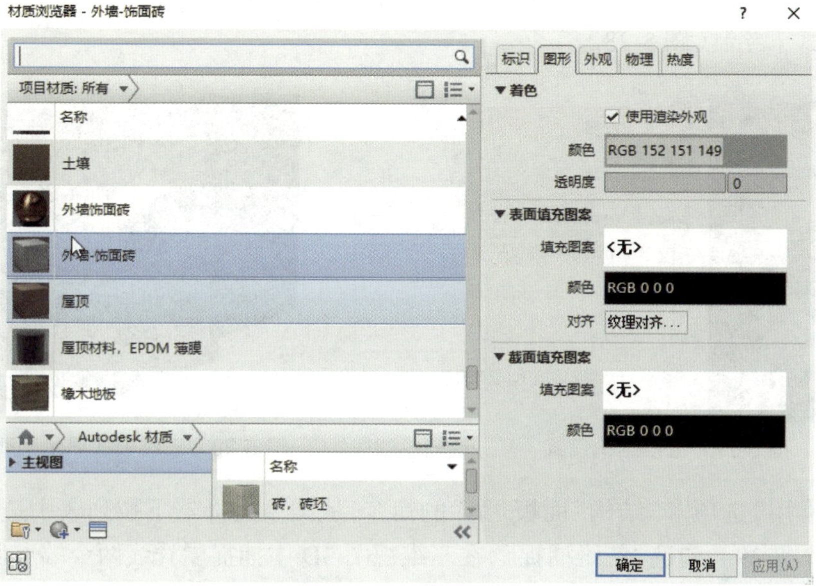

图 8-25　墙外观设置

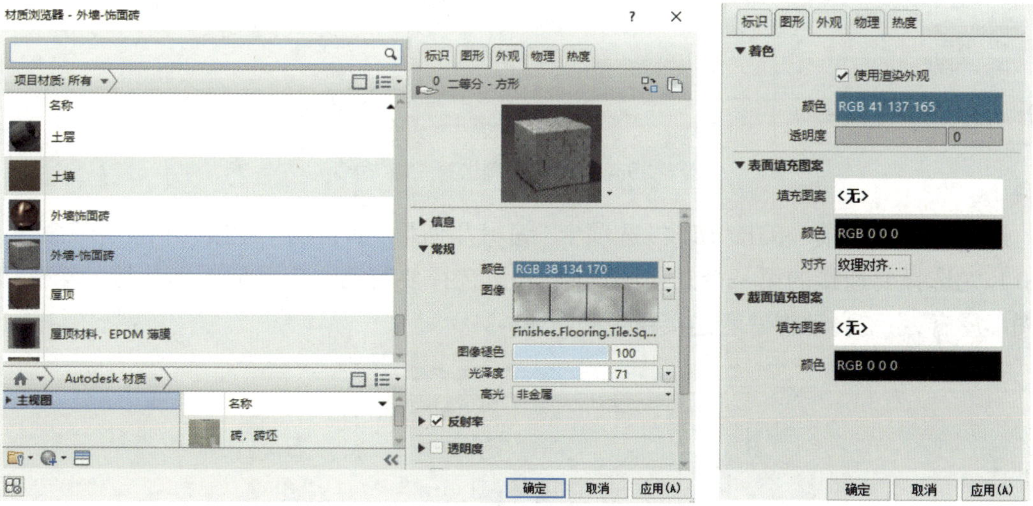

图 8-26　使用渲染外观

8.3 创建屋脊

我们同样先对屋顶的材质进行修改。可以选择一个与墙体明显有区别的渲染外观。

实际项目中坡屋顶除了有两个坡面之外，为了防水及结构上的考虑，一般会在两坡交接线上设置屋脊，我们可选择“梁”工具来进行绘制（图 8-27）。

梁的参数中比较重要的是需要确定其所在高度，但由于该案例中坡屋顶屋脊处的高度涉及与 22 度斜角相关的三角函数，而这一数据零数较多，输入时会不精确，所以我们可以直接在三维模式下绘制（图 8-28）。

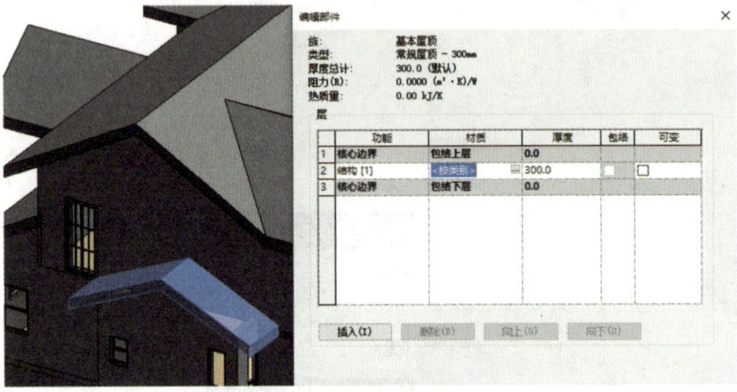

图 8-27　屋顶结构设置

图 8-28　三维模式显示屋顶

单击“常用”选项卡“结构”面板“梁”的命令，从类型选择器下拉列表中选择梁类型为“屋脊线”（图 8-29），勾选“三维捕捉”，在三维视图 3D 中捕捉屋脊线两个端点创建屋脊。

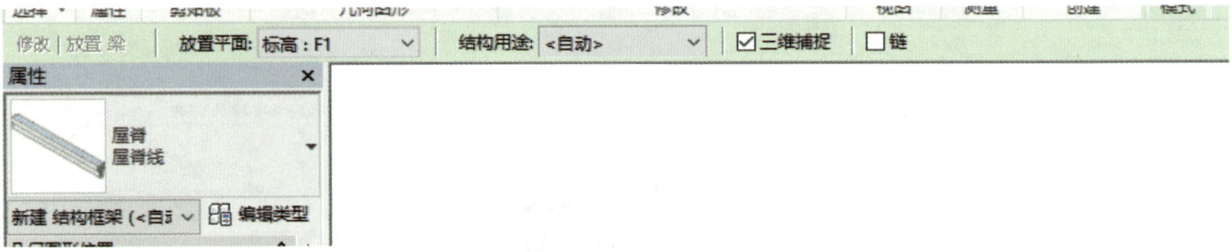

图 8-29　屋脊的绘制选择“梁”命令

连接屋顶和屋脊：单击“修改”选项卡“编辑几何形”面板的“连接几何图形”命令（图 8-30），先选择要连接的第一个几何图形屋顶，再选择要与第一个几何图形连接的第二个几何图形屋脊，系统自动将二者连接在一起（图 8-31）。

图 8-30　连接梁与屋顶

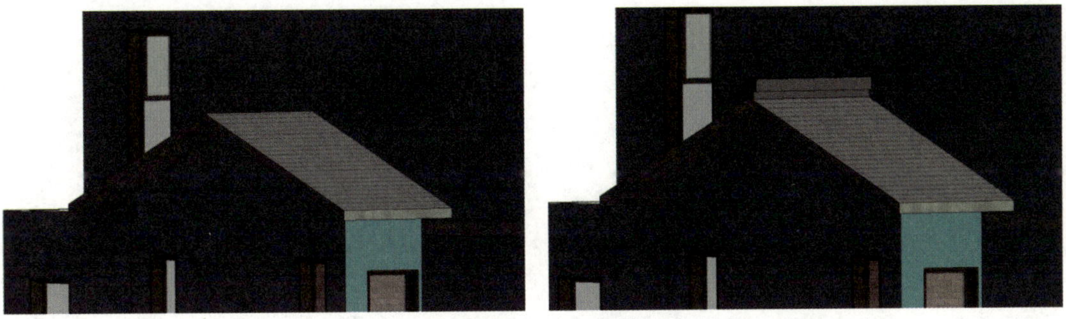

图 8-31　完成屋顶与屋脊绘制

8.4　一层多坡屋顶的绘制

视频:一层入口屋顶

下面使用“迹线屋顶”命令创建项目北侧二层的多坡屋顶。接上节练习,在项目浏览器中双击“楼层平面”项下的“F2”,打开二层平面视图。

单击“常用”选项卡“构建”面板“屋顶”下拉菜单选择“迹线屋顶”命令,进入绘制屋顶轮廓迹线草图模式。

“绘制”面板选择“直线”命令,绘制屋顶轮廓迹线,轮廓线沿相应轴网往外偏移 800 mm(图 8-32)。关于“拾取线”然后设置“偏移值”的绘制方法,这里不再介绍,在此前的墙体绘制中已做过详细讲解。

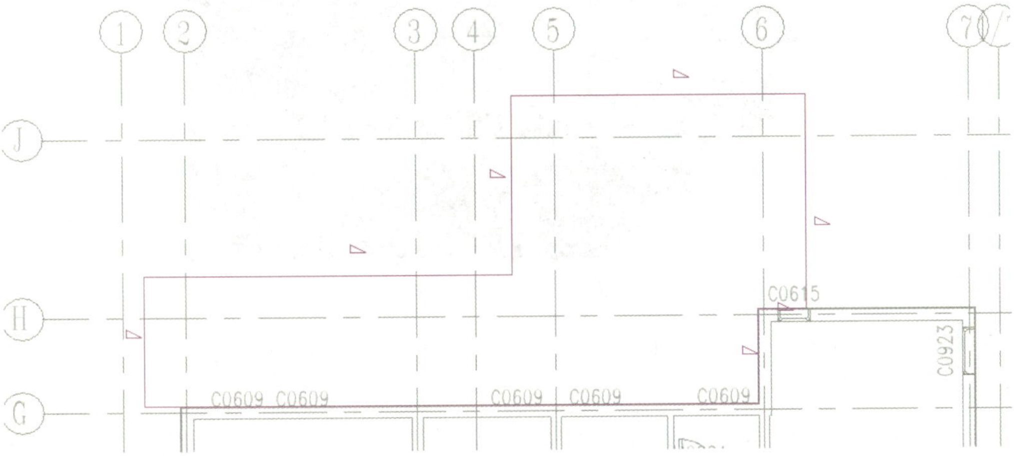

图 8-32　一层屋顶轮廓示意

修改屋顶坡度:在屋顶“编辑类型”对话框中设置“坡度”参数为 22 度。

单击“确定”后所有屋顶迹线的坡度值自动调整为 22 度(图 8-33)。

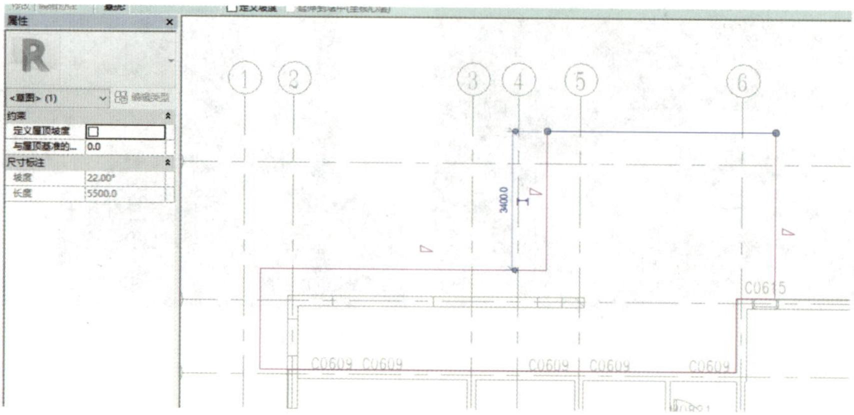

图 8-33　将选中轮廓线取消定义坡度

注意：迹线屋顶绘制中需要取消“定义坡度”的线并不是按照传统意义上所描述的与水平面平行的线。在 Revit 中，将坡屋顶中最低的水平线定义为起坡线，然后沿着垂直于该线的方向上升起坡，所以这些线恰恰才是需要保留“定义坡度”的。

按住“Ctrl”键连续单击选择最上面、最下面和右侧最短的那条水平迹线，以及下方左右两条垂直迹线，选项栏取消勾选“定义坡度”选项，取消这些边的坡度(图 8-34)，单击“完成屋顶”命令创建了二层多坡屋顶。

图 8-34　完成屋顶绘制

同前所述，选择屋顶下的墙体，选项栏选择“附着”命令，拾取刚创建的屋顶，将墙体附着到屋顶下。

同前所述，使用“结构”面板“梁”命令，创建新建屋顶屋脊。由于此前已做了详述，此处略过。

8.5　二层多坡屋顶的绘制

视频：二层屋顶

三层多坡屋顶的创建方法同二层屋顶。

接上节练习，在项目浏览器中双击“楼层平面”项下的“F3”，设置参数“基线”为“F2”。单击“常用”选项卡“构建”面板“屋顶”下拉菜单选择“迹线屋顶”命令，进入绘制屋顶迹线草图模式。

“绘制”面板选择“直线”命令，在相应的轴线向外偏移 800 mm，绘制出屋顶的轮廓（图 8-35）。单击“屋顶属性”命令，设置屋顶的“坡度”参数为 22 度。此时生成的屋顶立面如图 8-36 所示。

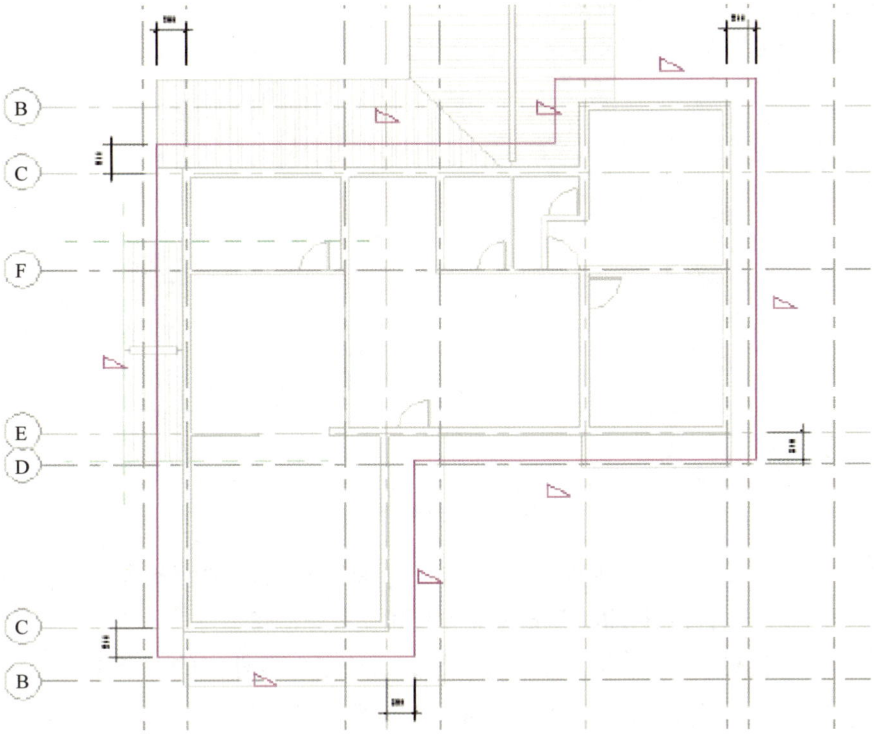

图 8-35　三层屋顶轮廓示意

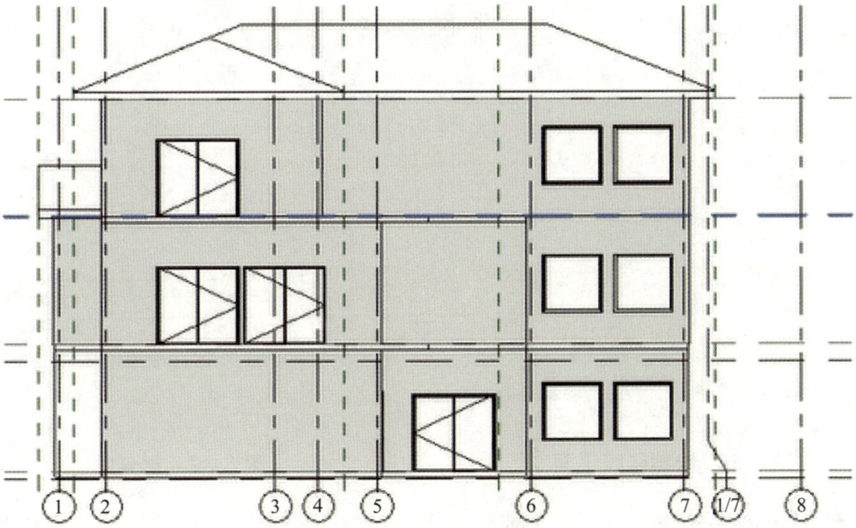

图 8-36　屋顶立面视图

由于本项目的屋顶并不是所有面都有坡度,所以还需要进行一定调整。依然如前文所述,找到真正的属于起坡线的迹线,保留坡度,其余的迹线都“取消定义坡度”。

与二层屋顶不同的是,三层屋顶迹线在同一直线上都可能会有起坡和不起坡之分,如图 8-37 中光标所指的这根迹线就有部分作为起坡线,而部分没有起坡,所以需要将其作区分。

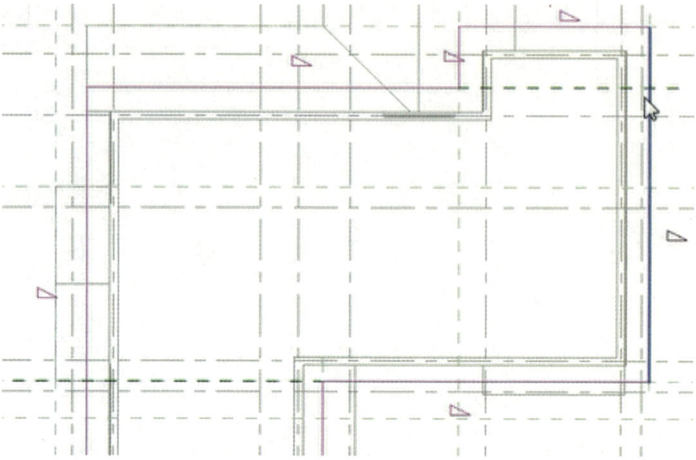

图 8-37　编辑轮廓

具体操作如下:单击“工作平面”面板“参照平面”命令,绘制两条参照平面和中间两条水平迹线平齐,并和左右最外侧的两条垂直迹线相交(图 8-38)。

单击工具栏“拆分”命令,移动光标到参照平面和左右最外侧的两条垂直迹线交点位置分别单击鼠标左键,将两条垂直迹线拆分成上下两段(图 8-39)。按住“Ctrl”键单击选择最左侧迹线拆分后的上半段和最右侧迹线拆分后的下半段,选项栏取消勾选“定义坡度”选项,取消坡度。

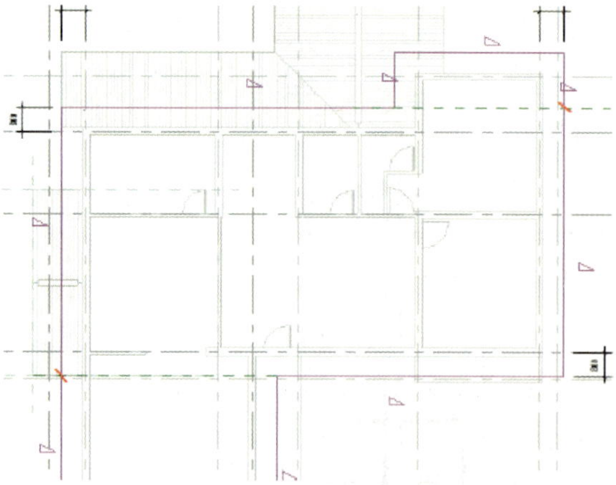

图 8-38　绘制参照平面

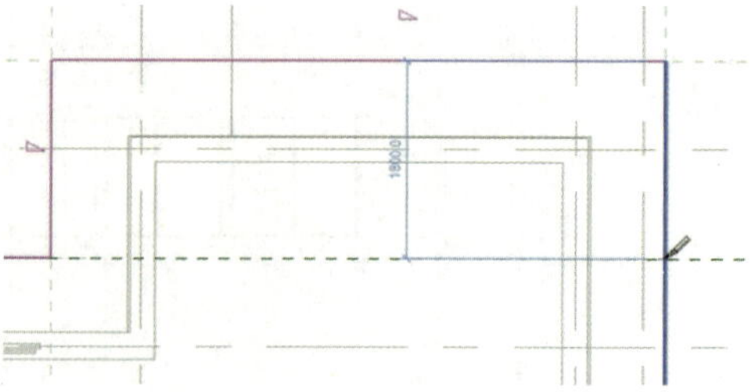

图 8-39　拆分轮廓

完成后的屋顶迹线轮廓如图 8-40 所示。单击“完成屋顶”命令,创建三层多坡屋顶。

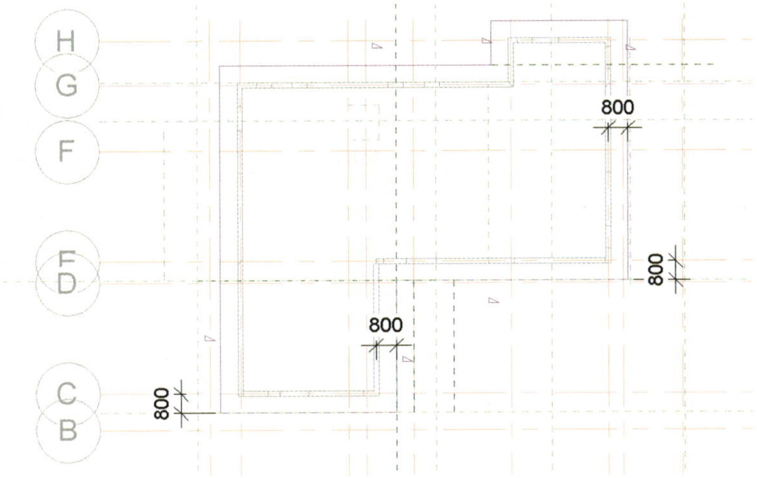

图 8-40　坡度定义示意

选择三层墙体，用“附着”命令将墙顶部附着到屋顶下面，完成后的结果（图 8-41、图 8-42）。

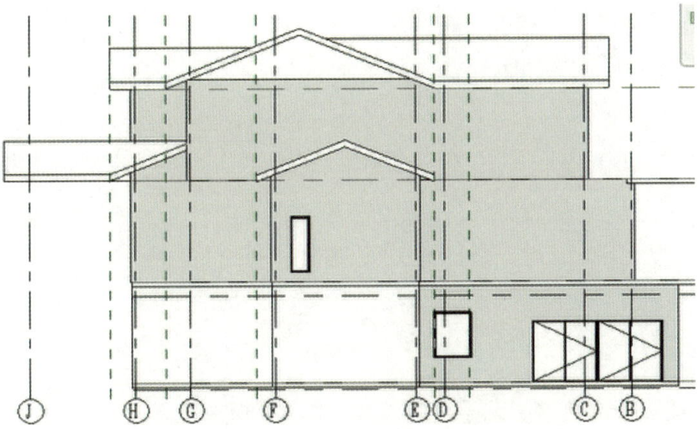

图 8-41　屋顶立面视图

视频：二层楼板的修改

图 8-42　屋顶三维视图

本章小结

通过本章学习,大家掌握了迹线屋顶与拉伸屋顶在实际项目中的不同应用方法,至此我们已经基本建立了项目土建部分的构件了。在屋顶的构成中,除了几个坡屋顶之外,还有一些构架形式的玻璃屋顶,在此我们也对其进行相关介绍,而这就涉及“体量”的知识,我们将在下一章节进行具体介绍。

项目 9 特殊构件的绘制

课程思政

社会责任感

《鹖冠子·天则》:“夫耳之主听,目之主明。一叶蔽目,不见泰山;两豆塞耳,不闻雷霆。”这句话比喻为局部现象所迷惑,看不到全局,也比喻目光短浅。在日常生活中,我们应该注意个体发展对团队、社会、国家的意义,不应该目光短浅,自私自利,在实现民族伟大复兴的道路上,每个人都应该激发学习的内驱力,各司其职,做好本职工作。中国盾构机、神舟飞船、“蛟龙号”载人深潜器、神威太湖之光、FAST 500 米口径球面射电望远镜、量子号卫星……无不让我们为民族的发展感到骄傲和自豪,我们应该团结一心、众志成城,为祖国发展、社会进步和个人价值的实现而不断奋进。

本项目的雨篷是由钢梁与玻璃顶组成的,具有遮挡雨水和免受雨水侵蚀的作用。假设没有钢梁作为支撑构件,那么玻璃顶就失去了稳定性;如果没有玻璃顶,只留支撑构件钢梁,雨篷也没有了它该有的作用。我们平时要时时注意并提高对结构安全的重视,要理解结构整体性能与局部的关系,只有这样才能学到真本领。

9.1 体量

体量分为概念体量和族两种绘制方式,其区别在于,概念体量打开后只有“公制体量”可以选择,而通过“族”来制作则可以有更多选择,而且相对于“公制体量”,“族”中的“公制常规模型”特有的功能是绘制一个放样形体。“放样”的意思就是基于某一轮廓,然后指定某一路径生成形体的过程。

按图示步骤打开“概念体量”,观察界面特点(图 9-1、图 9-2、图 9-3)。

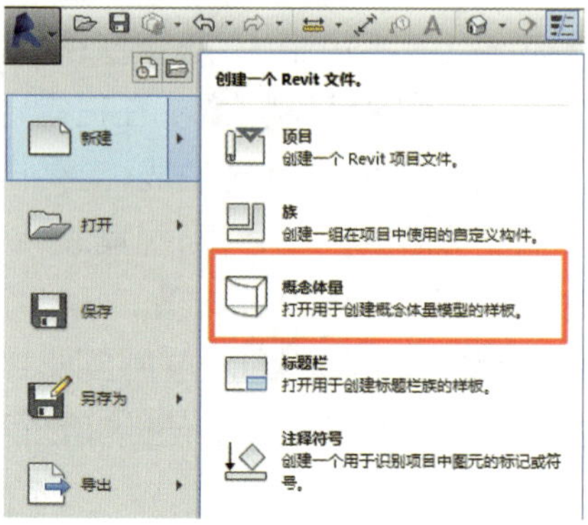

图 9-1 新建“概念体量”

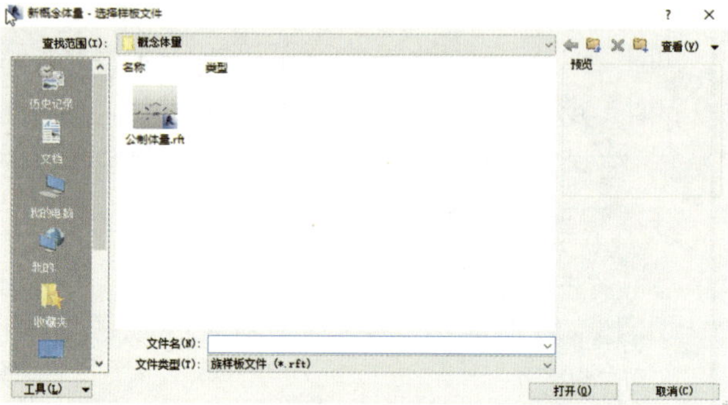

图 9-2 选择“公制体量”

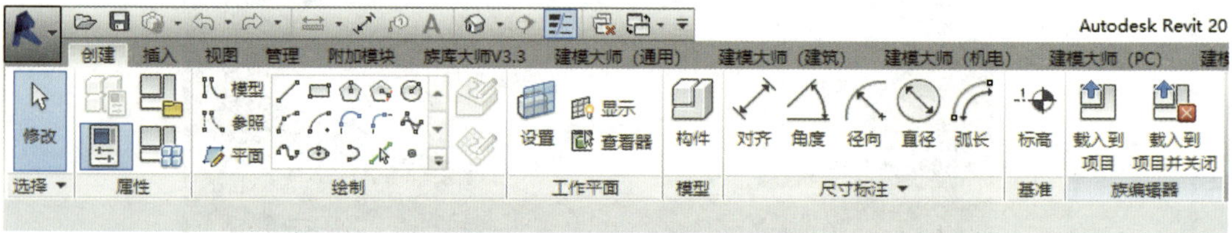

图 9-3 建模界面

再按图示打开“族”→“公制常规模型”,观察界面特点(图 9-4、图 9-5)。

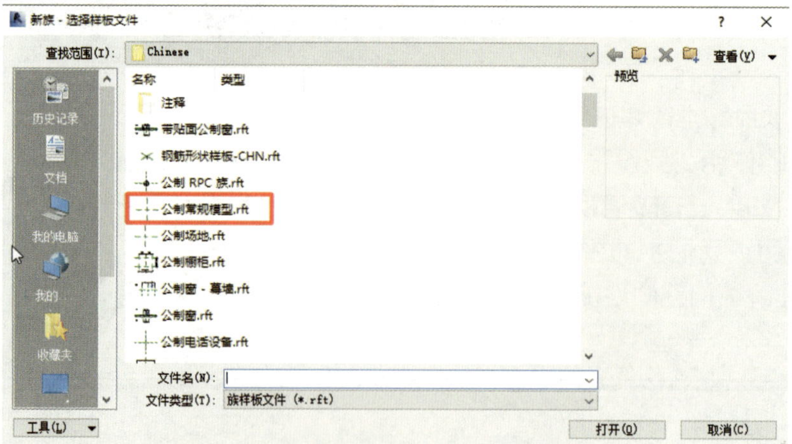

图 9-4 新建“族”→“公制常规模型”

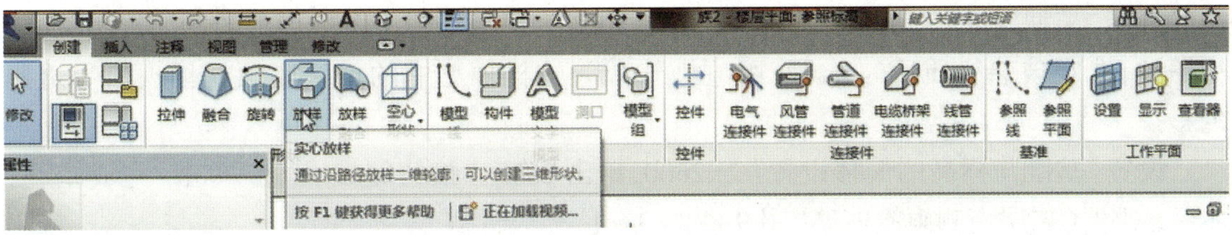

图 9-5 “放样”命令

区别很明显，只有后者才能形成放样模型。本案例二层南侧雨篷的创建分顶部玻璃和工字钢梁两部分，顶部玻璃可以用“迹线屋顶”的“玻璃斜窗”快速创建。图 9-6 为雨篷建好后的位置与形状示意，可见下部 U 形的半围合钢梁则需要“放样”实现。

图 9-6 U 形梁位置示意

9.2 二层雨篷玻璃面板的绘制

视频：二层挑廊屋顶

我们先来绘制玻璃平板部分。

接上节练习，在项目浏览器中双击“楼层平面”项下的“2F”，打开“2F”平面视图。绘制雨篷玻璃：单击“常用”→“屋顶”→“迹线屋顶”命令，选择“线”命令，选项栏取消勾选“定义坡度”选项，如图 9-7 所示绘制平屋顶轮廓线。

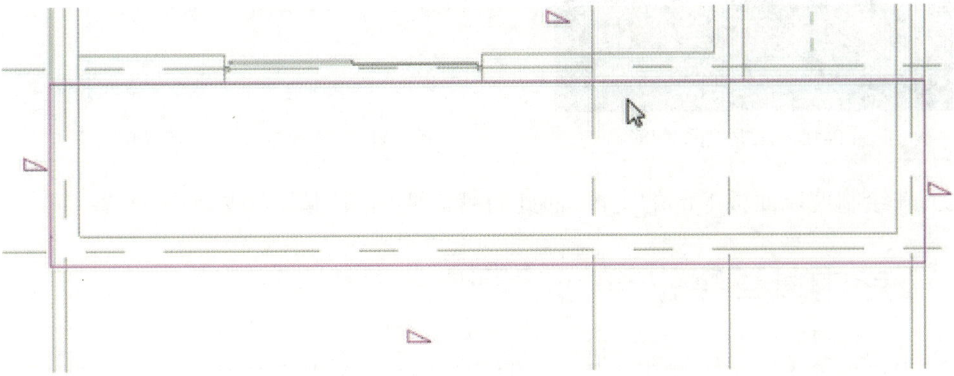

图 9-7 绘制玻璃屋顶轮廓

打开“类型属性”对话框，以“基本屋顶 -400”为模板新建一个玻璃材质的厚度为 25 的平屋顶，选定玻璃材质后勾选“使用渲染外观”，这样模型中的玻璃屋顶就呈现出半透明色彩。

设置“基准与标高的偏移设置”为 2600，单击“确定”按钮完成设置。单击“完成屋顶”命令，创建了二层南侧雨篷玻璃(图 9-8、图 9-9)。

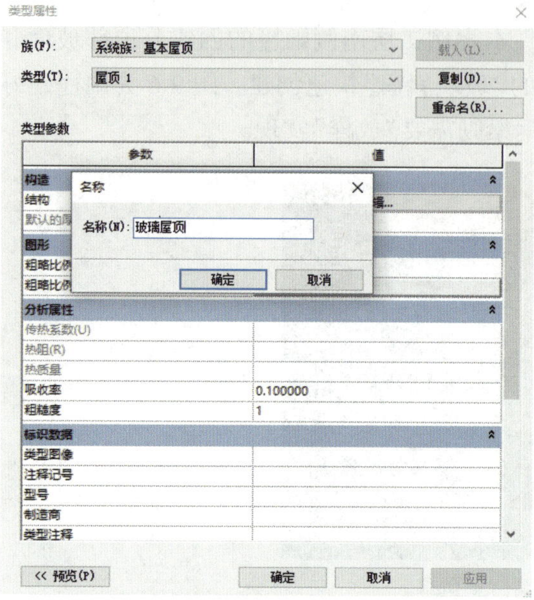

图 9-8　新建屋顶名称

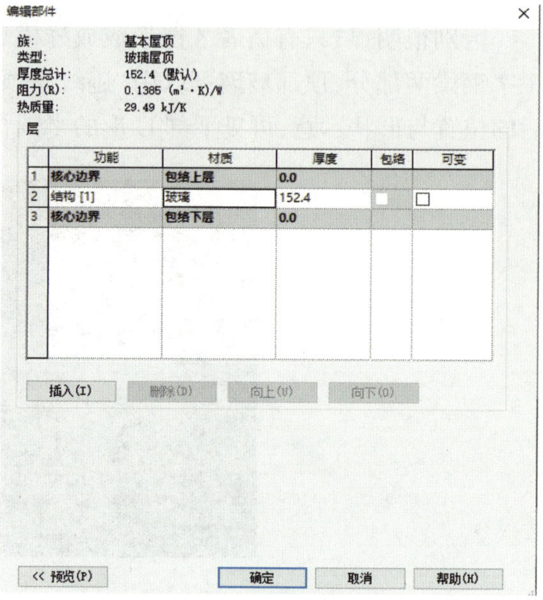

图 9-9　修改结构参数

将图示中的屋顶轮廓稍作修改，以形成下部的外廊(图 9-10、图 9-11)。

图 9-10　三维视图轮廓

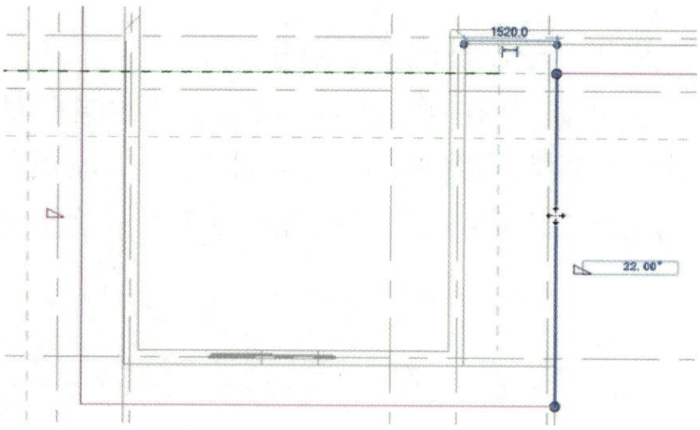

图 9-11　修改三层坡屋顶轮廓

接下来绘制玻璃面板下部的支撑，而此时就需要用“体量”完成。

9.3　二层雨篷工字钢梁的绘制

二层雨篷玻璃下面的支撑工字钢梁，可以使用体量方式手工创建。因为工字梁的形状特殊，而且包围着之前建好的玻璃面板屋顶，所以形状具有特殊性，不能量化生产，这种类型如果找不到合适的族通过载入完成，这时“体量”就能发挥作用了。

在项目浏览器中双击“楼层平面”项下的“2F”，打开“2F”平面视图。测量好所需的 U 形钢梁的尺寸（图 9-12）。

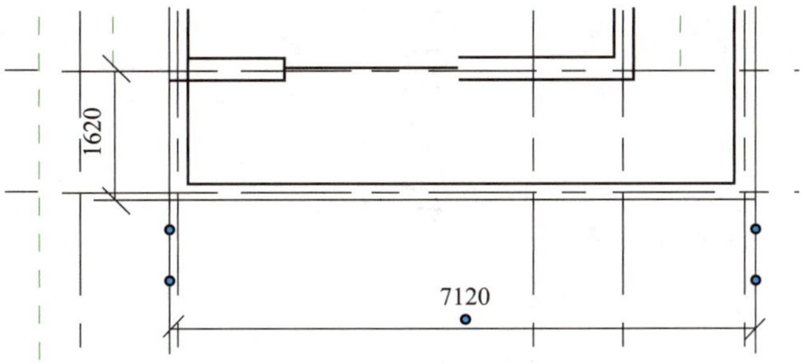

图 9-12 U 形钢路径

单击“族”→“公制常规模型”，使用“实心”→“放样”→“绘制路径”命令（图 9-13），绘制如图 9-12 所示路径，单击“完成路径”命令完成路径绘制。

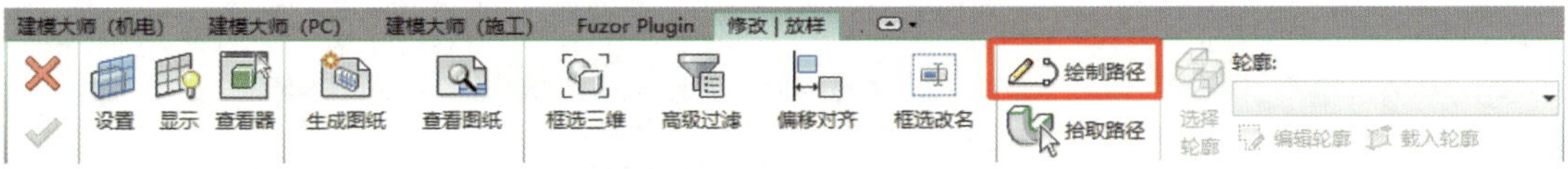

图 9-13 绘制放样的路径

单击“编辑轮廓”命令（图 9-14），“进入视图”对话框中选择“立面”→“南”，单击“打开视图”切换至后面（图 9-15）。

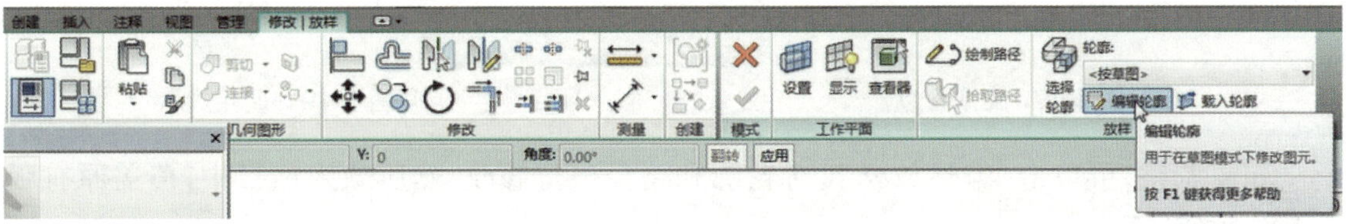

图 9-14 绘制放样的轮廓

选择“绘制”面板中的“线”命令，如图 9-2 在上节绘制的玻璃屋顶下方绘制工字钢轮廓（图 9-16）。绘制完成后单击“完成轮廓”，将生成的体量载入项目中（图 9-17、图 9-18）。

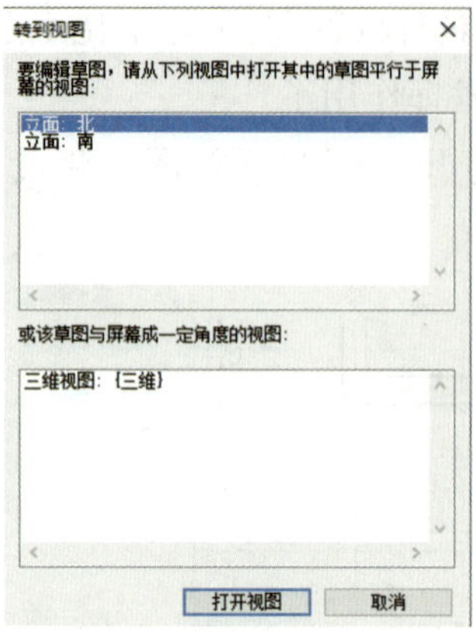

图 9-15　打开轮廓所在平面

图 9-16　放样轮廓的绘制

进入 2F 楼层平面，在项目浏览器中找到“族 2”，这就是刚新建的 U 形钢模型，选中之后拖曳到所需位置(图 9-19)。

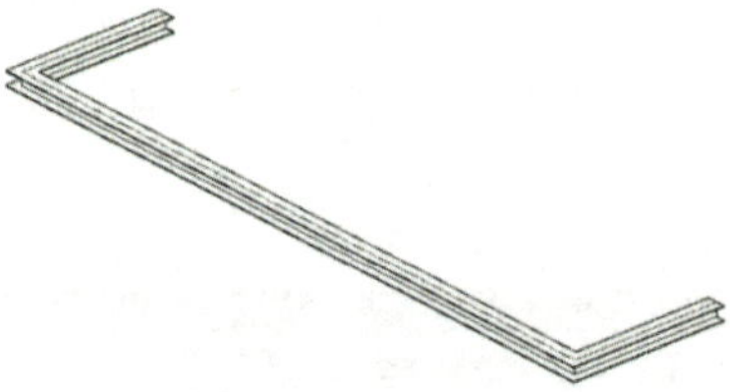

图 9-17　完成形状

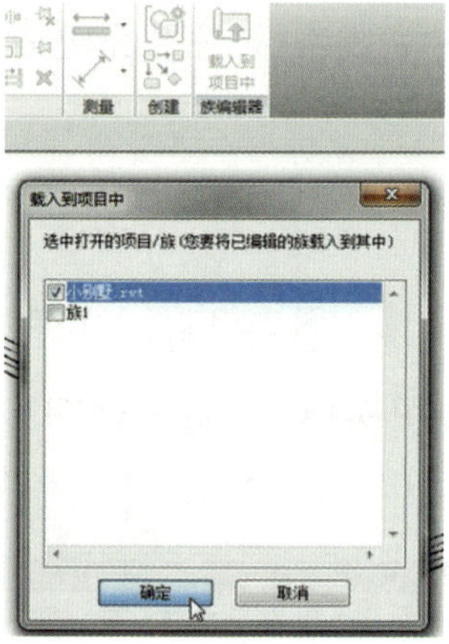

图 9-18　载入项目

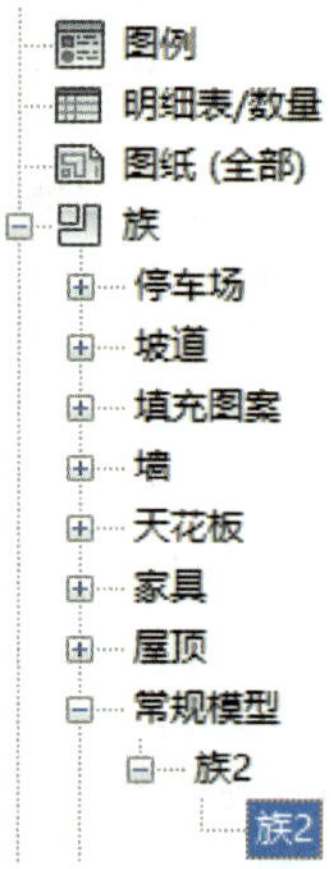

图 9-19　调用族

如需调整，可单击“编辑放样”，对轮廓和路径进行修改，然后载入项目中，覆盖原有版本及参数值(图 9-20)。

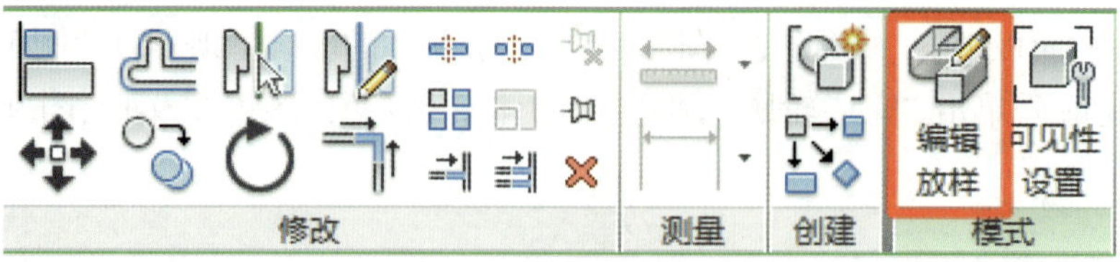

图 9-20　编辑放样

在“类型属性”中对载入项目中之后的高度进行调整。之后单击“图元”面板“放样属性”命令，进入“图元属性”对话框，设置“材质”为“金属 - 钢”，单击“确定”关闭对话框。单击“完成放样”命令，放样创建的工字钢梁如图 9-21 所示。

图 9-21 完成屋顶 U 形钢绘制

使用“实心”→“拉伸”命令创建中间的工字钢。

单击“实心”→“拉伸”命令(图 9-22),接下来需要绘制一个用于拉伸的轮廓,而与拉伸屋顶类似,我们依然需要确定一个轮廓所在的工作平面,然后才能沿垂直这个工作平面的方向实现拉伸。

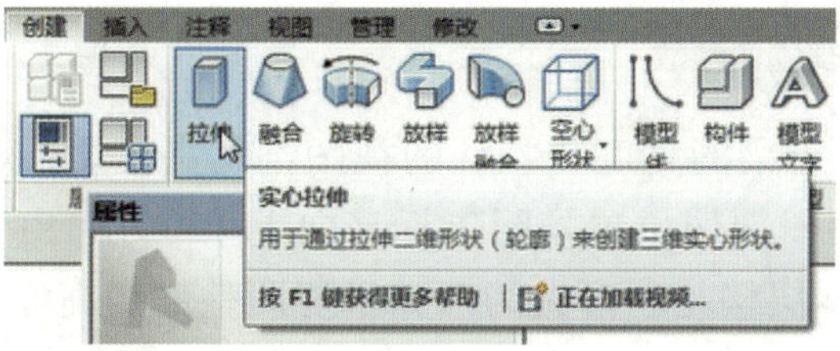

图 9-22 选择“拉伸”

所以,单击“南立面”,切换至南立面视图。在南立面视图用“线”命令,绘制如图 9-23 的工字钢轮廓,单击“完成拉伸”创建了一根工字钢(图 9-24)。

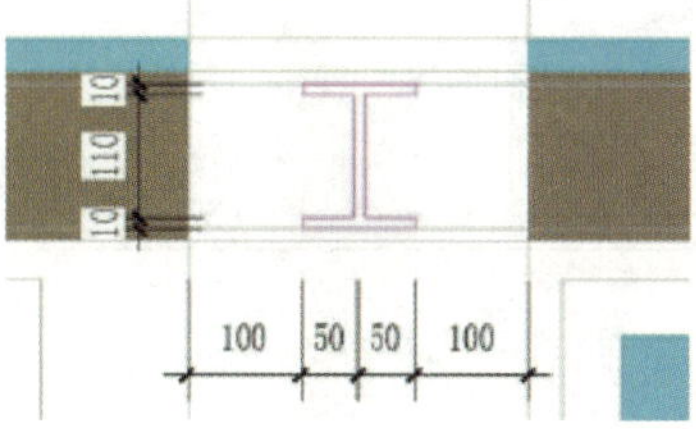

图 9-23 绘制拉伸轮廓

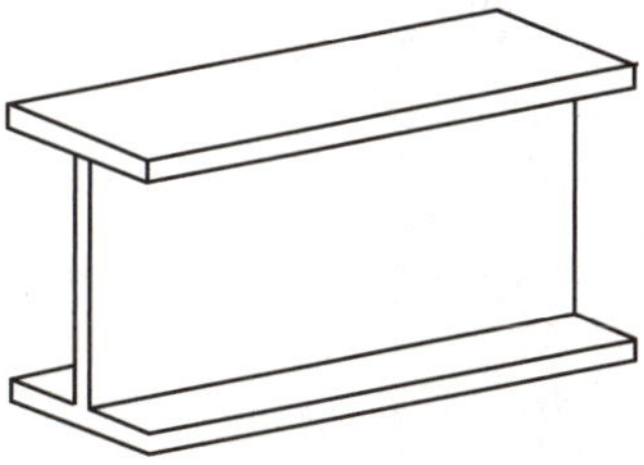

图 9-24 创建钢梁

进入“参照标高”视图(图 9-25),单击“类型编辑”按钮,修改“拉伸起点”数值,将设置“拉伸起点”为 -1480,“拉伸终点”为 -85,“材质”为“金属 - 钢”。

载入项目中,在 2F 平面视图中,调整高度和平面位置,完成了二层南侧雨篷玻璃下面的一根支撑工字钢梁。

此时我们在项目中单击 2F 或 3F 楼层平面,会发现无法查看到载入梁的位置(图 9-26)。

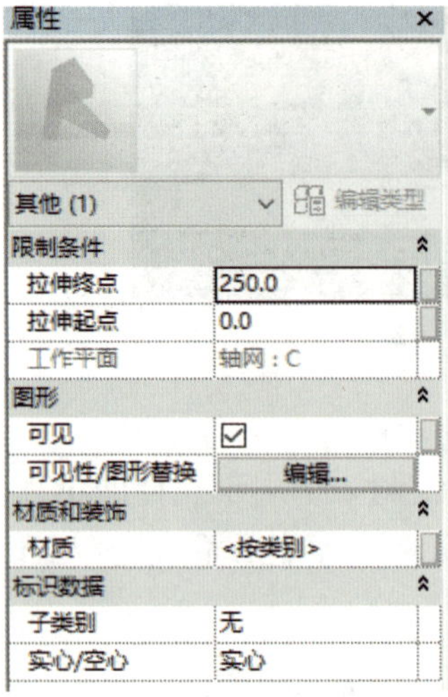

图 9-25 修改拉伸参数

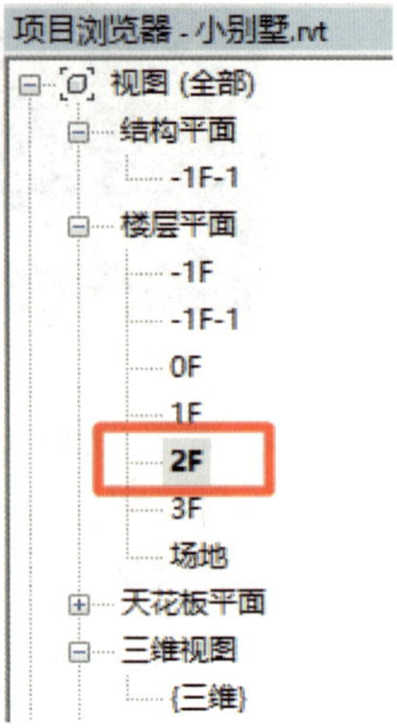

图 9-26 平面显示

这个问题的原因在于梁的高度与默认的视图剖切高度之间出现了冲突。我们知道工程项目中的各层平面图剖切位置是距离标高向上 1200,而由于这几个梁高度超过了剖切高度,所以自然在本层楼是不可见的。如果能调整剖切高度,则问题便迎刃而解。

具体的方法是,我们可以通过调整视图范围的方法来使其可见(图 9-27、图 9-28)。

图 9-27 楼层平面属性

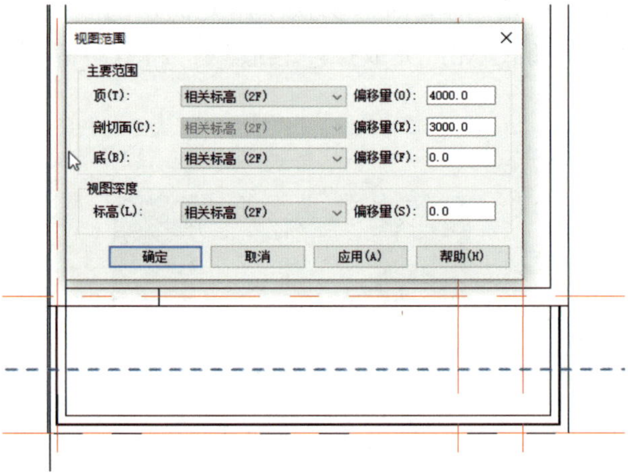

图 9-28 修改剖切面高度参数

9.4 构件的阵列

此时已经成功添加了一组直线梁中的一根(图 9-29),我们还需要将其在 U 形梁范围内再复制几根,并形成等距排列。

视频:挑廊屋顶

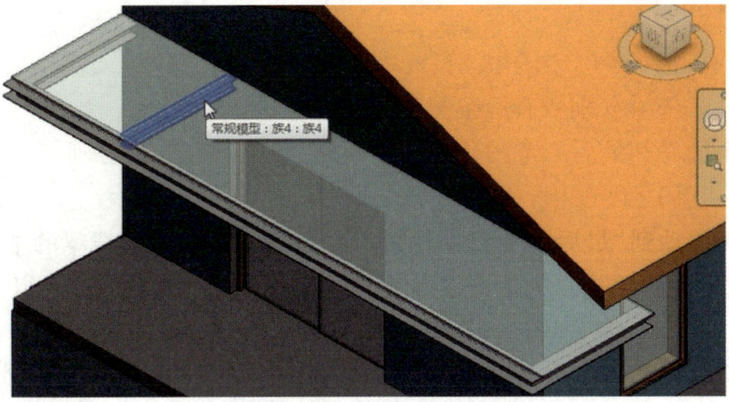

图 9-29　阵列钢梁

在不知道总距离的情况下，等距排列使用“复制”命令是无法完成的。这里为大家介绍“阵列”命令来进行绘制。

回顾之前的内容，由于两个构件都是通过“公制常规模型”得到的，所以能在“项目浏览器”的“常规模型”类型中找到。单击选中需要调用的族，按住左键不放，将其向绘图区域拖曳，就能在模型中添加构件（图 9-30、图 9-31）。

“线性”与“径向”的区别是阵列方式不同。“线性”是沿直线方向将对象进行排列。径向则是以圆周方向进行排列（图 9-32、图 9-33）。

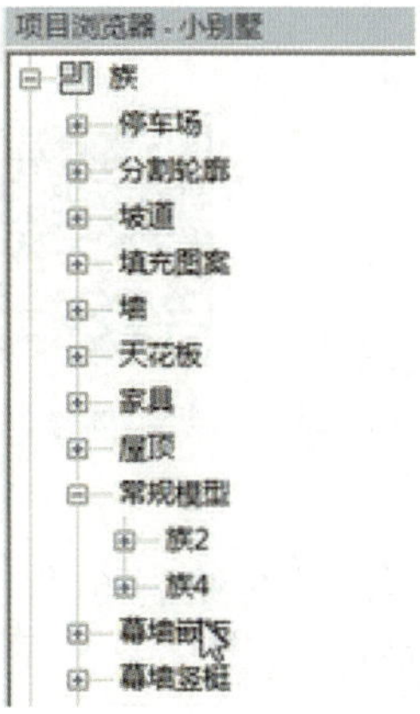

图 9-30　载入钢梁

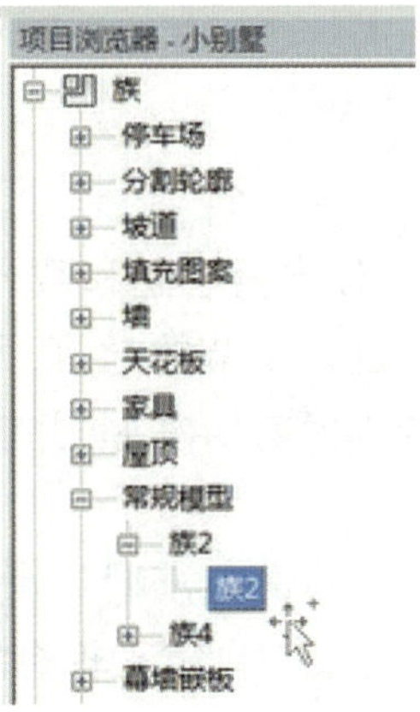

图 9-31　拖曳族

图 9-32　“阵列”命令

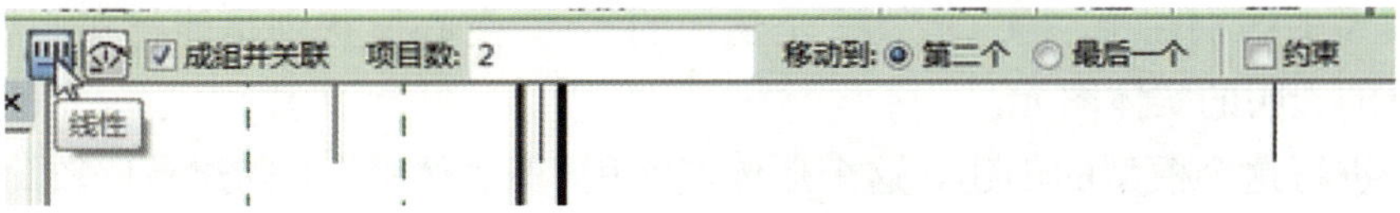

图 9-33　线性方向阵列

注意：“成组并关联”如果勾选后，所形成的一组阵列对象自动成为一个构建组，“项目数”是需要阵列某个对象的数量。

这个项目数包含阵列对象本身。也就是说，该项目中只需要再复制三个并均分排列，那么需要将项目数设为 4。

线性阵列“移动到”两个选项区别是：指定第一个图元和第二个图元之间的间距(使用“移动到：第二个”选项),则所有后续图元将使用相同的间距。

指定第一个图元和最后一个图元之间的间距(使用“移动到：最后一个”选项),则所有剩余的图元将在它们之间以相等间隔分布。

该案例选择移动到“最后一个”,项目数为“4”,单击第一根直线梁的中线后水平移动鼠标,在右侧轴线上再次单击。则形成了 4 个均等阵列。因为勾选了“成组并关联”,所以可以单击上面的数字“4”,对数量进行任意修改,则可以在已指定的第一根与最后一根梁之间自动均分。大家可以尝试作出调整,然后比对观察区别之处(图 9-34)。

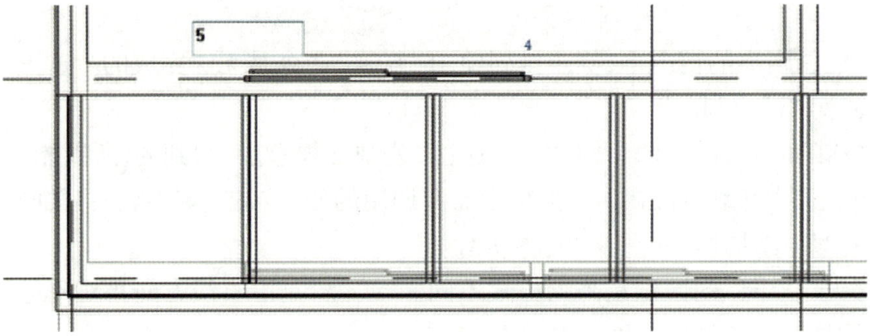

图 9-34　成组并关联

9.5　体量楼层与载入项目(拓展)

视频：体量建筑

接下来我们同样以 BIM 等级考试的真题来对体量建立和载入项目之后的更多效果进行进一步的详细介绍,希望通过这一小节的学习,大家不仅能掌握体量与项目的关系,同时也对创建体量的界面有所掌握,并能自行绘制一些简单的体量模型(图 9-35)。

在之前绘制雨篷的时候,我们学习了使用“公制常规模型”为模板的体量绘制方式,是通过新建族来实现的,其特点就是能够沿路径进行某一自定义轮廓的放样。

而体量的生成还可以直接用概念体量来完成(图 9-36),通过新建“概念体量”来实现。这一模式下就不能完成放样绘制,但却具有了生成“实心形状”与“空心形状”的特点,而这两种形状类型的区别在于,“实心形状”是建构的实体,空心形状则是能将实心形状进行剪切的不可见的透明的实体图元。

接下来进行这个模型的创建。这个形体其实用“概念体量”来创建是比较简单的,因为没有涉及曲面元素,但却有代表性,掌握了这个案例的绘制,也就能理解将体量载入项目中会出现的大部分问题。这个体量比较偏向于建筑形体,所以可以此为参照进行类似的尝试,按照不同需要加入建筑属性。

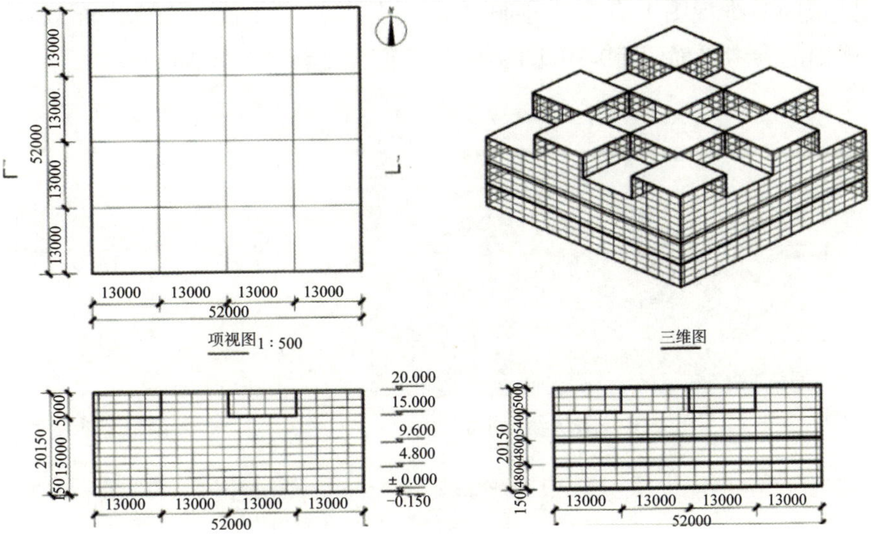

图 9-35　BIM 等级考试真题

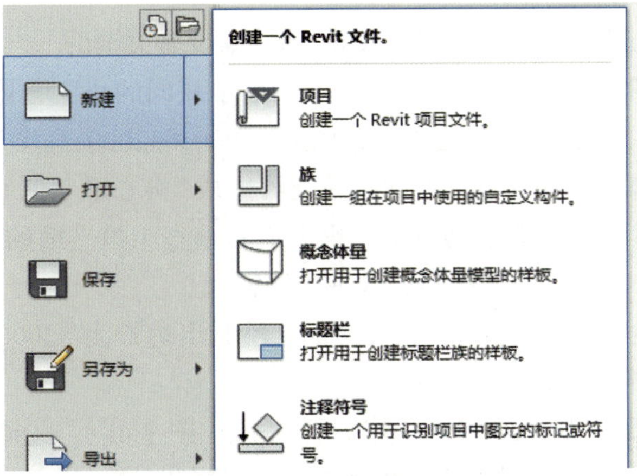

图 9-36　“新建”文件

新建一个“概念体量”(图 9-37),在随后的对话框中只有一种模板可选,即“公制体量”(图 9-38),这与新建族可选的众多模板形成了鲜明的对比。

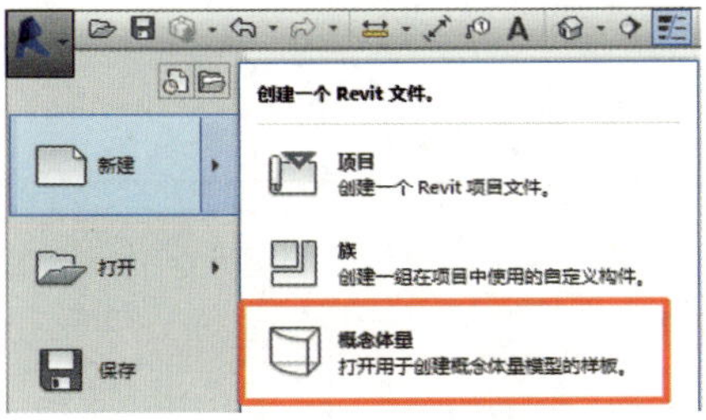

图 9-37　选择“概念体量”

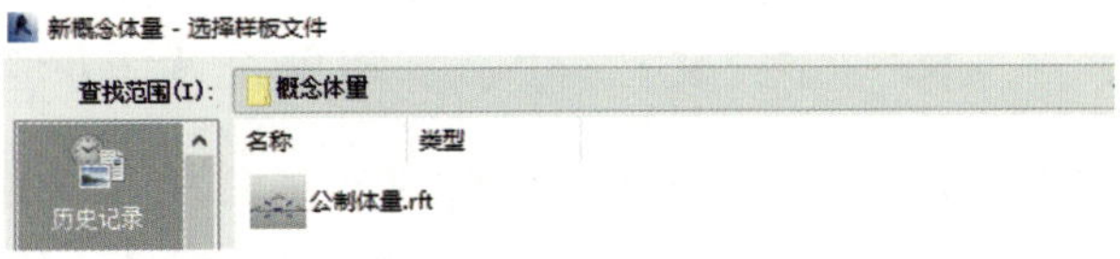

图 9-38　选择“公制体量”

注意:此界面下我们创建的所有形体都不具有实例属性。

绘图区域中三维视图下有三个参照平面,分别是标高 1 这一个水平面以及两个相互垂直的立于平面的参考平面(图 9-39、图 9-40),我们先解读需要添加一些什么。

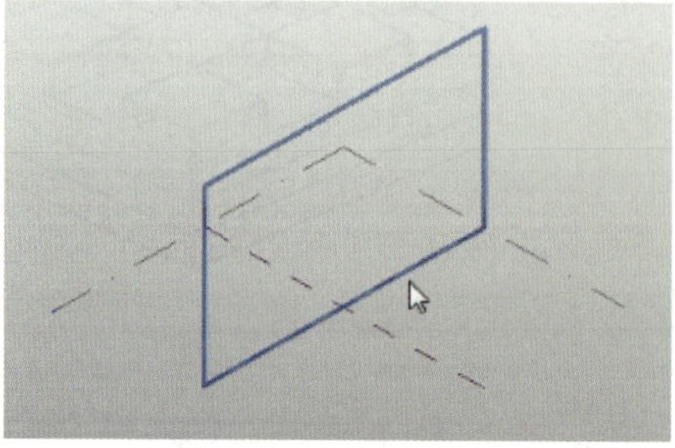

图 9-39　默认参照平面

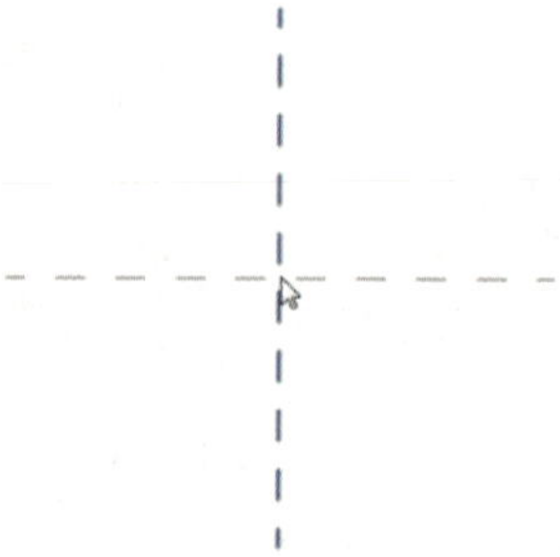

图 9-40　载入项目中的参考点

注意:对比案例可能大家会觉得首先需要添加的是标高,目前其中只有标高 1 作为底面的参照,但需要注意的是这个标高是项目的标高,也就是说,只有在项目中添加的标高才是有意义的,而此时绘制的标高载入项目之后,依然不会对项目有任何影响,所以不需要在"概念体量"中添加多余的标高。

我们只需要分析出哪些尺寸对这个形体的创建来说是关键的。

形体可以由下部的一个大的立方体与上部的 8 个相同的小立方体组合而得到,所以我们先来绘制大的立方体。具体尺寸是水平方向上 52000 × 52000,高度为 15000。

前文提到绘制"概念体量"一个特点就是能够生成"实心形状",而"实心形状"的创建只需要确定一个面,然后系统会自动将这个平面沿着垂直于该平面的方向拉伸一定距离形成立体,然后我们可以对拉升的高度等做进一步调整。

因此,想要绘制大的立方体,只需在水平面上绘制出边长为 52000 的正方形,然后系统自动会向 z 轴方向拉伸这个面。

进入"标高 1"平面视图,可单击绘制"矩形"命令(图 9-41)。先随意绘制一个矩形,然后可以通过修改临时尺寸的方式将其进行调整。由于案例是一个规整的对称图形,所以选择将其对称中心定位在两个垂直参照面交点。

图 9-41　绘制矩形底面

注意:由于可以用于调整修改的临时尺寸只会出现在参照与参照之间,所以在已有参照平面的情况下,只能先绘制参考线或参照平面才能完成相对尺寸的调整。使用参考线命令绘制后选中,就会出现与其他参照之间的临时尺寸(图 9-42),依此绘制 4 条线并进行调整,最后用"模型线"绘制一个定位了四个角点的正方形(图 9-43)。

接下来单击“创建形状”，选择“实心形状”生成三维实体，此时为了绘图区域整洁，我们可以将之前绘制的参考线删除（图 9-44）。

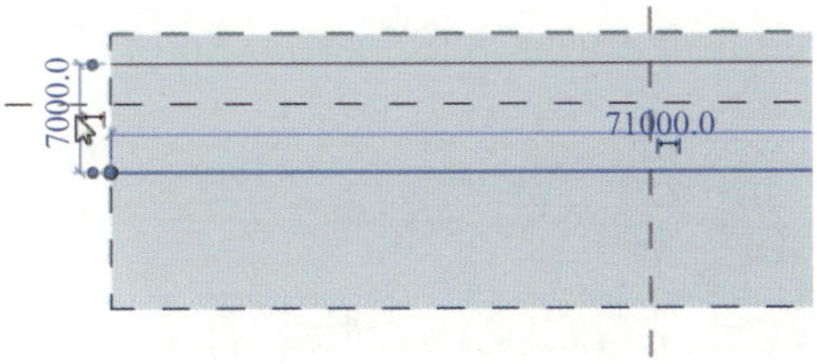

图 9-42 临时尺寸

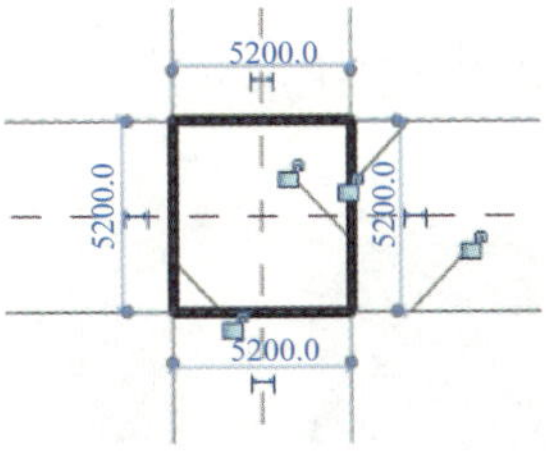

图 9-43 调整参照平面

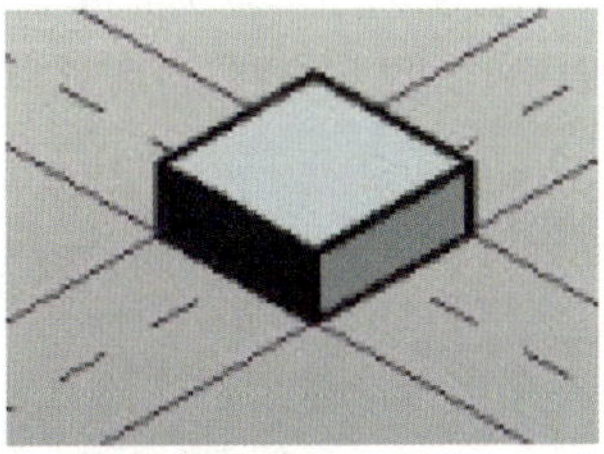

图 9-44 创建形状

为了便于选择，将显示模式改为“细线模式”。此时立方体虽然是一个整体，但其中的任意一个元素都是能移动的，从角点到表面。正因为如此，所以在移动某元素时，一定要确定选中的是它本身，否则会出现误操作（图 9-45）。

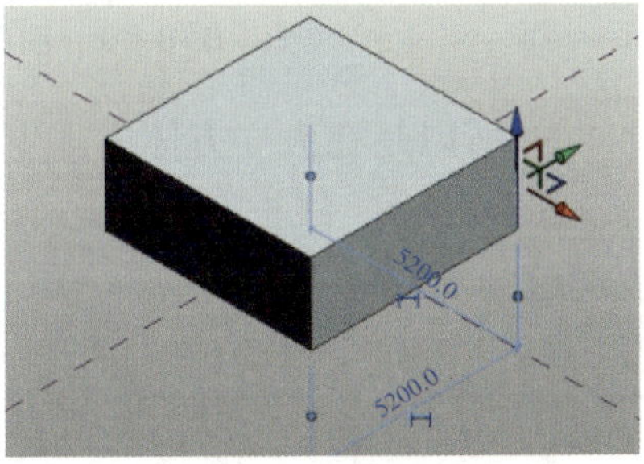

图 9-45 选择图元

注意：因为对立方体的拉伸距离并未做任何限制，所以此时立方体的高度是需要修改的，那么我们一定要在保证选中顶面一整个面的情况下进行调整，如果没有严谨地确认，很容易只选中了一条边进行移动，而这样的话整个形体轮廓也被破坏了。因此一般会在三维视图中进行选择。

进入三维视图，按“Tab”键切换到我们想选定的顶面（图 9-46、图 9-47、图 9-48），修改高度为 15000。

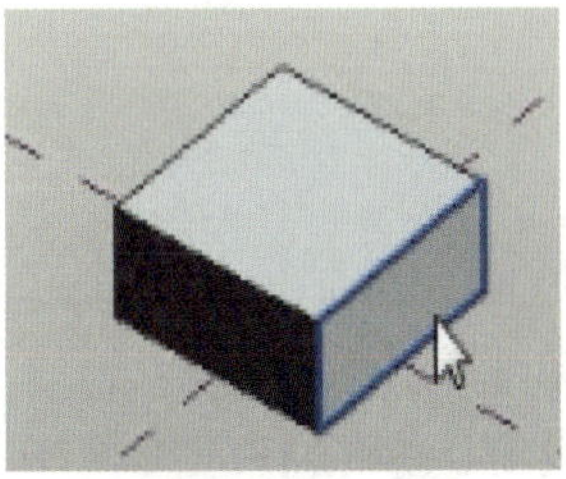

图 9-46 选中侧面

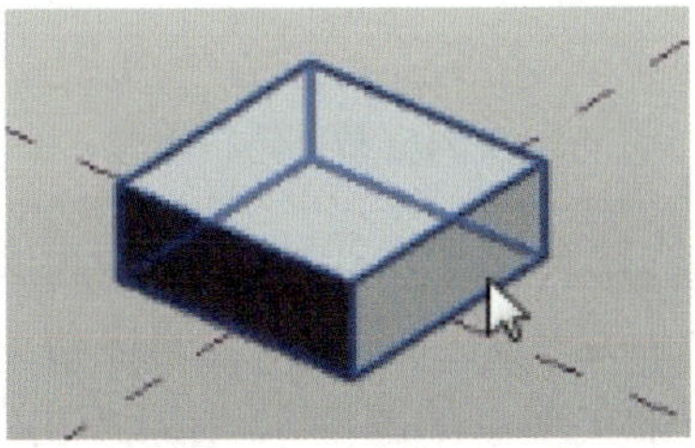

图 9-47 选中形体

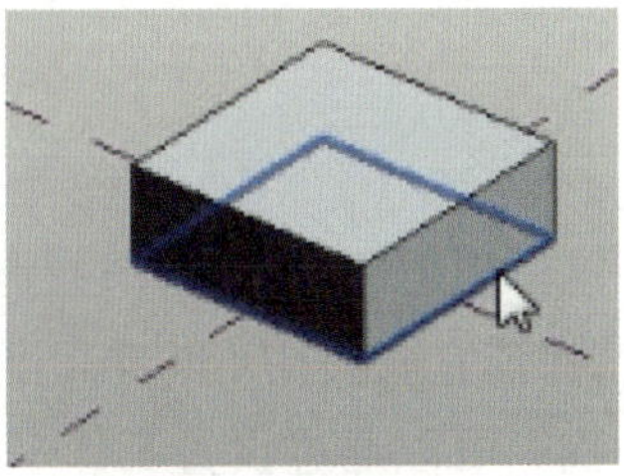

图 9-48 选中底面

接下来绘制顶面以上的 8 个小立方体，绘制方法类似，但需要注意的是如果默认情况下在平面视图中进行绘制时，依然是在标高 1 这个水平面上进行绘制，所以在绘制完成生成实体形状后,需要移动至新的高度。

先绘制一个小立方体,然后将它放置到正确高度,再多重复制即可。具体绘制过程如下:绘制几个参考平面,用于定位小立方体平面视图中的几个角点(图 9-49),然后绘制其中一个小立方体的底边再单击“创建形状”,即可生成一个小的立方体,如图 9-50 所示。

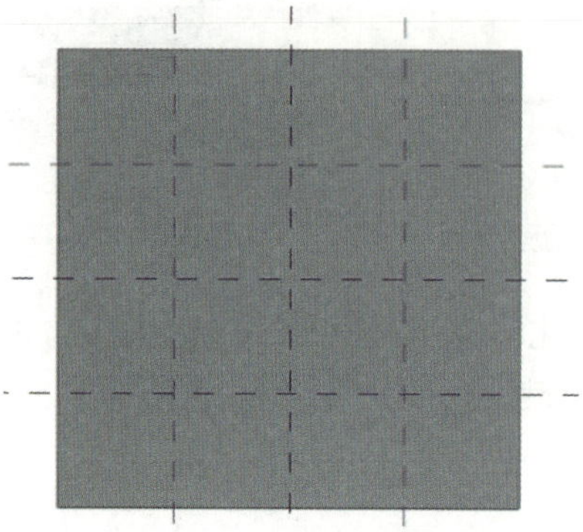
图 9-49 绘制新的参照平面

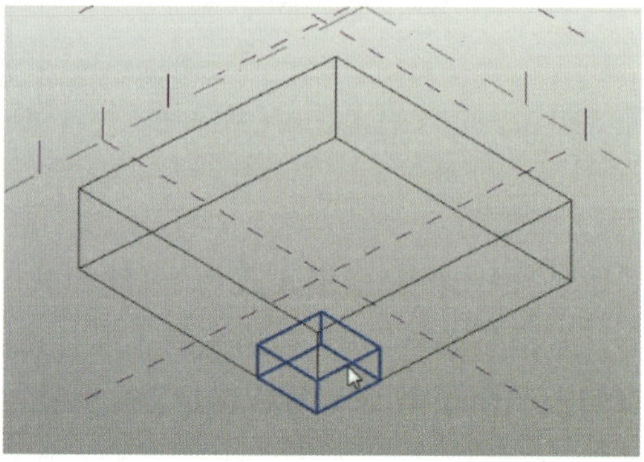
图 9-50 创建一个小立方体

因为是基于标高 1 向上拉伸的,所以是在大立方体内部生成了一个小的立方体,如果被大立方体遮挡无法选择时,可将视图切换到“线框”显示模式,我们需要选中它,调整它的底高度为 15000,以及它的总高度调整为 5000。

注意:调整小立方体高度的方法是,按住“Tab”键选中整个小立方体,在立面视图中将其移至指定高度。

接下来选中它进行多重复制(图 9-51)。

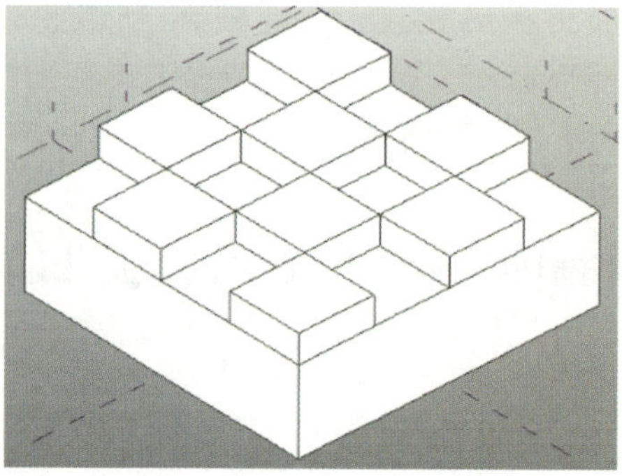
图 9-51 完成基本体块绘制

这里根据刚才的作图过程给大家介绍一个操作窍门:就是如何能在绘制第一个小立方体时,就保证它底面在 15000 高度上。这样就会省去很多的移动步骤,提高作图效率。

我们可以通过设置工作平面来实现。如图 9-52 所示单击”设置”,就会在三维视图中选中大立方体的顶面,就能使接下来的操作都限制在这一平面上,单击“显示”则能将当前的工作平面用蓝色显示出来,便于我们随时查看(图 9-52、图 9-53)。

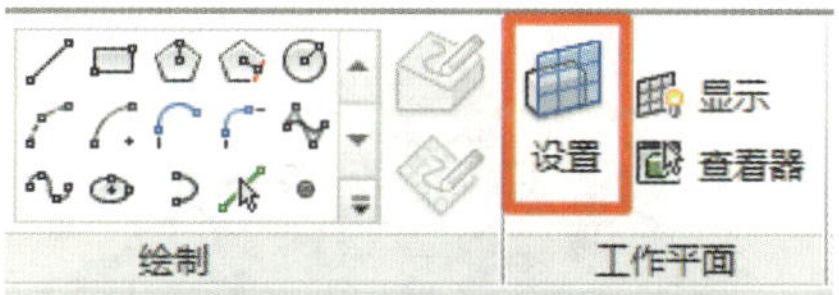

图 9-52　设置工作平面

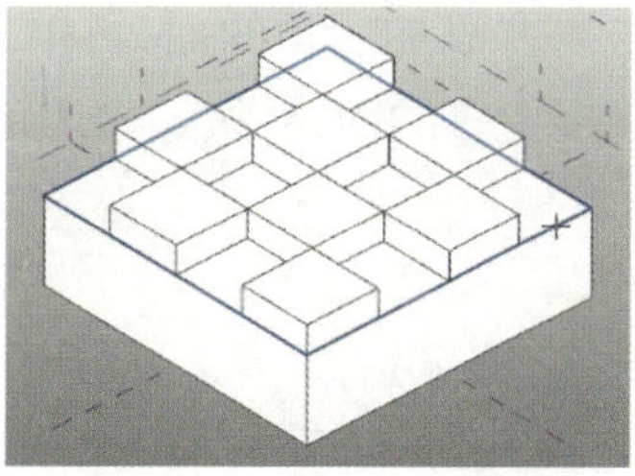

图 9-53　选择立方体顶面

形体创建完毕后，我们需要给它添加屋顶和幕墙的属性，还能看到在楼层标高处有楼板，这时就需要将其载入项目中来完成后续的要求了。

注意：单击“载入到项目中”，在随后弹出的对话框中选定要载入的项目，随后界面就切换到了选定的项目中（图 9-54、图 9-55），并会弹出“体量 - 显示体量已启用”，这时单击“关闭”即可。要临时显示或隐藏体量，可选择“体量与场地”选项卡，然后在“体量”面板上单击“显示体量”按钮。

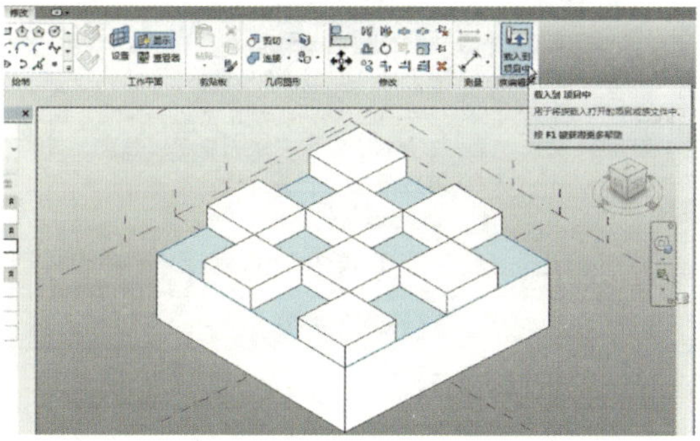

图 9-54　载入项目

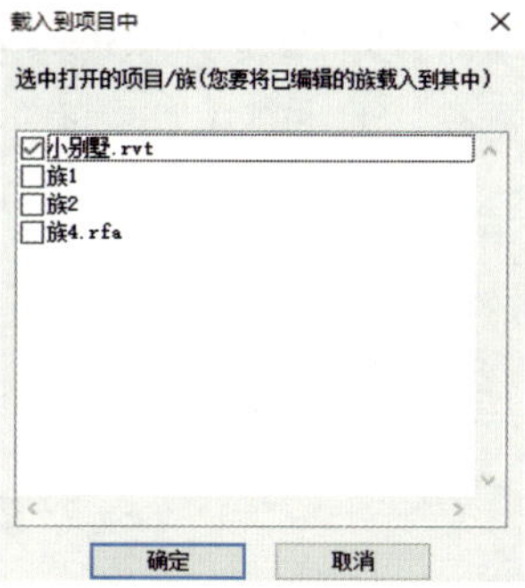

图 9-55　选择项目

需要特别注意的是，只有当“视图可见性 / 图形”对话框中“体量”类别永久可见时，才能打印或导出体量。

单击鼠标左键选择放置位置，然后单击“Esc”键退出，否则会一直进行多重复制。体量载入后以半透明模式显示，而且是以一个整体显示的，无法选中其中的某个面（图 9-56）。

选择“屋顶”命令下的“面屋顶”，这一选项是专门为体量设定的（图 9-57）。

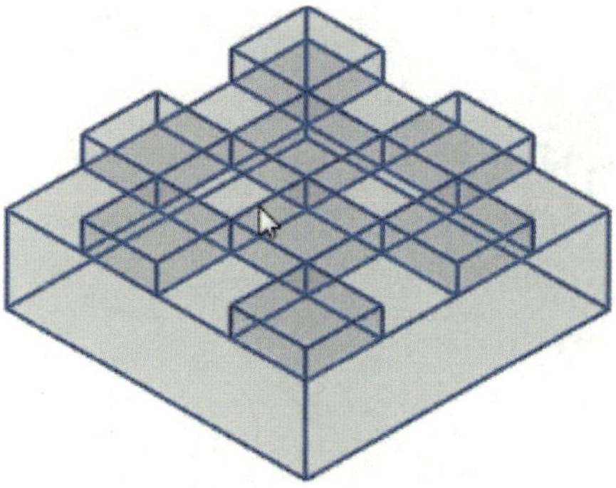

图 9-56　载入后显示体量

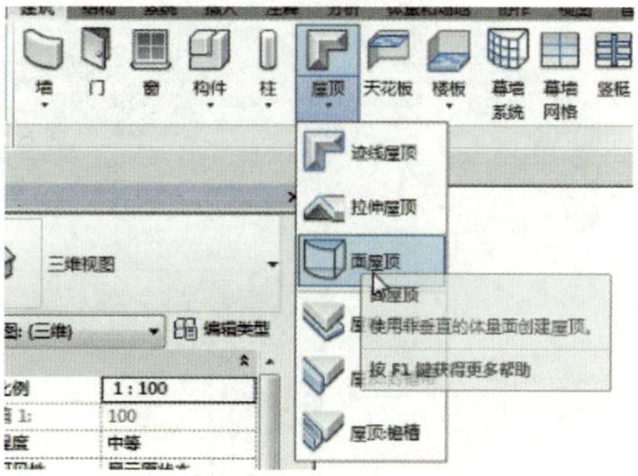

图 9-57　选择“面屋顶”

单击需要添加屋顶的面，再单击“创建屋顶”，并点击“选择多个”即可捕捉到这个面以及连接捕捉更多的面，并按这个表面的尺寸及形状生成形体(图 9-58、图 9-59)。

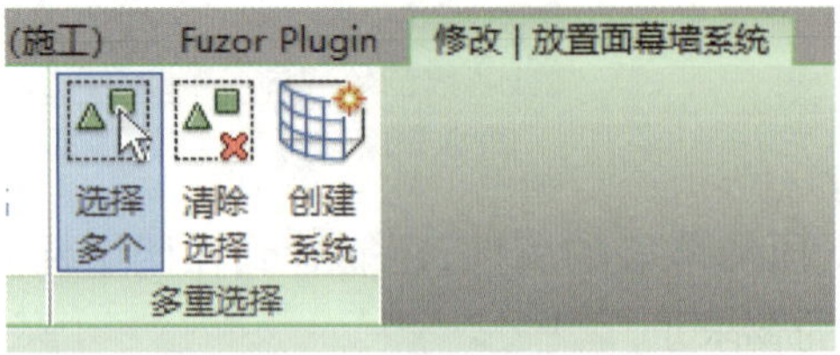

图 9-58　单击“选择多个”

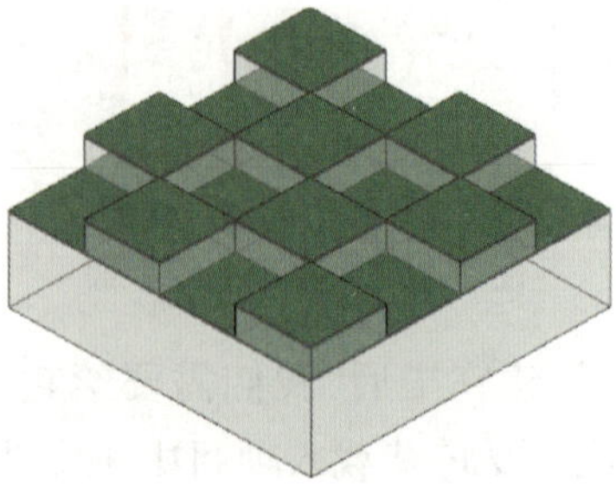

图 9-59　创建屋顶

添加屋顶成功后，再将周围以幕墙围合。

单击“建筑”选项卡下的“幕墙系统”后，会出现与添加屋顶类似的“选择多个”“清除选择”和“创建系统”几个选项(图 9-60)，这几个按钮能提高添加属性的灵活性和高效性。

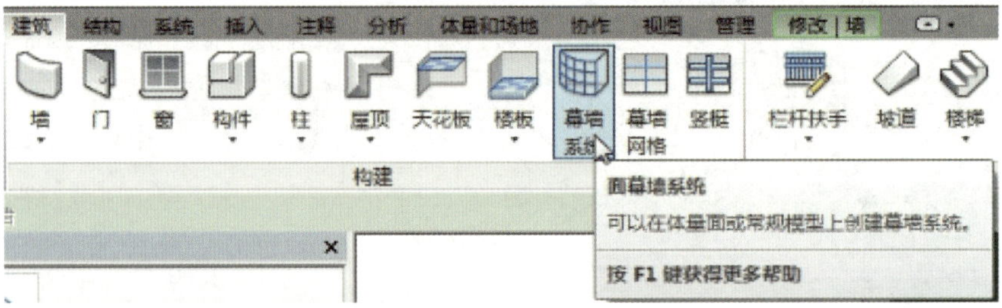

图 9-60　选择“幕墙系统”

表面添加属性完毕后(图 9-61)，还有最后一步就是为这个体量添加楼板。楼板的位置由项目的标高决定，只要载入的体量高度高于任意标高，则都可以在以下添加楼层，这样才与项目真实关联。本项目一共有三层，所以先设置好项目标高，然后就能添加楼层了(图 9-62)。

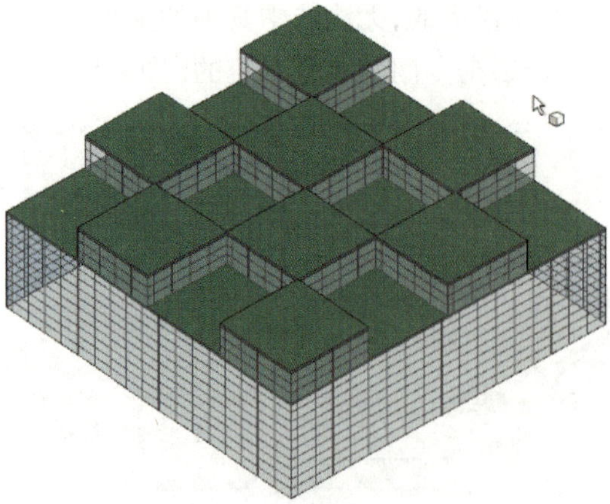

图 9-61　创建幕墙系统

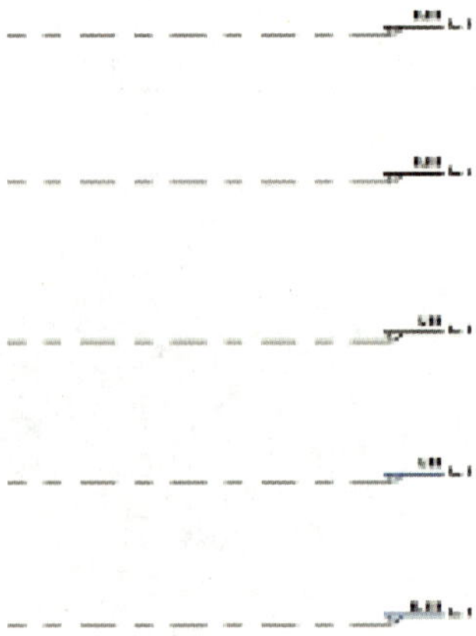

图 9-62 设置标高

此时之前载入的那个体量是依然存在的，所有添加的属性只是借助其形状附着的，所以依然可以按“Tab”键选到这个体量（图 9-63）。选中后单击“体量楼层”，在弹出的需要添加的标高上勾选即可（图 9-64）。

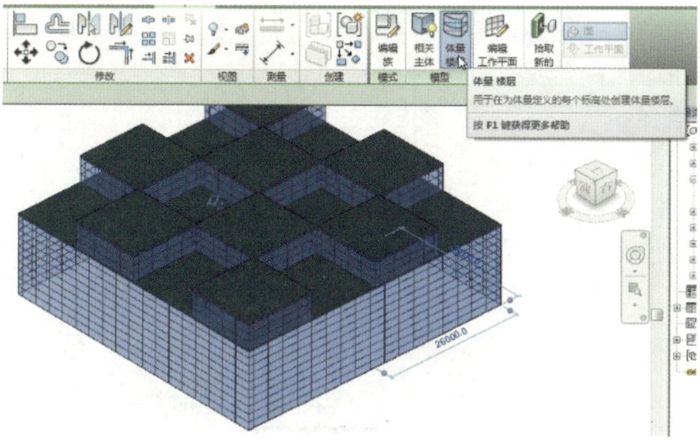

图 9-63　选择“体量楼层”

图 9-64　选择所需标高

注意：这一步仅仅是捕捉到了体量与标高的关系，但还需要将这些捕捉到的位置平面添加楼板属性，在此之前这些面都没有厚度。

因此与面屋顶类似，我们在“楼板”选项下选择“面楼板”，再选中需要添加的每一个楼层平面，才能算作成功地完成创建。

最后选中体量，将其删除后，项目中就只有添加了属性的图元，而没有体量存在了（图 9-65）。

图 9-65　生成楼板

在这个案例中着重学习的是创建“实心形状”的方法，而在选择创建形体时还可以有“空心形状”这一选项，那么这个选项又能够完成什么功能呢？这里用另外一个 BIM 等级考试的真题为大家做详细介绍。

如图 9-66 所示,本题要求用体量面墙来建立一面厚度为 200 的斜墙,而且墙中开一个圆形洞口,完成后还需要计算这一片开洞口的 200 厚斜墙的体积和面积。

视频:体量拓展

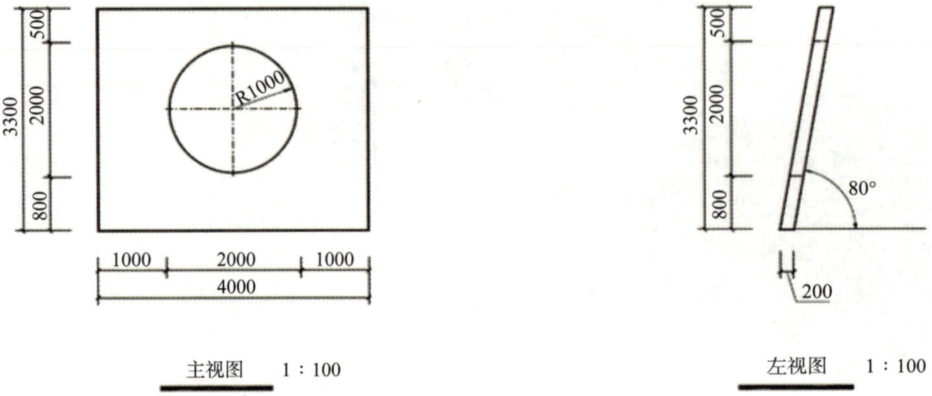

图 9-66 BIM 等级考试真题

分析题意首先能发现,这面斜墙直接在项目中建立很难实现,所以首先就要考虑可以使用体量建模然后载入项目。

接下来看到其中的孔洞,这可以借助“空心形状”的创建实现。

体积和面积对这个斜墙来说如果通过传统方式来计算稍显烦琐,而且因为都是斜角的墙剖面,所以必然会在手动计算中出现误差。BIM 技术之所以具有优势,正是由于在实体创建之后,工程量可以根据模型直接生成,工程造价专业则只需要对定额等进行后期整合,省去了烦琐的计算,也保证了工程量计算的准确与完善。

载入项目之后,因为有了确定的各维度的尺寸,所以 Revit 的系统计算引擎能直接计算出墙体的体积和面积。

下面一起来学习具体的创建过程。

为了最后能够有一个斜面来附着墙体,首先需要在体量中创建出一个有洞口的斜面,然后载入项目中,就能用“面墙”命令绘制出想要的异形墙体。

新建概念体量,选择“公制体量”,这与上一个案例的创建步骤相同,所以不做赘述。进入绘图区域,我们首先绘制一个立方体,然后再用斜面来进行切割。以高度尺寸为参照,在立面中建立一个有一个 80 度斜边,高度为 3300 的直角梯形,该梯形的上下边长度不限,然后单击“创建形状”,生成“实心形状”,这样能沿垂直于这个立面的方向生成一个立方体(图 9-67)。然后进入三维视图,按“Tab”键选中侧面,将立方体厚度调整为 4000(图 9-68、图 9-69)。

接下来选择在水平方向创建孔洞。

单击进入顶视图,能看到立方体的西面是斜面,所以此时务必要选择东立面进行洞口形状的绘制。首先绘制参考平面来确定洞口的位置(图 9-70、图 9-71)。

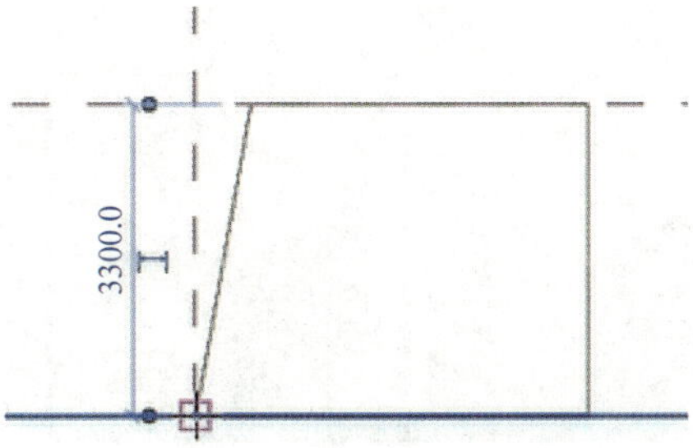

图 9-67 绘制立面轮廓

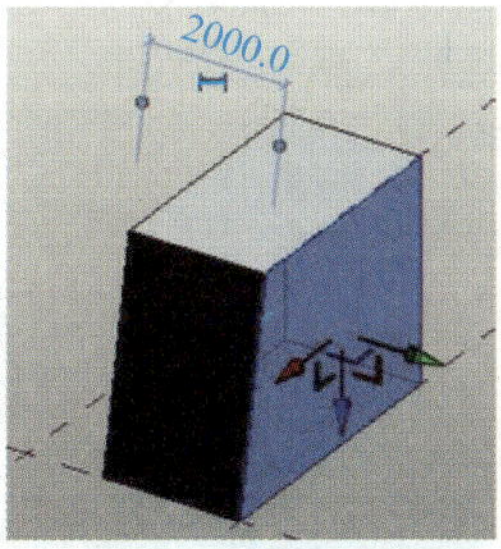

图 9-68 创建实心形状

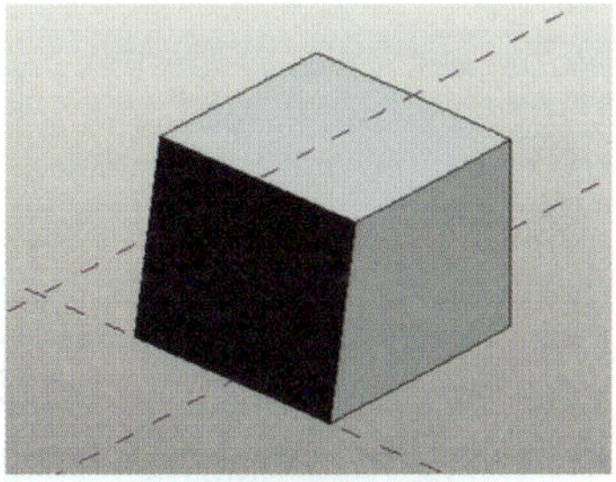

图 9-69 修改拉伸尺寸

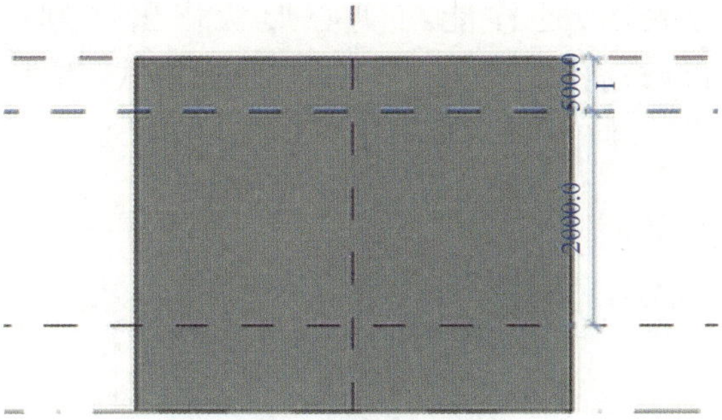

图 9-70 绘制参照平面

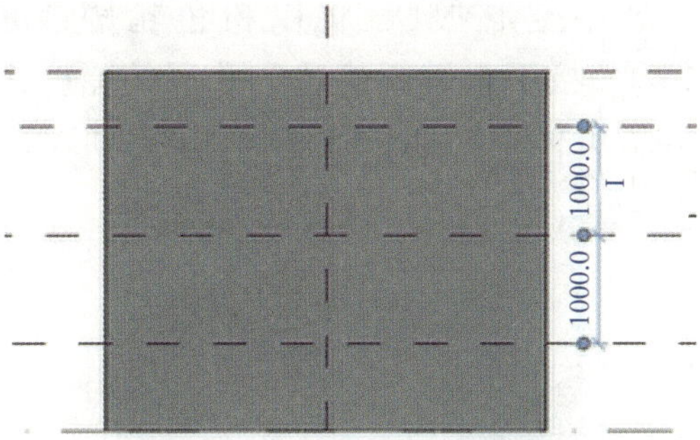

图 9-71 确定洞口位置

注意：本题需要按照要求在正确的平面上绘制这个洞口的圆形形状，因为 Revit 中的拉伸过程是垂直于绘制形状所在的面的，所以，如果在斜面上绘制，那么生成“空心形状”的过程不会沿水平方向，而是会垂直于斜面。本题的要求是洞口方向水平，所以要在垂直的立面上绘制洞口形状才能正确完成形体创建（图 9-72、图 9-73）。

图 9-72 使用模型线绘制

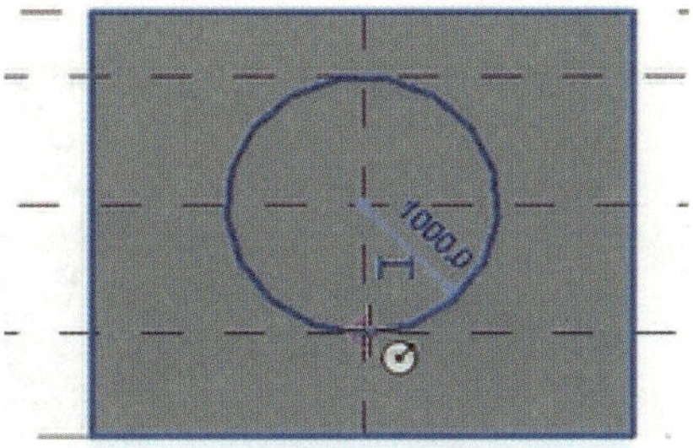

图 9-73 绘制洞口轮廓

单击三维视图，确认圆形绘制在正确的立面上（图 9-74）。然后单击“创建形状”，选择“空心形状”，随后弹出的面板表示需要为要生成的空心形状作进一步确定，因为基于圆形能够生成一个球体或圆柱，所以我们此时单击第一个，生成孔洞（图 9-75、图 9-76）。

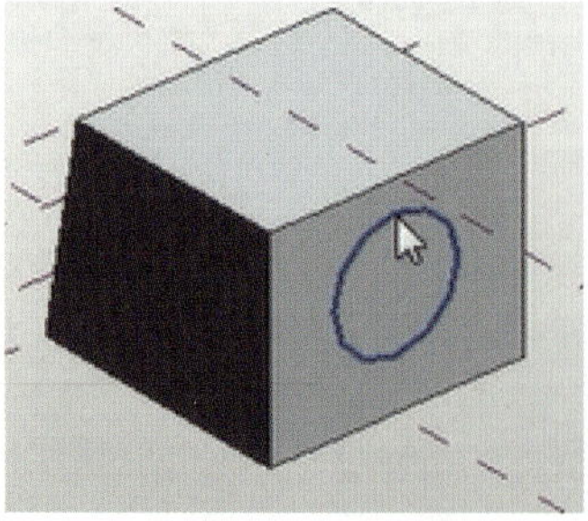

图 9-74　选择轮廓

图 9-75　创建空心形状

图 9-76　选择生成形状

选中空心形状，将以粉色轮廓线进行表示，这样能与实心形状作出区别（图 9-77）。接下来需要将这个孔洞的厚度进行调整，使其贯通。切换至线框模式，选中孔洞在立方体中的那个被遮挡住的圆形面，进行拉伸，直至穿过立方体（图 9-78）。

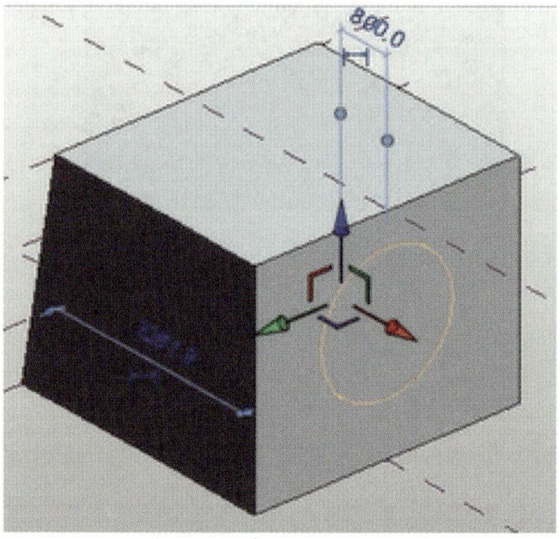

图 9-77　空心形状轮廓

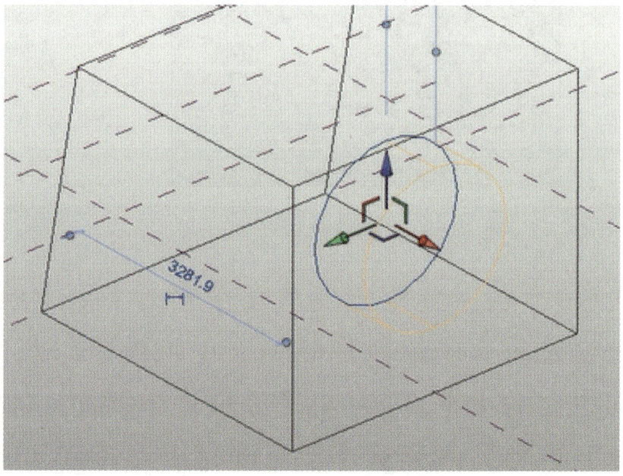

图 9-78　拉伸长度

单击至三维视图，查看是否如图生成孔洞（图 9-79、图 9-80）。

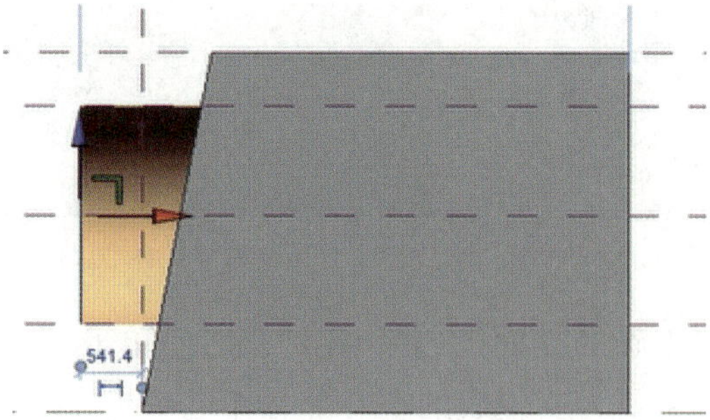

图 9-79　穿透实心形状

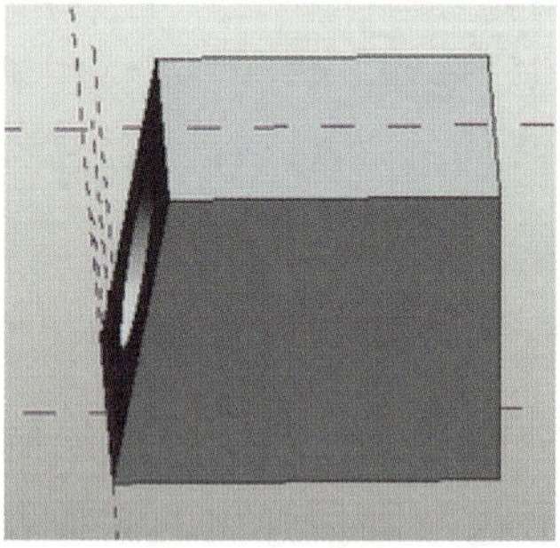

图 9-80　形成孔洞

将其载入项目中，形成一个半透明形体，而需要捕捉的图示的斜面来附着面墙，然后将墙体厚度调至 200（图 9-81）。

之后选中后面的体量，删除之后项目中就只有本题需要的这面斜墙了（图 9-82、图 9-83）。

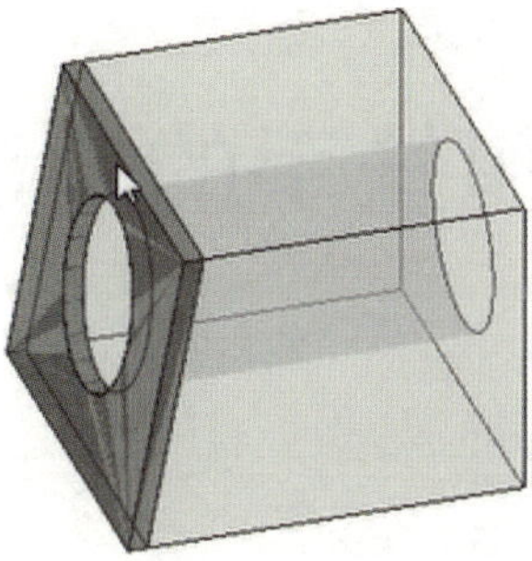
图 9-81　面墙添加

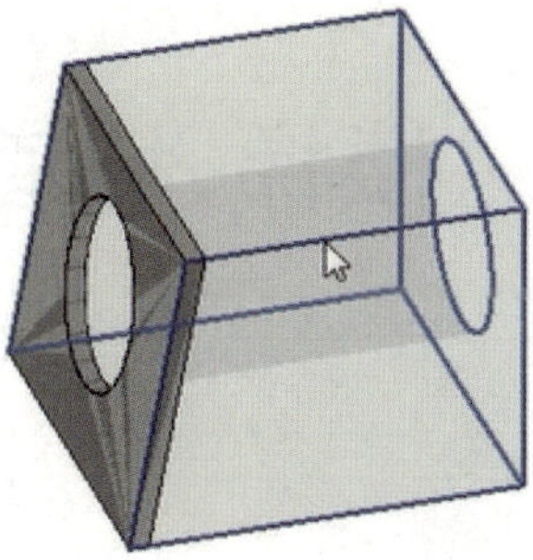
图 9-82　删除所选体量

图 9-83 完成绘制

选中这面墙，不需要手动进行计算，在属性栏中就能查看体积和表面积了，至此这道题的要求也全部完成（图 9-84）。

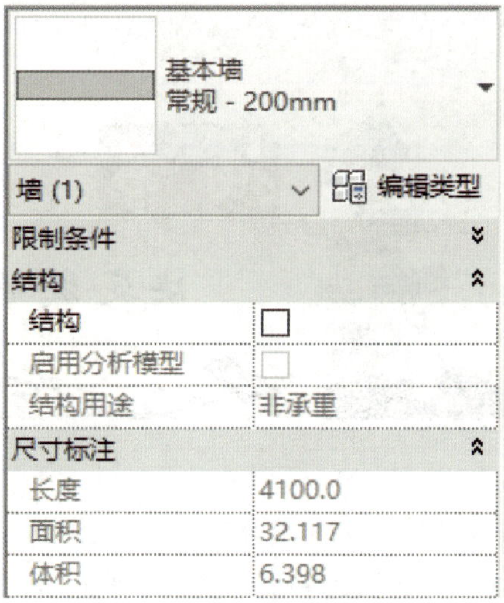

图 9-84　查看体积

通过拓展练习，我们对体量创建以及“实心形状”“空心形状”有了深入的了解，希望大家多做练习，熟练掌握这一功能。

本章小结

在本章节中，我们对本项目中相对比较特殊的构架制作进行了分析与讲解，着重以“体量建模”为依托，介绍了体量的基本知识与建模类型，最后结合 BIM 等级考试中的两个体量建模真题对“公制常规模型”和“公制体量”两个体量模板分别作了介绍，也希望大家在掌握了本章节知识后，能自行建立更多的体量模型作为巩固与提高。

第 10 章　楼梯、坡道和扶手的绘制

课程思政

社会责任感

《道德经》:“天下难事,必做于易;天下大事,必做于细。”意思是说再难的事,也要从容易开始;再大的事,也要从细处着手。成就大事的人往往是那些注重细微之处的人。这个道理很简单,当我们盖一栋房子的时候,整天憧憬着房子盖好后是多么美丽壮观,却不从一砖一瓦盖起,房子会在想象中拔地而起吗?

汉朝时有一位名士叫陈蕃,他十五岁的时候,住在一个庭院里读书学习。一天,陈蕃父亲的一位老朋友薛勤来看他,见到屋里垃圾满地,很生气,就对陈蕃说:“有客人来了,你为什么不打扫房间接待客人呢?”陈蕃回答:“大丈夫处世,应当扫除天下,扫一间屋子有什么用呢?”薛勤暗自吃惊,知道陈蕃年纪虽小,却胸怀大志,但是因为年少,很多事理还没明白,就说道:“一间屋子都扫不了,还怎么扫天下?”陈蕃恍然大悟,连忙打扫房屋。从此他刻苦读书,勤勤恳恳,终于成为一代名士。任何大事都是从小事情起步的,小事虽然看起来很简单、很平凡,很多人因此不屑去做这些小事。但是很少有人想到,把平凡的事情做好,就是不平凡;把简单的事情做好,就是不简单。

楼梯作为建筑不可缺少的垂直交通构件,小小的空间却包含了很多细节,要满足楼梯涉及的标准,要满足空间的使用功能,要使用正确的建筑材料,也要满足室内装修设计的建筑美学,所有的细节成就了最终不起眼的楼梯,只有每一个细节都做到完美,最终呈现的楼梯才是最好的。

本案例的垂直交通体系由室外楼梯与室内楼梯两部分构成，本章将采用功能命令和案例讲解相结合的方式，详细学习楼梯和扶手的创建和编辑的方法。

由于楼梯绘制过程中涉及的参数调整较为复杂，所以本章节对项目应用中可能遇到的各类问题进行了剖析，此外，结合案例介绍楼梯和栏杆扶手的拓展应用的思路将是本章节的亮点。

10.1 创建室外楼梯

在项目浏览器中双击“楼层平面”项下的“-1F-1”，打开地下一层平面视图。单击“常用”选项卡“楼梯坡道”面板“楼梯”命令，单击进入“楼梯（按草图）”模式。

视频：室外楼梯

这两种绘制模式的区别在于，“按草图”模式能够相对更为自由地绘制我们所需的楼梯类型（图 10-1、图 10-2）。

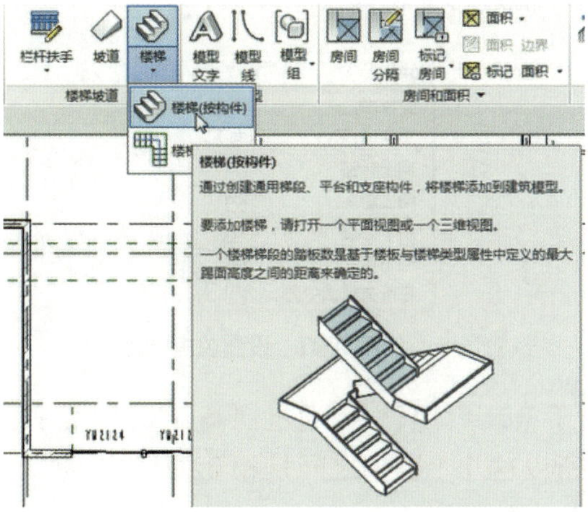

图 10-1 “按构件”绘制楼梯

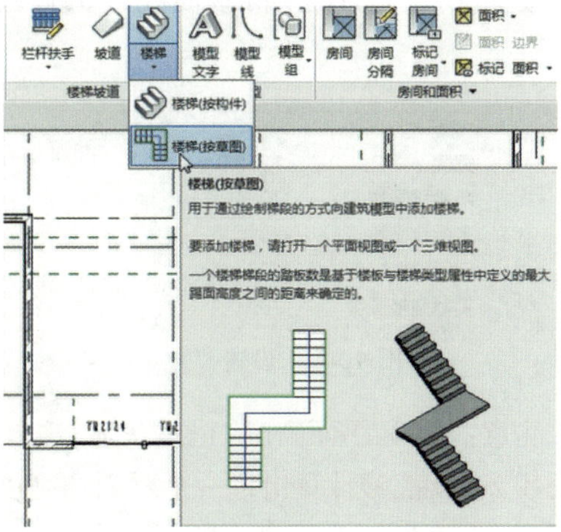

图 10-2 “按草图”绘制楼梯

选择“楼梯（按草图）”，进入“修改 | 创建楼梯类型”选项，可见如图 10-3 所示，除了常用的修改栏之外，在绘制栏中分为了“梯段”“边界”和“踢面”三个部分，可以分别对它们进行绘制与编辑。并且支持线形楼梯以及弧形楼梯的绘制。

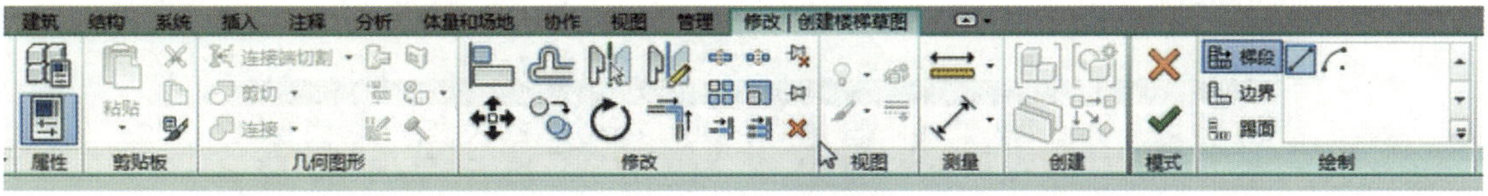

图 10-3 绘制楼梯

通过立面分析，室外楼梯需从 -1F-1 层到达 F1 层，所以楼梯需要解决 3.5 m 的垂直方向提升（图 10-4）。本案例要求的楼梯设置为：楼梯的“基准标高”为 -1F-1，“顶部标高”为 1F、“宽度”为 1150、“所需踢面数”为 20、“实际踏板深度”为 280（图 10-5）。

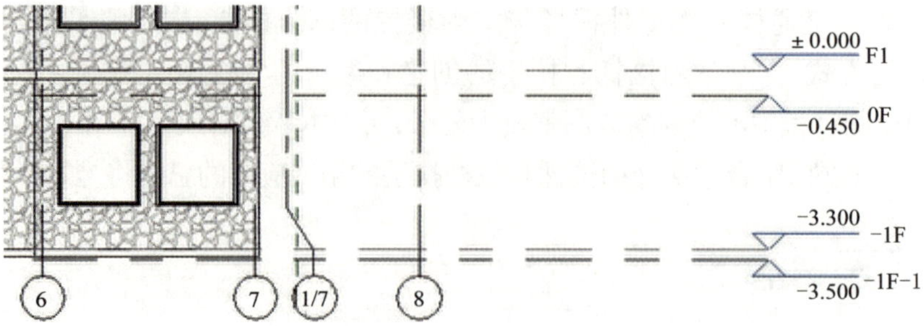

图 10-4　梯段所需高度

从施工图角度来看，楼梯的图面表达规范是底层楼梯只有“向上”箭头标示，中间层楼梯有“向上”和“向下”两个方向的相对箭头标示，而顶层楼梯则只存在“向下”箭头标示。

这些都能在属性栏中的“图形”部分进行调整(图 10-6)，而楼梯具体的模型数据可以在“尺寸标注”部分进行修改。将“宽度”改为 1150，“所需踢面数”改为 20，由于尚未创建任何楼梯，所以此时的实际踢面数为 0，且灰显不能进行编辑修改。

图 10-5　设置参数

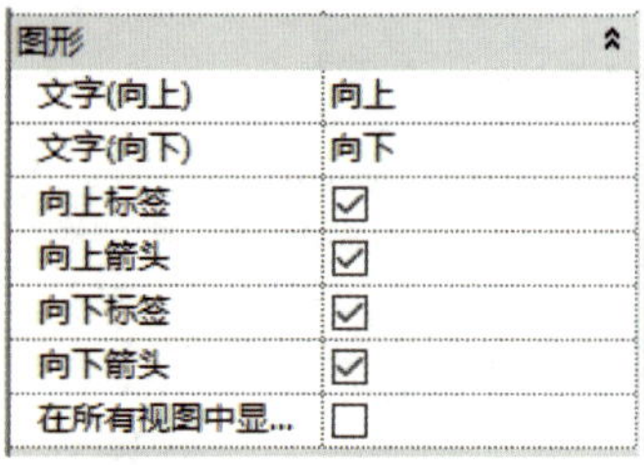

图 10-6　设置文字显示

注意：“实际踢面高度”也是灰显，这是由于 Revit 计算引擎通过层高 3500 和设置好的踢面数 20，就能够计算出每一个踢面的高度，所以这几个数据之间是相互关联的。将“实际踏板深度”改为 280，而这个数据又会影响到整体梯段的长度，所以在开始绘制之前应该对各方面尺寸都有所了解。

如图 10-7 所示，点击“楼梯(按草图)”，在“绘制”面板中单击“梯段”命令，选择“直线”绘图模式，在建筑外单击一点作为第一跑起点，垂直向下移动光标，直到显示“创建了 10 个踢面，剩余 10 个”时，单击鼠标左键捕捉该点作为第一跑终点，创建第一跑草图(图 10-8)，按“Esc”键结束绘制命令。

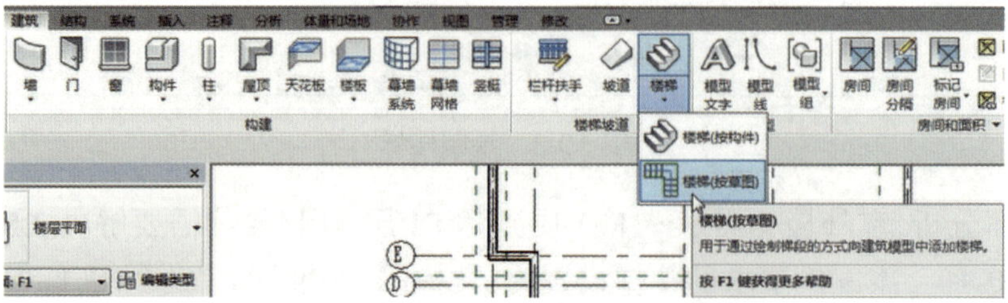

图 10-7　绘制楼梯

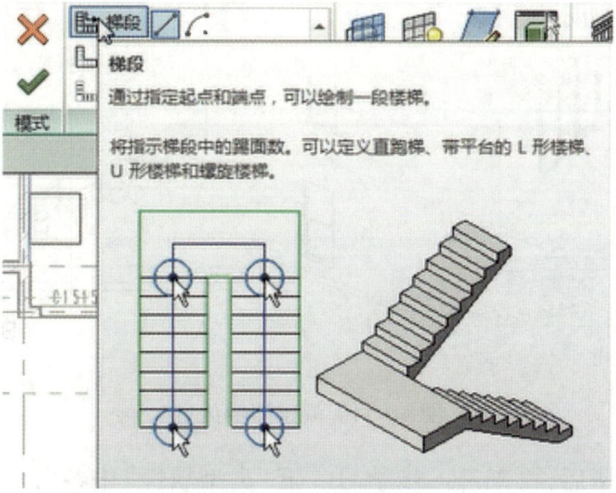

图 10-8　绘制方法演示

注意：梯段的绘制线其实是该梯段的中线，所以只需准确定位中线即可生成梯段（图 10-9）。

并且在绘制过程中，第一次单击鼠标左键是确定整个梯段的起点，而如果在未达到梯段所需长度时就再次单击鼠标左键，则暂时完成了向上方向的绘制，而在没达到层高时转入水平方向形成一个休息平台，之后在适当位置再次单击鼠标左键，又会进入向上的绘制模式，直至到达指定标高为止。

接下来在“常用”选项卡“工作平面”面板单击“参照平面”命令，在草图下方绘制一水平参照平面作为辅助线，改变临时尺寸距离为 900（图 10-9），这个距离是休息平台的长度，而其宽度依然与梯段宽度一致，为 1150。

继续选择“梯段”命令，移动光标至水平参照平面上与梯段中心线延伸相交位置，当参照平面亮显并提示“交点”时单击捕捉交点作为第二跑起点位置，向下垂直移动光标到矩形预览框之外单击鼠标左键，创建剩余的踏步，结果如图 10-10 所示。

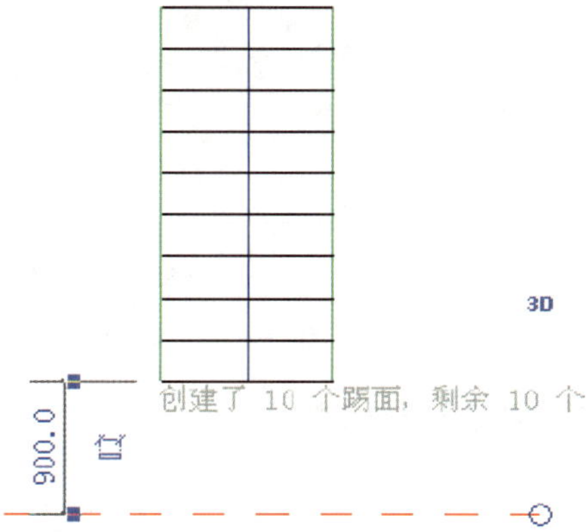

图 10-9　绘制过程

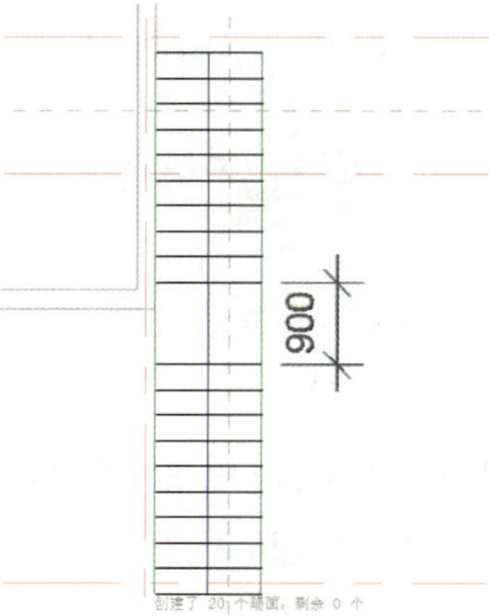

图 10-10　完成草图绘制

框选刚绘制的楼梯梯段草图，单击工具栏“移动”命令，将草图移动到 5 轴“外墙 - 饰面砖”外边缘如图 10-11 所示位置。

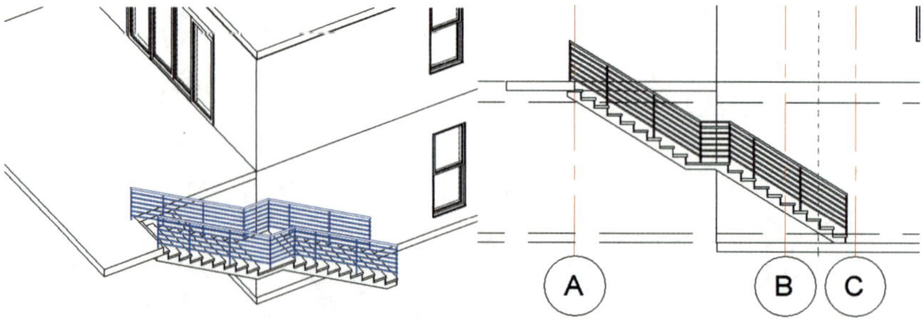

图 10-11 调整楼梯位置

依据教程绘制完毕后,再来进一步学习一下“类型属性”中各参数的作用与调整参数时需要注意的问题。

首先单击“计算规则”的“编辑”(图 10-12),其中能对楼梯的生成进行规范性控制。因为我国建筑规范中根据使用习惯规定了楼梯踢面不得过高,而且楼梯踏面不得过短,所以两者之间可以遵循一定的计算规则,勾选“使用楼梯计算器进行坡度计算”能自定义计算规则。而且修改后的计算规则仅仅适用于新建楼梯,对已建好的楼梯模型没有影响(图 10-13)。

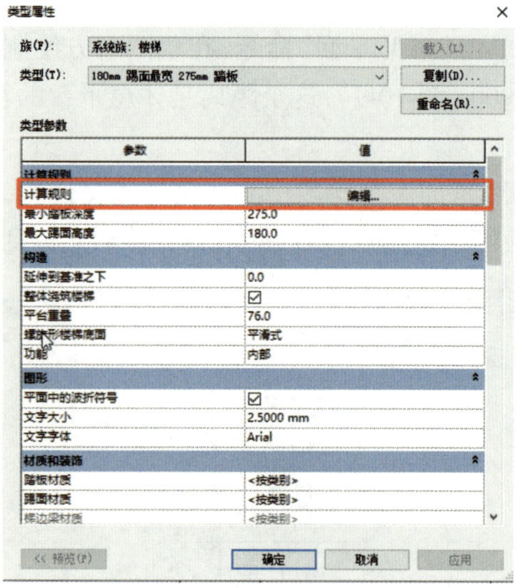

图 10-12 计算规则设置

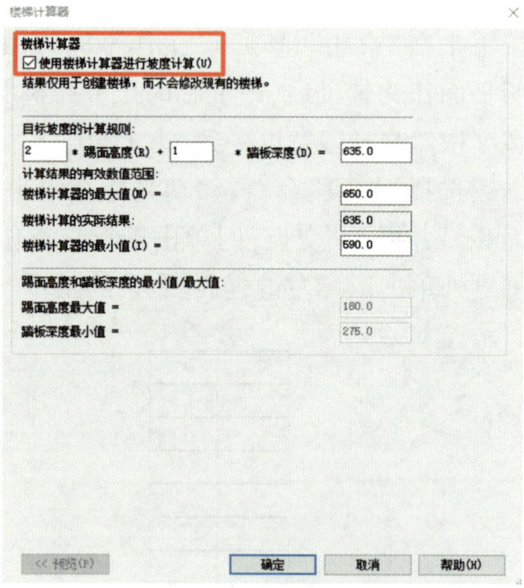

图 10-13 调整参数

计算规则介绍之后,以单击按草图绘制后默认的楼梯类型,逐一认识类型属性中各参数的特性,以及该如何设置和调整(图 10-14)。

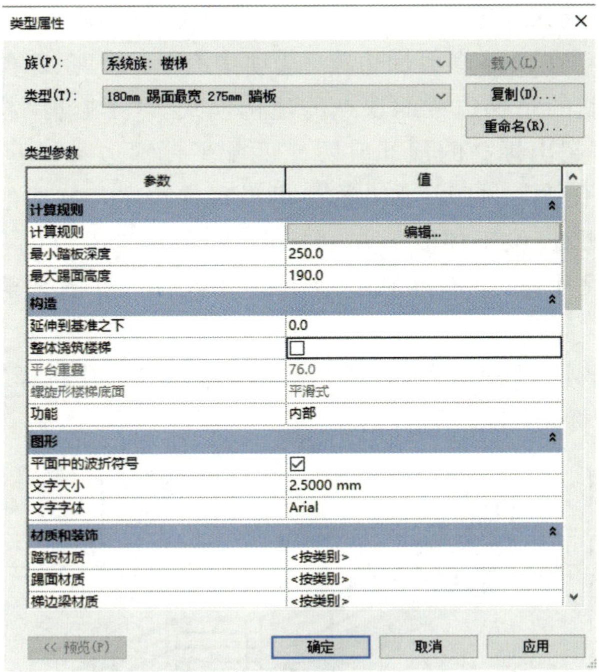

图 10-14　楼梯各相关参数

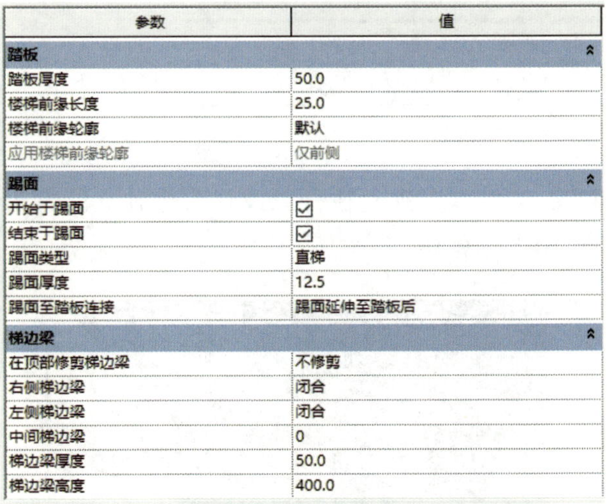

图 10-15　踏板参数

首先看到接下来的“构造”部分。“延伸到基准之下”能够调整梯段底部与标高的关系；“整体浇筑楼梯”的勾选与否，与是否需要设置踢面和踏面厚度相关。如果勾选了，则楼梯作为一个整体，不再具有踢面和踏面，所以自然在“踢面”和“踏面”两个参数中，厚度值为灰显，无法进行编辑。

“图形”部分中，“平面中的波折符号”控制的是显示楼梯打断符号显示与否，“文字大小”与“文字字体”不做赘述。

“材质和装饰”部分能够分别为踏面和踢面设置材质。其中的“整体式材质”参数必须在勾选了“构造”部分的“整体浇筑楼梯”后才能编辑。

“踏板”部分能对踏板厚度做设置，楼梯前缘长度是指挑出踢面的距离，而挑出轮廓能在“楼梯前缘轮廓”编辑（图 10-15）。

“踢面”部分的“开始于踢面”和“结束于踢面”两个选项能控制梯段与楼层平面的交接关系，如果需要梯段中与楼层标高处的楼板高度相同的那一级踏面不显示，而直接与楼板交接，就可勾选“结束于踢面”。同理可对是否“开始于踢面”作设置，一般情况下梯段都是以踢面开始的,所以一般建议勾选。

“梯边梁”部分,“在顶部修剪梯边梁”选项中有“不修剪、匹配标高和匹配平台梯边梁”三个选择,控制的是梯边梁的顶点的建构模式。“不修剪”模式是梯边梁超出标高,“匹配标高”可将超出标高的顶部剪切,“匹配平台梯边梁”则是与水平方向的边梁交接平滑。梯边梁“闭合”“打开”和“无”,可设置梯边梁与梯段的交接方式。“闭合”则梯边梁被梯段剪切,仅位于梯段下方,“打开”则在梯段以上也有梯边梁。还有一些参数用于设置各种尺寸,这里不再赘述,大家可以绘制一个梯段尝试设置调整并观察其变化。

图 10-16 中所示梯段即是“左侧梯边梁”和“右侧梯边梁”中选择“打开”,“在顶部修剪梯边梁”中选择“匹配标高”得到的结构形式。

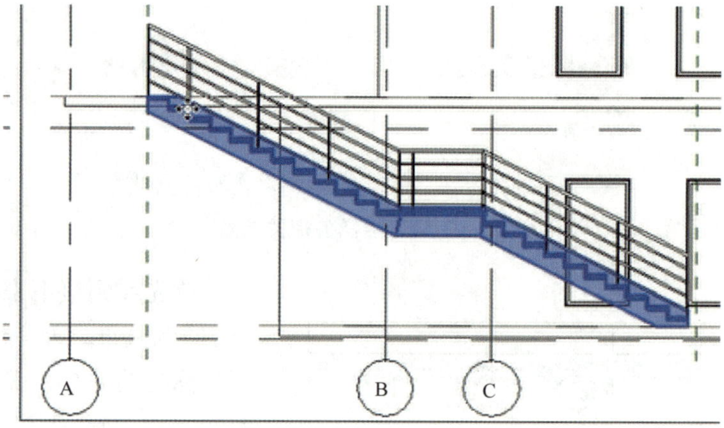

图 10-16　梯边梁参数

扶手与栏杆在生成楼梯后自动配套生成,但可以单独对栏杆以及扶手作独立的编辑。选中一侧栏杆,按“Del”键能够单独删除(图 10-17、图 10-18)。

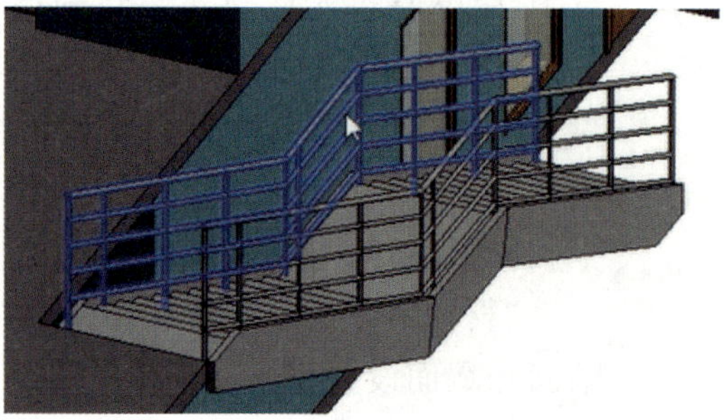

图 10-17　择栏杆

图 10-18　分别删除

同理,可以对栏杆和扶手作更多的编辑(图 10-19)。

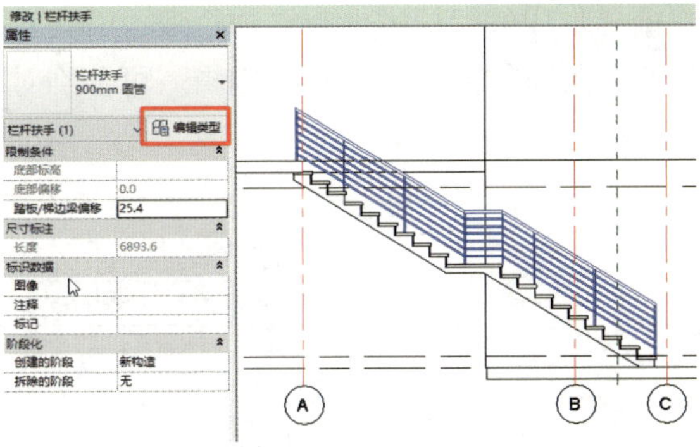

图 10-19　编辑栏杆类型

扶手高度需要在“顶部扶栏”部分进行修改，而“构造”部分中的“栏杆扶手高度”能随之更新。如图 10-20 将“顶部扶栏”改为 200，可见扶手部分下降，但扶手下部的栏杆并未变更，所以，如果想对栏杆进行完整的修改，则还需要在“扶栏结构(非连续)”中进行编辑(图 10-21)。

图 10-20　扶手高度设置

注意：其中各栏杆高度是与同一高度之间的相对尺寸，并不是各个栏杆之间的距离。我们可以插入更多的栏杆，选择更多的类型，设置更多的距离，当然也能进行删除(图 10-22)。

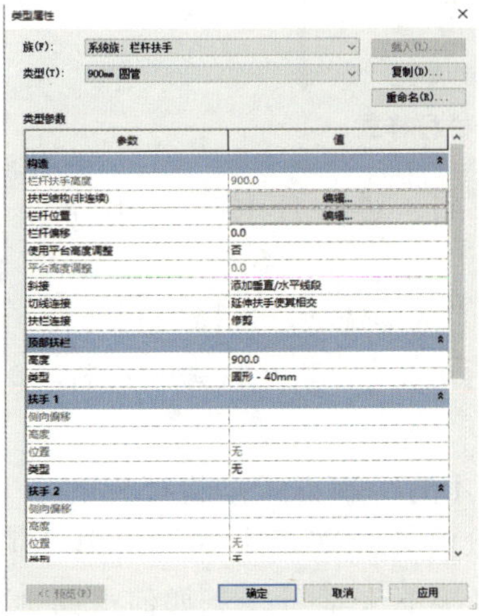

图 10-21　扶栏结构设置

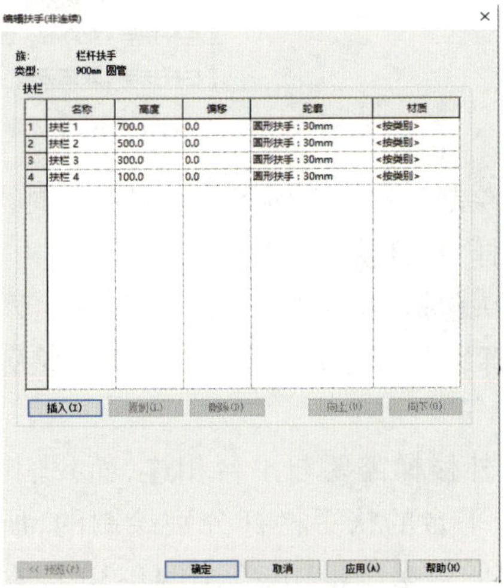

图 10-22　参数调整

需要注意的是,随着楼梯生成的栏杆坡度与楼梯一致,在休息平台处自动变为水平。

如需调整竖向栏杆,则需在“栏杆位置”处进行编辑。可分别对主样式和支柱进行修改(图 10-23、图 10-24)。

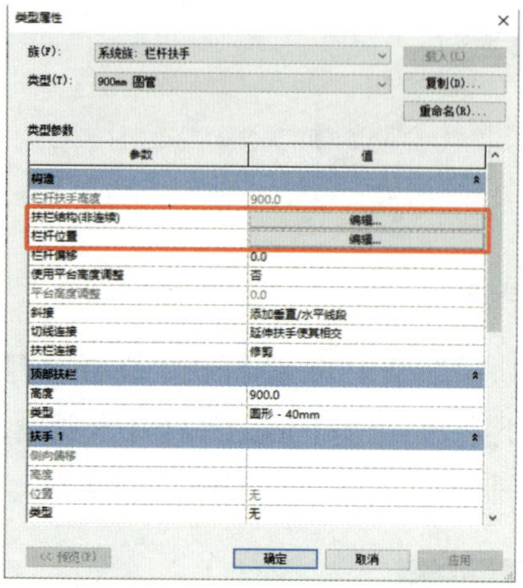

图 10-23　栏杆位置参数

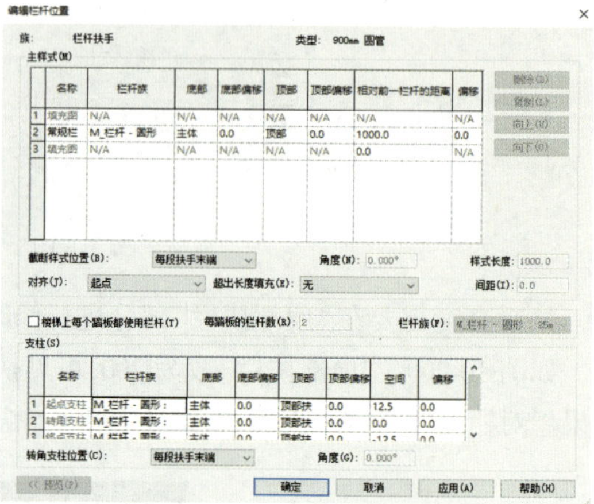

图 10-24　调整参数

选中两侧栏杆,在属性栏下拉列表中选择扶手类型:“玻璃嵌板 - 底部填充”,将室外楼梯的栏杆形式作出修改(图 10-25),至此室外楼梯绘制部分讲解完成。

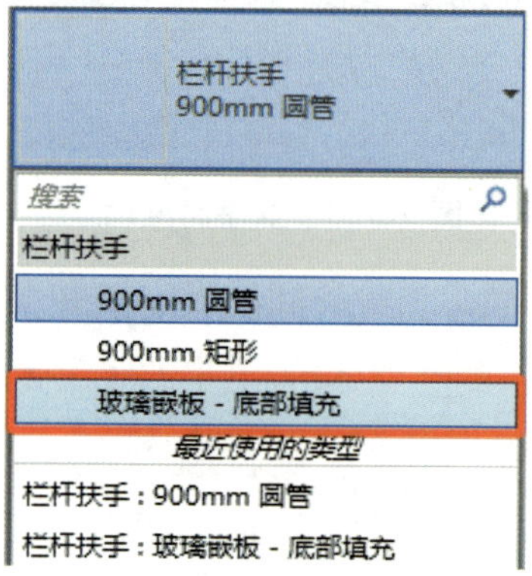

图 10-25　修改栏杆样式

接下来绘制与室外楼梯相接的阳台周围的栏杆。进入 1F 楼层平面,在工具栏中选择“栏杆扶手”(图 10-26)。

下拉箭头包括“绘制路径”和“放置在主体上”两个选项。选择“绘制路径”进入轮廓编辑。完成如图 10-27 所示轮廓后单击“√”,生成阳台栏杆(图 10-28)。

视频:一层阳台栏杆

由于室外楼梯需要与平台相连,而我们刚才的绘制方式是将楼梯的扶手栏杆和平台的扶手栏杆分别绘制的,所以能看到图示中交接处出现了问题,并没有达到理想的效果(图 10-29、图 10-30),所以接下来学习一下如何严谨地绘制出相接合的栏杆。

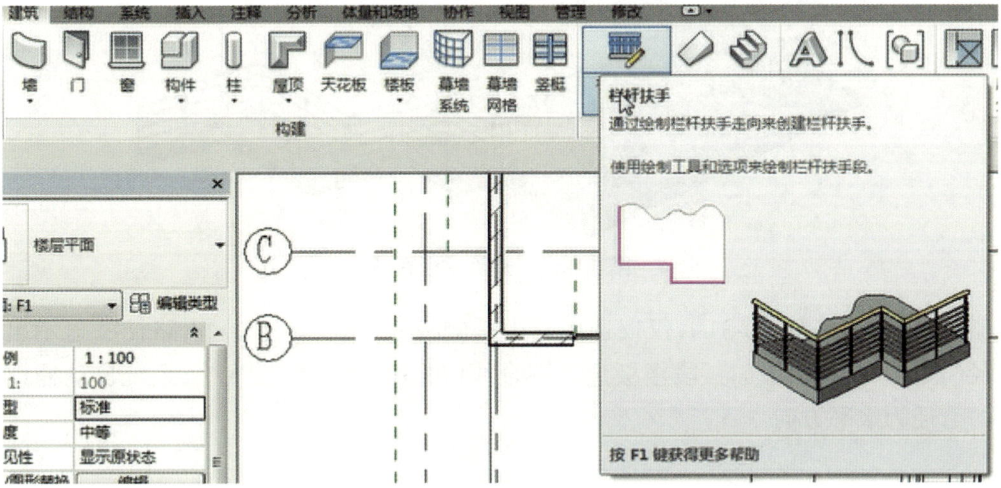

图 10-26　绘制平台栏杆

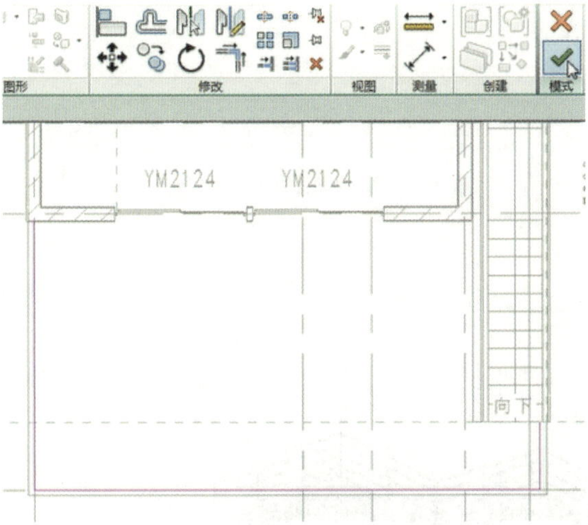

图 10-27　绘制路径

图 10-28　生成平台栏杆

图 10-29　三维视图查看交接问题

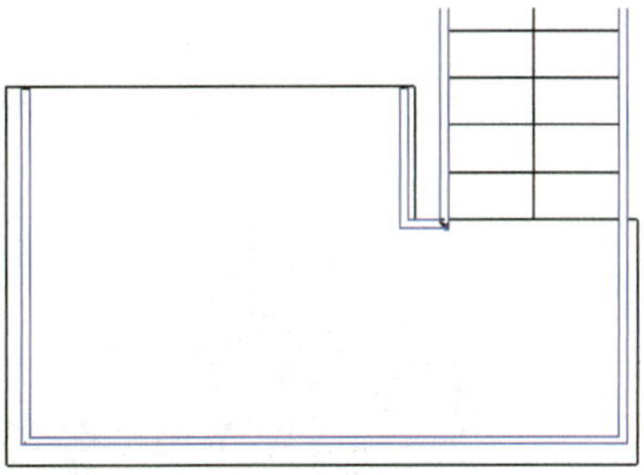

图 10-30　平面视图查看交接问题

在已有的楼板上添加与绘制好的楼梯相关联的扶手栏杆，其实就是将楼梯上的扶手延伸绘制，直至围合到平台边界（图 10-31）。

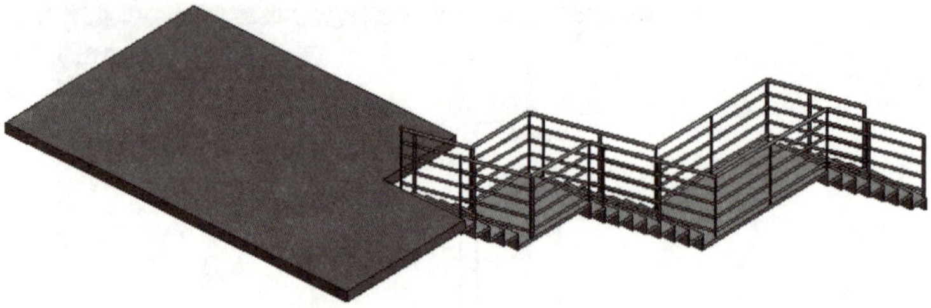

图 10-31　删除平台栏杆

删除平台栏杆(图 10-31),仅仅选中其中一侧栏杆,然后单击“编辑路径”,显示出现有栏杆径(图 10-32),新添加三段楼板边界围合线(图 10-33),单击“√”,系统自动捕捉次三段新的路径为水平方向。

图 10-32　选择栏杆编辑

图 10-33　编辑路径

单击三维视图进行检验(图 10-34)。

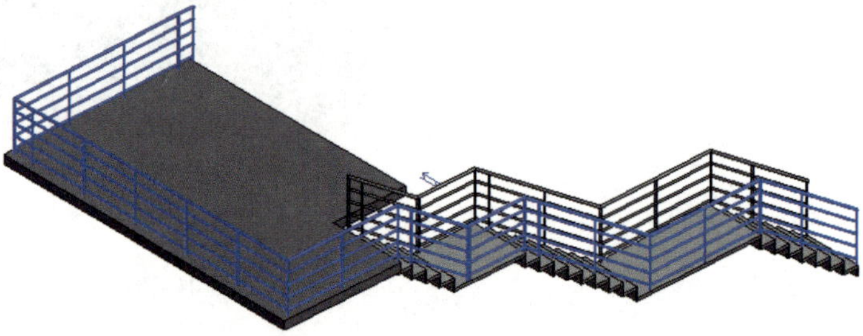

图 10-34　平台与楼梯栏杆连接完成

再按相似方法添加另一侧扶手栏杆边界,最终效果如图 10-35 所示。

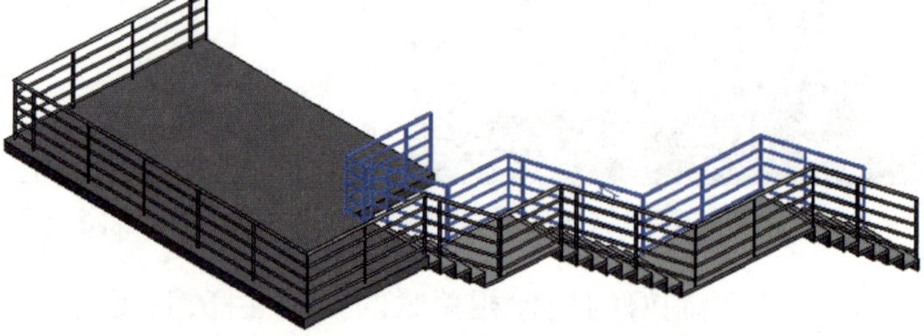

图 10-35　另一侧楼梯与平台栏杆交接

这样就完成了室外楼梯完整的绘制。接下来绘制室内楼梯部分。其具体方法与室外楼梯类似，依然选择“按草图”绘制。

10.2　创建室内楼梯

视频：室内楼梯

本节绘制案例中的从地下一层直至二层的双跑室内楼梯，首先打开地下一层平面视图。

单击“常用”选项卡“楼梯坡道”面板“楼梯”命令，进入绘制草图模式。

需要首先定位梯段的起点与终点以及休息平台的位置，所以先绘制参照平面。

单击“工作平面”面板“参照平面”命令，图 10-36 所示是在地下一层楼梯间绘制四条参照平面，并用临时尺寸精确定位参照平面与墙边线的距离。其中左右两条垂直参照平面到墙边线的距离 575 mm，是楼梯梯段宽度的一半；下面水平参照平面到下面墙边线的距离为 1380 mm，为第一跑起跑位置；上面水平参照平面距离下面参照平面的距离为 1820 mm。

楼梯“编辑类型”设置“基准标高”为 -1F，“顶部标高”为 1F，梯段“宽度”为 1150、“所需踢面数”为 19、“实际踏板深度”为 260（图 10-37）。

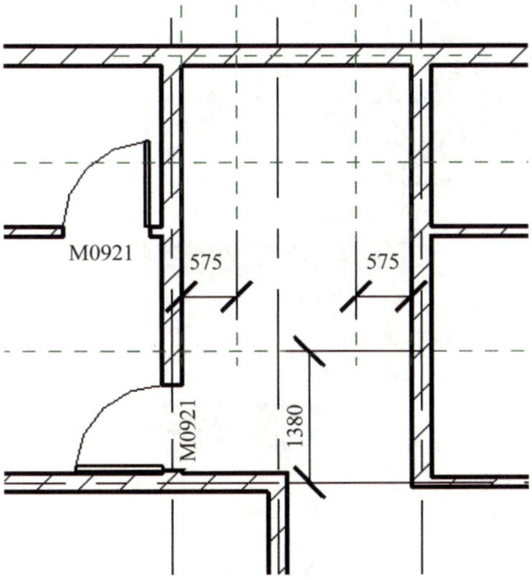

图 10-36　室内楼梯定位辅助线示意

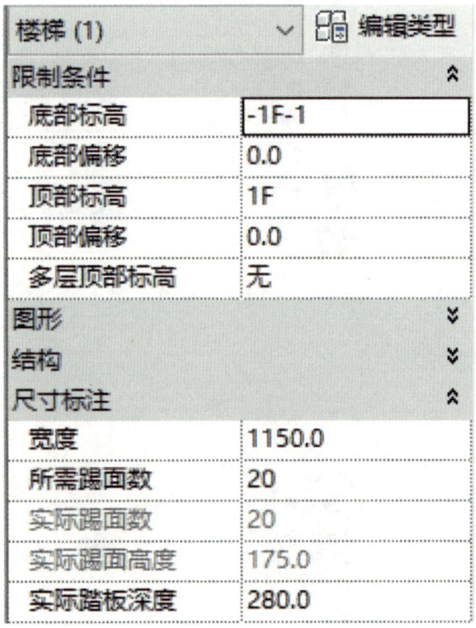

图 10-37　属性参数设置

在“梯边梁”项中设置参数“楼梯踏步梁高度”为 80，“平台斜梁高度”为 100，如图 10-38 所示。在“材质和装饰”项中设置楼梯的“整体式材质”参数为“钢筋混凝土”（图 10-39、图 10-40），设置完成后单击“确定”关闭所有对话框。

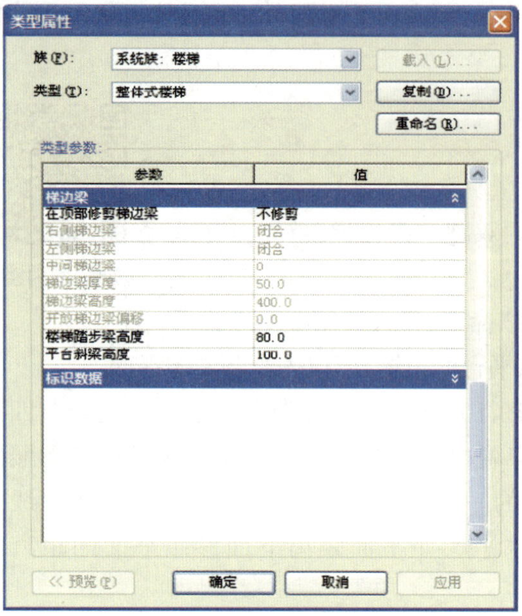

图 10-38　属性类型设置

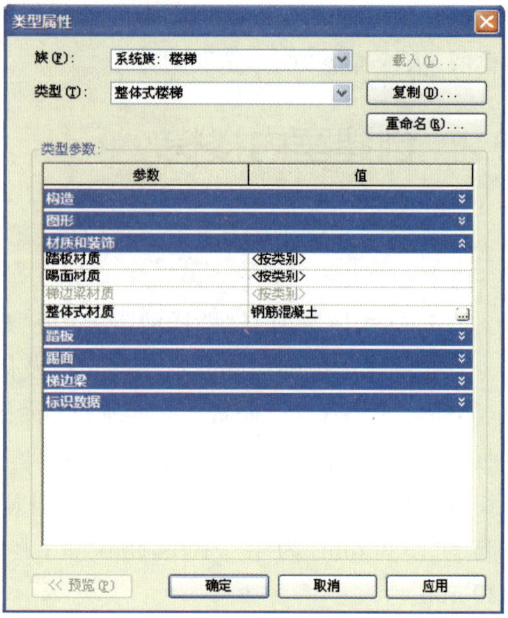

图 10-39　材质设置

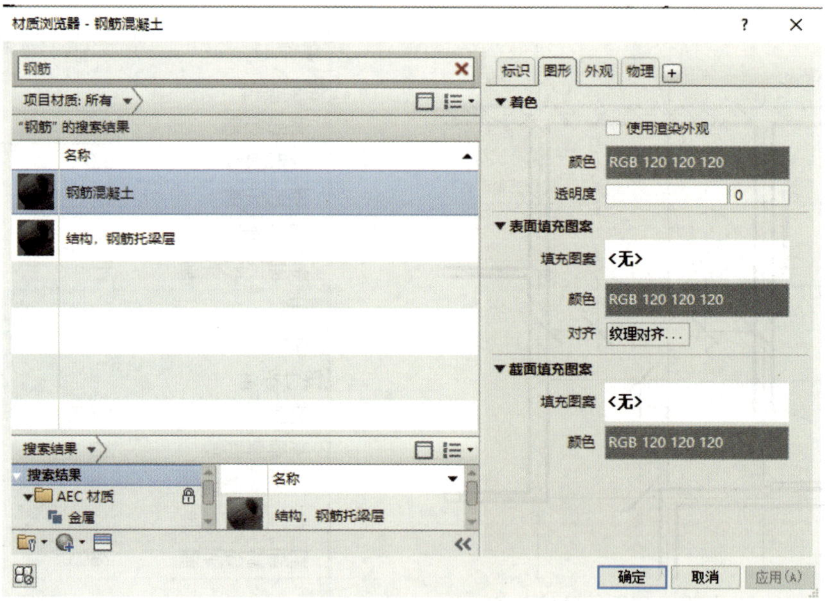

图 10-40　材质选择

单击“梯段”命令，默认选项栏选择“直线”绘图模式，移动光标至参照平面右下角交点位置，两条参照平面亮显，同时系统提示“交点”时，单击捕捉该交点作为第一跑起跑位置（图 10-41）。

向上垂直移动光标至右上角参照平面交点位置，同时在起跑点下方出现灰色显示的“创建了 7 个踢面，剩余 12 个”的提示字样和蓝色的临时尺寸，表示从起点到光标所在尺寸位置创建了 7 个踢面，还剩余 12 个。单击捕捉该交点作为第一跑终点位置，自动绘制第一跑踢面和边界草图。

移动光标到左上角参照平面交点位置，单击捕捉作为第二跑起点位置。向下垂直移动光标到矩形预览图形之外单击捕捉一点，系统会自动创建休息平台和第二跑梯段草图（图 10-42）。

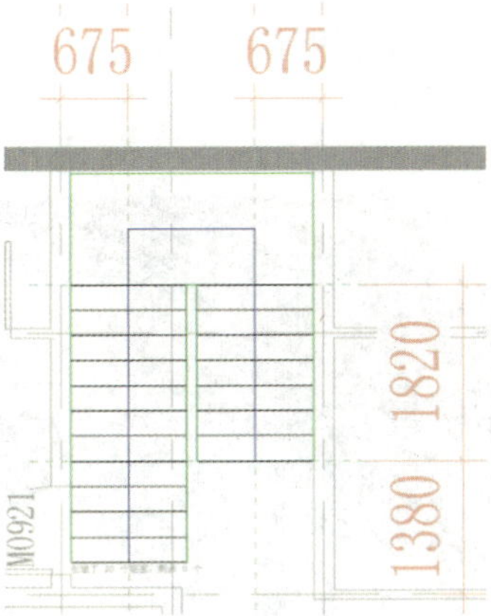

图 10-41　绘制草图

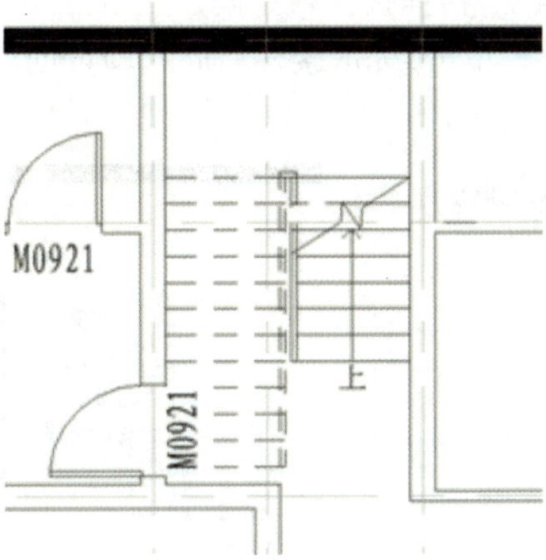

图 10-42　生成梯段

单击选择楼梯顶部的绿色边界线，鼠标拖曳其和顶部墙体内边界重合。

单击“工具”面板“扶手类型”命令，从对话框下拉列表中选择需要的扶手类型。本案中选择“默认”的扶手类型。

单击“完成楼梯”命令创建了如图示地下一层跑一层的 U 形不等跑楼梯。

注意：楼梯完成绘制后，扶手栏杆没有落到楼梯踏步上，可以在视图中选择此扶手单击鼠标右键，选择“翻转方向”命令，扶手自动调整使栏杆落到楼梯踏步上（图 10-43）。

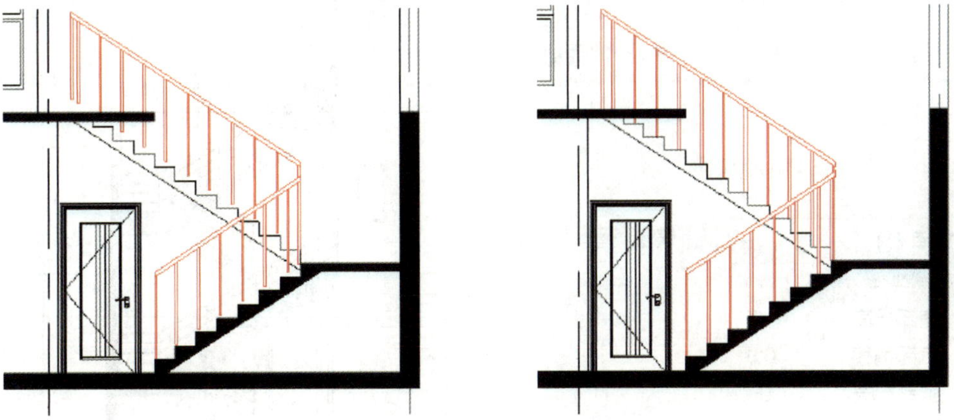

图 10-43　栏杆与梯段相连

10.3　编辑室内楼梯

单击选择上节绘制的楼梯，在选项栏中单击“编辑”命令，重新回到绘制楼梯边界和踢面草图模式。选择右侧第一跑的踢面线，按“Delete”键删除。

单击“绘制”面板“踢面”命令，选择“三点画弧”命令，单击捕捉下面水平参照平面左右两边踢面线端点，再捕捉弧线中间一个端点绘制一段圆弧。如图 10-44 所示复制 7 条该圆弧踢面。设计栏单击“完成楼梯”命令，即可创建圆弧踢面楼梯。

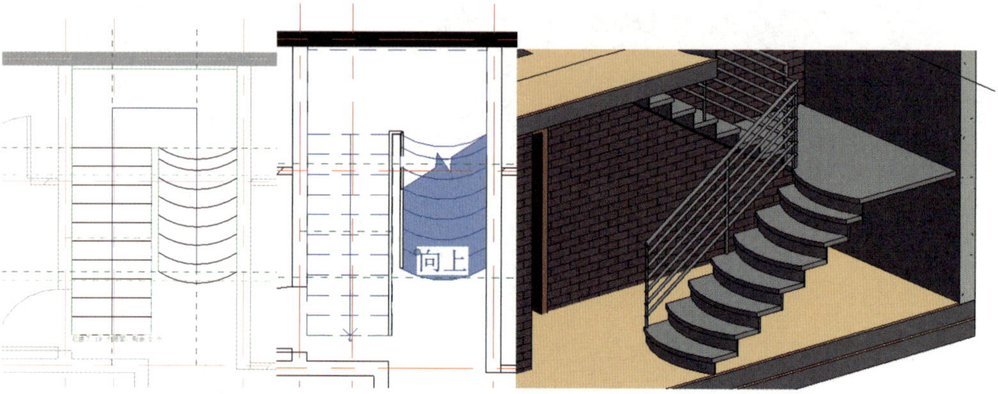

图 10-44　踏步形状编辑

10.4　多层楼梯

接上节练习，在项目浏览器中双击“楼层平面”项下的“-1F”，打开地下一层平面视图。

选择地下一层的楼梯，在属性栏中设置参数“多层顶部标高”为“2F”。单击“确定”按钮后即可自动创建其余楼层楼梯和扶手（图 10-45、图 10-46）。

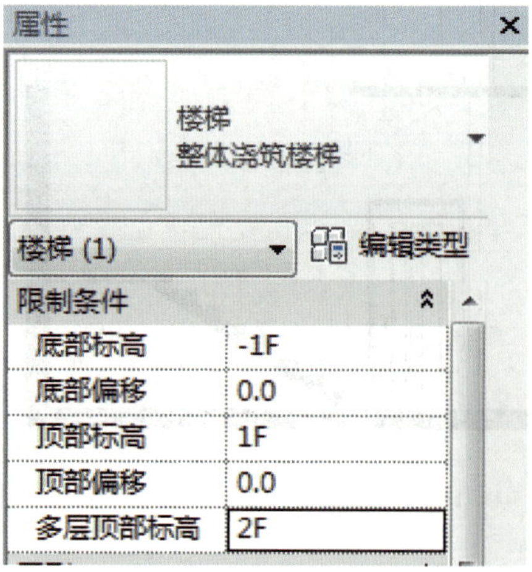

图 10-45　楼梯参数

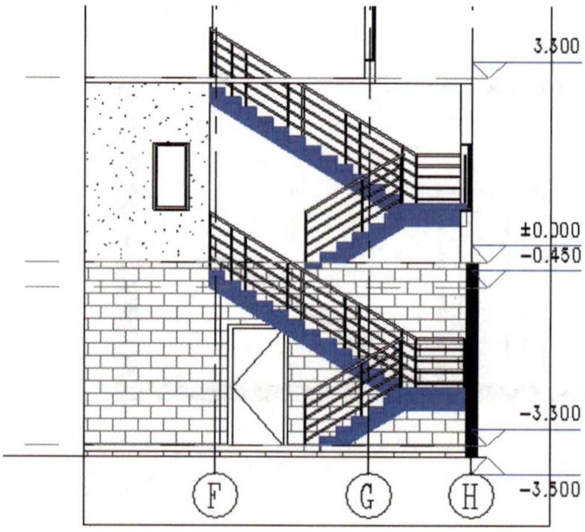

图 10-46　多层顶部标高设置

10.5　剪切楼板

单击“建筑 - 洞口 - 竖井”命令，将与楼梯冲突的楼板部分剪切。绘制轮廓单击“确定”按钮后，即可生成竖井，完成剪切（图 10-47）。

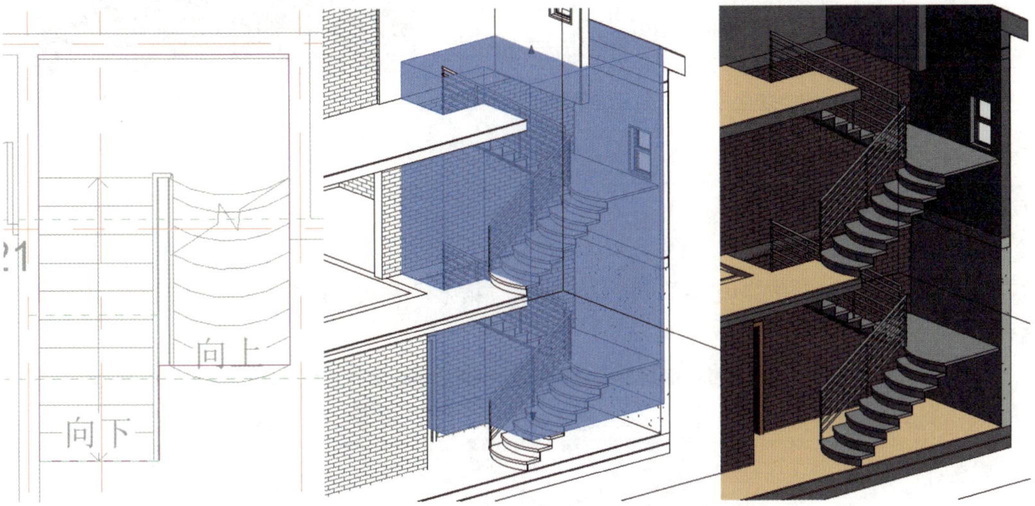

图 10-47　楼板剪切轮廓示意

10.6　剖面框的使用

由于室内楼梯被隐藏于建筑内部，所以不便于查看，此时可以启用剖面框进行辅助查看。

进入三维视图后，在属性栏的“范围”部分勾选剖面框（图 10-48），可以从六个方向调整蓝色箭头控制范围，也可选中剖面框后切换视图进行更精确的框选（图 10-49、图 10-50）。

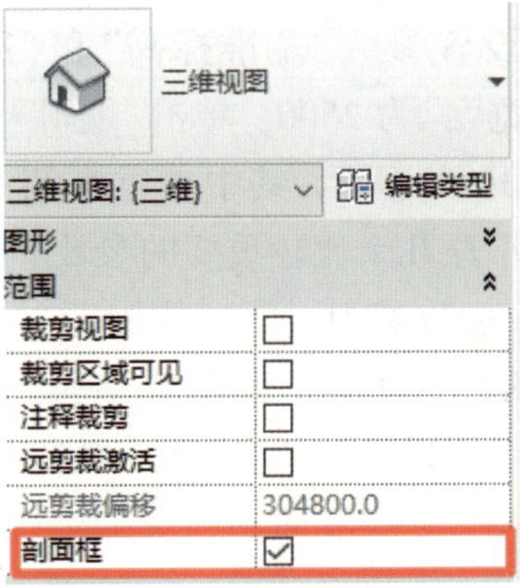

图 10-48　“剖面框”参数

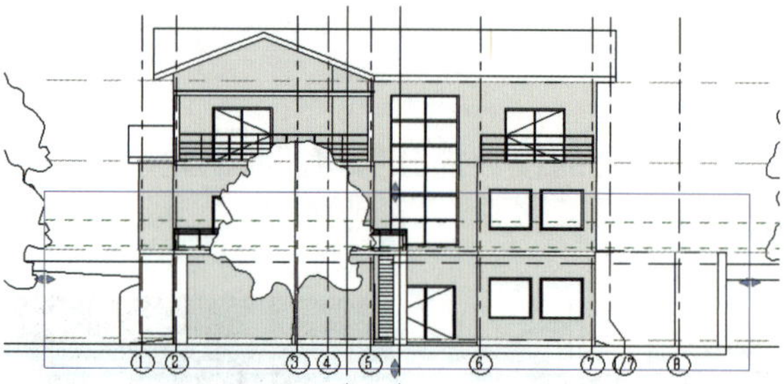

图 10-49 立面视图中显示剖面框

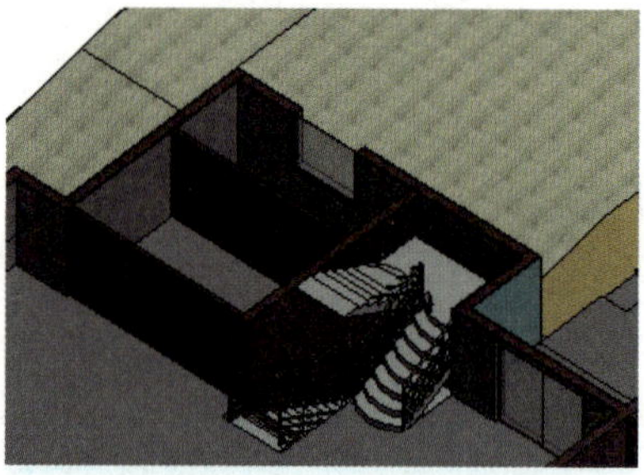

图 10-50 剖切楼梯位置

10.7 坡道的绘制

Revit Architecture 的“坡道”创建方法和“楼梯”命令非常相似,本节简要讲解(图 10-51)。

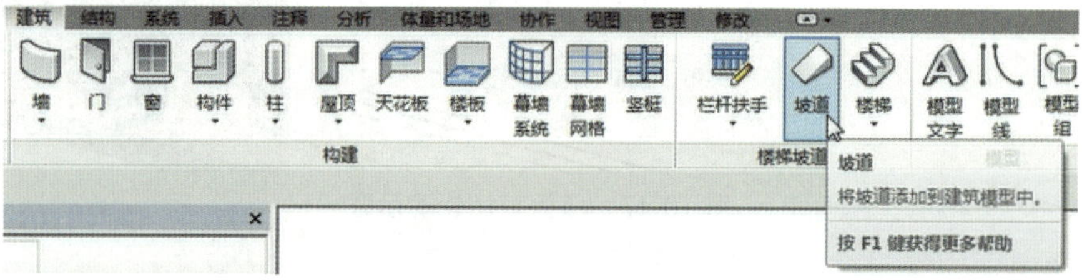

图 10-51 “坡道”命令

地下一层有两个坡道需要创建,其中一个坡道比较简单,但另一个坡道是车库入口,所以还需要建成有边坡的坡道。

10.7.1 单坡道的创建

在项目浏览器中双击“楼层平面”项下的“-1F-1”,打开”-1F-1”平面视图。单击“常用”选项卡“楼梯坡道”面板“坡道”命令,进入绘制模式。

单击“类型编辑”对话框,设置参数“基准标高”和“顶部标高”都为“-1F-1”、“顶部偏移”为 200、“宽度”为 2500。单击“编辑 / 新建”按钮打开坡道“类型属性”对话框,如图 10-52 所示,其中着重介绍一下“最大坡长度”“坡道最大坡度(1/x)”“造型”这几个比较重要的参数。

视频:地下一层坡道

注意:“最大斜坡长度”这一参数是为了保证使用安全,所以在行进过程中将斜坡强制打断,以平台方式连接,类似于楼梯的休息平台设置。这个参数可以根据工程规范来设置。“坡道最大坡度”也是为了确定坡道的合理性,一般工程设计从人的生理特点出发,将坡道的坡度定为 1/12~1/8,这个参数就是做这方面的约束, 1 代表高度, x 代表坡道投影水平长度,并以其比值来表示坡度。

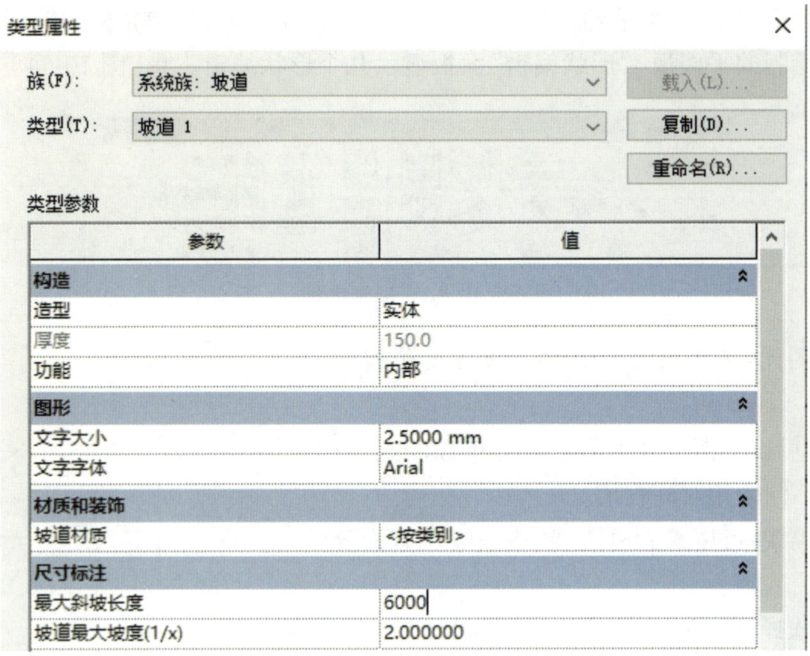

图 10-52　单坡道参数

设置参数“最大斜坡长度”为 6000、“坡道最大坡度（1/x）”为 2、“造型”为实线，设置完成后单击“确定”两次关闭对话框。

单击“工具”面板“扶手类型”命令，设置“扶手类型”参数为“无”，单击“确定”。

单击“绘制”面板“梯段”命令，选项栏选择“直线”工具，移动光标到绘图区域中，从右向左拖曳光标绘制坡道梯段，单击“√”完成坡道命令，创建的坡道如图 10-53 所示。

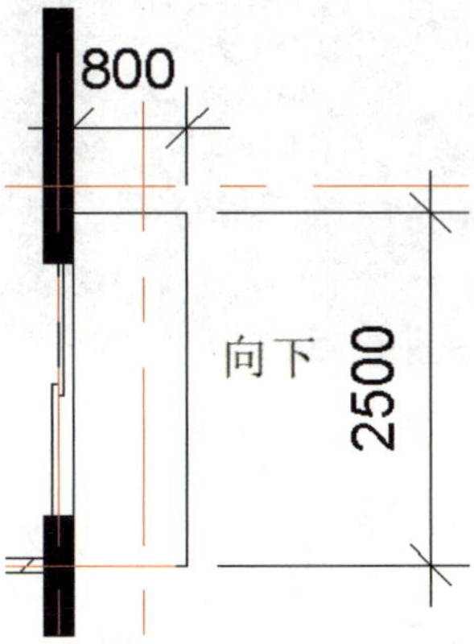

图 10-53　单坡轮廓及位置示意

10.7.2　带边坡的坡道

前述“坡道”命令不能创建两侧带边坡的坡道，本教程推荐使用“楼板”命令来创建。在项目浏览器中双击“楼层平面”项下的“-1F-1”，打开“-1F-1”平面视图。单击“楼板”命令，选择“直线”命令，选项栏取消勾选“定义坡度”，在右下角入口处绘制楼板的轮廓。

选择刚绘制的平楼板，“形状编辑”面板显示几个形状编辑工具(图 10-54)。

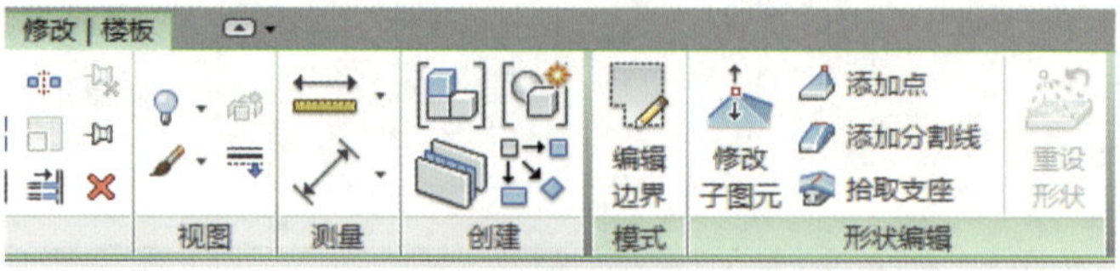

图 10-54　编辑楼板

修改子图元：拖曳点或分隔线以修改其位置或相对高程。

添加点：可以向图元几何图形添加单独的点，每个点可设置不同的相对高程值。

绘制分隔线：可以绘制分隔线，将板的现有面分割成更小的子区域。

选项栏选择“绘制分隔线”工具，楼板边界变成绿色虚线显示。如图 10-55 所示在上下角部位置各绘制一条蓝色分隔线。

选项栏选择“修改子图元”工具，如图单击右侧中间的楼板边界线，出现蓝色临时相对高程值(默认为 0)，单击文字输入“200”后按“Enter”键，将该边界线相对其他线条抬高 200 mm(如图 10-56)。

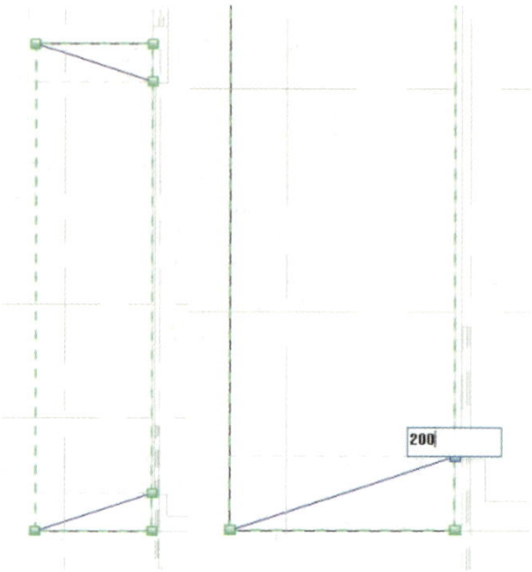

图 10-55　绘制分隔线

图 10-56　修改子图元

完成后按“Esc”键结束编辑命令，平楼板变为带边坡的坡道，结果如图 10-57 所示。

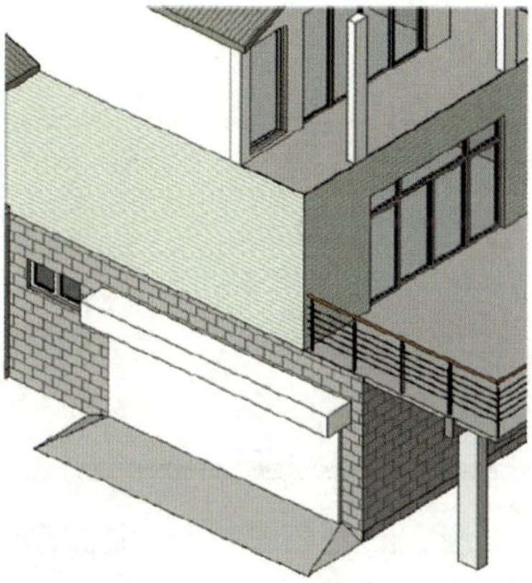

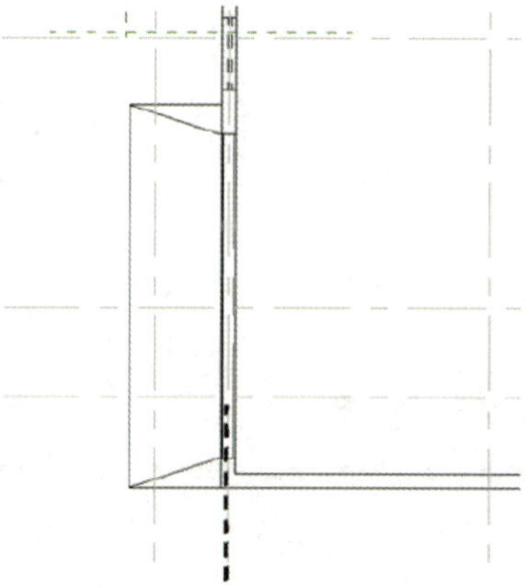

图 10-57　创建多坡道

本章小结

本章对项目中的所有垂直交通体系作了介绍，包括室外楼梯、室内楼梯与坡道。楼梯作为这一章节的重难点知识，对梯段绘制、扶手绘制与楼梯形态编辑作了详细介绍，最后分别讲解了单坡和多坡坡道的绘制方法。

针对楼梯绘制过程中涉及的复杂参数调整，本章节基本对可能遇到的各类问题进行了剖析，此外，在绘制过程中结合案例穿插介绍了楼梯和栏杆扶手的拓展应用。

第 11 章　柱子的创建

课程思政

社会责任感

当我们追述从唐山大地震到汶川地震的这段历史，在为亡者祈祷和为生者加油的同时，应该反思，已经发生的灾害留给了我们哪些经验和教训？面对未来可能的灾害我们如何应对？如何让《防震减灾法》产生巨大的法律效力？如何为子孙后代营造坚固之城？这已是压在我们这一代中国人肩上的历史重任。

《防震减灾法》规定，有关建设工程的强制性标准，应当与抗震设防要求相衔接；施工单位应当按照施工图设计文件和工程建设强制性标准进行施工，并对施工质量负责；已经建成的相关建设工程，未采取抗震设防措施或者抗震设防措施未达到抗震设防要求的，应当按照国家有关规定进行抗震性能鉴定，并采取必要的抗震加固措施；国家对需要抗震设防的农村村民住宅和乡村公共设施给予必要支持。

我们应深刻认识到抗震构造措施对提高结构柱整体性、稳定性、抗震性的重要作用以及执行国家规范的必要性。中国古建筑在经历地震后，可以屹立不倒的原因是：斗拱在古建筑抗震中具有“减震器”的作用；古建筑的台基堪称整体浮筏式基础，能够有效地避免建筑的基础被剪切破坏，减少地震波对上部建筑的冲击；榫卯是抗击地震的关键；木结构充满柔性，有一定的变形能力，构架的全部节点又皆使用木榫，使整个房屋的地震荷载大为降低，在抗震方面具有较好的稳定性和完整性，值得我们学习和借鉴。

文化自信：建筑结构构件——斗拱分解演示

结构柱作为主要的承重构件，对建筑骨架的承载力至关重要。如果结构柱被破坏，建筑会发生严重变形，甚至会导致建筑的坍塌。因此，我们要养成认真严谨的工作态度，以免造成不可逆的安全隐患。

Revit 中柱分为结构柱和建筑柱。

结构柱是一个具有可用于数据交换的分析模型。通常，建筑师提供的图纸和模型可能只包含轴网和建筑柱。

创建结构柱时，可通过“结构”选项卡“结构”面板“柱”以及“建筑”选项卡“构建”面板“柱”下拉列表“结构柱”两种方式来放置柱。

手动放置每根柱或使用“在轴网处”工具将柱添加到选定的轴网交点，也可使用“在柱处”工具在建筑柱内部放置。而且还可以设置是否为斜柱（图 11-1、图 11-2）。

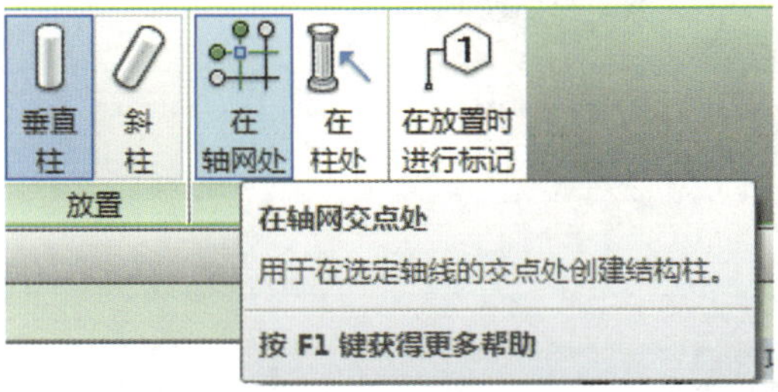

图 11-1　柱在轴网处放置

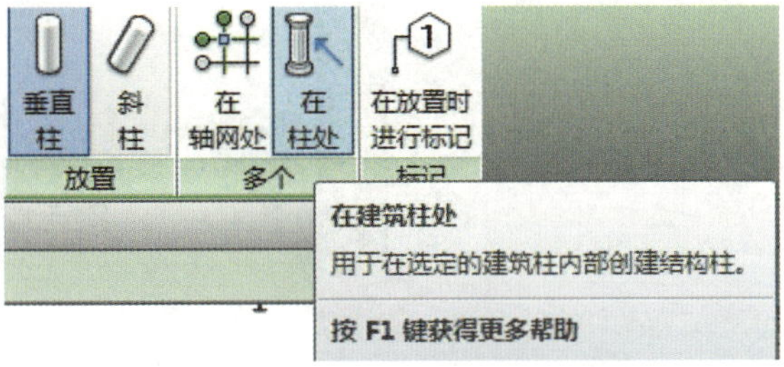

图 11-2　柱在建筑柱处放置

可以在平面或三维视图中创建结构柱。在添加结构柱之前设置轴网很有帮助，因为结构柱可以捕捉到轴线。

从“属性”选项板上的“类型选择器”下拉列表中，可以选择一种柱类型。

在选项栏上还可以指定如图 11-3 所示内容：

图 11-3　放置柱选项栏

勾选“放置后旋转”，可以在放置柱后立即将其旋转。

仅限三维视图中能看到有“标高”选项，能为柱的底部选择标高。在平面视图中，该视图的标高即为柱的底部标高。

“深度”设置从柱的底部向下绘制。要从柱的底部向上绘制，请选择“高度”。

“标高 / 未连接”用于选择柱的顶部标高；或者选择“未连接”，然后指定柱的高度。

单击以放置柱。柱捕捉到现有几何图形。柱放置在轴网交点时，两组网格线将亮显。

建筑柱可以使用建筑柱围绕结构柱创建柱框外围模型，并将其用于装饰应用。

注意：建筑柱将继承连接到的其他图元的材质。墙的复合层包络建筑柱。这并不适用于结构柱（图 11-4）。

可以在平面视图和三维视图中添加建筑柱。单击“建筑”选项卡“构建”面板“柱”下拉列表“柱：建筑”。

柱的高度由“底部标高”和“顶部标高”属性以及偏移定义。

在选项栏上指定内容与结构柱类似，这里不做赘述。

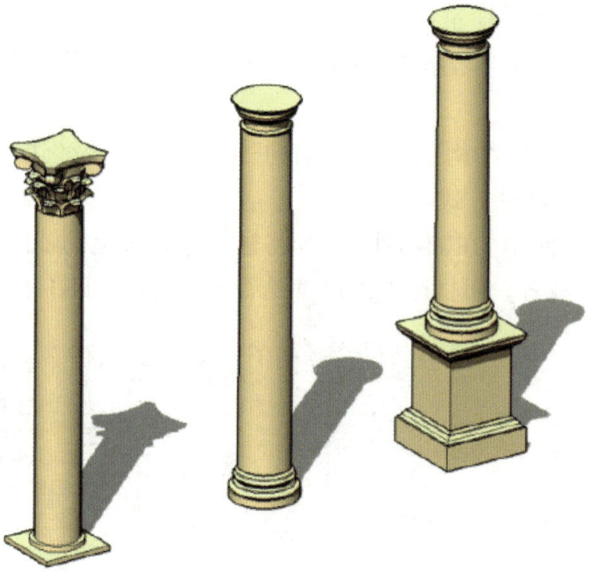

图 11-4　建筑柱类型

注意:一般通过选择轴线或墙放置柱时将会对齐柱。如果在随意放置柱之后要将它们对齐,请单击“修改”选项卡“修改”面板(对齐),然后选择要对齐的柱。在柱的中间是两个可选择用于对齐的垂直参照平面。

接下来将结合具体案例介绍如何创建和编辑建筑柱、结构柱。我们通过学习能了解建筑柱和结构柱的应用方法和区别。

11.1　二层围廊柱子与栏杆的绘制

视频:二层挑廊栏杆

单击进入二层平面视图,接上节练习,在项目浏览器中双击“楼层平面”项下的“2F”,打开二层平面视图,创建二层平面建筑柱。

单击“常用”选项卡“构建”面板“柱”命令下拉菜单选择“建筑柱”命令,关于新建的方式,与之前介绍过的其他图元新建方式类似,都是需要在类型选择器中选定某个作为参考的类型之后单击复制,然后来定义新的名称以及调整类型属性中的参数。

所以按照这个方法我们新建一个柱类型“矩形柱 300 × 200 mm”,然后进入“类型编辑”中对“深度”和“宽度”进行尺寸定义,“深度”改为 300,“宽度”改为 200。

由于柱子的放置默认是基于中心的,所以接下来需要对先定位几个柱子中心的平面位置(图 11-5、图 11-6)。

移动光标捕捉 B 轴与 4 轴的交点单击放置建筑柱。移动光标捕捉 C 轴与 5 轴的交点,先单击“空格键”调整柱的方向,再单击鼠标左键放置建筑柱。结果形成如图 11-6 所示的 B 轴与 4 轴的一个建筑柱。

图 11-5　柱的添加位置

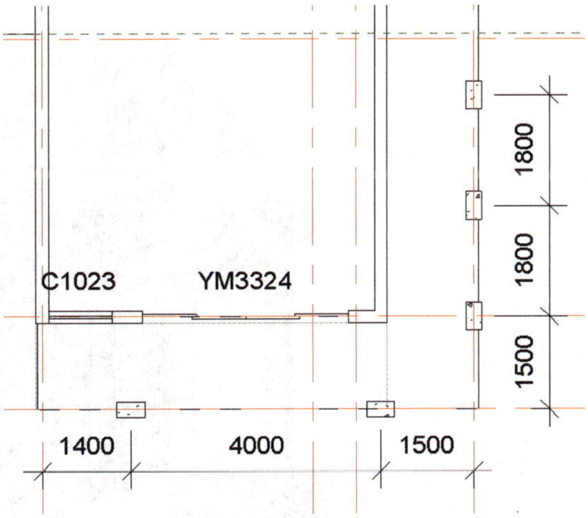

图 11-6　柱的平面位置

选择刚创建的 B 轴上的柱，单击工具栏“复制”命令，在 4 轴上单击捕捉一点作为复制的基点，水平向左移动光标，输入 4000 后按“Enter”键，在左侧 4000 mm 处复制一个建筑柱完成后（图 11-7）。

再创建的 C 轴与 5 轴交点处上的柱，之后单击工具栏“复制”命令，选项栏勾选“多个”连续复制，在 C 轴上单击捕捉一点作为复制的基点，垂直向上移动光标，连续两次输入 1800 后按“Enter”键，在右侧复制两个建筑柱（图 11-8）。

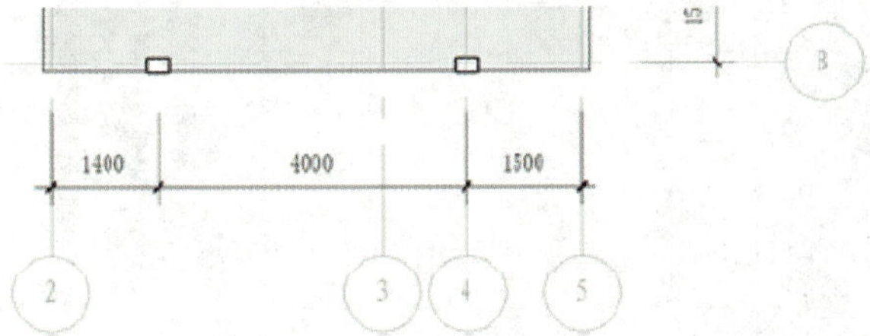

图 11-7　完成两个柱绘制

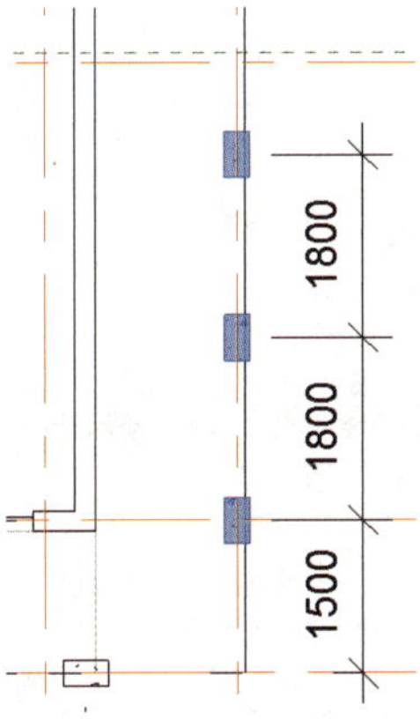

图 11-8　完成三个柱阵列

注意：柱子绘制完成之后，切换至三维视图能看到，因为坡屋顶是斜面，而柱子顶部目前为平的，所以柱子与屋顶之间并没有完美契合，另外与玻璃雨篷的交接也需要再做处理（图 11-9）。

这个问题在 Revit 中能得到快速解决，我们只需先选中要和斜面坡屋顶相关联的四个柱子，然后单击“附着顶部 / 底部”，就可以将两个不同种类的图元关联起来，把没交接的部分延伸相连，把交叉的部分自动剪切（图 11-10、图 11-11）。

图 11-9 修改柱高度

“附着顶部 / 底部”不仅能用于屋顶，而且可以用于楼板、梁等水平图元与垂直图元的交接。而单击“附着顶部 / 底部”后，选择图元底部以上的屋顶或楼板，则会使图元顶部附着，形成的效果是将高于附着参照的部分剪切，如剪切高于屋顶的柱子或墙体；选择图元底部以下的屋顶或楼板，则会只保留屋顶以上的部分，如烟囱的绘制就需要按此操作。

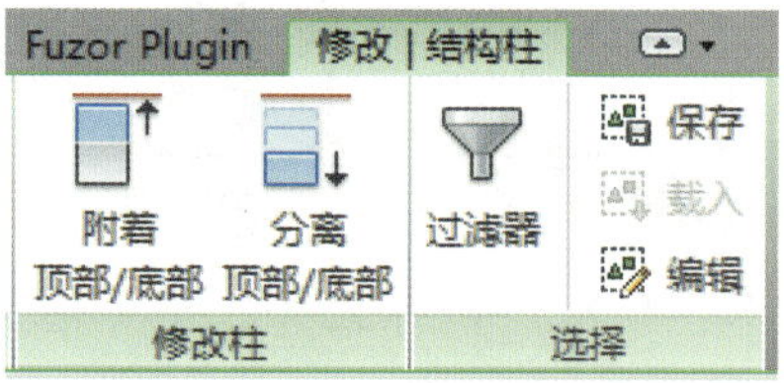

图 11-10 与屋顶附着

图 11-11 附着屋顶

当我们用同样的方法将玻璃雨篷下的两个柱子与屋顶调整至正确的关联的时候，会发现由于玻璃屋顶的 U 形工字钢梁是用族所作的构件，并不具有“梁”的属性，所以按照柱子上放置梁的结构逻辑，本应将柱子顶端与梁相附着，但此时却无法进行附着。所以只能通过去立面调整柱子高度来与 U 形钢梁底部相连。

注意：这样也能形成想要的效果，但与“附着顶部 / 底部”不同的是，由于没有关联，所以 U 形钢如果一旦进行高度调整，柱子并不能随之联动。

随后添加围廊的栏杆，单击“栏杆扶手”即可绘制路径（图 11-12）。

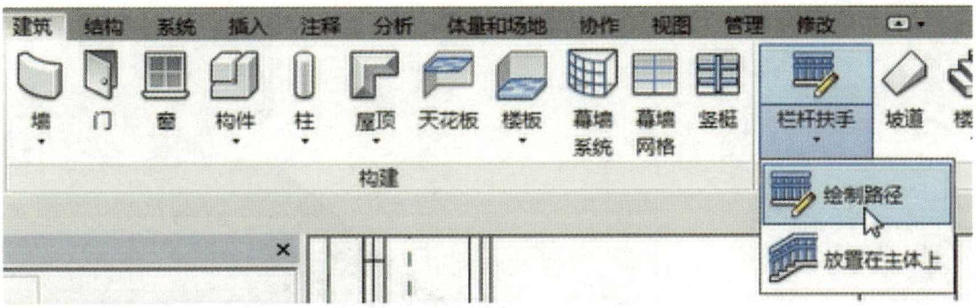

图 11-12 添加外廊栏杆

这一方法我们在之前楼梯绘制中已经做过介绍，这里就不再详述。具体定位可以选择柱子或墙中心线，沿中心线居中放置栏杆。

注意：栏杆的轮廓必须是一条连续线，否则无法生成栏杆（图 11-13）。

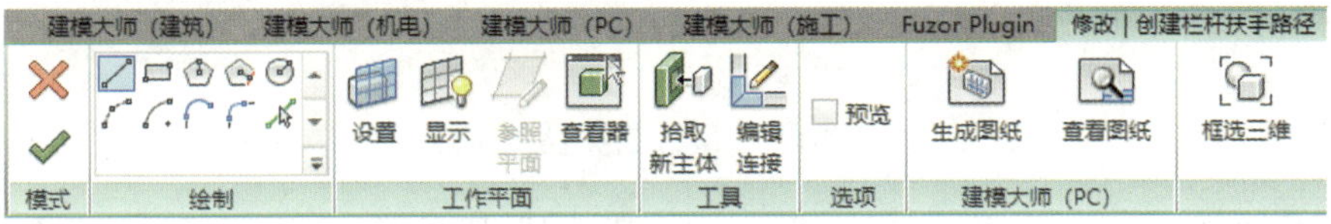

图 11-13 连续直线绘制

11.2 一层入口的绘制

因为该项目特点是在坡地上建造的，所以建筑的南北两个立面所处的地面不在同一标高，因此这两侧的入口也就属于不同楼层。北立面方向的入口位于一层，南立面的入口位于 -1F-1 地面层。

接下来对北立面入口进行完善，之前我们只创建了入口处的坡屋顶，而屋顶下部还需要有柱子的支撑，以及入口处会有台阶高于室外地面。

11.2.1 入口台阶的绘制

Revit Architecture 中没有专用的“台阶”命令，可以采用创建在位族、外部构件族、楼板边缘甚至楼梯等方式创建各种台阶模型。

本节讲述用“楼板边缘”命令创建台阶的方法，在项目浏览器中双击“楼层平面”项下的“1F”，打开“1F”平面视图。

视频：入口门廊

首先绘制北侧主入口处的室外楼板。单击“楼板”命令，用“直线”命令绘制如下图所示楼板的轮廓。单击“类型编辑”命令，打开“属性编辑”对话框，替换楼板类型为“常规 -450 mm”，单击“确定”关闭对话框。单击“完成楼板”，完成后的室外楼板（图 11-14）。

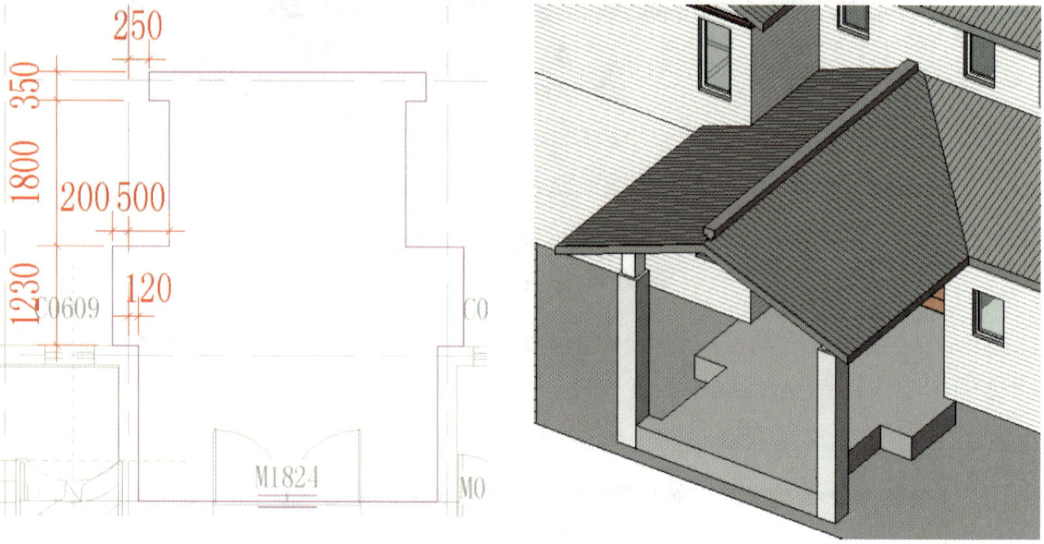

图 11-14　一层入口平台轮廓示意

下面添加楼板两侧台阶(图 11-15)。打开三维视图,单击“常用”选项卡“楼板”命令下拉菜单“楼板边缘”命令,类型选择器中选择“楼板边缘 - 台阶”类型(图 11-16)。移动光标到楼板一侧凹进部位的水平上边缘,边线高亮显示时单击鼠标放置楼板边缘。

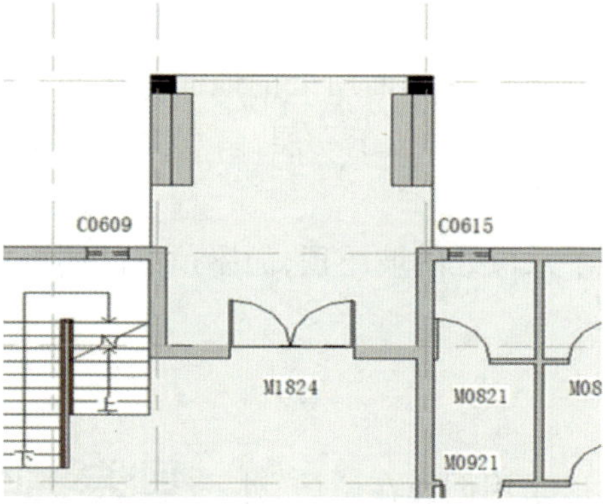

图 11-15　一层入口踏步

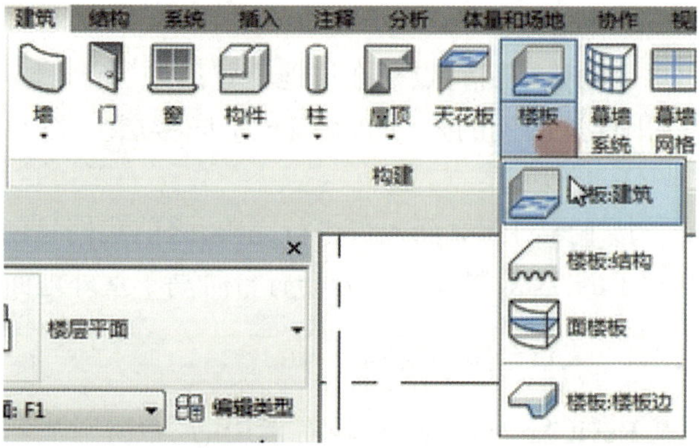

图 11-16　“楼板边”命令

注意:单击边时,Revit 会将其作为一个连续的楼板边。如果楼板边的线段在角部相遇,它们会相互拼接。

同样方法,用“楼板边缘”命令给地下一层南侧入口处添加台阶,拾取楼板的上边缘单击放置台阶(图 11-17)。

视频:地下一层台阶

图 11-17　创建楼板边

11.2.2　一层入口柱子的绘制

入口处的柱子有支撑屋顶以及造型两个功能要求，所以在满足“附着屋顶”的同时，柱子本身也有一定的形态设计，在上部会稍有缩进（图 11-18）。所以我们采用将其分为两段柱子分别创建的方式进行搭接。

视频：一层楼板

在项目浏览器中双击“楼层平面”项下的“1F”，打开一层平面视图，创建一层平面结构柱。单击“常用”选项卡“构建”面板“柱”命令下拉菜单选择“结构柱”命令，在类型选择器中新建柱类型“钢筋混凝土 350 × 350 mm”，在图 11-19 所示位置尺寸，在主入口上方单击放置两个结构柱。

图 11-18　入口柱形态

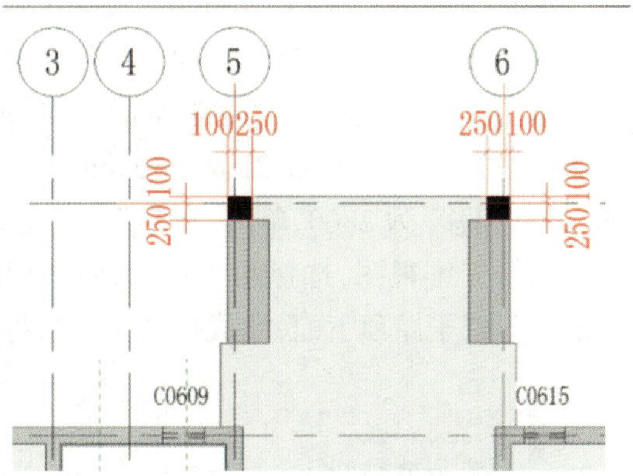

图 11-19　柱的位置示意

从左下向右上方向框选刚绘制的结构柱，单击“编辑类型”按钮，设置参数“基准标高”为 0F，“顶部标高”为 1F，“顶部偏移”为 2800。

单击“确定”按钮，完成修改结构柱高度（图 11-20、图 11-21）。

图 11-20　绘制结构柱

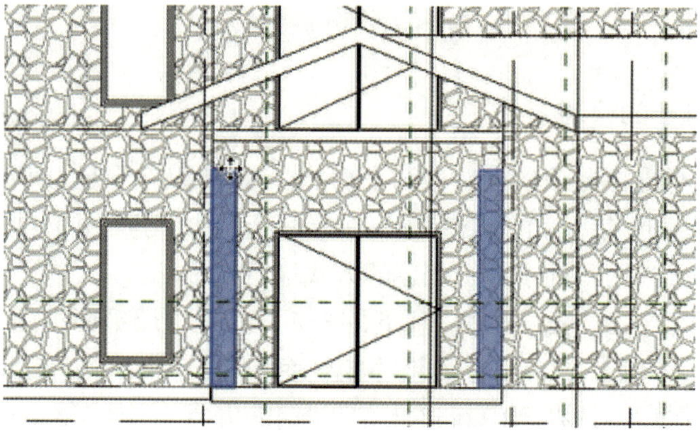

图 11-21　调整结构柱高度

这时“矩形柱 250 × 250 mm”底部正好在“钢筋混凝土 350 × 350 mm”结构柱的顶部位置。单击捕捉两个结构柱的中心位置,在结构柱上方放置两个建筑柱。

单击“常用”选项卡“构建”面板“柱”命令下拉菜单选择“建筑柱”命令,在类型选择器中选择柱类型:“矩形柱 250 × 250 mm”,单击“图元属性”按钮,打开“实例属性”对话框,设置“底部偏移”为 2800,单击“确定”按钮。

打开三维视图,选择两个矩形柱,选项栏单击“附着”命令,再单击拾取上面的屋顶,将矩形柱附着于屋顶下面,完成后的主入口柱子(图 11-22)。

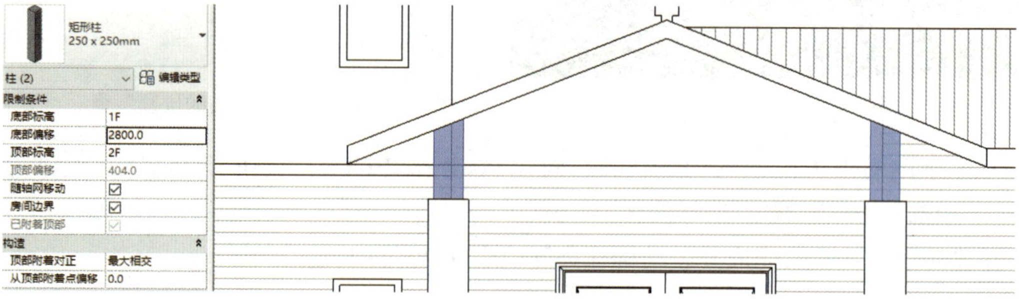

图 11-22　添加柱头

本章小结

本章通过分别创建建筑柱与结构柱,对两种绘制柱的方法进行了介绍,相对于其他构件,本项目中柱的创建与修改相对简单,其重点就是标高定位以及附着屋顶的应用。作为建筑中重要的结构部分,其实还有很多复杂案例中的复杂结构没有涉及,这将在之后的系列丛书中进行深入学习。

第 12 章　幕墙的创建

课程思政

社会责任感

随着我国经济的高速发展，城市化进程的加快，外形独特、直冲云霄、体量巨大和结构复杂的各类幕墙建筑，如雨后春笋般涌现。北京大兴国际机场、三亚亚特兰蒂斯酒店、天津周大福金融中心、杭州来福士双子塔、北京通州彩虹之门、杭州奥体博览城、深圳平安国际金融中心、北京中国尊、上海中心大厦……它们是中国幕墙的骄傲，亦是人类建筑水平的进步。

如今中国幕墙的发展进入一个全新的时代，中国已经不仅仅是幕墙生产量、使用量最多的国家，中国的幕墙技术、施工水平和风险管控能力已经得到大幅度提升。中国已经迅速超过美国、欧洲，成为世界上超高层建筑最多的国家。配合“一带一路”倡议等的支持，只要门窗幕墙人继续努力，我们完全可以从一个幕墙大国变成一个幕墙强国。

幕墙是墙体的一种类型，也是一个独立完整的结构系统，在幕墙的编辑过程中，比如横竖梃的设置，水平网格、竖向网格的设置等，既要满足建筑的功能要求，又要满足美观需求，达到两者的和谐统一。同理，对做人来说，从不同角度来看，每个人都有不同的身份，例如一个人可以是子女、是父母、是员工，在生活和工作中平衡各个方面的需要，才能达到生活、工作、学习的有机和谐与统一。

幕墙是现代建筑设计中被广泛应用的一种建筑构件，由幕墙网格、竖梃和幕墙嵌板组成。在 Revit Architecture 中，将幕墙定义为一种外墙，附着到建筑结构，而且不承担建筑的楼板或屋顶荷载。

在一般应用中，幕墙常常定义为薄的、通常带铝框的墙，包含填充的玻璃、金属嵌板或薄石。绘制幕墙时，在幕墙中，网格线定义放置竖梃的位置。

竖梃是分隔相邻窗单元的结构图元。可通过选择幕墙并单击鼠标右键访问关联菜单，来修改该幕墙。在关联菜单上有几个用于操作幕墙的选项，例如选择嵌板和竖梃。可以使用默认 Revit 幕墙类型设置幕墙。

这些墙类型提供三种复杂程度，可以对其进行简化或增强。

幕墙的选项栏中有“幕墙、外部玻璃和店面”三种模式（图 12-1），其中如果默认情况下“幕墙”模式下绘制出的是一面没有分隔的玻璃面墙，没有网格或竖梃。没有与此墙类型相关的规则，所以此墙类型的灵活性最强。

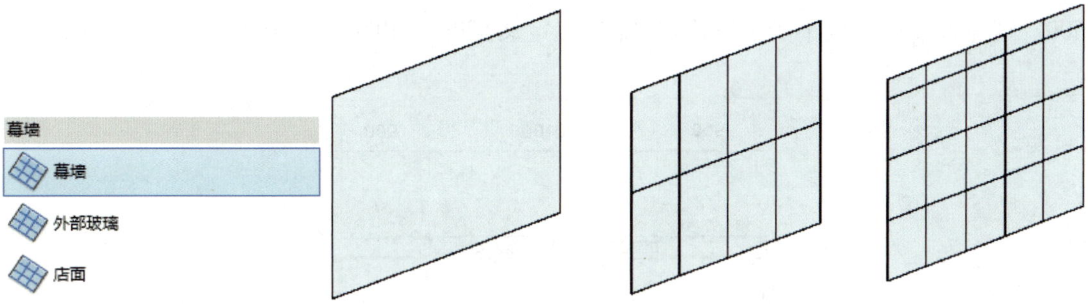

图 12-1　幕墙类型

“外部玻璃”模式与“店面”模式都存在分隔方式，不同的是，“外部玻璃”具有预设网格如果设置不合适，可以修改网格规则；而“店面”具有预设网格和竖梃。如果设置不合适，可以修改网格和竖梃规则。

常规幕墙是墙体的一种特殊类型，其绘制方法和常规墙体相同，并具有常规墙体的各种属性，可以像编辑常规墙体一样用“附着”“编辑立面轮廓”等命令编辑常规幕墙。

12.1　创建幕墙

视频：幕墙

下面一起学习绘制本案的玻璃幕墙。

为了建成图中效果，需要添加一个通高两层的幕墙（图 12-2、图 12-3），由于幕墙也是属于“墙”命令中的一个分支，所以必然具有与墙相同的属性。因此在已有的实体墙上添加幕墙，就会出现图元间相互重叠的问题。

也就是说幕墙并不能自动地在插入墙体时像门窗那样把墙体剪切出洞口，那么这个问题的解决方法是使用剪切命令将两个图元之间重合的部分删除。创建出将实体墙部分剪切出窗洞的幕墙。

图 12-2　玻璃幕墙位置

图 12-3　添加玻璃幕墙

首先在项目浏览器中双击“楼层平面”项下的“F1”,打开一层平面视图。创建新的幕墙类型,方法与创建新墙体相似,输入新的名称“C2156”。

幕墙的尺寸为宽度是 2100,高度是 5600。所以在“编辑属性”对话框中,如图所示设置“基准限制条件”为 1F、“底部偏移”为 100、“顶部限制条件”为未连接、“不连续高度”为 5600。这一设置使幕墙不受标高限制,能够自定义高度。如图 12-4 所示位置绘制幕墙。

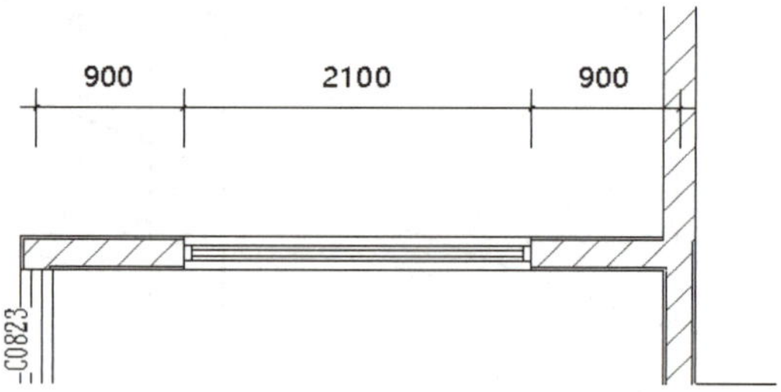

图 12-4　绘制幕墙

绘制后会显示出“警告”,也就是之前提到的墙体重合问题,切换至三维视图也能看到,幕墙存在却无法显示。

12.2　显示幕墙

此时单击“剪切”,选择“剪切几何图形”(图 12-5),先单击墙体,再单击幕墙,逐层删除与两层墙体的重合部分(图 12-6、图 12-7)。

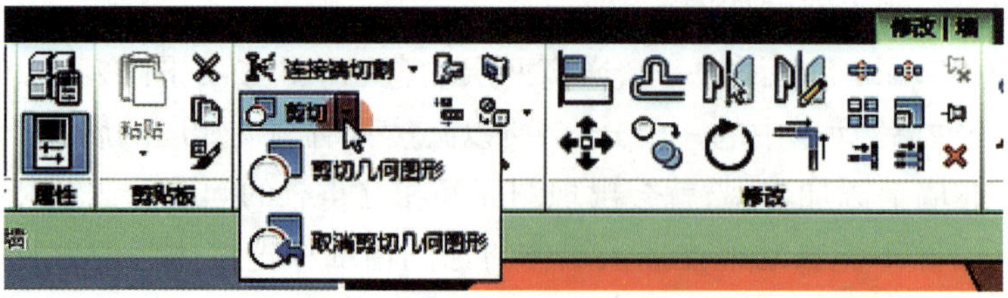

图 12-5　使用“剪切”显示幕墙

图 12-6　先选中幕墙

图 12-7　再选择墙体完成剪切

12.3　调整幕墙分隔方案

本案中的幕墙分隔与竖梃是通过参数设置自动完成的，下面在幕墙“C2156”的“类型属性”对话框中设置有关参数。

接下来对幕墙“类型属性”中与分隔方案相关的参数做详细介绍。

垂直网格和水平网格控制的是除去幕墙边框之外的内部分隔方式（图 12-8），“无”代表没有分隔，“固定距离”则可以控制分格之间的竖向或水平距离，“固定数量”能在设定的幕墙长度内均等地进行分隔，“最大间距”和“最小间距”是在限制的距离内给出最好方案。图 12-9 和 12-10 所示是“固定距离”和“最大间距”分别设为 1500 的分隔结果。

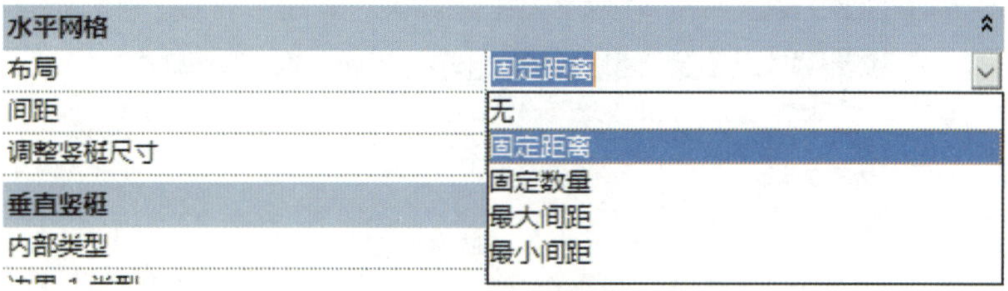

图 12-8　分隔方案设置

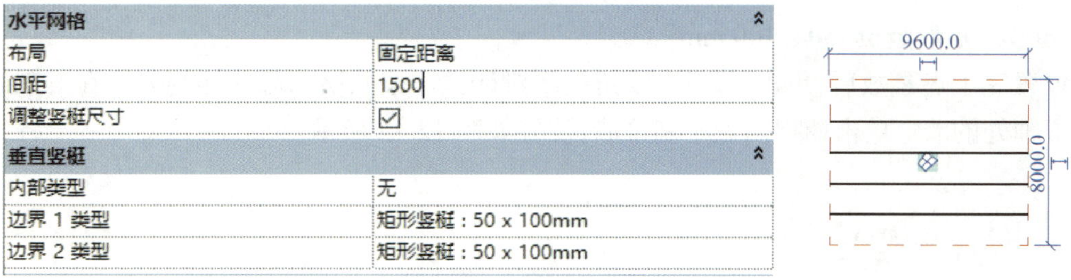

图 12-9　按固定距离分隔

水平网格	
布局	最小间距
间距	1500.0
调整竖梃尺寸	☑
垂直竖梃	
内部类型	无
边界 1 类型	矩形竖梃 : 50 x 100mm
边界 2 类型	矩形竖梃 : 50 x 100mm

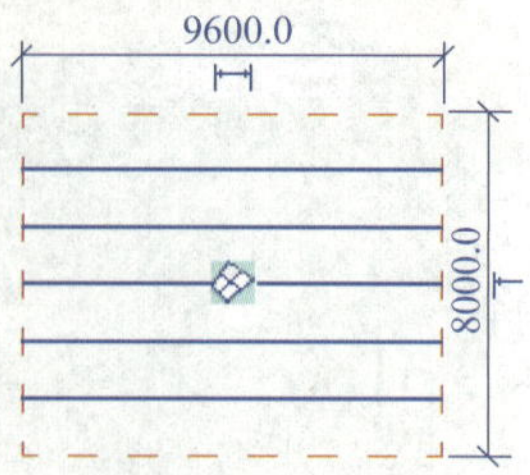

图 12-10　按最大间距均分

幕墙分隔线设置：将“垂直网格样式”的“布局”参数选择“无”，“水平网格样式”下“布局”选择“固定距离”、“间距”设置为 925、勾选“调整竖梃尺寸”参数。此时创建的只是分隔方式，而分隔条的形式还需要做进一步设置。

12.4　设置分隔条形式

注意：竖梃将幕墙的边界和中间的分隔进行了区别设置。“垂直竖梃”和“水平竖梃”中分别对不同方向的竖向分隔做形式设置(图 12-11)。

垂直竖梃	
内部类型	无
边界 1 类型	无
边界 2 类型	无
水平竖梃	
内部类型	无
边界 1 类型	无
边界 2 类型	无

图 12-11　竖梃设置

幕墙竖梃设置：将“垂直竖梃”栏中“内部类型”选“无”、“边界 1 类型”和“边界 2 类型”选为“矩形竖梃 -50 × 100 mm”；“水平竖梃”栏中“内部类型”“边界 1 类型”“边界 2 类型”都选为“矩形竖梃 -50 × 100 mm”。

设置完上述参数后，单击“确定”按钮关闭对话框。按照绘制墙一样的方法在 E 轴与 3 轴和 6 轴处的墙上单击捕捉两点绘制幕墙，位置如图 12-12 所示。

图 12-12 完成幕墙绘制

本章小结

本章着重对幕墙的创建以及分隔方式编辑进行了介绍，而且使大家了解了与自定义幕墙相关的重要参数的概念以及调整各参数后对创建幕墙的影响，并讲解了将其添加到项目中的方法。至此与项目本身建模相关的模型组成部分已经介绍完毕。接下来对与项目相关联的场地绘制进行介绍。

第 13 章　与地形相关构件的绘制

课程思政

“知所从来,方明所去。向史而新,戮力前行。”明镜之所以照形,古事之所以知今,正是因为历史镌刻了中华民族奋斗不止的精神特质,也蕴含了磅礴的精神力量。9 月 3 日是每个中华儿女都应该记住的日子,将抗战的历史铭记于心,勿忘国耻,砥砺前行。学史明志,知史励行,我们学习历史,是为了更好地应对未来。我们虽然做不到如圣人一样观往知来,但是我们可以学习“度之往事,验之来事,参之平素,可则决之”的决策宗旨,提升自己的决断力,也可以收获属于自己的知识,积累自己的经验。

名人故事:梁思成与林徽因

职业归属感

挡土墙是防止土坡坍塌,承受侧向压力的构筑物,是园林景观设计中常见的一种构筑形式。它在园林景观设计中被广泛地运用于堤岸、边坡、桥梁等工程设计中,在空间环境中起到了强化空间结构、增加空间层次、美化空间环境的作用。以前的挡土墙就是简单的石头的堆砌,发展到现代,挡土墙开始融合各种设计风格,相继形成多种具有创意的挡土墙。利用不同的材料和设计手法打造出不同的视觉体验,再加上色彩、质感的穿插运用,挡土墙可以突破我们的想象力。

从挡土墙与雨篷以及地形的绘制中引入:为什么要设置挡土墙?雨篷的作用是什么?地形的高程代表的意义是什么?带着这些疑问我们继续发扬求学路上的探索精神。

本项目中与地形相关的构件包括挡土墙、地下一层雨篷、地下一层结构柱以及场地设计,接下来逐一进行具体介绍。

13.1　挡土墙的建构

视频:室外柱、挡土墙

绘制挡土墙:单击“常用”选项卡“墙”命令,在类型选择器中选择墙类型“挡土墙”。打开“编辑属性”对话框,设置参数“基准限制条件”为“-1F-1”,“顶部限制条件”为“F1”,单击“确定”按钮。在别墅右侧按图 13-1 所示位置绘制 4 面挡土墙。

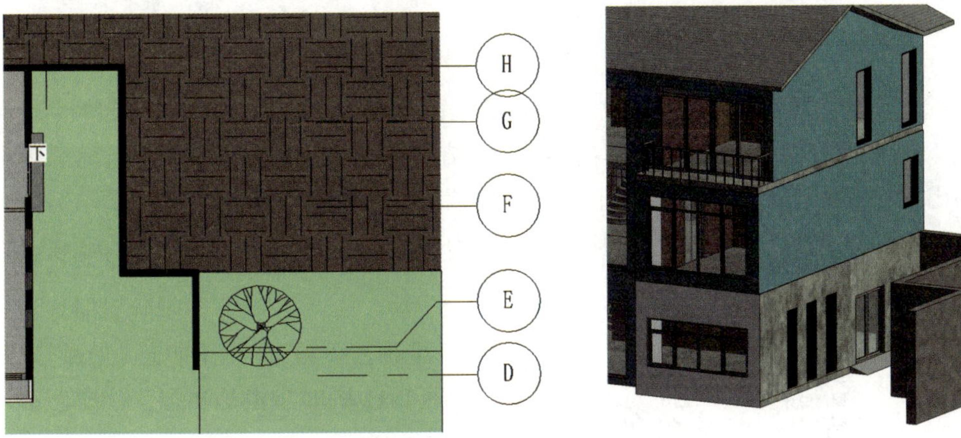

图 13-1　挡土墙位置示意

13.2　地下一层雨篷的绘制

顶部依然用楼板创建,结构水平支撑用墙来绘制,这样比较容易实现。

首先用楼板来绘制雨篷玻璃。单击“常用”选项卡“屋顶”→“迹线屋顶”命令,进入绘制草图模式。取消“定义坡度”,如图 13-2 绘制屋顶轮廓线。单击“屋顶属性”命令,调整“基准标高”为“F1”“基准与标高的偏移”为“550”,单击“确定”。单击“完成屋顶”命令创建雨篷顶部玻璃(图 13-2)。

再用墙命令来创建玻璃下部支撑。在项目浏览器中双击“楼层平面”项下的“F1”,打开“F1”平面视图。下面用墙来创建玻璃底部支撑。单击“常用”选项卡“墙”命令,在类型选择器中选择墙类型:“基本墙:普通砖 -100 mm”。单击“复制”命令,在“名称”对话框中输入“支撑构件”,单击“确定”按钮返回“类型属性”对话框并创建新的“支撑构件”墙类型。

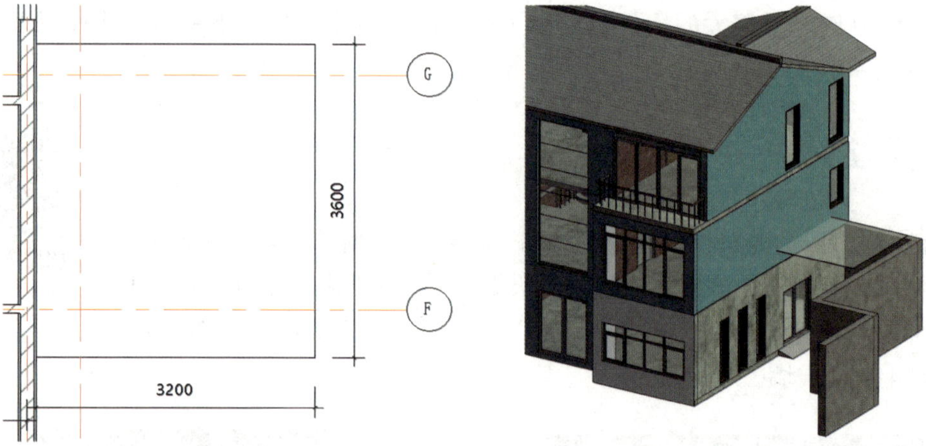

图 13-2　地下一层雨篷位置

在“类型属性”对话框中单击参数“结构”后面的“编辑”按钮,打开“编辑部件”对话框设置材质。在“编辑部件”对话框中单击第 2 行“结构 [1]”的“材质”列单元格,然后单击单元格后面出现的矩形“浏览”按钮,打开“材质”对话框,选择材质“金属—钢”(图 13-3)。设置参数“基准限制条件”为 F1、“顶部限制条件”为未连接、“不连续高度”为 550,单击“确定”关闭对话框。

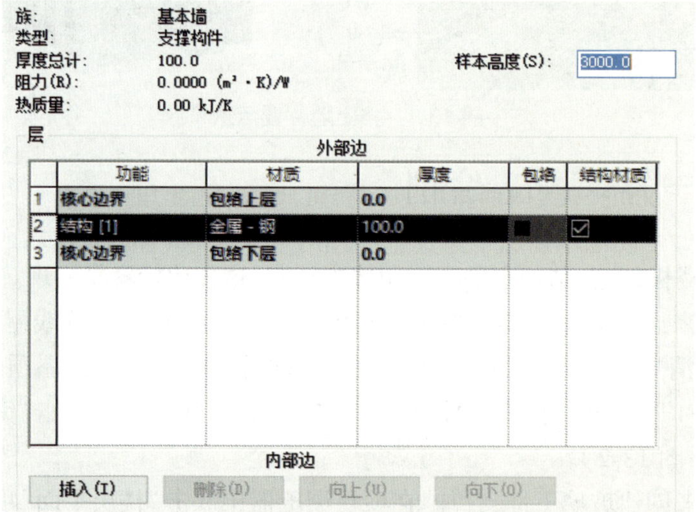

图 13-3　新建墙体

选项“直线”命令,“定位线”选择“墙中心线”,在如图 13-4 所示位置绘制一面墙,长度为 3000。完成后的墙体如图 13-4 所示。

图 13-4　绘制作为梁的墙体

编辑墙轮廓。切换至南立面,选择刚创建的名称为“支撑构件”的墙,单击“编辑轮廓”命令,如图 13-5 所示修改墙体轮廓,单击“完成绘制”后创建了 L 形墙体。

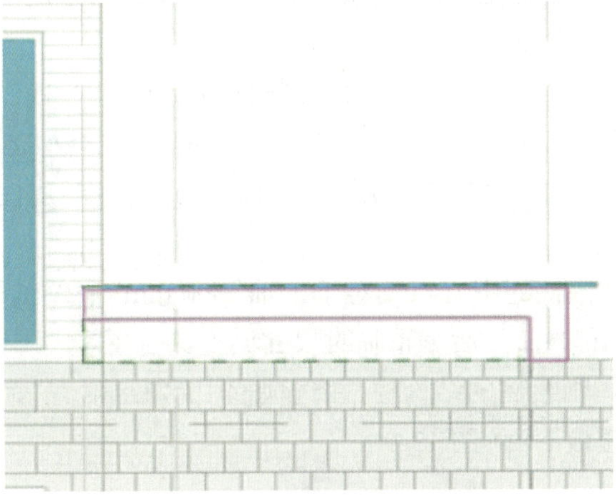

图 13-5　编辑墙体轮廓

打开 F1 楼层平面视图,选择刚编辑完成的“支撑构件”墙体,单击工具栏“阵列”命令,在选项栏中如图 13-6 设置。

图 13-6　阵列该墙体

移动光标单击捕捉下面墙体所在轴线上一点作为阵列起点(图 13-7 中下面红色圆点位置),再垂直移动光标单击捕捉上面轴线上一点为阵列终点(图 13-7 中上面红色圆点位置),阵列结果(图 13-7)。

图 13-7　完成雨篷结构绘制

13.3　地下一层结构柱的绘制

与室外楼梯相接的平台出挑太大,所以在下部需要设置两个用于结构支撑的柱子,下面我们一起来创建这两根结构柱。

在项目浏览器中双击“楼层平面”项下的“-1F-1”,打开“-1F-1”平面视图。单击“常用”选项卡“构建”面板“柱”命令下拉菜单选择“结构柱”,在类型选择器中新建柱类型“钢筋混凝土 250×450 mm”,由于此前在二层围廊绘制时介绍过新建柱子的方法,所以这里不再详细介绍。

如图 13-8 所示使结构柱的中心点相对于 1 轴“600 mm”、A 轴“1100 mm”的位置单击放置结构柱(可先放置结构柱,然后编辑临时尺寸调整其位置)。

打开三维视图,选择刚绘制的结构柱,在选项栏中单击“附着”命令,再单击拾取一层楼板,将柱的顶部附着到楼板下面(图 13-9)。

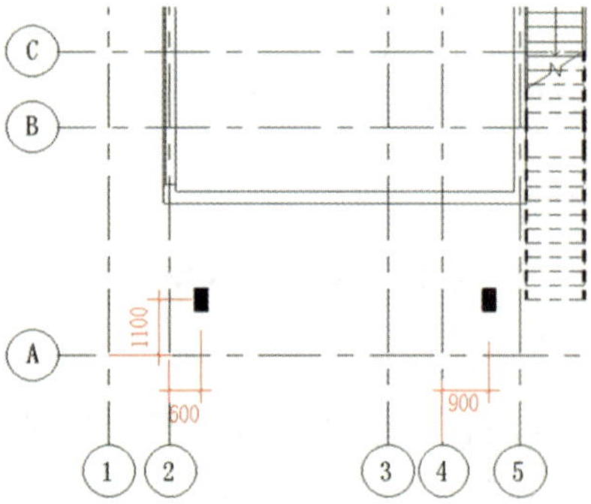

图 13-8　地下一层结构柱位置

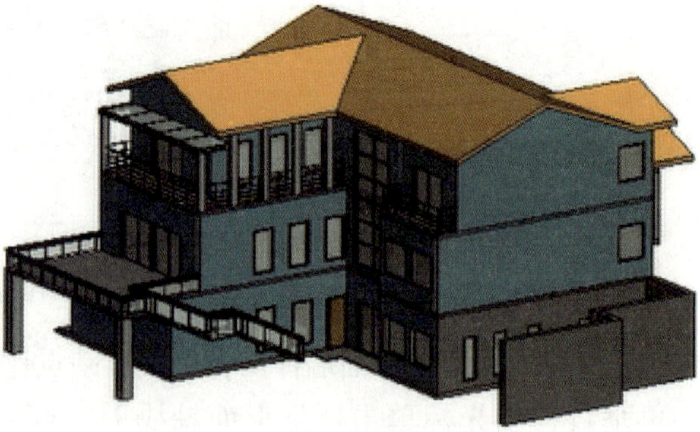

图 13-9　三维视图结构柱示意

13.4 场地的绘制

下面介绍与地形关系最为密切的"场地建模"中相关设置与地形表面、场地构件的创建与编辑的基本方法和相关应用技巧。

视频:场地

13.4.1 地形表面

注意:地形表面是建筑场地地形或地块地形的图形表示。默认情况下,楼层平面视图不显示地形表面,可以在三维视图或在专用的"场地"视图中创建。

首先要建立的认知体系是,场地区域一定是大于建筑区域的,所以应将场地的轮廓先行确定,以每个方向上最外沿的轴线向外再扩大 10000(图 13-10)。具体操作步骤如下。

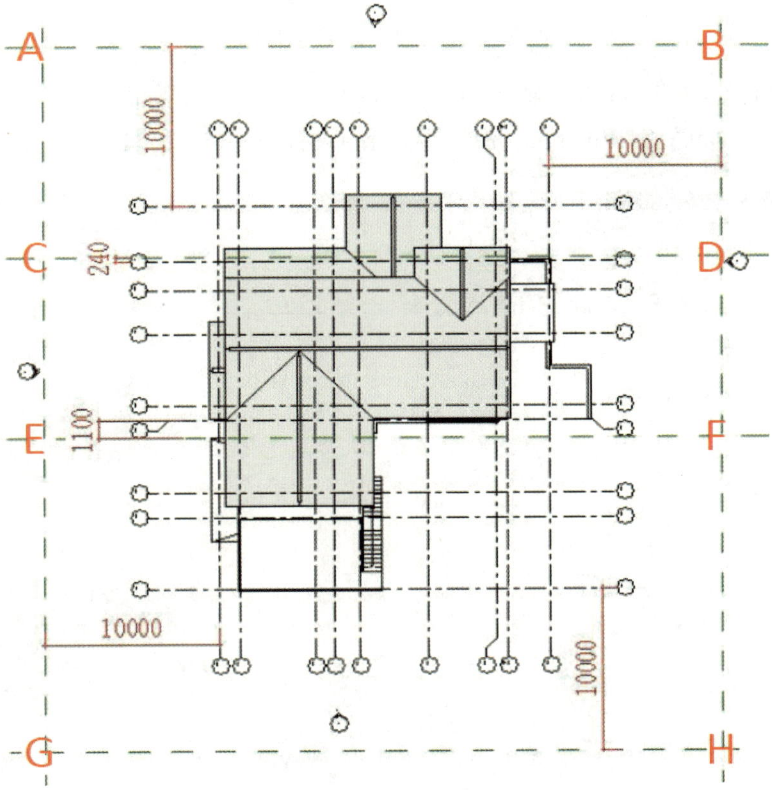

图 13-10 场地边界

为了便于捕捉,我们在场地平面视图中根据绘制地形的需要,绘制 6 条参照平面。单击"常用"选项卡"工作平面"面板"参照平面"命令,移动光标到图中 1 号轴线左侧单击垂直方向上下两点绘制一条垂直参照平面。

选择刚绘制的参照平面,出现蓝色临时尺寸,单击蓝色尺寸文字,输入 10000,按"Enter"键确认,使参照平面到 1 号轴线之间距离为 10 m(如临时尺寸右侧尺寸界线不在 1 号轴线上,可以拖曳尺寸界线上蓝色控制柄到轴线上松开鼠标,调整尺寸参考位置)。

同样方法，在 8 号、A 号轴线外侧 10 m、H 轴上方 240 mm、D 轴下方 1100 mm 位置绘制其余 5 条参照平面(图 13-10)。

下面将捕捉 6 条参照平面的 8 个交点 A~H，通过创建地形高程点来设计地形表面。

单击“体量和场地”选项卡“场地建模”面板“地形表面”命令，光标回到绘图区域，Revit 将进入草图模式(图 13-11)。

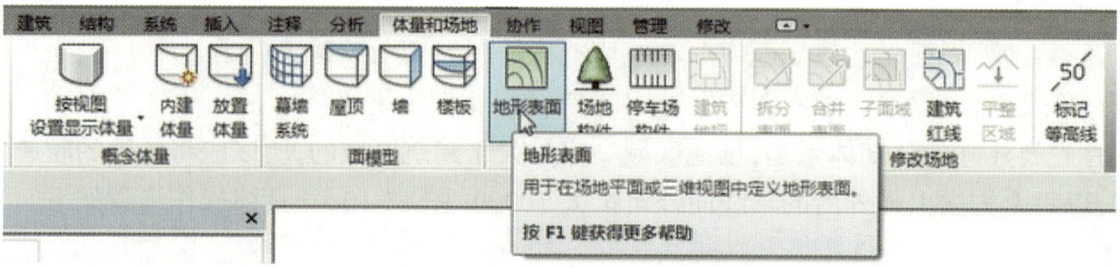

图 13-11 “地形表面”绘制场地

单击“放置点”命令，选项栏显示“高程”选项，将光标移至高程数值“0.0”上双击，即可设置新值，输入“-450”按“Enter”键完成高程值的设置(图 13-12、图 13-13)。

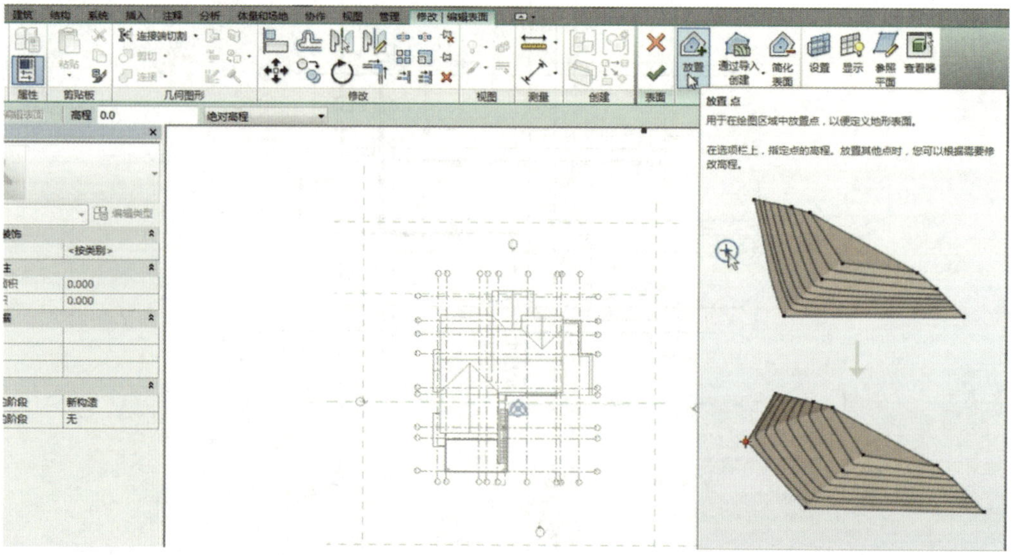

图 13-12 “放置点”高程设置

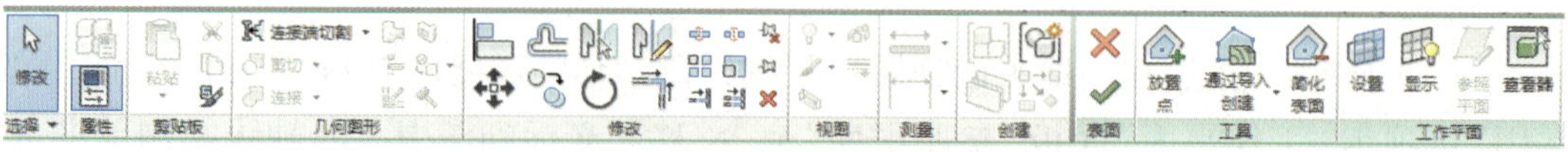

图 13-13 选择“放置点”

注意：移动光标至绘图区域，一定保证依次单击图中 A、B、C、D 等 4 点(图 13-14、图 13-15、图 13-16、图 13-17)。

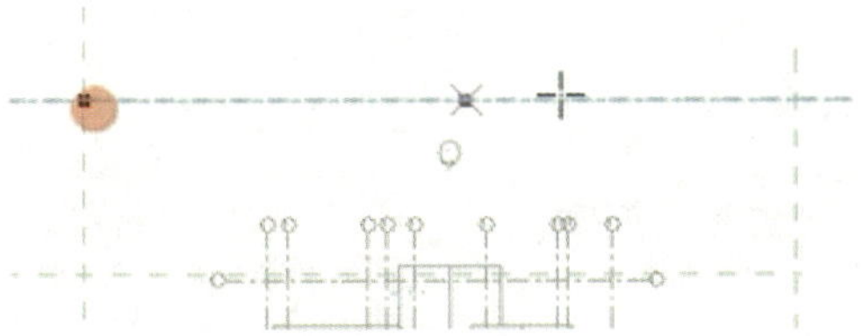
图 13-14　点击 A 点

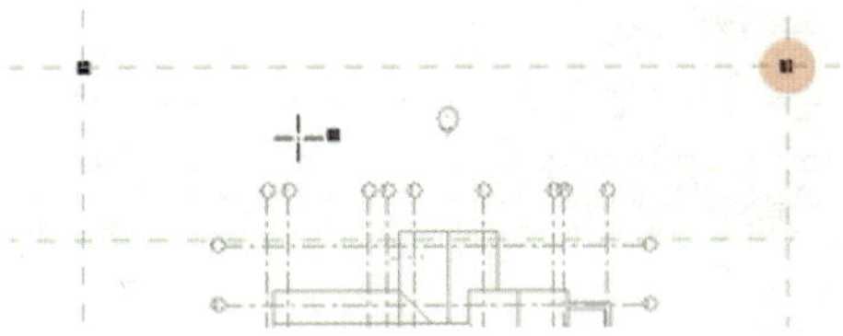
图 13-15　点击 B 点

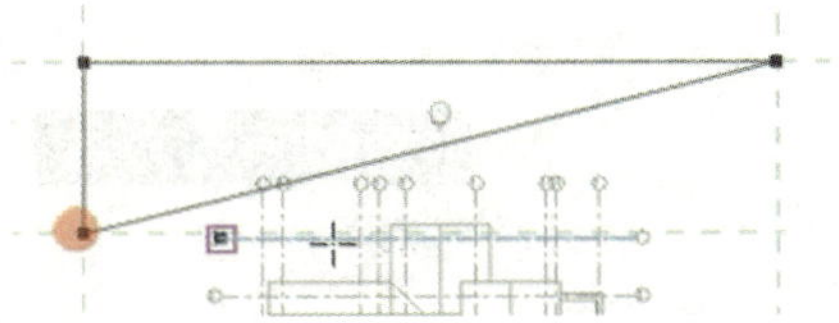
图 13-16　点击 C 点

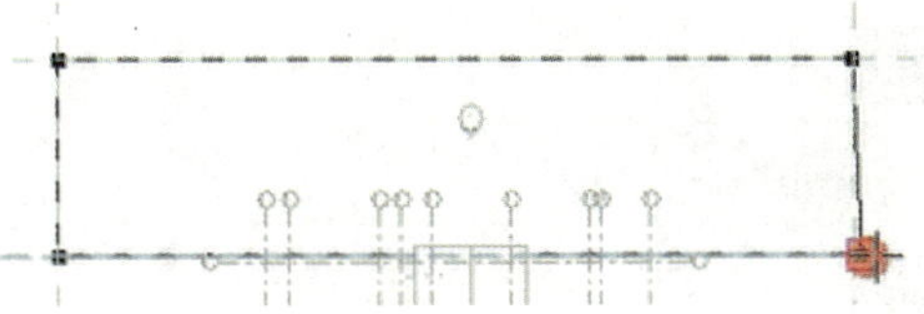
图 13-17　点击 D 点

这样就放置了 4 个高程为“-450”的点，并形成了以该 4 点为端点的高程为“-450”的一个地形平面。

再次将光标移至选项栏，双击“高程”值“-450”，设置新值为“-3500”，按“Enter”键。光标回到绘图区域，依次单击 E、F、G、H 等 4 点，放置 4 个高程为“-3500”的点（图 13-18）。

图 13-18　完成场地轮廓绘制

单击“图元”面板“属性栏”中“材质”→“按类别”后的矩形“浏览”图标，如图 13-19 所示。材质中单击选择“碎石”材质，单击“确定”关闭所有对话框。此时给地形表面添加草地材质。

图 13-19　添加场地材质

单击“完成表面”命令创建了地形表面。通过观察发现，场地的建立把地下一层雨篷处的门也挡住了（图 13-20），也就是说，原本挡土墙范围内应该被平整的地坪还没有创建准确。所以接下来要在地形基础上对建筑地坪做进一步的创建。

图 13-20　完成场地创建

13.4.2　建筑地坪

通过上一节的学习，我们已经创建了一个带有简单坡度的地形表面，而建筑的首层地面是水平的。本节将学习建筑地坪的创建。“建筑地坪”工具适用于快速创建水平地面、停车场、水平道路等。

注意：建筑地坪可以在“场地”平面中绘制，为了参照地下一层外墙，也可以在 -1F 平面绘制。作用是能将地形中需要平整的部分剪切为水平面，也就是说，在创建水平面的同时，能将该处本来的地形表面剪切。

接上节练习，首先绘制建筑地坪轮廓。基本是沿着外墙绘制，但是注意在挡土墙范围内也需要绘制。在项目浏览器中展开“楼层平面”项，双击视图名称“-1F”，进入 -1F 平面视图。单击“场地建模”面板“建筑地坪”命令，进入建筑地坪的草图绘制模式。单击“绘制”面板“直线”命令，移动光标到绘图区域，开始顺时针绘制建筑地坪轮廓（图 13-21），必须保证轮廓线闭合。

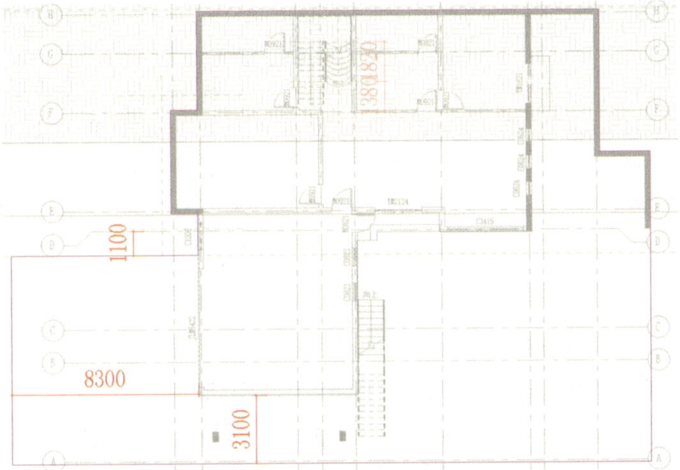

图 13-21　建筑地坪轮廓

单击选中该建筑地坪图元，在“属性栏”单击参数“标高”的值列，单击后面的下拉箭头，选择标高为“-1F-1”。

单击“编辑类型”，打开“类型属性”对话框，单击“结构”后的“编辑”按钮，打开“编辑部件”对话框，单击“按类别”，单击后面的矩形“浏览”图标，打开“材质”对话框，在左侧选择材质“场地 - 碎石”后单击“确定”按钮，单击“完成建筑地坪”命令创建了建筑地坪（图 13-22）。

图 13-22　生成建筑地坪

13.4.3 地形子面域(道路)

通过上一节的学习,绘制了建筑地坪,本节将使用“子面域”工具在地形表面上绘制道路。

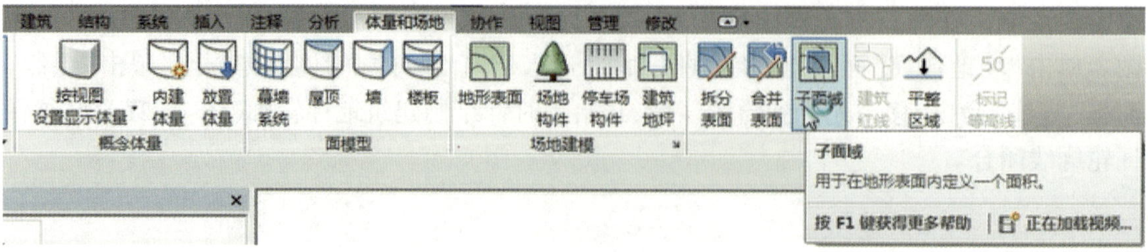

图 13-23 “子面域”命令

注意:“子面域”工具是在现有地形表面中绘制的区域。例如,可以使用子面域在地形表面绘制道路或绘制停车场区域。“子面域”工具和“建筑地坪”不同,“建筑地坪”工具会创建出单独的水平表面,并剪切地形,而创建子面域不会生成单独的地平面,而是在地形表面上圈定了某块可以定义不同属性集(例如材质)的表面区域。就是说,子面域是隶属于场的一种注释工具。

下面用“子面域”完成道路的创建。

接上节练习,在项目浏览器中展开“楼层平面”项,双击视图名称“场地”,进入场地平面视图。

单击“体量和场地”选项卡“修改场地”面板“子面域”命令,进入草图绘制模式。单击“绘制”面板“直线”工具,顺时针绘制如图 13-24 所示的子面域轮廓。绘制到弧线时,在“绘制”面板单击“起点 - 终点 - 半径弧”工具,并勾选选项栏“半径”,将半径值设置为 3400。绘制完弧线后,在选项栏单击“直线”工具,切换回直线继续绘制。

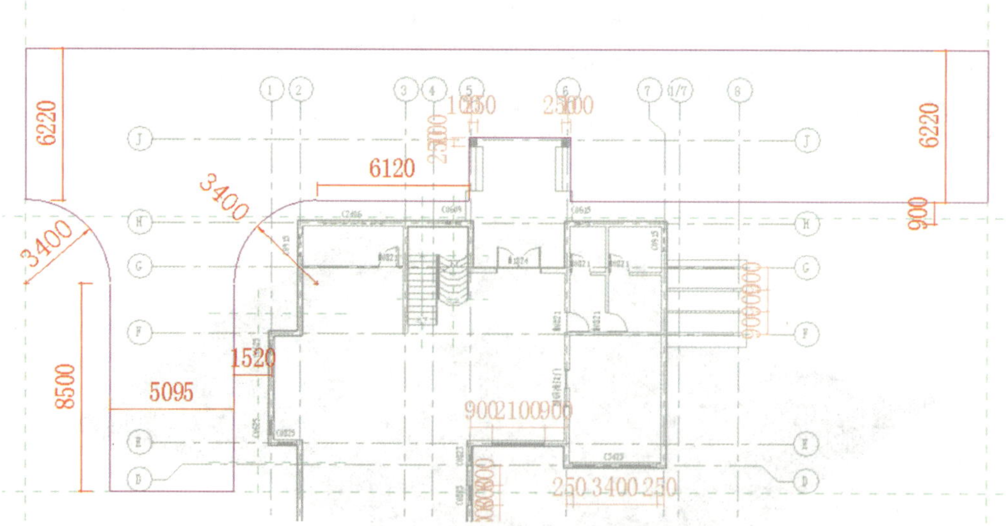

图 13-24 “子面域”轮廓示意

单击“图元”面板“子面域属性”命令,打开“编辑属性”对话框,单击“材质”→“按类别”后的矩形图标，打开“材质”对话框，在左侧材质中选择“场地 - 柏油路”并单击“确定”，回到“实例属性”对话框后单击“确定”按钮。

单击“完成子面域”命令，至此完成了子面域道路的绘制（图 13-25）。

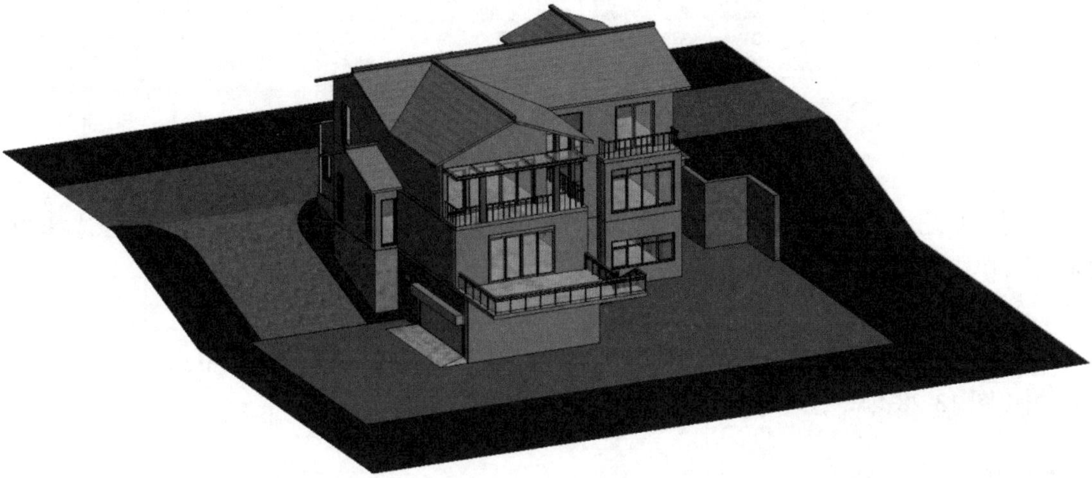

图 13-25　完成场地区域划分

13.4.4　场地构件

有了地形表面和道路，再配上生动的花草、树木、车等场地构件，可以使整个场景更加丰富（图 13-26）。场地构件的绘制同样在默认的“场地”视图中完成。

图 13-26　添加场地构件

接上节练习在项目浏览器中展开“楼层平面”项，双击视图名称“场地”，进入场地平面视图。

单击“体量和场地”选项卡“场地建模”面板“场地构件”命令，在类型选择器中选择需要的构件。也可如下图所示单击“模式”面板的“载入族”按钮，打开“载入族”对话框（图

13-27)。

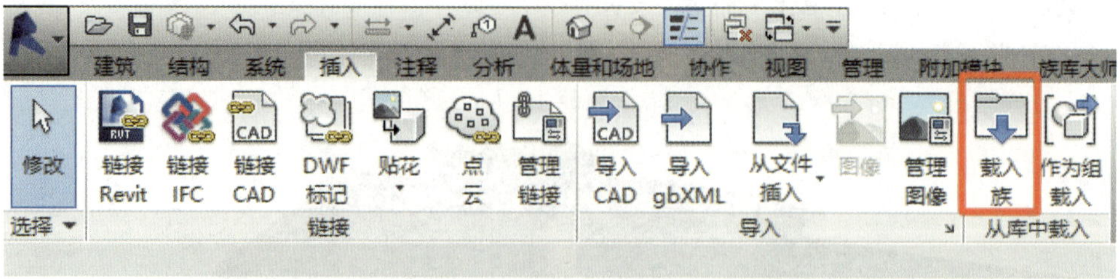

图 13-27 载入族

定位到“植物”文件夹并双击,在“植物”文件夹中双击“乔木”文件夹,单击选择“白杨.rfa”,单击“确定”按钮载入项目中。

在“场地”平面图中根据自己的需要在道路及别墅周围添加场地构件树。

同样方法从“载入族”对话框中打开“环境”文件夹,载入“M_RPC 甲虫.rfa”并放置在场地中(图 13-28)。

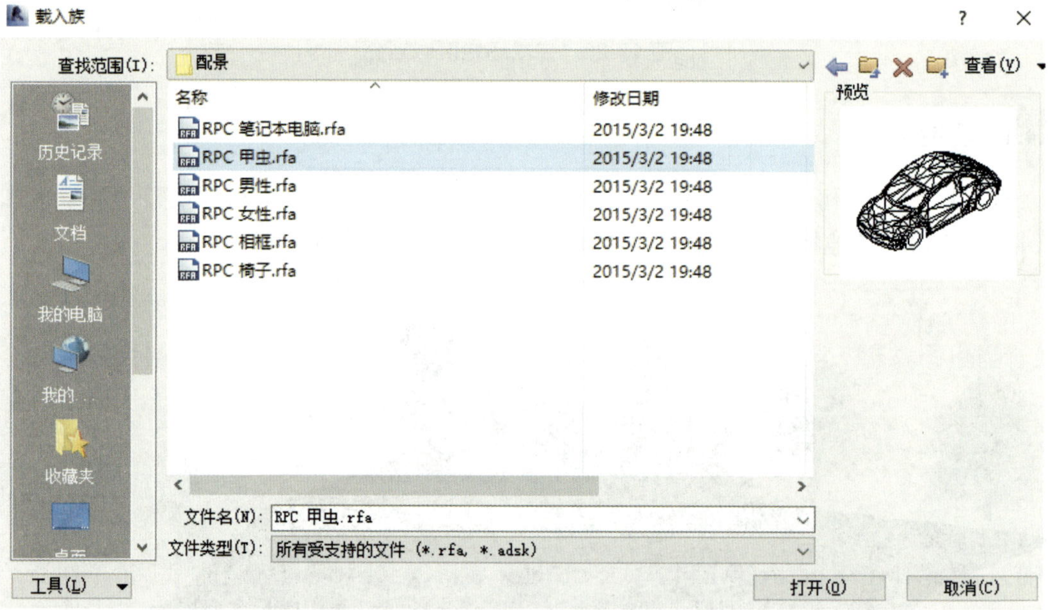

图 13-28 选择所需构件

至此我们就完成了所有场地构件的添加,也是这整个项目的一个完善和收尾的部分(图 13-29)。

图 13-29　完成环境设置

13.5　整合应用技巧——组的管理

土建部分完成后，还需要在其中布置类似家具之类的构件，一般这些构件的布置都具有重复性特点。

在需要创建代表重复布局的实体，或对于很多建筑项目通用的实体（例如，宾馆房间、公寓或重复楼板）时，使图元成组很有用。我们可以将项目或族中的图元制作成组，然后多次将组放置在项目或族中。

这里会用到组功能，所以接下来我们着重学习一下组的应用。

注意：放置在组中的每个实例之间都存在相关性。

例如，创建一个具有床、墙和窗的组，然后将该组的多个实例放置在项目中。如果修改一个组中的墙，则该组所有实例中的墙都会随之改变。

13.5.1　组类型

组类型包括“模型组”“详图组”和“附着的详图组”。

1. 模型组

由模型图元组成的组，其中除了模型图元之外没有任何的注释图元等的图元类型（图 13-30）。

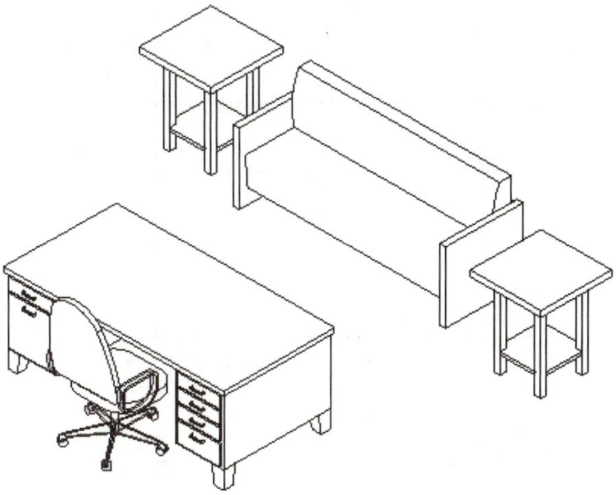

图 13-30　模型组

2. 详图组

由文字、填充区域、详图构件等仅由注释类视图专有图元组成的组（图 13-31）。

3. 附着的详图组

可以包含与特定模型组关联的视图专有图元，例如门和窗标记（图 13-32）。

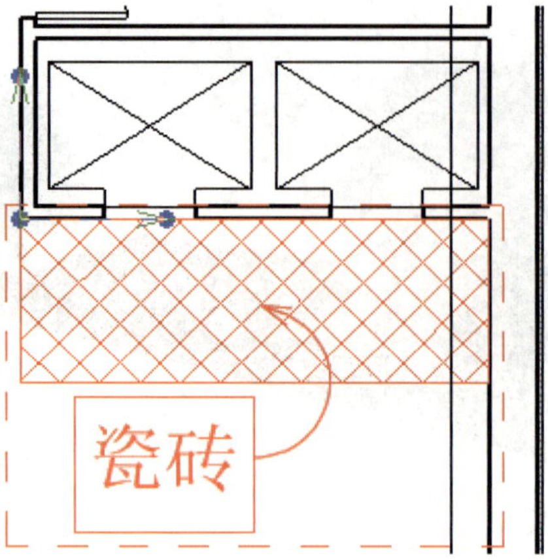

图 13-31 详图组

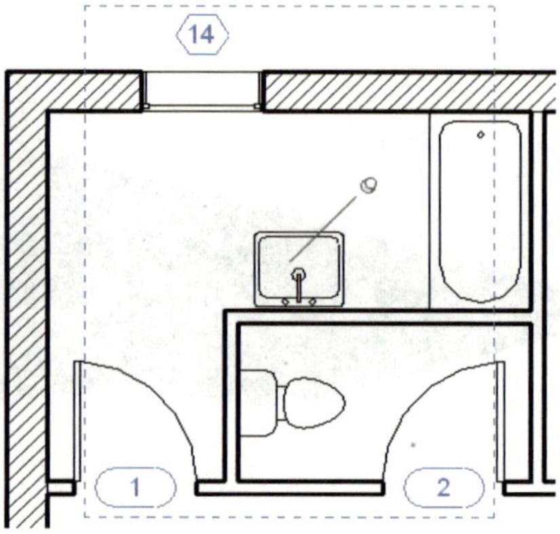

图 13-32 附着的详图组

注意:组不能同时包含模型图元和视图专有图元。如果选择了这两种类型的图元,然后尝试将它们成组,则 Revit Architecture 会创建一个模型组,并将详图图元放置于该模型组的附着的详图组中。如果同时选择了详图图元和模型组,其结果相同:Revit Architecture 将为该模型组创建一个含有详图图元的附着的详图组。

13.5.2 创建组

在项目视图中,选择在组中包含的所需图元或现有组。

在"创建组"对话框中输入组的名称(图 13-33、图 13-34),注意根据所选图元的类型,此对话框的名称将有所不同。

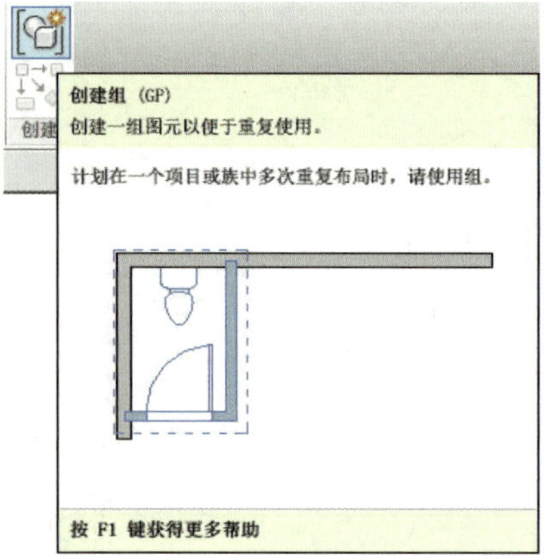

图 13-33 创建组

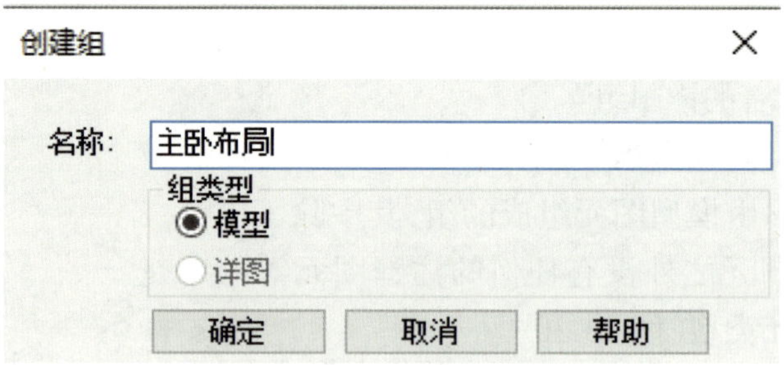

图 13-34 输入名称

13.5.3 编辑组

选择相应的组,选择"编辑组命令",进入编辑状态:组中图元呈黑色显示;其他图元呈灰色;背景呈浅黄色。通过"添加、删除、附着"编辑完成后其他所有组会自动更新(图 13-35)。

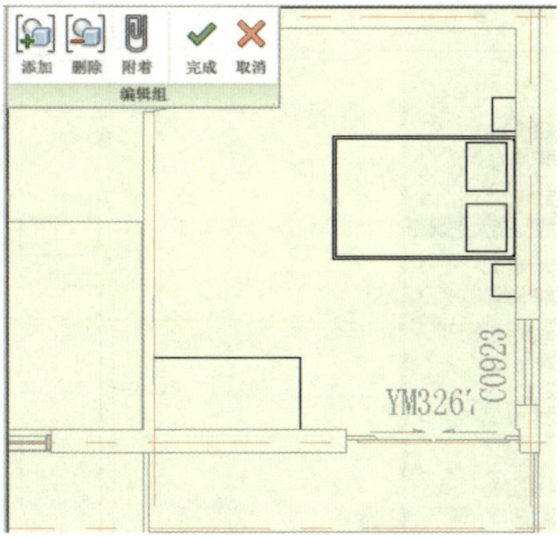

图 13-35　编辑组

“添加至组”功能：移动光标，单击拾取组外图元加入至组中；

“从组中删除”功能：移动光标，单击拾取组内图元，从组中删除；

“附着详图组”功能：进入“创建模型组和附着的详图组”对话框，输入名称，确定进入详图组编辑状态（图 13-36、图 13-37）。

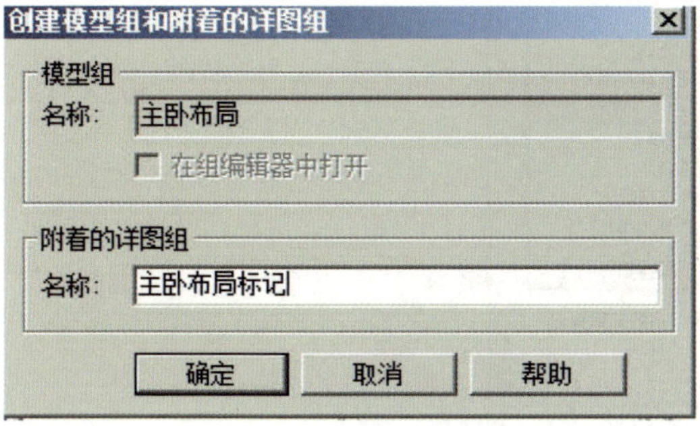

图 13-36　创建附着详图组

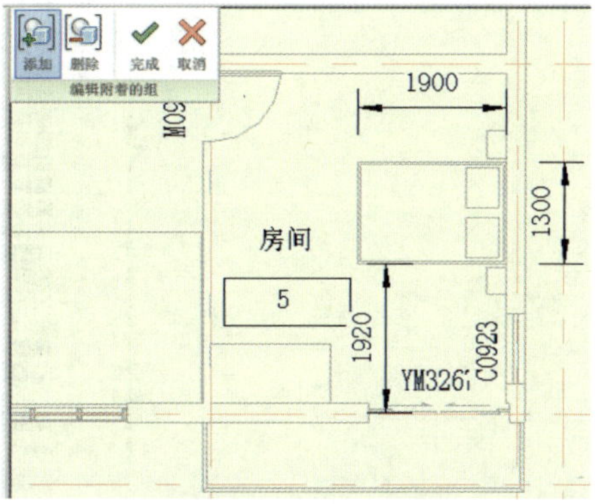

图 13-37　编辑组

默认情况下，相同组中的图元都是一样的，但如果某些情况下，又有一些不同，则可以通过“排除”/“恢复”来处理。

选择组，用“Tab”键切换，选择组中图元，激发右键，选择“排除”功能（图 13-38）。

选择“恢复所有已排除的成员”来重新恢复。

注意：通过“排除”的组中图元不会在构件表中进行统计。如果想参与统计，则可以通过“移到项目”（图 13-39）操作，即从组中移除，直接加入至项目中，可在相应视图进行编辑。

在“组”→“模型”中选择相应的组，选择“创建实例”，在图中放置。选择相应组，右键“创建类似实例”，同样放置组（图 13-40）。

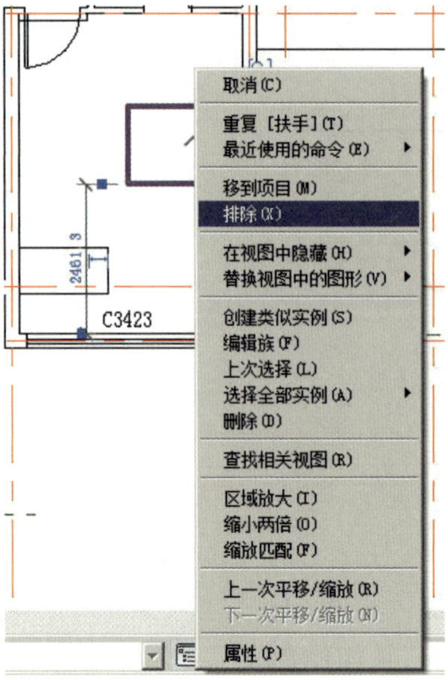

图 13-38　排除组中图元

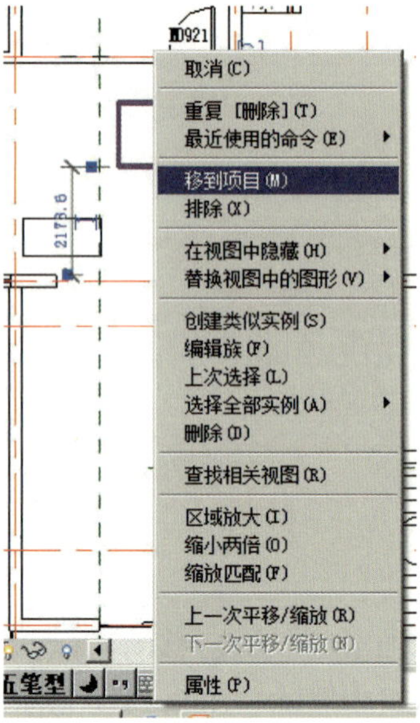

图 13-39　移动到项目中

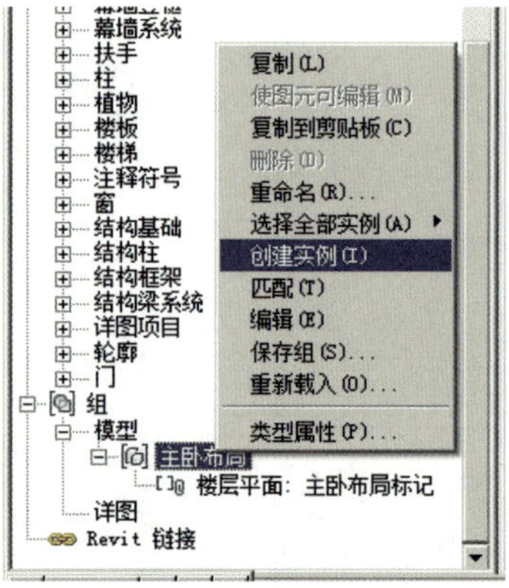

图 13-40　放置组

13.5.4　放置组

选择“模型组”，并选择相应的组类型，在图中单击放置(图 13-41)。

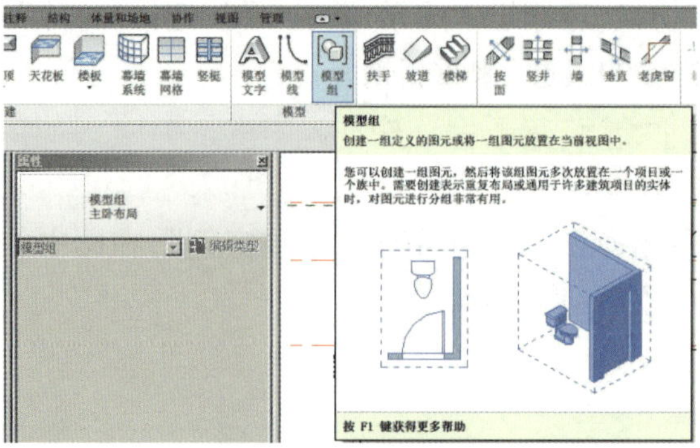

图 13-41　放置模型组

13.5.5　保存组

保存组的操作（图 13-42）。

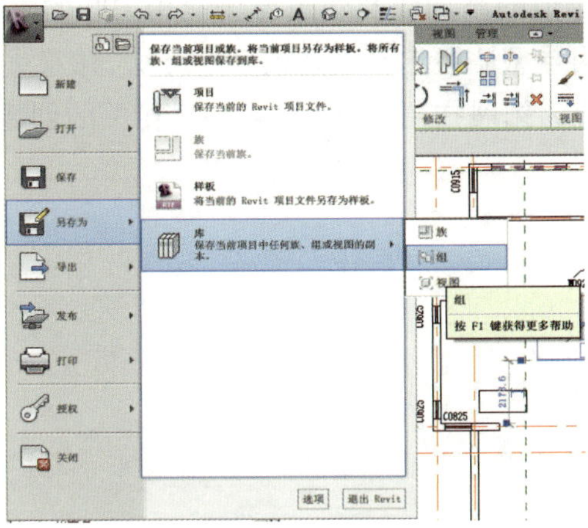

图 13-42　保存组

13.5.6　载入组

载入组的操作（图 13-43、图 13-44）。

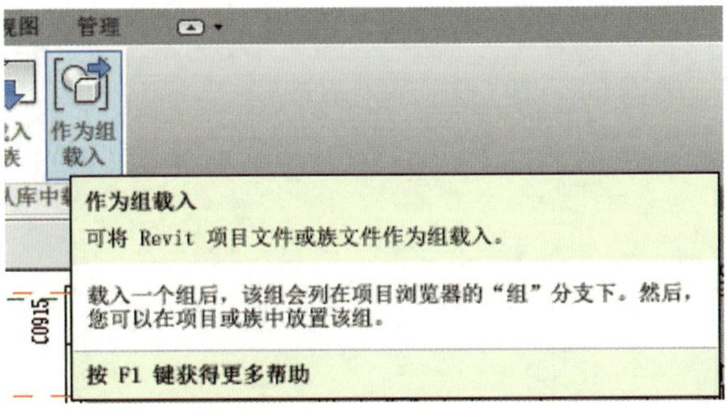

图 13-43　作为组载入

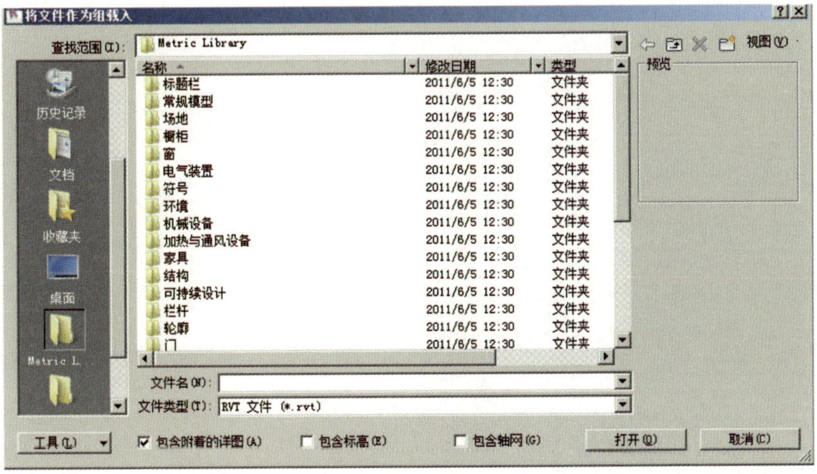

图 13-44　调取文件

本章小结

在项目建立的最后,场地的添加以及建筑与场地相关联的附件是关键图元。本章通过对场地的完善,引入了使用异型墙概念来创建模型的方法,并着重对场地的形态编辑及道路绘制方法做了介绍,最后作为拓展技巧,介绍了与“组”相关的创建及管理技巧。

第 14 章　明细表

课程思政

社会责任感

随着互联网海量数据时代的到来，新闻报道中越来越广泛地应用大数据。然而，当前不少新闻报道对数据应用的科学性却有待提高。近期，我国出现物价上涨的现象，对我们的生活产生了巨大影响；三孩政策开放以后我国的人口比例及特征发生变化；新冠疫情的持续反复对我国的经济造成巨大影响……这些时事新闻其实都是一种数据的搜集与传达，而我们建筑明细表的导出也是一种建筑数据的搜集与传达。

在收集数据的过程中，我们考虑数据的合法与真实性，尤其是现在是大数据时代，数据关乎一个公司乃至一个国家的命脉，因此我们要坚持正确的科学精神和专业素养，保护数据的安全性，做到忠于统计，乐于奉献，实事求是，不出假数，依法统计，严守秘密，公正透明，服务社会。对数据要保有敬畏之心，自觉遵守相应的法律法规。

Revit Architecture 有以下集中类型的明细表:明细表(或数量)、关键字明细表、材质提取、注释明细表(或注释块)、修订明细表、视图列表、图纸列表。

为之前创建的别墅新建明细表(图 14-1)。

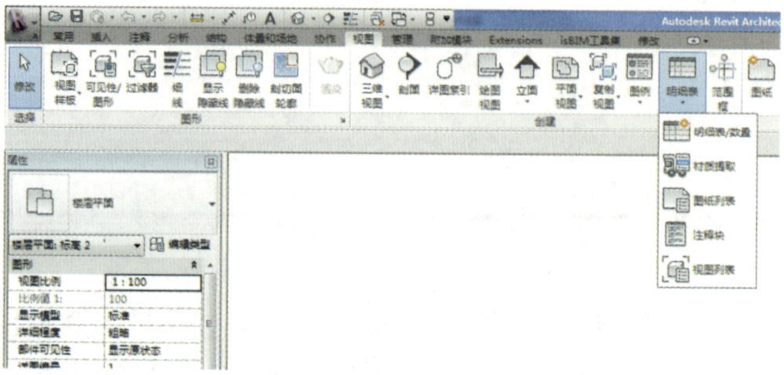

图 14-1 “明细表”命令

14.1 新建明细表

单击“视图”选项卡→“创建”面板→“明细表”下拉列表→“明细表 / 数量”命令。

打开“新建明细表”对话框,从“类别”列表中选择“门”,输入表格名称“门明细表”,选择“建筑构件明细表”,设置阶段为“新构造”,单击“确定”按钮(图 14-2)。

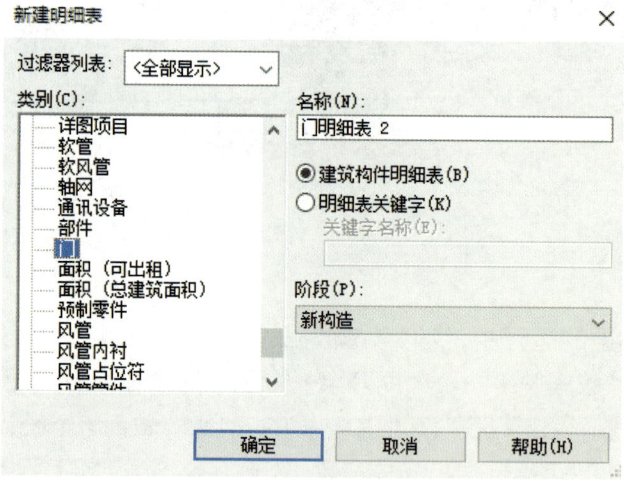

图 14-2 新建明细表

14.2 设置字段

在“字段”选项卡中,在“可用字段”列表按住“Ctrl”键选择“标记”“族”“宽度”“高度”字段,单击中间的“添加”按钮将字段添加到右侧列表中(单击“删除”可将右侧字段移动到左侧列表中)。使用“上移”“下移”按钮按前面顺序调整右侧列表字段的前后顺序(图 14-3)。

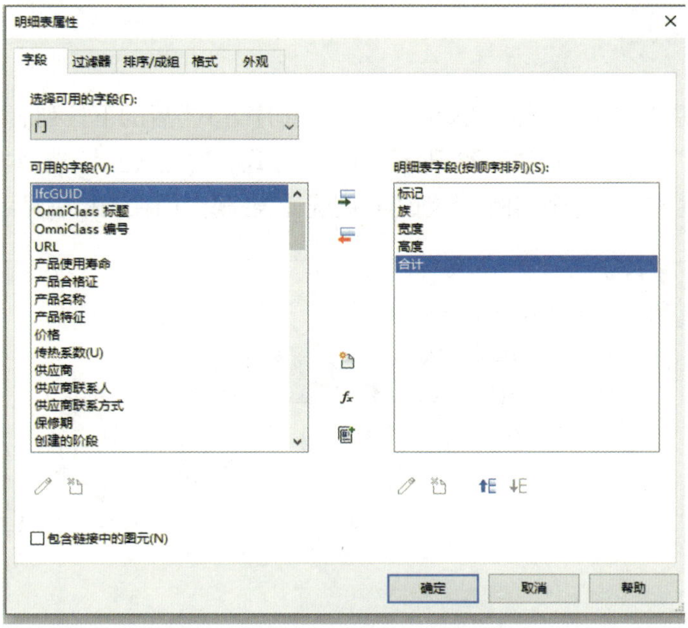

图 14-3　设置明细表统计类型

14.3　设置过滤器

在“过滤器”选项卡中，从“过滤条件”后的下拉列表中选择“宽度”“大于或等于”“700”为过滤条件，将统计地上几个房间的门。如设置过滤条件为“无”则将统计所有门（图 14-4）。

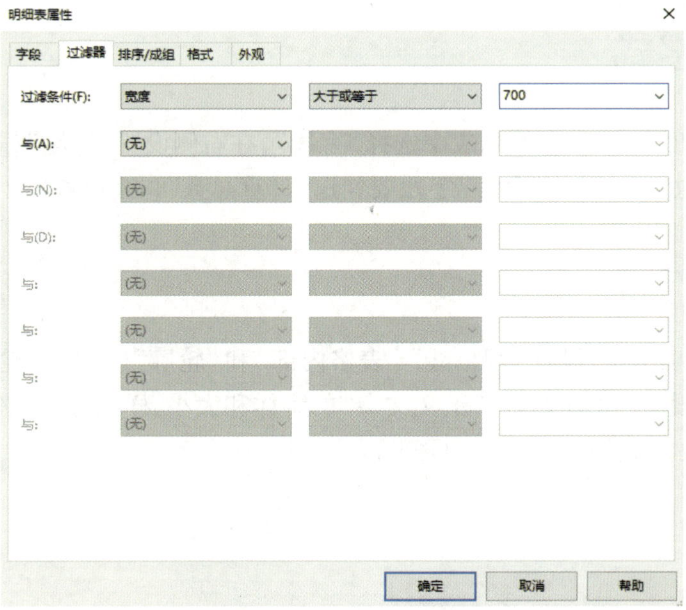

图 14-4　设置过滤条件

14.4 设置排序

图 14-5 所示是在“排序 / 成组”选项卡中，从“排序方式”后的下拉列表中选择“宽度”“升序”，随后选择“族”“升序”和“类型”“升序”为排序方式。勾选“总计”选择“合计和总数”自动计算总数，勾选“逐项列举每个实例”将创建实例统计表(每个门在表格中显示一行)。

图 14-5 设置排序

14.5 设置格式

在“格式”选项卡中，从左侧列表中选择“字段”，在右侧设置“标题”(表格中的列标题)“标题方向”和“对齐”方式。“合计”字段要勾选“计算总数”(图 14-6)。

14.6 设置外观

在“外观”选项卡中，设置“网格线”(表格内部)和“轮廓”(表格外轮廓)，线条样式为细线或宽线等。设置“页眉文字”“正文文字”的字体和大小、样式等。如勾选“数据前的空行”则在表格标题和正文间加一空白行间隔(图 14-7)。

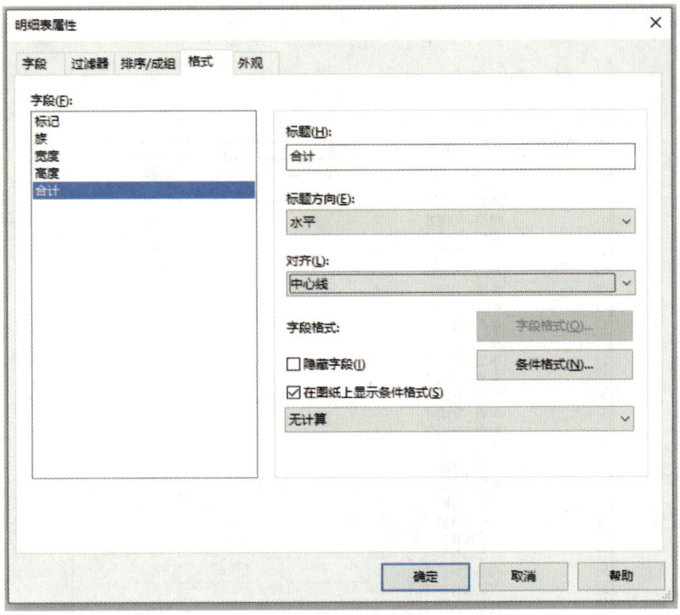

图 14-6　设置格式

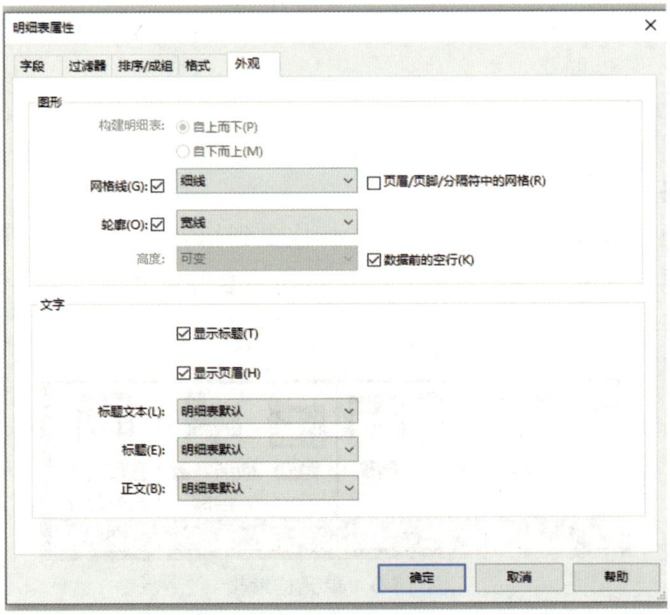

图 14-7　设置外观

14.7　生成明细表

单击“确定”自动创建明细表视图。对“制造商”“单价”等族参照中没有赋值的表格将留空。可以单击单元格输入需要的文字后回车，系统提示将把该值应用于相同类型的构件，单击“确定”后自动填充相同类型构件的单元格(图 14-8)。

<门明细表>

A	B	C	D	E
标记	族	宽度	高度	合计
7	单扇 - 与墙齐	800	2100	1
8	单扇 - 与墙齐	800	2100	1
16	单扇 - 与墙齐	800	2100	1
17	单扇 - 与墙齐	800	2100	1
18	单扇 - 与墙齐	800	2100	1
19	单扇 - 与墙齐	800	2100	1
20	单扇 - 与墙齐	800	2100	1
24	单扇 - 与墙齐	800	2100	1
27	单扇 - 与墙齐	800	2100	1
28	单扇 - 与墙齐	800	2100	1
29	单扇 - 与墙齐	800	2100	1
30	单扇 - 与墙齐	800	2100	1
31	单扇 - 与墙齐	800	2100	1
1	单扇 - 与墙齐	900	2100	1
2	单扇 - 与墙齐	900	2100	1
3	单扇 - 与墙齐	900	2100	1
4	单扇 - 与墙齐	900	2100	1
5	单扇 - 与墙齐	900	2100	1
6	单扇 - 与墙齐	900	2100	1
32	单嵌板玻璃门 1	900	2100	1
23	双扇推拉门 - 墙	1200	2100	1
11	双面嵌板玻璃门	1800	2100	1
21	双面嵌板玻璃门	1800	2400	1
9	双面嵌板玻璃门	2100	2400	1
33	双面嵌板玻璃门	2100	2400	1
22	四扇推拉门 2	3600	2400	1
34	四扇推拉门 2	3600	2400	1
10	防火卷帘门	5400	2200	1

图 14-8　生成明细表

14.8　调整明细表

1. 合并单元格

在某一列标题中单击鼠标左键并按住鼠标拖曳到相邻单元格后松开鼠标,则可选择几个单元格。在选项栏单击“标题”后的“成组”按钮将合并单元格(图 14-9),单击“解组”则取消合并。

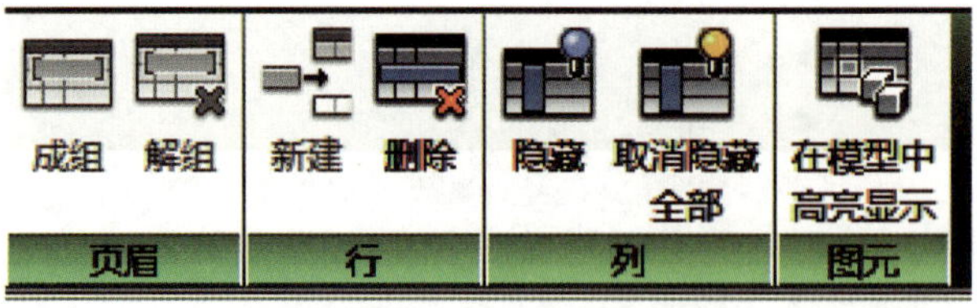

图 14-9　单元格编辑

2. 隐藏列

在某个单元格中单击鼠标右键选择“隐藏列”则自动隐藏该列所有数据。在右键菜单中选择“取消隐藏全部列”则取消隐藏,图 14-10 所示标题列被隐藏。

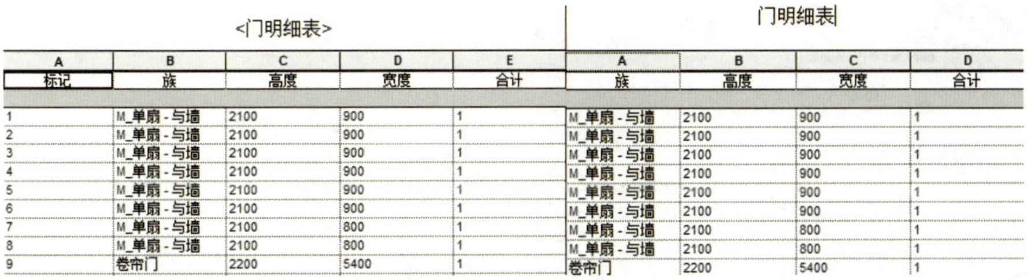

<门明细表>

A	B	C	D	E
标记	族	高度	宽度	合计
1	M_单扇 - 与墙	2100	900	1
2	M_单扇 - 与墙	2100	900	1
3	M_单扇 - 与墙	2100	900	1
4	M_单扇 - 与墙	2100	900	1
5	M_单扇 - 与墙	2100	900	1
6	M_单扇 - 与墙	2100	900	1
7	M_单扇 - 与墙	2100	800	1
8	M_单扇 - 与墙	2100	800	1
9	卷帘门	2200	5400	1

门明细表

A	B	C	D
族	高度	宽度	合计
M_单扇 - 与墙	2100	900	1
M_单扇 - 与墙	2100	900	1
M_单扇 - 与墙	2100	900	1
M_单扇 - 与墙	2100	900	1
M_单扇 - 与墙	2100	900	1
M_单扇 - 与墙	2100	900	1
M_单扇 - 与墙	2100	800	1
M_单扇 - 与墙	2100	800	1
卷帘门	2200	5400	1

图 14-10　“隐藏列”编辑

3. 新建行

在房间、面积等明细表中，在某单元格中单击鼠标右键选择“新建行”可以增加一行。

4. 删除行

在某单元格中单击鼠标右键选择“删除行”将删除该行。对所有构件数据的行删除时将弹出系统提示警告，提示删除行时将一并删除项目中的构件。

5. 从表格定位图元

在构件数据的某单元格中单击鼠标右键选择“显示”，或单击选项栏“显示”按钮，系统将自动打开某视图并放大显示表格中选择的构件，继续单击“显示”可以打开其他视图查看。

14.9　导出明细表

在明细表视图中，打开下拉菜单“导出”→“报告”→“明细表”命令（图 14-11），打开“导出”对话框，指定文件保存路径，单击“保存”然后选择导出选项（图 14-12）：

“导出列页眉”指定是否导出 Revit Architecture 列页眉；

“一行，按格式”的功能是只导出底部列页眉；

“多行”的功能是按格式导出所有列页眉，包括成组的列页眉单元；

“导出组页眉、页脚和空行”用于指定是否导出排序成组页眉行、页脚和空行；

“字段分隔符”用于指定是使用制表符、空格、逗号还是分号来分隔输出文件中的字段；

“文字限定符”用于指定是使用单引号还是使用双引号来括起输出文件中每个字段的文字，或者不使用任何注释符号。

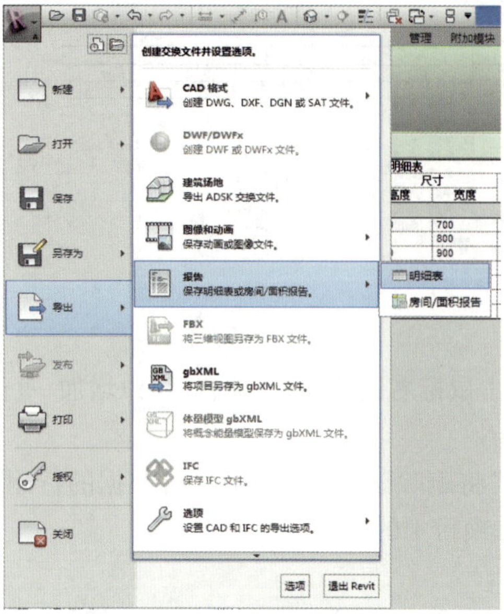

图 14-11　导出明细表

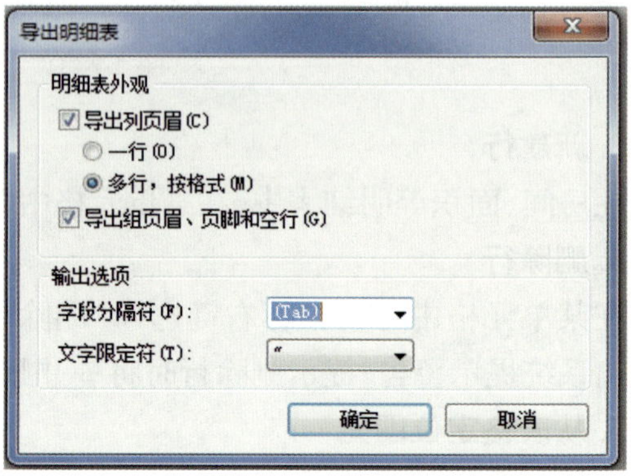

图 14-12　文件选项设置

本章小结

通过对门窗等明细表的创建和编辑进行讲解,我们对完善的项目模型有了基本认知。当然还有很多更高阶的技巧,在初级教程中暂不涉及。希望大家能很好掌握这些基本应用技巧,为后面学习高级应用打下坚实基础。

第 15 章　族与体量

课程思政

职业归属感

“千里之堤，溃于蚁穴”，告诉我们一个道理，量的积累可以引起质的变化，告诫人们切莫轻视小的变化，以免酿成大祸。战国时期，魏国相国白圭在防洪方面很有成绩，他善于筑堤防洪，并勤查勤补，经常巡视，一发现小洞即使是极小的蚂蚁洞也立即派人填补，不让它漏水，以免小洞逐渐扩大、决口，造成大灾害。白圭任魏相期间，魏国没有闹过水灾。

Revit 中“族”是最基本的图形单位，也被称为图元，一个建筑所有的构件都可以说是一个建筑族，“体量”也是族的一种，都以建筑构件的形式出现。可以说建筑是由无数个“族”与“体量”构成的，从安全管理角度来讲，我们不能忽视任何一个小构件的漏洞与差错，以免造成大祸，从我们身边发生的大小事故中不难发现。

任何事故都有一个从小到大、从量变到质变的过程。有时候，工作中一个小小的疏忽和不严谨操作就有可能导致一场重大事故的发生。所以安全管理工作要从小事、小处着手；不忽视任何细节，严格执行安全生产标准。养成良好的安全行为习惯，做到发现事故苗头及时进行排查治理，切实把事故隐患消灭在萌芽状态之中。

工匠精神：鲁班技艺制作

15.1 族

“族”是组成项目的基本构件,也是 Revit 2018 中一个非常重要的组成要素。每个族图元能够在项目内定义多种类型,根据族创建者的设计,每种类型可以具有不同的尺寸、形状、材质设置或其他参数变量。所以说,族是信息的载体,也是模型参数化的具体体现。Revit 2018 中所有的图元都是基于族的。

在本章中,希望大家能够理解族的概念和特点,同时掌握族的使用与绘制方法。

15.1.1 族类型

Revit 2018 有系统族、可载入族和内建族三种族类型。

1. 系统族

系统族是在 Revit 中预定义的族,包含基本建筑构件,如墙、窗和门等。

基本墙系统族包含定义内墙、外墙、基础墙、常规墙和隔断墙样式的墙类型(图 15-1)。用户可以复制和修改现有系统族,可以通过指定新参数定义新的族类型(图 15-2),但不能创建新系统族。

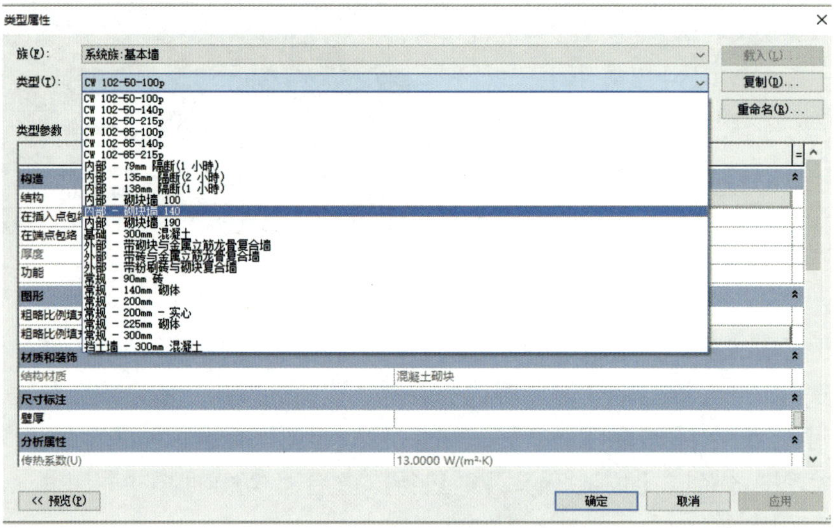

图 15-1 墙的类型

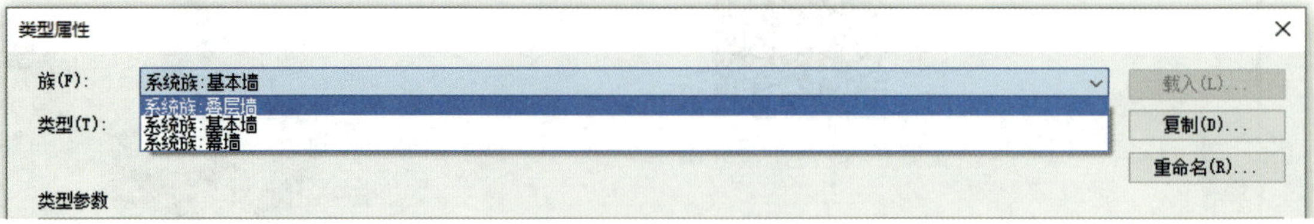

图 15-2 墙的系统族

2. 可载入族

在默认情况下，在项目样板中可以载入标准构件族，但更多标准构件族存储在构件库中。使用族编辑器创建和修改构件，可以复制和修改现有构件族，也可以根据各种族样板创建新的构件族。族样板可以是基于主体的样板，也可以是独立的样板。基于主体的族包括需要主体的构件。例如，以墙族为主体的门族。独立族包括柱、树和家具。族样板有助于创建和操作构件族。标准构件族可以位于项目环境外，且具有.rfa 扩展名（图 15-3）。用户可以将它们载入项目，从一个项目传递到另一个项目，而且如有需要还可以从项目文件保存到库中。

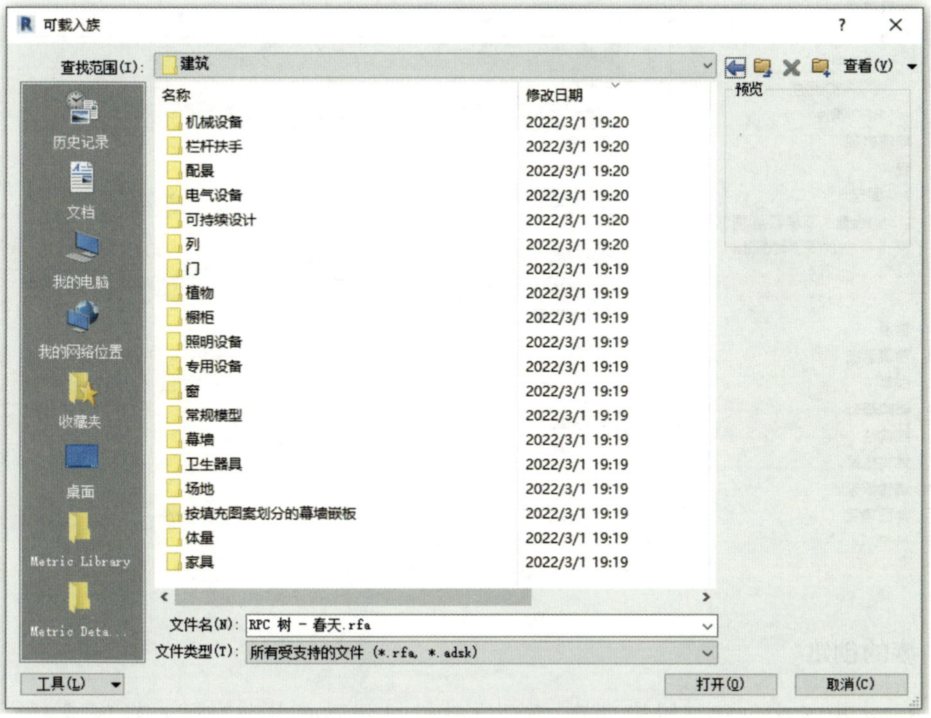

图 15-3　可载入族库

3. 内建族

内建族可以是特定项目中的模型构件，也可以是注释构件，但是只能在当前项目中创建内建族。因此，它仅可用于该项目特定的对象，例如自定义墙的处理。创建内建族时，用户可以选择类别，但使用的类别将决定构件在项目中的外观和显示控制。

15.1.2　族的参数

Revit 族可以通过参数化驱动，参数之间可以通过公式计算。族的参数分为类型参数和实例参数。用户可以对族定义多个族类型，创建族实例时需要选择特定的族类型。

通过编辑族，选择族类型，用户可以对族进行参数编辑。同一族类型的族，都会使用该族类型的参数及参数值。在项目中修改该族类型的类型参数值，会使所有使用该族类型的族实例都受影响，包括族的族类型本身的该类型参数。

在项目中，显示在属性列表中的是实例参数。实例参数属于族实例自身，修改该参数值，只会影响项目中的单个族实例，不会影响该族类型使用的族类型的其他族实例，更不会影响其他族类型(图 15-4)。

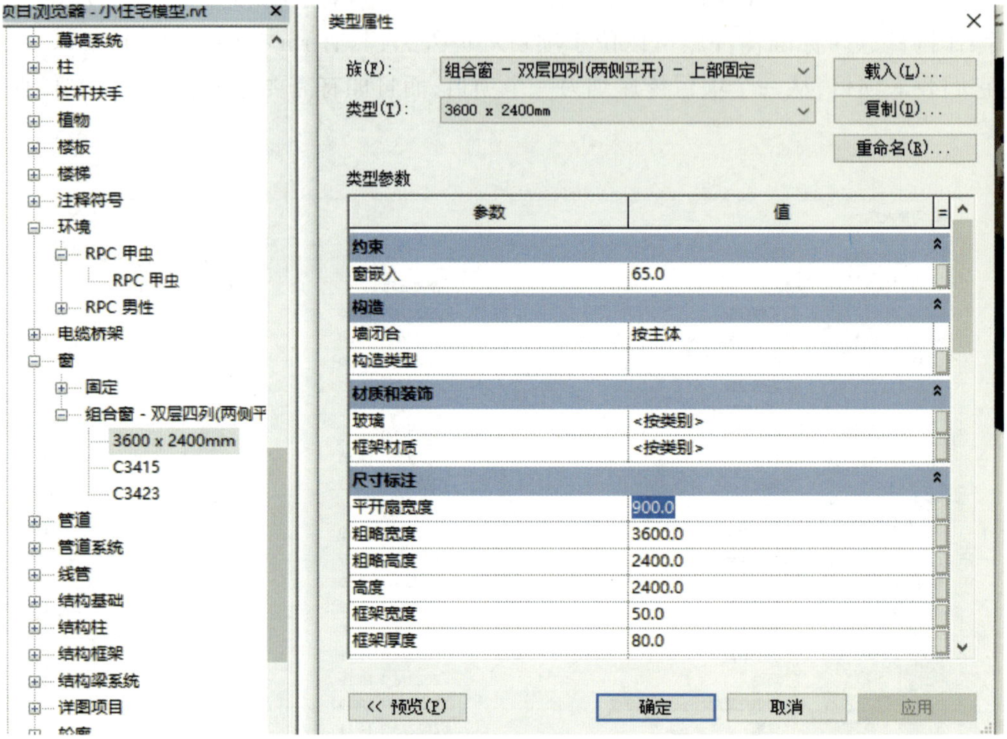

图 15-4　门窗族类型

15.1.3　族的创建

在 Revit 2018 中创建三维模型族，需要在软件打开界面点击“族”选项区域中的“新建”命令，在弹出的“新族 - 选择样板文件”对话框中选择一个三维模型族样板文件，单击“打开”进入族编辑器(图 15-5)。假如我们不是创建特定的族构件，可以选择打开“公制常规模型”进入族编辑界面。

图 15-6 所示是“创建”选项卡的“形状”面板，大家可以看到创建族的工具主要分为两类：实心形状和空心形状。这两大类分别有拉伸、融合、旋转、放样、放样融合等创建方式。

1. 拉伸

“拉伸”工具是通过绘制单一闭合轮廓，让轮廓在垂直于轮廓平面的方向上进行拉伸而生成模型形状。

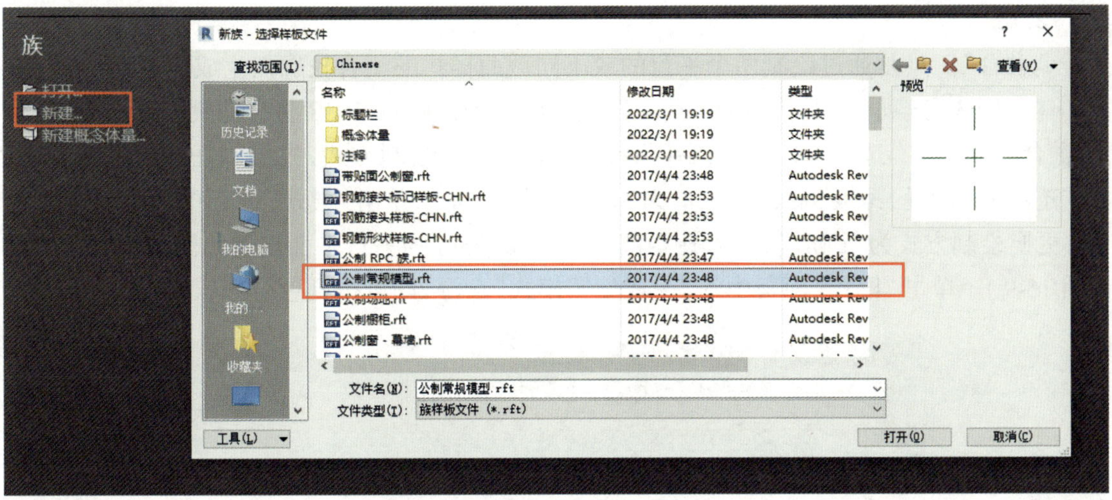

图 15-5　创建族

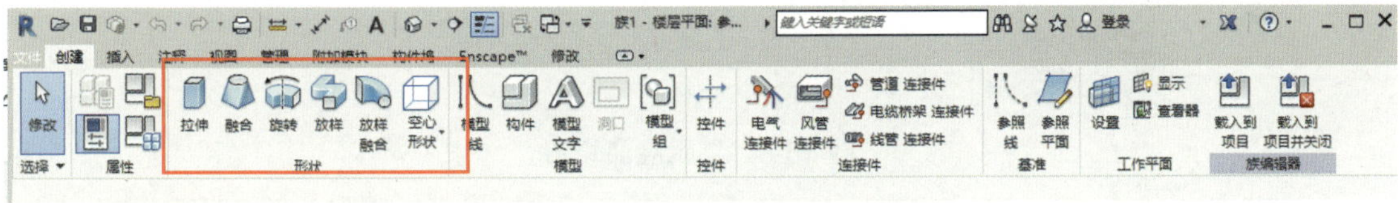

图 15-6　创建族

在“创建”选项卡“形状”面板中点击“拉伸”命令，Revit 2018 将自动跳转至“修改｜创建拉伸”选项卡。在“绘制”面板选择“直线”绘制方式，绘制一个封闭的轮廓（图 15-7），在“选项栏”设置“深度”后面的数值为“1000”，勾选“链”的复选框，单击“模式”面板中“完成编辑模式”命令，即可得到拉伸形状。

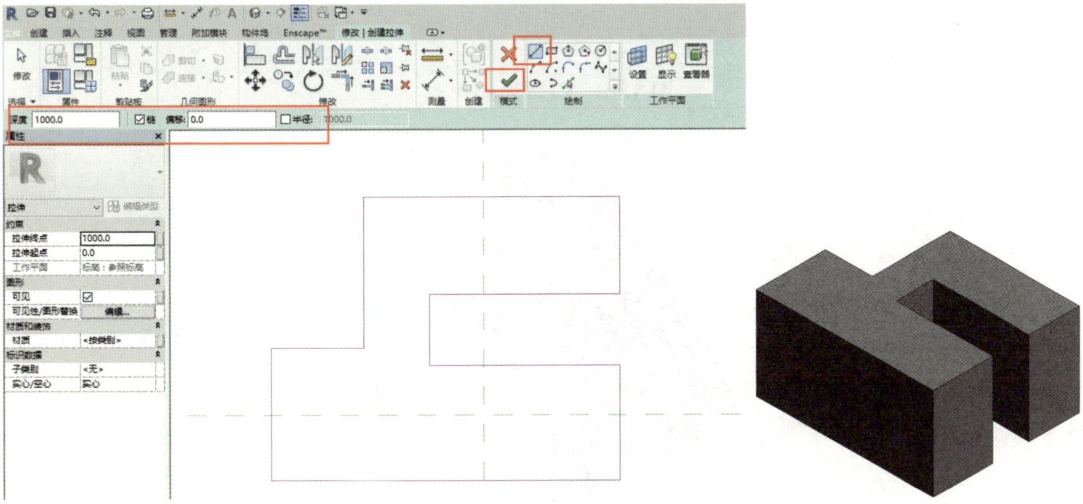

图 15-7　拉伸命令

2. 融合

“融合”工具是通过绘制两个平行的或不同截面样式的闭合轮廓而生成模型形状。

在“创建”选项卡“形状”面板中点击“融合”命令，Revit 2018 将自动跳转至“修改｜创建融合底部边界”选项卡。在“绘制”面板选择“直线”绘制方式，先绘制任意封闭的轮廓，在“选项栏”设置“深度”后面的数值为“1000”(图 15-8)，单击“模式”面板中“编辑顶部”命令，更换绘制方式为“圆形”，即可在距离底部 1 000 mm 的平行平面位置绘制顶部圆形轮廓(图 15-9)。单击“模式”面板中的“完成编辑模式”命令，即可得到融合形状(图 15-10)。

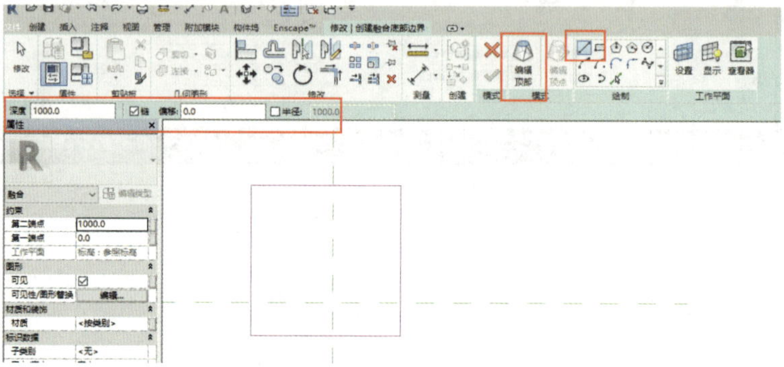

图 15-8　编辑底部轮廓

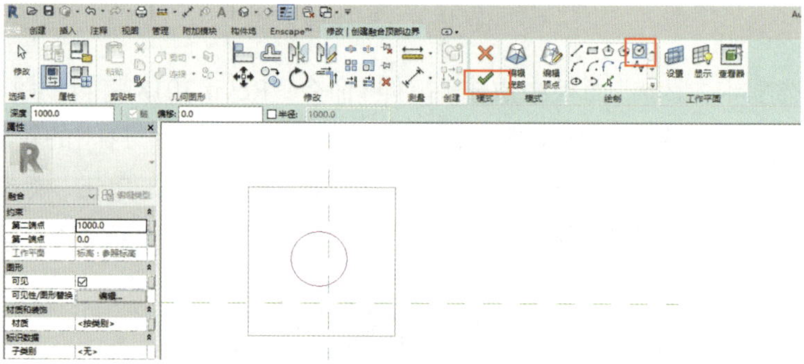

图 15-9　编辑顶部轮廓

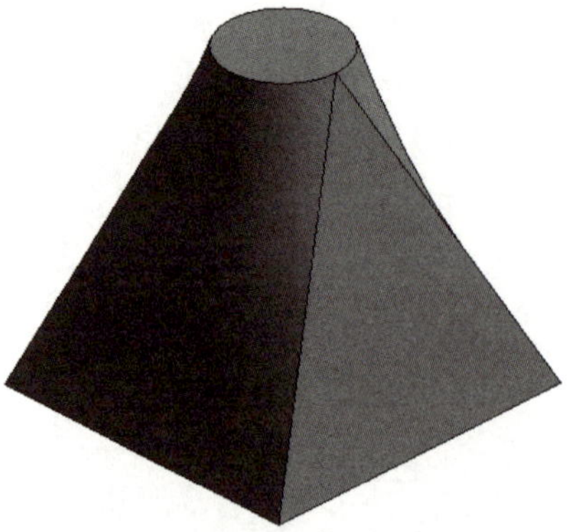

图 15-10　拉伸模型

3. 旋转

"旋转"工具是通过在同一平面上绘制一条旋转轴和一个闭合轮廓而生成模型形状。

在"创建"选项卡"形状"面板中点击"旋转"命令，Revit 2018 将自动跳转至"修改｜创建旋转"选项卡。在"绘制"面板选择"边界线"的绘制方式为"圆形"，在"参照标高"视图中绘制任意多边形，单击选择"绘制"面板中"轴线"的绘制方式为"直线"，在距离"边界线"形状一定距离处绘制轴线，单击"模式"面板中的"完成编辑模式"命令，即可得到旋转形状（图 15-11）。

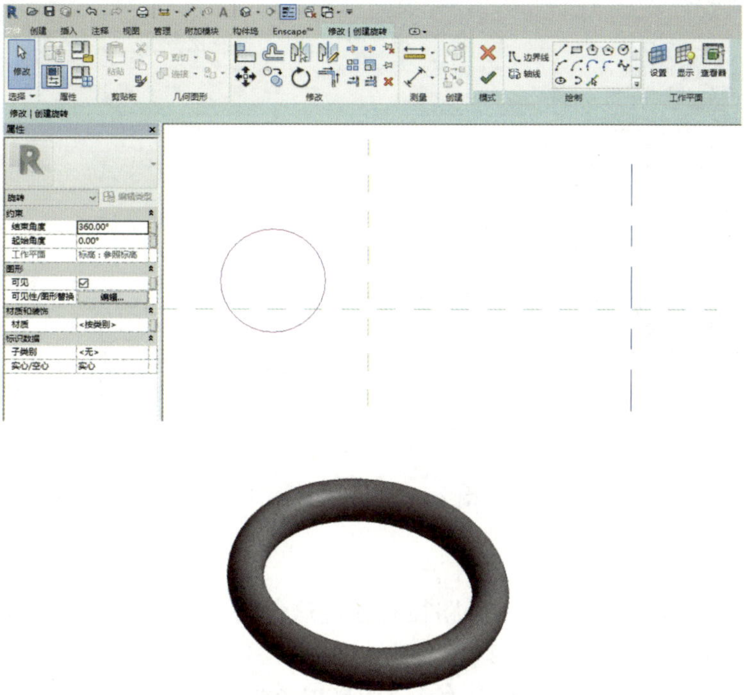

图 15-11　旋转命令

4. 放样

"放样"工具是通过绘制一条路径和通过这条路径的闭合轮廓而生成模型形状。

在"创建"选项卡"形状"面板中点击"放样"命令，Revit 2018 将自动跳转至"修改｜放样"选项卡。在"放样"面板点击"绘制路径"命令，进入"修改｜放样 > 绘制路径"选项卡，在"绘制"面板选择"样条曲线"方式，进入"参照标高"视图，绘制一条路径。单击"模式"面板的"完成编辑模式"命令，回到"修改｜放样"选项卡。

如果有编辑好的二维轮廓族，可以通过"载入轮廓"命令载入族编辑器中；如果没有，可以点击"编辑轮廓"命令，自动跳转至"修改｜放样 > 编辑轮廓"选项卡，在"绘制"面板选择"圆形"方式，进入"三维"视图，在十字光标处绘制轮廓截面（图 15-12）。单击"模式"面板的"完成编辑模式"命令两次，即可得到放样形状（图 15-13）。

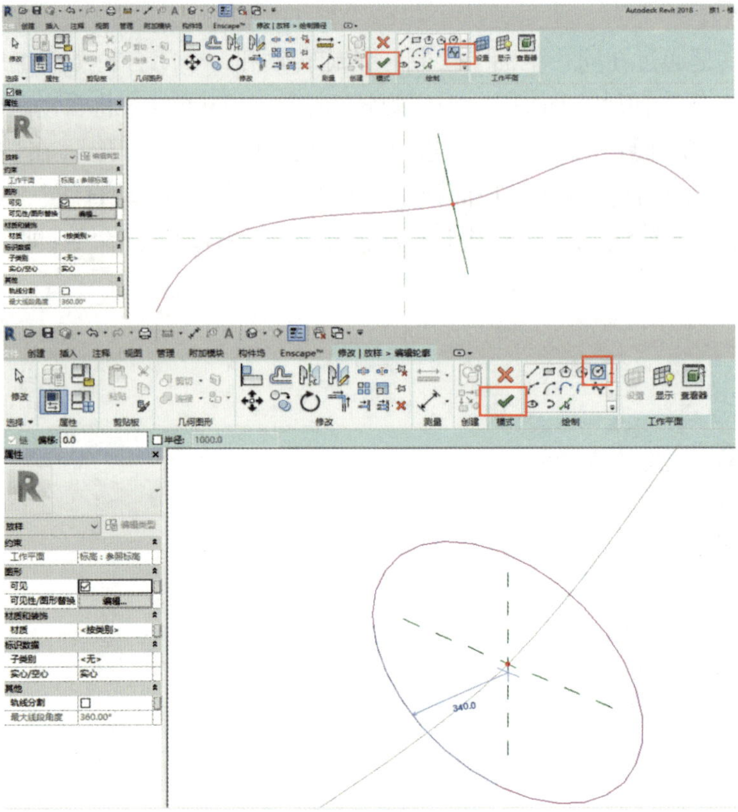

图 15-12　放样命令

5. 放样融合

“放样融合”工具是通过绘制一条路径和通过这条路径的两个不同截面轮廓,综合生成模型形状。

图 15-13　放样模型

在“创建”选项卡“形状”面板中点击“放样融合”命令,Revit 2018 将自动跳转至“修改 | 放样融合”选项卡。

在“放样融合”面板点击“绘制路径”命令,进入“修改 | 放样 > 绘制路径”选项卡,在“绘制”面板选择“起点 - 终点 - 半径弧”方式,绘制一条路径。单击“模式”面板的“完成编辑模式”命令,回到“修改 | 放样融合”选项卡。

如果有编辑好的二维轮廓族,可以通过“载入轮廓”命令载入族编辑器中;如果没有,可以点击“选择轮廓 1”,再点击“编辑轮廓”命令,自动跳转至“修改 | 放样融合 > 编辑轮廓”选项卡,在“绘制”面板选择“圆形”方式,进入“三维”视图,在激活的十字光标处绘制轮廓截面。单击“模式”面板的“完成编辑模式”命令。

继续点击“选择轮廓 2”,再点击“编辑轮廓”命令,在“绘制”面板选择“矩形”方式,在激活的十字光标处绘制轮廓截面,单击“模式”面板的“完成编辑模式”命令两次,即可得到放样形状(图 15-14)。

空心形状的创建方法与实心形状相同，包括空心拉伸、空心融合、空心旋转、空心放样、空心放样融合，其使用方法也是一样的，所以不再赘述。只是空心形状是在实心形状的基础上进行剪切而得到另外的形状。

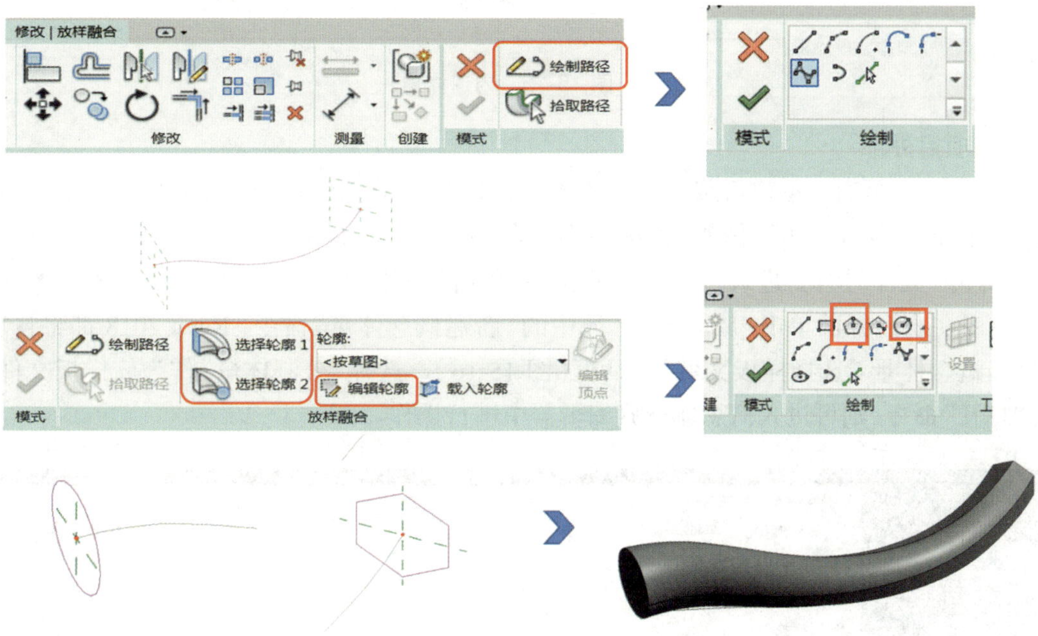

图 15-14 放样融合命令

15.2 概念体量

在 Revit 2018 软件中，可以通过概念体量族功能来实现类似 SketchUp 的功能，在项目前期的概念设计中为使用者提供灵活、简单、快速的概念设计模型。概念体量可以帮助使用者推敲建筑形态，还可以统计概念体量模型的建筑面积、占地面积、外表面积等设计数据。概念体量也是族的一种形式，可以以这些族为基础，通过应用墙、楼板、屋顶等图元对象，完成从概念设计到方案、施工图设计的转换。

15.2.1 创建方式

Revit 2018 提供了项目内部和项目外部两种创建体量的方式。

1. 项目内部

项目内部是通过在项目中内建体量的方式，在位创建所需的概念体量，也叫内建族。此种方式创建的体量仅可用于当前项目中。

图 15-15 所示是“体量和场地”选项卡中的“概念体量”面板，单击“内建体量”命令，Revit 2018 将弹出“名称”对话框，输入需要创建的构件名称，单击“确定”即可进入内建体量模型创建界面。

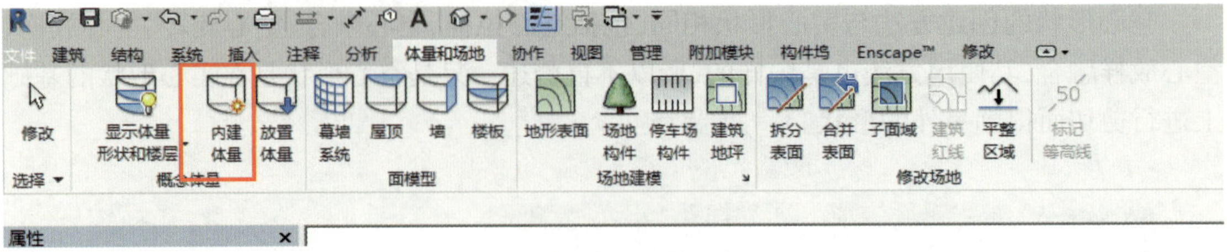

图 15-15 内建体量

2. 项目外部

项目外部是通过创建可载入的概念体量族的方式,在族编辑器中创建所需的概念体量。此种方式创建的体量可以像普通的族文件一样载入多个项目中。

点击“文件”按钮,进入“应用程序”菜单,单击“新建”后面下拉菜单中的“概念体量”命令,或者在欢迎界面单击“族”选项区域中的“新建概念体量”命令, Revit 2018 都将自动弹出“新概念体量 - 选择样板文件”对话框(图 15-16)。选择“公制体量”作为族样板文件,点击“打开”命令,则可进入概念体量族编辑器中进行操作。

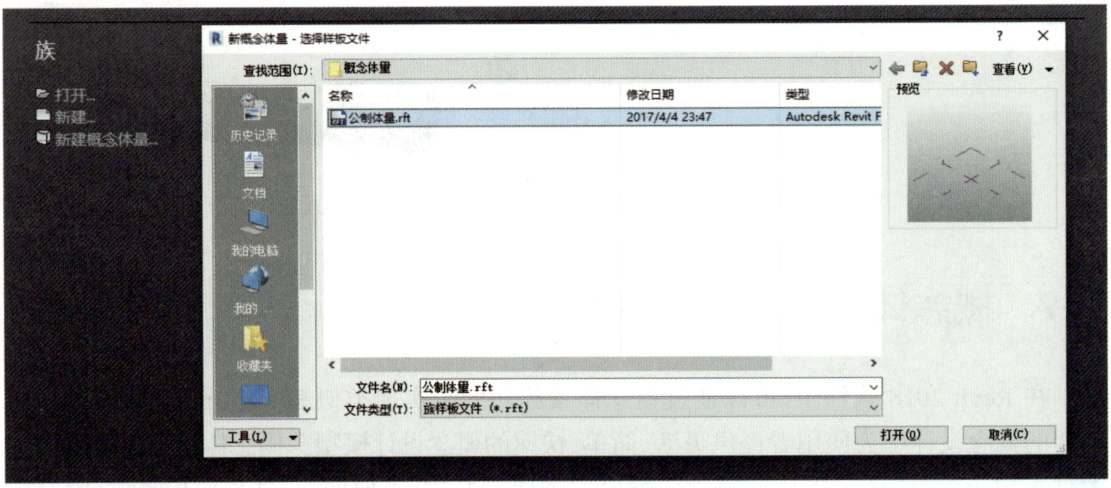

图 15-16 新建概念体量

15.2.2 工作界面

概念体量是三维模型族,其设计环境与项目建模环境、常规族建模环境一起构成了 Revit 2018 的三大建模环境,主要是创建一些常规建模无法解决的构件模型。在这里可以通过控制参照点、轮廓边和表面上的三维控件来编辑自由形状。但是由于三维工作环境的因素,必须设置明确的工作平面来确定操控的点、线、面是在正确的坐标系中工作。概念体量操作界面如图 15-17 所示。

图 15-17　概念体量操作界面

概念体量族中提供了基本标高和相互垂直于标高平面的两个参照平面，可以理解为 X、Y、Z 坐标平面，三个平面的交点可以理解为坐标原点。在创建体量模型时通过指定轮廓所在平面及距离原点的相对位置定位轮廓的空间位置（图 15-18）。

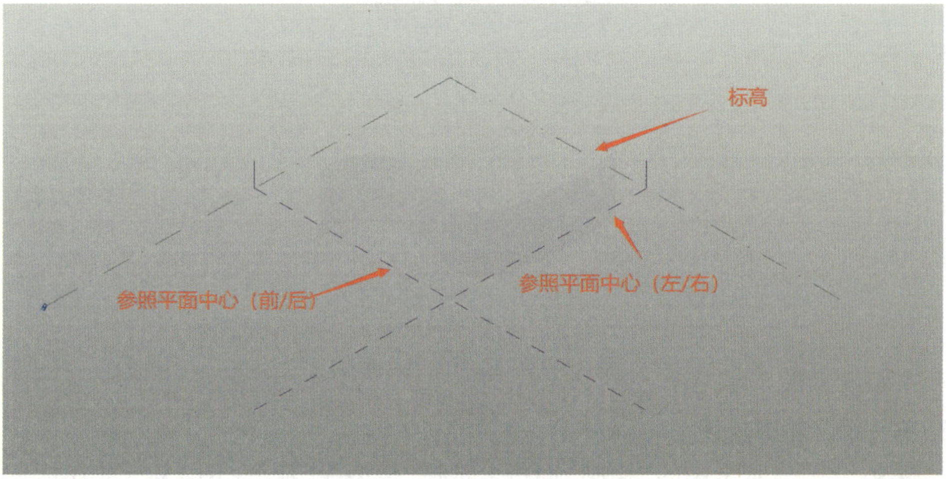

图 15-18　概念体量创建界面

15.2.3　形状创建

1. 创建拉伸模型

（1）单一线条拉伸

在“修改｜放置线”选项卡中的“绘制”面板上选择“模型线”中的“样条曲线”（可以根据模型需要选择直线、弧线等）（图 15-19），在楼层平面标高一中绘制线条，单击选择此线条，点击“形状”面板中“创建形状”下拉菜单中的“实心形状”，即可创建拉伸曲面模型（图 15-20）。

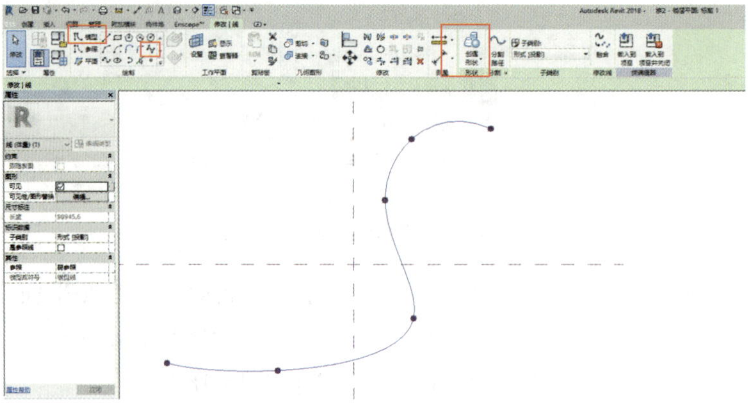

图 15-19　单一线条拉伸

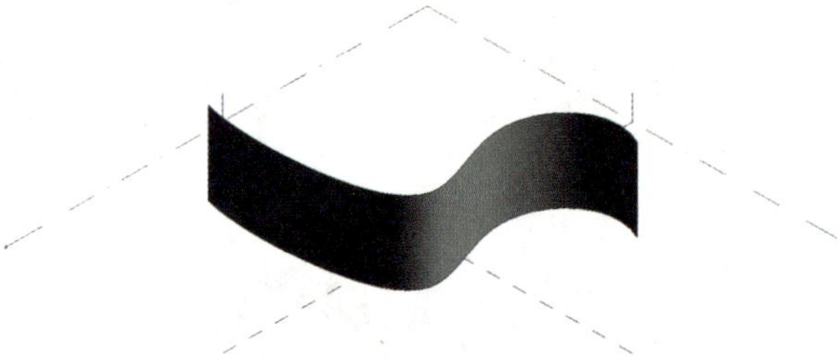

图 15-20　拉伸成实心形状

(2)单一闭合轮廓拉伸

在"修改｜线"选项卡中的"绘制"面板上选择"模型线"命令(图 15-21),在标高一中绘制闭合轮廓线条,单击选择此线条,点击"形状"面板中"创建形状"下拉菜单中的"实心形状",即可创建拉伸实体模型(图 15-22)。

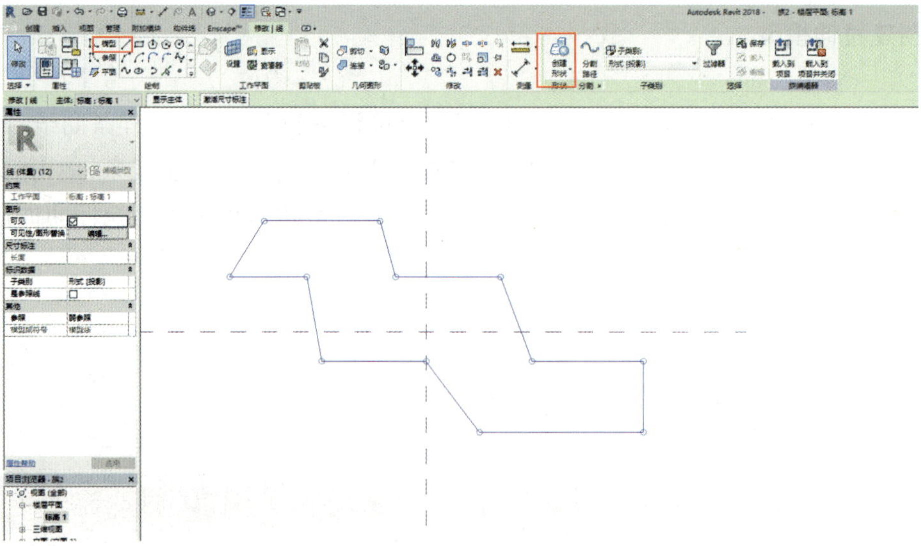

图 15-21　闭合轮廓拉伸

图 15-22　闭合轮廓实体生成

2. 创建旋转模型

旋转模型是通过在同一工作平面上绘制一条路径和一个轮廓，创建实心体量生成的模型。

（1）开放轮廓

在“修改”选项卡中的“绘制”面板上选择“模型样条曲线”命令（图 15-23），在标高一中绘制一条直线和一个开放轮廓。

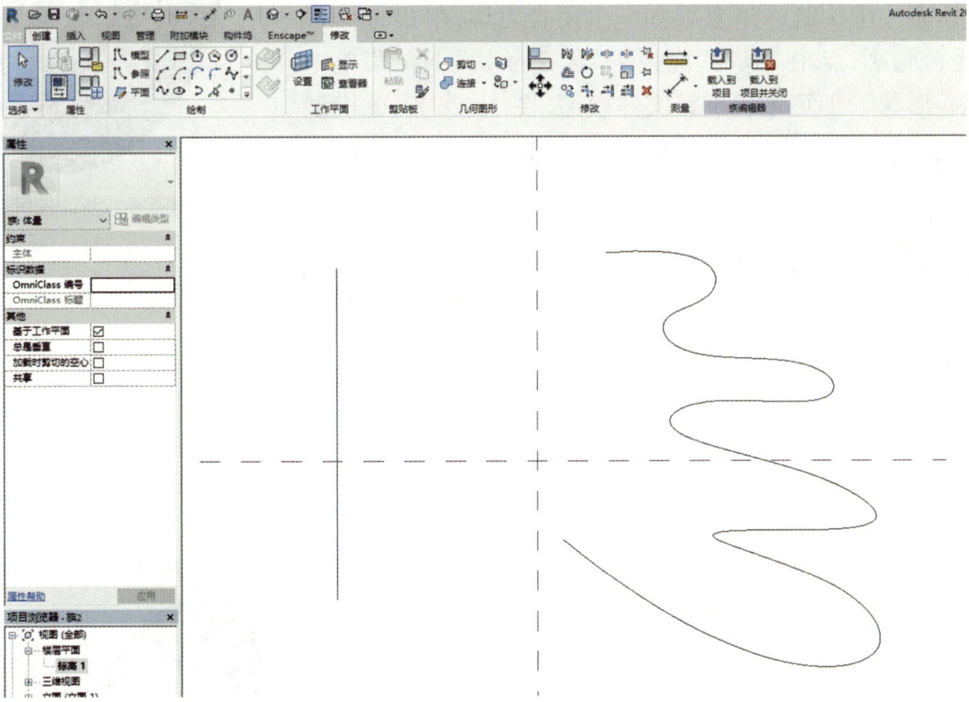

图 15-23　旋转模型线绘制

进入默认三维视图，同时选中绘制的直线与样条曲线，点击“形状”面板中的“创建形状”下拉菜单中的“实心形状”，Revit 2018 将会出现两种可能创建的模型（图 15-24），选择第一个模型，即可生成旋转曲面模型（图 15-25）。可以看出，此模型是由开放轮廓围绕着直线在所选的工作平面上旋转而生成的。

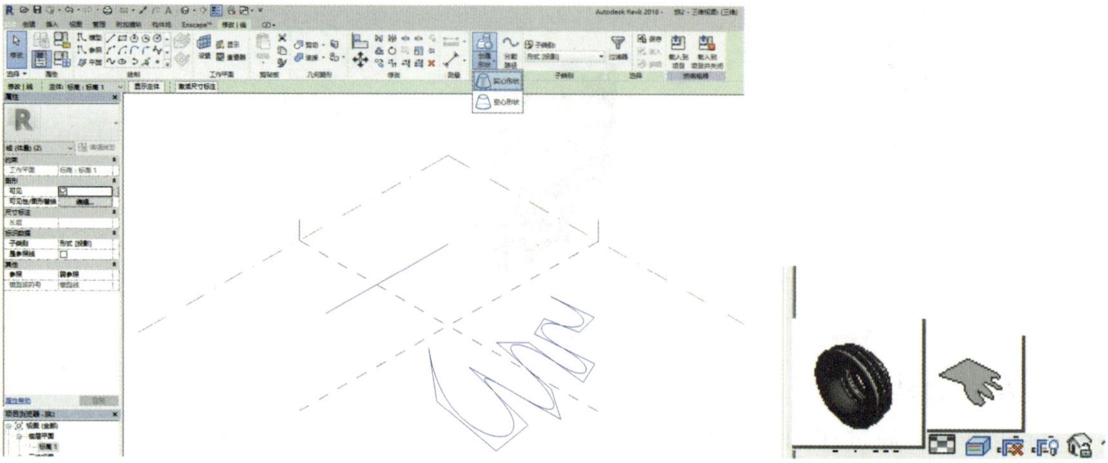

图 15-24　创建选择实心形状

图 15-25　创建拉伸模型

（2）闭合轮廓

在“修改”选项卡中的“绘制”面板上选择“模型线”命令，在标高一中绘制一条直线和一个闭合轮廓，单击选择直线和闭合轮廓，点击“形状”面板中“创建形状”下拉菜单中的“实心形状”，即可创建旋转实体模型（图 15-26）。此模型是由闭合轮廓围绕着直线在所选的工作平面上旋转而生成的。

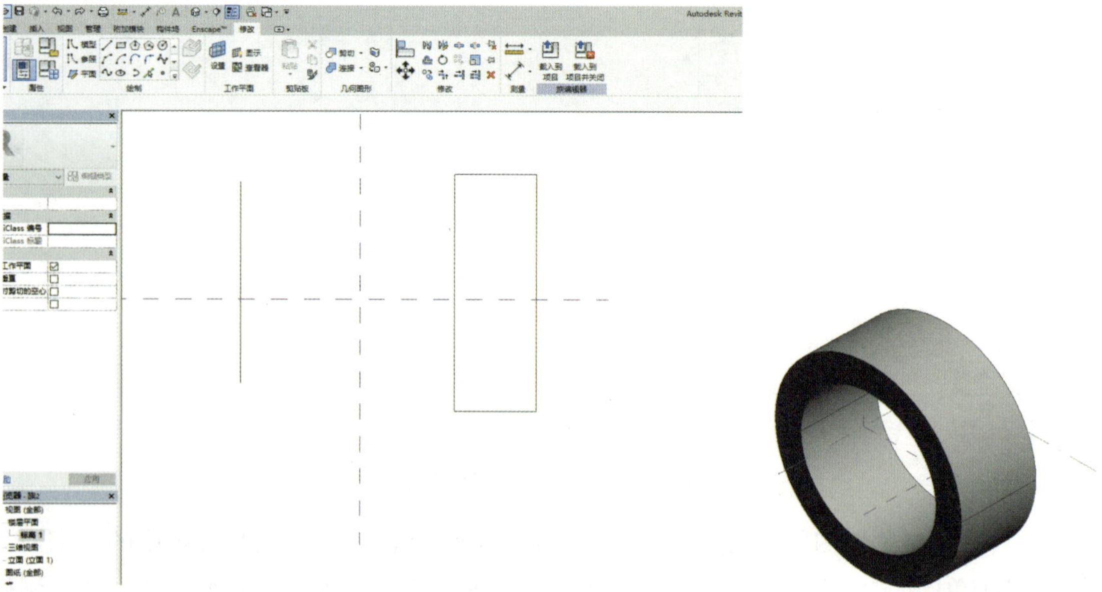

图 15-26　创建闭合旋转模型

3. 创建放样模型

放样模型是通过在工作平面上绘制一条路径和通过这条路径的轮廓，创建实心体量生成的模型。

图 15-27 所示是在“修改｜放置线”选项卡中“绘制”面板上选择“模型线”命令，在标高一中绘制一条路径，继续选择“绘制”面板“参照线”中的“点图元”，在之前绘制的路径中添加参照点。

单击选择绘制的参照点，在“属性”面板中可以设置“始终显示参照平面”（图 15-28）。

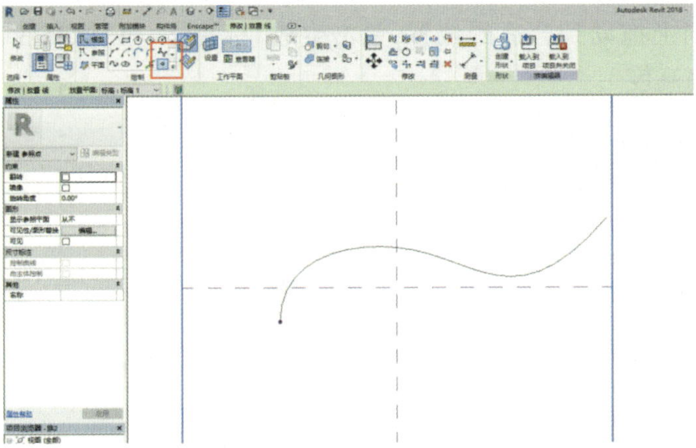

图 15-27　添加参照点

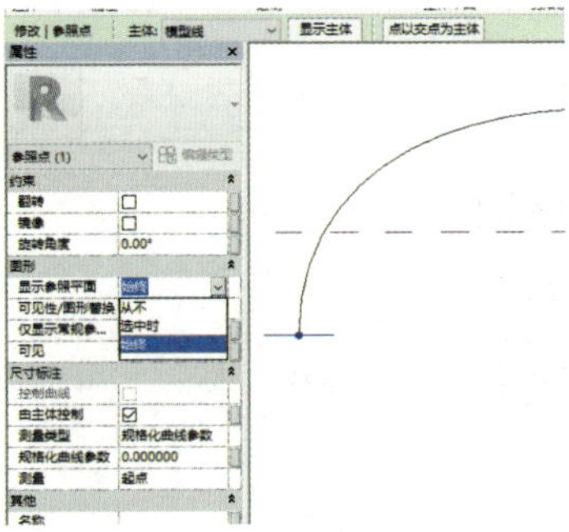

图 15-28　显示参照点的参照平面

进入三维视图，选择“绘制”面板“模型线”中的“多边形”命令，在参照点的工作平面上绘制一个六边形闭合轮廓。利用“Ctrl”键选择路径以及六边形闭合轮廓，点击“形状”面板中“创建形状”下拉菜单中的“实心形状”，即可创建放样实体模型（图 15-29、图 15-30）。

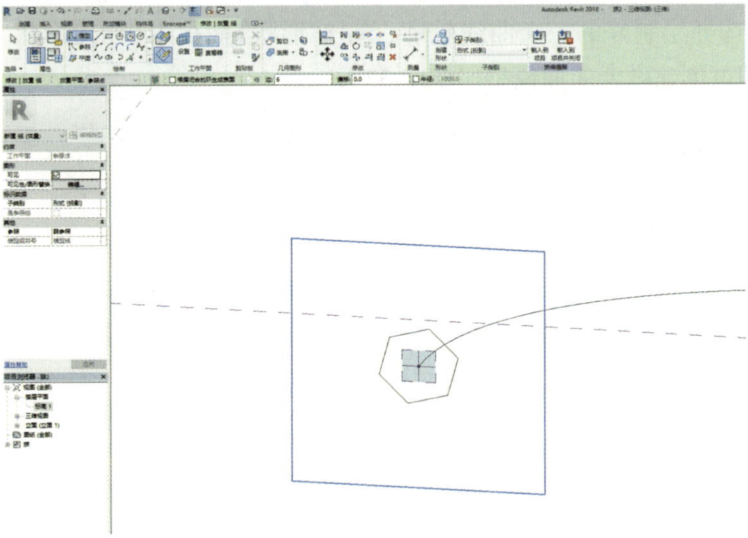

图 15-29　创建放样轮廓

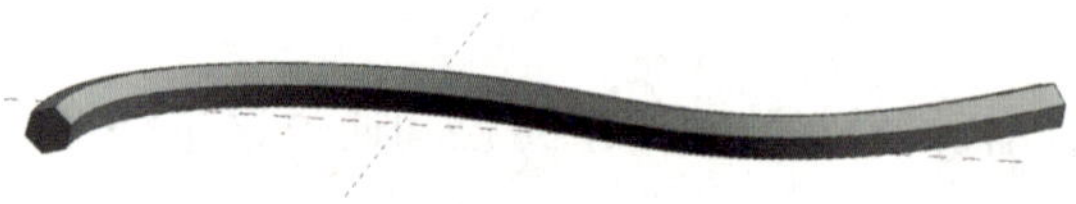

图 15-30　放样模型

4. 创建融合模型

融合模型是通过在多个工作平面上绘制多个轮廓,创建实心体量生成的模型。其中开放轮廓生成融合曲面,闭合轮廓则生成融合实体模型。

图 15-31 所示是利用“项目浏览器”进入立面视图,在“修改”选项卡的“修改”面板中,选择“复制”命令,点击“标高 1”,向上拖动到合适的位置,单击生成“标高 2”和“标高 3”(若有实际标高尺寸需修改实际标高高度)。

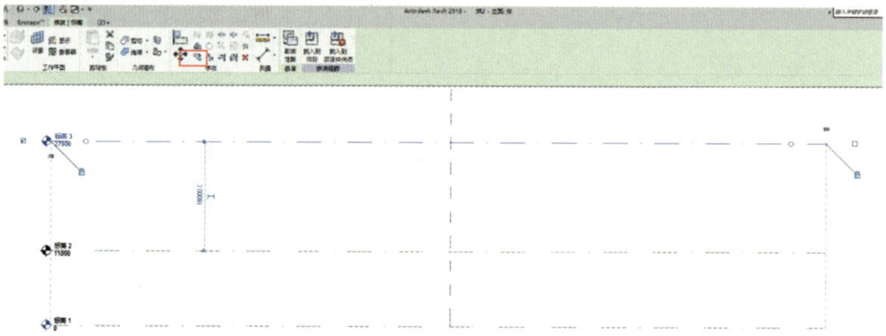

图 15-31　添加标高

在“修改 | 放置线”选项卡“工作平面”面板中,选择“设置”命令,点击“标高 1”,将其设置成当前工作平面,在“绘制”面板上选择“模型线”命令(图 15-32):在绘图区域设置好的工作平面中绘制开放曲线轮廓。

重复之前步骤,分别设置“标高 2”“标高 3”为工作平面,并在其中绘制开放曲线轮廓。按住“Ctrl”键,选择绘制好的三个曲线轮廓,单击“形状”面板中“创建形状”下拉菜单中的“实心形状”,即可创建融合曲面模型(图 15-33)。

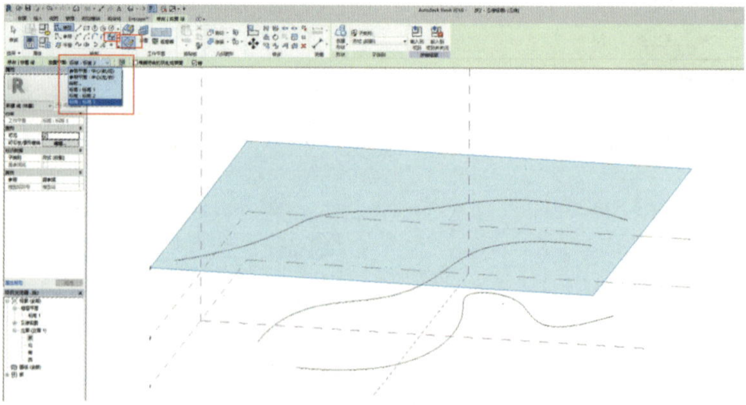

图 15-32　不同标高的轮廓创建

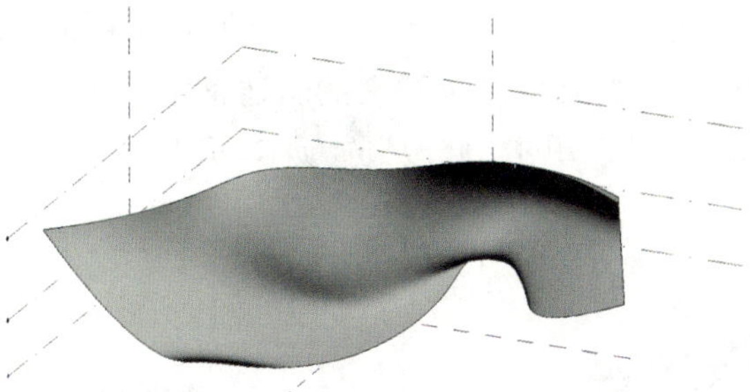

图 15-33　融合模型创建

5. 创建放样融合模型

放样融合模型是在通过一条路径的多个工作平面上分别绘制轮廓,创建实心体量生成的模型。

在"修改｜放置线"选项卡"绘制"面板的"模型线"中,选择"起点 - 终点 - 半径弧"命令,在图 15-34 所示绘图区域设置好的工作平面中绘制一条路径,并在路径上添加四个参照点。

选择"绘制"面板"模型线"中的"圆形"命令,设置工作平面为其中一个参照点垂直于路径的参照面,并在工作平面上绘制一个圆形闭合轮廓。重复此项操作完成另外三个参照点位置的轮廓绘制。

利用"Ctrl"键选择路径以及两个圆形轮廓和两个五边形轮廓,点击"形状"面板中"创建形状"下拉菜单中的"实心形状",即可创建放样融合实体模型。

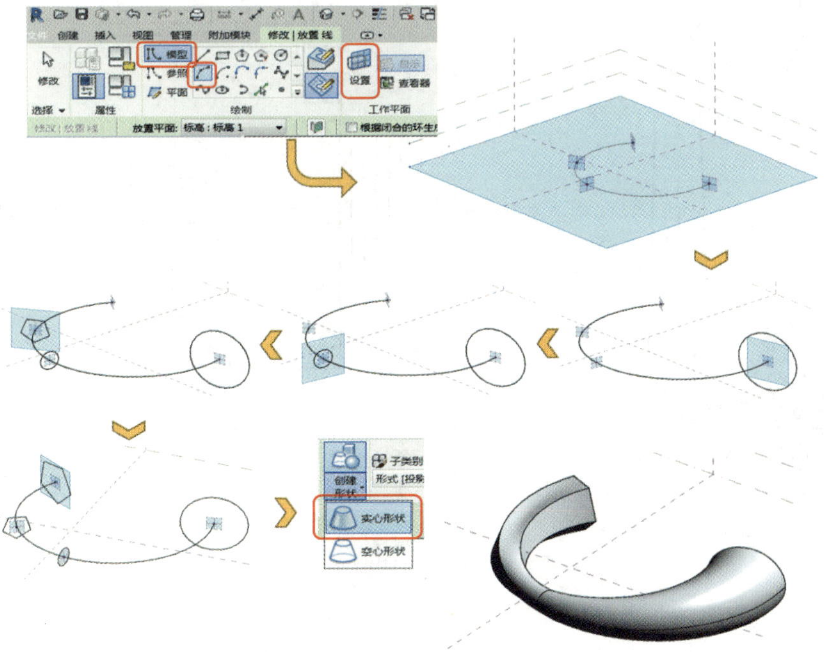

图 15-34　放样融合模型创建

空心模型的创建方法与实体模型相同,只是空心形状是用来剪切实体模型的。如果没有实体模型存在,空心模型的生成是没有意义的。通常空心形状会自动剪切实体模型(图 15-35),如果没有自动剪切,可以单击“修改”选项卡“几何图形”面板中的“剪切”命令,进行手动剪切。

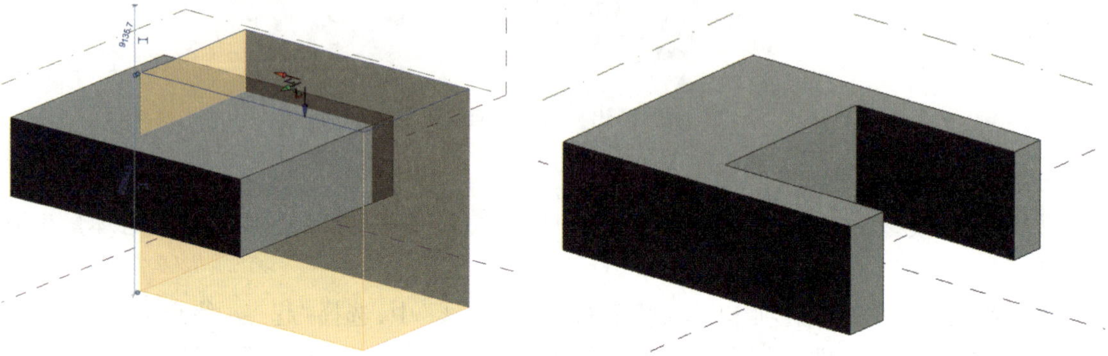

图 15-35　创建空心形状

15.3　真题练习

1)根据给定的图纸,用族创建模型,命名为“人民纪念碑”(图 15-36)。

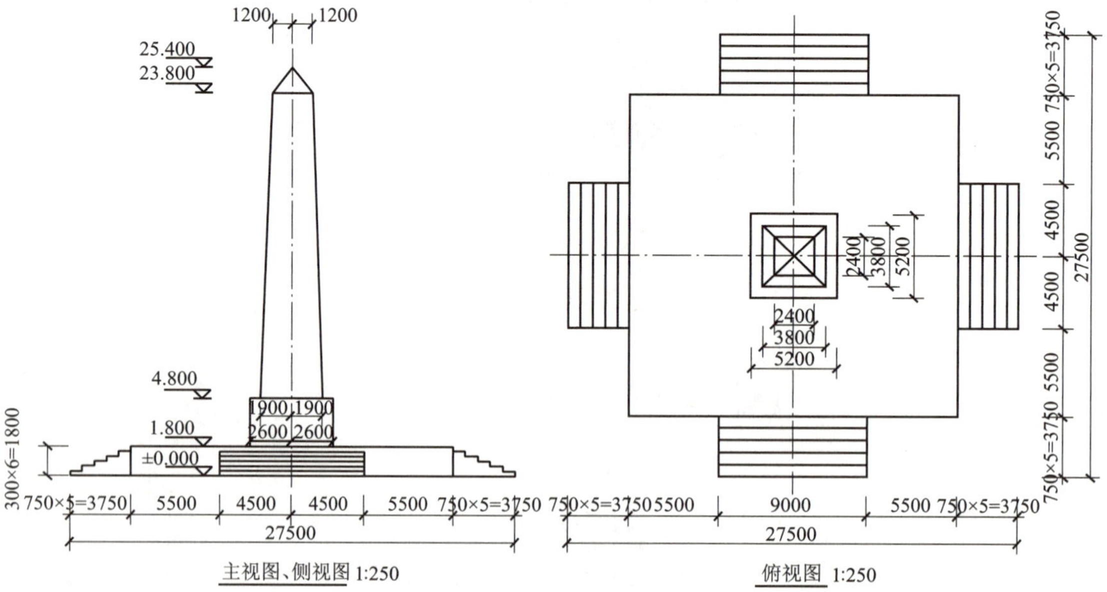

图 15-36　图纸一

2）根据给定尺寸建立台阶模型，图 15-37 中所有曲线均为圆弧。

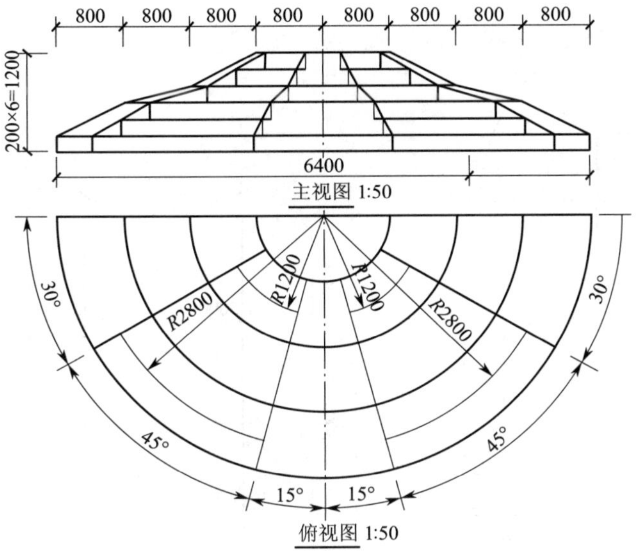

图 15-37　图纸二

3）根据给定尺寸绘制陶立克柱的实体模型（图 15-38）。

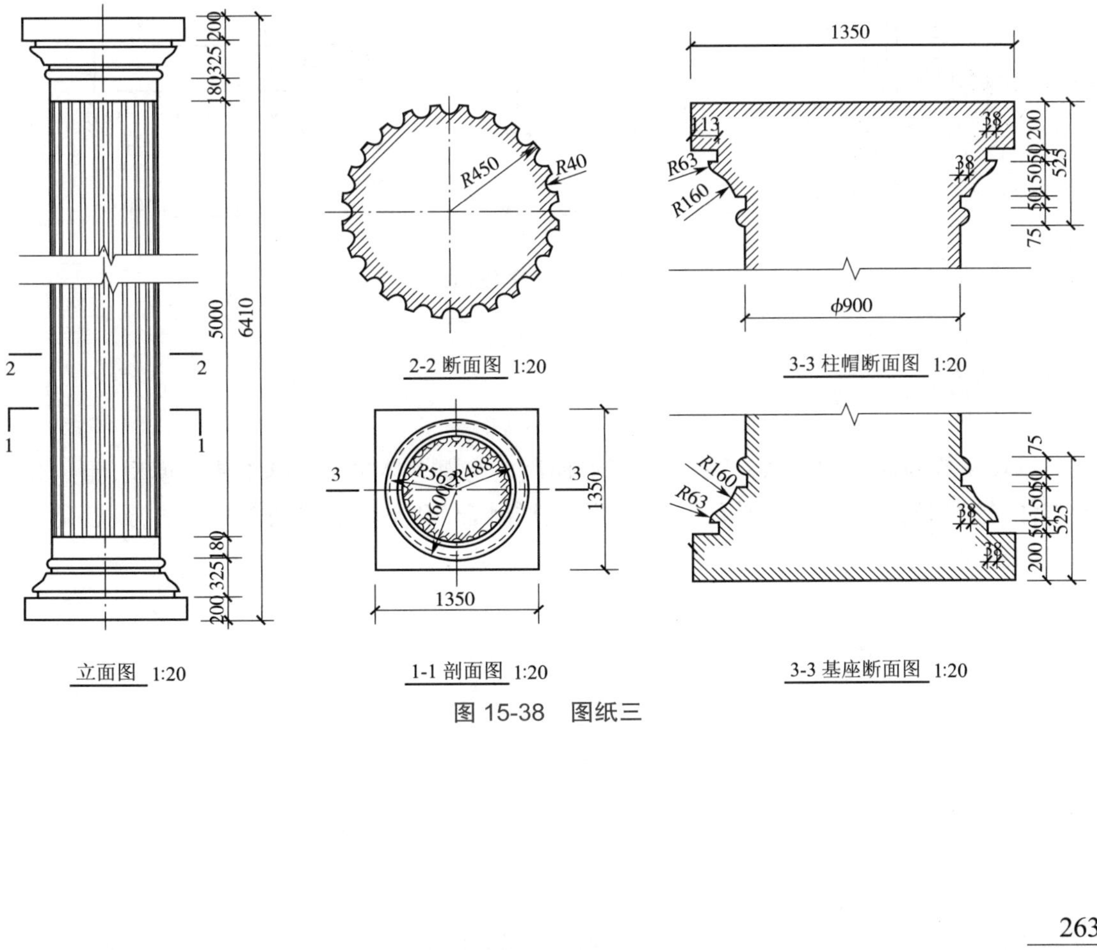

图 15-38　图纸三

4)根据给定尺寸,用体量方式创建模型(图 15-39)。

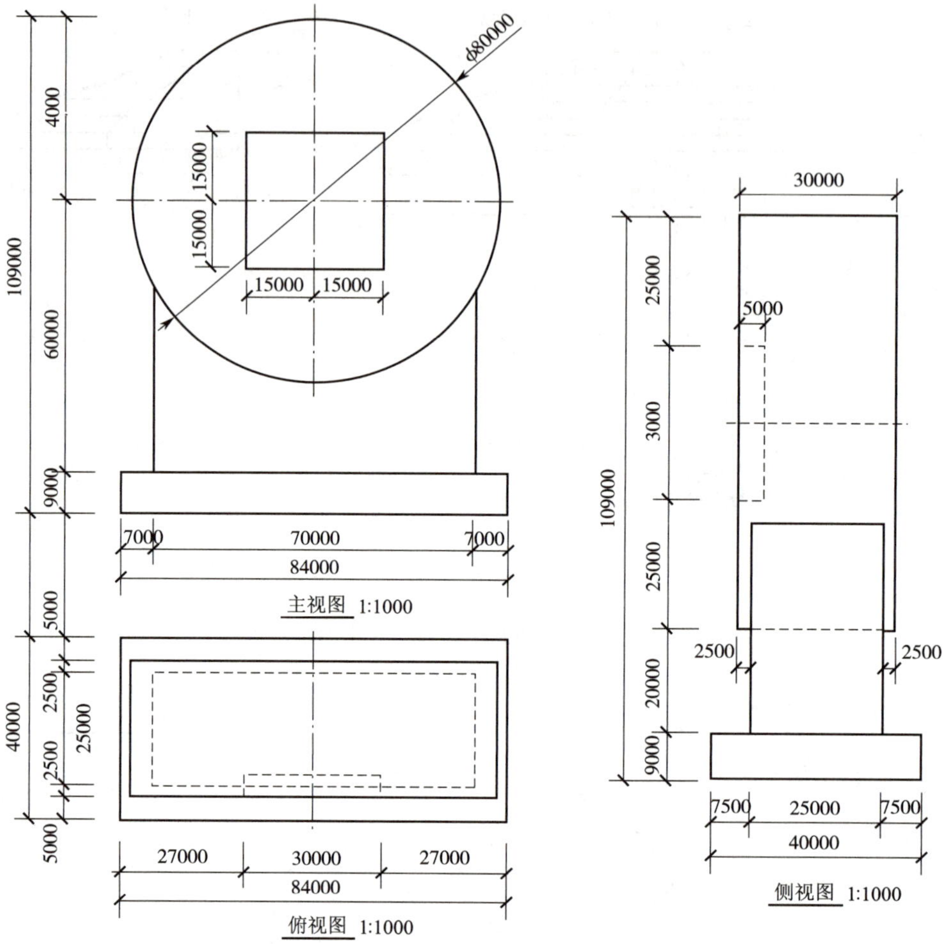

图 15-39　图纸四

本章小结

本章从族与体量的概念入手,介绍了如何用族与概念体量创建基本构件模型,重点介绍族与体量中"拉伸""融合""旋转""放样""放样融合"和空心形状的创建方法,最后是族与体量的真题练习。

参考文献

[1] BIM 工程技术人员专业技能培训用书编委会. BIM 建模应用技术 [M]. 北京:中国建筑工业出版社,2016.

[2] 张金月. 零基础 BIM 建模实践教程 Revit 与 Navisworks 入门 [M]. 天津:天津大学出版社,2015.

[3] Autodesk Inc. Autodesk revit architecture 2015 官方标准教程 [M]. 北京:电子工业出版社,2015.

[4] 黄亚斌. Revit 基础教程 [M]. 北京: 中国水利水电出版社,2017.

图书资源使用说明

如何防伪

在书的封底，刮开防伪二维码（图 1）涂层，打开微信中的“扫一扫”（图 2）进行扫描。如果您购买的是正版图书，关注官方微信，根据页面提示将自动进入图书的资源列表。

关注“天津大学出版社”官方微信，您可以在“服务”→“我的书库”（图 3）中管理您所购买的本社全部图书。

特别提示：本书防伪码采用一书一码制，一经扫描，该防伪码将与您的微信账号进行绑定，其他微信账号将无法使用您的资源。请您使用常用的微信账号进行扫描。

图 1

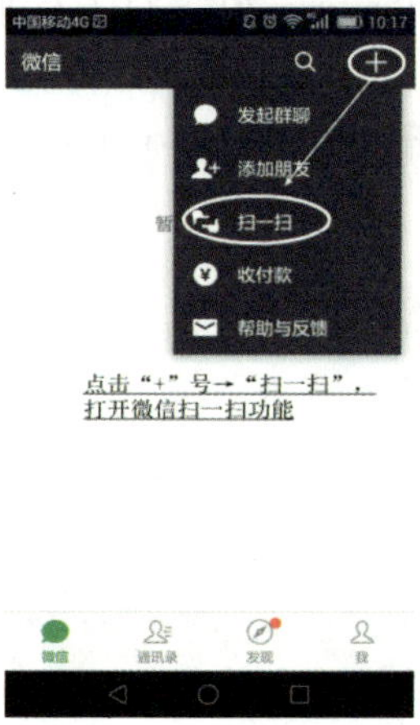

图 2

图 3

如何获取资源

完成第一步防伪认证后，您可以通过以下方式获取资源。

第一种方式：打开微信中的“扫一扫”，扫描书中各章节内不同的二维码，根据页面提示进行操作，获取相应资源。（每次观看完视频后请重新打开“扫一扫”进行扫描）

第二种方式：关注“天津大学出版社”官方微信，进入“服务”→“我的书库”，选择图书，您将看到本书的资源列表，可以选择相应的资源进行播放。

第三种方式：使用电脑登录“天津大学出版社”官网（http://www.tjupress.com.cn），使用微信登录，搜索图书，在图书详情页中点击“多媒体资源”即可查看相关资源。

其他

为了更好地服务读者，本书将根据实际需要实时更新调整视频讲解的内容。为帮助读者进阶学习或参加职业资格考试，作者将根据需要进行直播或在线答疑。同时也欢迎社会各界有出版意向的作者来我处投稿或洽谈出版等。我们将为您提供更优质、全面的服务，期待您的来电。

通信地址：天津市南开区卫津路 92 号天津大学校内天津大学出版社

联系人：崔成山　　邮箱：ccshan2008@sina.com